理论力学

（第2版）

主　编　张伯奋　王振玉　程精涛　郑　菲
副主编　唐克岩　杨渝柯
主　审　周光万

西南交通大学出版社
·成　都·

图书在版编目（CIP）数据

理论力学 / 张伯奋等主编. —2 版. —成都：西南交通大学出版社，2017.8
ISBN 978-7-5643-5149-6

Ⅰ. ①理… Ⅱ. ①张… Ⅲ. ①理论力学－高等学校－教材 Ⅳ. ①O31

中国版本图书馆 CIP 数据核字（2017）第 211894 号

理 论 力 学

（第 2 版）

主　　编 / 张伯奋　王振玉　程精涛　郑　菲

责任编辑 / 李芳芳
特邀编辑 / 李　杰
封面设计 / 墨创文化

西南交通大学出版社出版发行
（四川省成都市二环路北一段 111 号西南交通大学创新大厦 21 楼　610031）
发行部电话：028-87600564　028-87600533
网址：http://www.xnjdcbs.com
印刷：四川森林印务有限责任公司

成品尺寸　185 mm × 260 mm
印张　19.5　　字数　482 千
版次　2017 年 8 月第 2 版　　印次　2017 年 8 月第 2 次

书号　ISBN 978-7-5643-5149-6
定价　42.00 元

课件咨询电话：028-87600533
图书如有印装质量问题　本社负责退换

序

本书根据“高等学校工科理论力学课程教学基本要求”组织编写，依照“应用型”技术人才的目标，按照少学时，精选教学内容的要求进行编撰。2009年进入教学实践，经过八年课堂教学的磨练，同时听取了相关院校教师和读者的宝贵意见，完成本书的修订。为适应21世纪工科力学课程教学改革的要求，按照精选教学内容，控制教学学时，重视学生的自主学习能力，提高学生解决工程实际问题和创新能力的培养，对全书的教学内容进行了适当修改。

为适应创新、创业的需求，作为应用型本科院校，其人才培养的目标将是面对现代社会生产、建设、管理、服务等一线岗位，能直接从事实际工作，能解决工程实际问题，维持工作有效运行的高等应用型人才，以便培养“进入角色快、业务水平高、动手能力强”，能解决工程实际问题，综合素质好的人才，才能在激烈的就业市场上站稳脚跟，才能在业务上有所创新发展。

为认真贯彻教育部关于培养适应地方、区域经济和社会发展需要的本科应用型高级专业人才精神，编撰出既要有一定的理论深度，又注重与实践能力培养相适应的教材，以满足应用型本科院校教学目标、培养方向和办学特色的需要，根据少学时要求，精选教学内容，避免繁琐的理论推导和叙述，重点放在结合工程实际的方法应用上，在分析、计算上表现其特点，以提高学生的实际应用水平，解决工程实际的能力和应用水平。

本书在编写过程中听取了有关院校及本院教师和读者意见，谨此表示衷心的感谢，同时也感谢本书所列参考文献的各位作者。本书虽经多次修改，但由于编者水平有限，书中难免存在缺点和疏漏之处，恳请读者批评指正，以使本书能够得到不断提高和改进。

·新版前言·

本教材是参照高等学校工科理论力学课程教学基本要求组织编写，在第一版基础上做了一些适当的修改，并依照本院培养“应用型”技术人才的目标，按照60学时的安排，对教学内容进一步做了修改和编撰，作为正式教材。

本教材的编写意在加强掌握基本理论及其应用，使学生在今后的工作中“应用”这些理论知识和计算能力，去解决工程实践中的力学问题。因此，本教材从改变传统教材入手，以“应用”为主线来组织教学。在基本理论的叙述上力求做到清晰、简练，避免烦琐的理论推导和叙述。重点放在“方法”的应用上，即结合后续课程的内容，在分析应用上、计算方法上表现其特点，以提高学生的实际应用水平。同时根据学生情况，在静力学的体系上，结合多种机构的论述和应用方法进行详尽的叙述和分析。而对“运动学”和“动力学”也以“应用”为主线，避免过多的理论分析和叙述。由于课时有限，本教材未选入动力学普遍方程和拉格朗日方程以及机械振动的基础，但保留了碰撞的基本理论及其应用。

本书共分为10章。第1章至第3章为静力学部分。第1章介绍静力学的基本知识，将力、力的投影、力矩、力偶矩、物体的受力分析、静力学公理等基本理论集中起来以便加深理解并能在分析计算上得到一定的训练，以便为学习静力学和动力学打下基础。

第2章和第3章，从平面一般力系到空间任意力系，分析了力系的简化、合成和平衡，在平衡方程的应用中，结合具体的机械结构，仔细地进行力学分析和计算方法分析，为实际应用打下扎实的基础。

第4章至第6章为运动学部分，以“应用”为主线，研究机构运动的分解和合成，分析点和刚体的运动、合成方法，为具体应用打好基础。

第7章至第10章为动力学部分，介绍了动力学的基本定律、基本方程及动力学普遍定理和解决动力学问题的途径和方法，也介绍了机械工程中时有应用的碰撞理论和动能的计算方法，为机械设计提供理论依据。

为便于学习、复习和巩固所学的知识，掌握要点及计算方法，教材对重要概念、定理、结论均加上花纹线，在各章末附有小结并选编了足够数量的习题且附有答案。

教材由张伯奋、王振玉、程精涛、郑菲任主编，唐克岩、杨渝柯任副主编，由周光万老师任主审。具体编写分工为：张伯奋（序、新版前言，绪论，第 3 章）；王振玉（第 2、5、6 章）；程精涛（第 7、8、9 章）；郑菲（第 1 章）；唐克岩（第 10 章）；杨渝柯（第 4 章）。在本书的编写过程中得到了高红莲、刘克威、熊艳梅、牟如强、潘绍飞、徐一心老师的大力支持与帮助，在此表示衷心的感谢。

因编者水平有限，书中难免存在缺点和错误和不当之处，恳请广大读者批评指正。

编　者

2017 年 5 月

·第 1 版前言·

本书根据“高等学校工科理论力学课程教学基本要求”组织编写，依照培养“应用型”技术人才的目标，按照少学时的要求精选教学内容进行修订和编撰，以供教学使用。

本书的编写意在加强基本理论及应用，让学生能更好地掌握理论力学的基本理论并能正确应用这些理论去解决工程实际中的力学问题，因此编写从改变传统教材入手，以“应用”为主线来组织教学，在基本理论的论述上力求做到清晰、简练，避免烦琐的理论推导和叙述，重点放在方法的应用上，结合后续课程的内容，在分析、计算上表现其特点，以提高学生的实际应用水平。在静力学体系上，结合多种机械结构的力学分析，在应用方法上进行详尽的叙述、分析，而对“运动学”和“动力学”部分，也以“应用”为主线，避免过多的理论分析和论述，重在原理和方法。由于课时有限，本书未编入动力学普遍方程和拉格朗日方程及机械振动基础，但保留了机械工程时有应用的碰撞基本理论及其应用。

本书从 2009 年进入教学实践，经过这几年的课堂教学并听取了相关院校及本院部分教师和读者意见，为了更好地适应教育的发展和学生学习，适应 21 世纪工科力学课程教学改革的要求，按照精选教学内容，控制教学学时数，重视学生的自主学习能力，提高学生解决工程实际问题的能力和创新能力的培养，本版对全书教学内容进行了适当的修订以便能更好地满足教学的需要和具有自身的特点。

本书共分为 10 章。第 1 章介绍静力学的基本知识，将力、力的投影、力矩、力偶矩、物体的受力分析、静力学公理等基本理论集中起来以便加深理解并能在分析计算上得到一定的训练，以便为学习静力学和动力学打下基础。

第 2 章和第 3 章为静力学部分，从平面一般力系到空间任意力系，分析了力系的简化、合成和平衡，在平衡方程的应用中，结合具体的机械结构，仔细地进行力学分析和计算方法分析，为实际应用打下扎实的基础。

第 4 章至第 6 章为运动学，以“应用”为主线，研究机构运动的分解和合成，分析点和刚体的运动、合成方法，为具体应用打好基础。

第 7 章至第 10 章为动力学部分，介绍了动力学的基本定律、基本方程及动力学普遍定理和解决动力学问题的途径和方法，也介绍了机械工程中时有应用的碰撞理论和动能的计算方法，为机械设计提供理论依据。

为便于学习、复习和巩固所学的知识，掌握要点及计算方法，教材对重要概念、定理、结论均加上花纹线，在各章末附有小结并选编了足够数量的习题且附有答案。

本书由张伯奋、郑菲任主编，王振玉、程精涛任副主编。具体编写分工为：张伯奋（前言，绪论，第 3、4 章）；郑菲（第 1、10 章）；王振玉（第 2、5、6 章）；程精涛（第 7、8、9 章）。郑菲统稿。

本书在编写过程中得到周光万同志的大力支持和帮助，谨此表示衷心的感谢。同时感谢本书所列参考文献的各位作者。本书虽经此次修订，但由于编者水平有限，书中难免存在缺点和疏漏之处，恳请读者批评指正，使本书能够不断提高和改进。

编　者

2012 年 10 月

本书主要符号

$\boldsymbol{F}$	力	t	时间
$\boldsymbol{F}_{\mathrm{R}}$	合力	k	弹簧刚度系数
$\boldsymbol{F}_{\mathrm{R}}'$	主矢	ω	角速度
M_O	主矩	ω_{a}	绝对角速度
x, y, z	直角坐标系	ω_{r}	相对角速度
O	参考坐标系原点	ω_{e}	牵连角速度
$\boldsymbol{i}$	x 轴单位矢量	$\boldsymbol{v}$	速度
$\boldsymbol{j}$	y 轴单位矢量	$\boldsymbol{v}_{\mathrm{a}}$	绝对速度
$\boldsymbol{k}$	z 轴单位矢量	$\boldsymbol{v}_{\mathrm{r}}$	相对速度
$\boldsymbol{M}$	力偶矩	$\boldsymbol{v}_{\mathrm{e}}$	牵连速度
M_z	对 z 轴的矩	$\boldsymbol{v}_C$	质心速度
$M_O(\boldsymbol{F})$	力对点 O 的矩	V	势能；体积
$\boldsymbol{F}_{\mathrm{N}}$	法向约束力	$\boldsymbol{a}$	加速度
$\boldsymbol{g}$	重力加速度	$\boldsymbol{a}_{\mathrm{n}}$	法向加速度
h	高度	$\boldsymbol{a}_{\mathrm{t}}$	切向加速度
m	质量	$\boldsymbol{a}_{\mathrm{a}}$	绝对加速度
P	重量，功率	$\boldsymbol{a}_{\mathrm{r}}$	相对加速度
n	质点数目	$\boldsymbol{a}_{\mathrm{e}}$	牵连加速度
A	面积	$\boldsymbol{a}_{\mathrm{C}}$	科氏加速度
η	效率	e	恢复系数
q	载荷集度	α	角加速度
ρ	密度；曲率半径	$\boldsymbol{p}$	动量
f_{S}	静摩擦因数	$\boldsymbol{L}_O$	刚体对点 O 的动量矩
f	动摩擦因数	$\boldsymbol{L}_C$	刚体对质心的动量矩
$\boldsymbol{F}_{\mathrm{S}}$	静滑动摩擦力	$\boldsymbol{I}$	冲量
φ_{f}	摩擦角	T	动能；时间
δ	滚动摩阻系数	W	力的功
r	半径	$\boldsymbol{F}_{\mathrm{I}}$	惯性力
$\boldsymbol{r}$	矢径	$\boldsymbol{F}_{\mathrm{Ie}}$	牵连惯性力
$\boldsymbol{r}_O$	点 O 的矢量	$\boldsymbol{F}_{\mathrm{IC}}$	科氏惯性力
$\boldsymbol{r}_C$	质心矢径	J_z	刚体对 z 轴的转动惯量
R	半径	$\updelta$	变分符号
s	弧坐标	J_C	刚体对质心的转动惯量

目 录

运 动 学

动 力 学

绪　论

1. 理论力学的研究对象和内容

理论力学是研究物体机械运动一般规律的科学。是一门基础科学，是一切力学的基础，是很多工程技术（机械、房筑、车辆、航天、航空等）的基础，同时也在这些工程中有具体的直接的应用，是机械工程专业学生必备的基础知识。

自然界中所有的物质都处于不断地运动之中，其运动形式是多种多样的。例如物体在空间的位移、变形、发热、电磁现象以及人类思维等，而在这些运动形态中，机械运动是最简单、最普遍的一种。所谓**机械运动**就是物体在空间的位置随时间变化的运动形态，如机器的运转、车辆的行驶、河水的流动、飞机火箭的运动等都属于机械运动，因此研究机械运动不仅揭示自然界各种机械运动的规律，也是研究物质其他运动形式的基础。

理论力学研究速度远小于光速的宏观的机械运动，属于古典力学的范畴。它以伽利略和牛顿所总结的基本定律为基础，在 15 至 17 世纪逐步形成体系并不断完善和发展。

本课程的内容包括以下三个部分。

静力学：研究物体受力平衡时作用力所应满足的条件及物体受力分析方法、力系的简化等。

运动学：研究物体运动的几何性质（如轨迹、速度和加速度等）。

动力学：研究物体运动与作用力之间的关系。

2. 理论力学的研究方法

理论力学的形成与发展是在人类对自然界的长期观察、实践及生产实际进行分析、综合、归纳、总结的过程中逐步形成和发展的。

观察与实践是基础，抽象和数学演译是方法。将工程实际问题抽象为力学模型，然后以已有的力学理论为依据，运用数学方法进行演绎求得解决，然后又将所得结果运用到实践中去检验其正确性。如此循环往复，使认识不断深化，理论不断发展，这就是理论力学发展的道路。

3. 学习理论力学的目的

理论力学是一门理论性较强的技术基础课，是机械专业的学生必须掌握的基础理论。

机械专业必须熟知机械运动的规律，正确理解机械运动并能用理论力学的基本理论去解决某些工程实际问题，也可以结合其他专业知识去解决比较复杂的工程问题。因而，学好理论力学将为解决工程实际问题打下良好的基础。

理论力学研究力学中最普遍、最基本的规律，是机械专业后续课程如材料力学、机械设计基础、金属切削原理及刀具、金属切削机床等课程的理论基础。

学习理论力学，一方面要学习到基本概念、基本理论以及解决问题的基本方法，为学习后续课程打好力学基础；另一方面，要通过学习，培养和锻炼对实际问题进行科学抽象建立力学模型并应用理论力学方法加以解决的能力。

4. 理论力学的学习方法

作为一门技术基础课，学习理论力学务必达到以下要求：及时复习，准确理解和认识基本概念的来源、含义和用途；熟悉基本定理和公式，注意应用的条件和范围；学会和掌握进行力学分析和解决问题的方法；理解各部分内容和分析问题的方法上的区别和联系。对理论力学基本概念的理解和理论应用能力是通过大量的习题练习逐步加深和提高的。因此，必须认真做一定量的习题以加深理解理论和提高能力。

静力学

静力学是研究物体在力系作用下的平衡条件的科学。

在静力学中，我们主要学习自然界中各种力的共同性质，研究力系的合成、简化及平衡的必要充分条件等。从应用的角度看，必须熟练掌握对物体的受力分析及应用平衡方程进行受力计算。

第1章　静力学基本知识与物体的受力分析

本章将阐述作为静力学理论的几个公理，并阐述在研究静力学时首先遇到的几个基本概念，最后介绍工程中常见的约束和约束力的分析及物体的受力图。

1.1　静力学的基本知识

1.1.1　力的概念

力的概念是人们在生产实践中逐步形成的。**力**是物体之间相互的机械作用。其结果是使物体的运动状态发生变化，同时还能使物体产生变形。物体相互间的机械作用形式是多种多样的，可归纳为两类：一是物体间直接接触作用，如弹力、摩擦力等；二是通过场的相互作用，如万有引力、静电引力等。

实践表明，力对物体的作用效果与力的大小、方向和作用点相关，它们称为力的三要素。因此，力是**矢量**。本书中用黑体字母 $\boldsymbol{F}$ 表示力矢量，而用普通字母 F 表示力的大小。在国际单位制中，力的单位是 N 或 kN。

力系是指作用于物体上的一群力。两个不同的力系，如果它们对同一物体的作用效应完全相同，则这两个力系是等效的，它们互称为**等效力系**。

1.1.2　刚　体

实际物体受力时，其内部各点间的相对距离都要发生改变，这种改变称为**位移**。各点位移累加的结果，使物体的形状和尺寸改变，这种改变称为**变形**。物体变形很小时，变形对物体的运动和平衡的影响甚微，因而在研究力的作用效应时可以忽略不计，这时的物体便可抽象为刚体。

刚体是指物体在力的作用下，其内部任意两点之间的距离始终保持不变的物体。事实上，任何物体在力的作用下都会产生或多或少的变形，因此绝对的刚体并不存在，刚体只是一个理想化的力学模型。

静力学研究的物体只限于刚体，或由若干物体组成的刚体系统。也就是说，静力学研究刚体或刚体系统的平衡问题，所以也称为刚体静力学。

1.1.3 平　衡

平衡是指物体相对于惯性参考系保持静止或作匀速直线平动的状态。在一般工程技术问题中，平衡常常都是指相对于地球表面而言的。例如静止于地面上的房屋、桥梁、水坝等建筑物，在直线轨迹上作匀速运动的列车等，都是处于平衡状态的。平衡是物体机械运动的特殊情况。一切平衡都是相对的、有条件的和暂时的，而运动是绝对的。

1.1.4 静力学研究的两个基本问题

静力学可归结为主要研究两个基本问题：

1. 作用在刚体上的力系的简化（或合成）

用一个比原力系简单的力系等效地替换一个复杂力系的过程，称为**力系的简化**。如果一个力就可以等效地代替原力系，则此力称为原力系的**合力**，而原力系中的诸力称为该力的**分力**。对力系进行简化有利于揭示力系对刚体的作用效应，研究力系的简化既有利于导出力系的平衡条件，又为动力学奠定了必要的基础。

2. 力系的平衡条件及应用

作用于物体的力系使物体处于平衡状态所应满足的条件称为**平衡条件**。研究物体的受力分析、力系的平衡条件，并应用这些平衡条件解决工程技术问题，是静力学的主要内容。

静力学在工程技术中有着广泛的应用，是设计结构、构件和机械零件时静力计算的基础，同时也是学习许多后续课程的基础。

1.2 静力学公理

公理是人们在长期的生活和生产实践过程中总结出来的，又经过实践反复的检验，被确认是符合客观实际的最普遍、最一般的规律。公理无需证明。

1.2.1 公理一　力的平行四边形法则

作用于物体上同一点的两个力，可以合成为一个**合力**。合力的作用点仍在该点，合力的大小和方向，可以由这两个力为边所构成的平行四边形的对角线确定（如图 1-1（a）所示），或者说合力矢等于两个分力矢的矢量和，即：

$$\boldsymbol{F}_{\mathrm{R}} = \boldsymbol{F}_1 + \boldsymbol{F}_2 \tag{1-1}$$

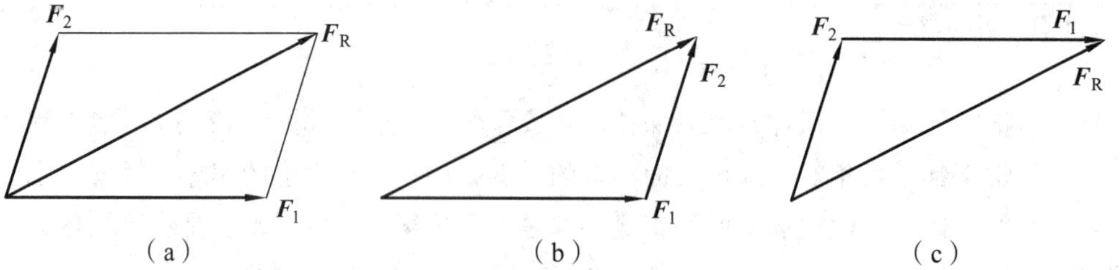

图 1-1

为了简便，作图时可直接将其中一力矢平移到另一力矢的末端，连接首尾两点即可求得合力矢 $\boldsymbol{F}_R$（如图 1-1（b）、（c）所示）。这个三角形称为**力三角形**，这样的作图方法称为力的**三角形法则**。

同样，对于多个力的合成问题，可演变为力多边形，即从点 a 开始，将各分力矢量依次首尾相连，从起始点 a 到该力多边形终点的矢量即为合力（如图 1-2 所示）。

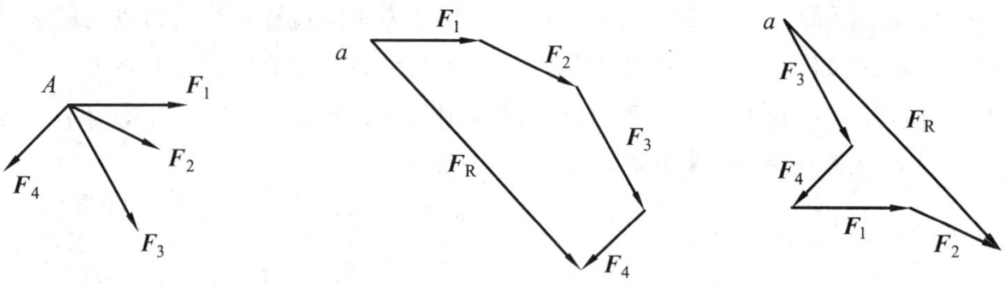

图 1-2

力的平行四边形法则是力系简化的基础，同时，它也是力分解的法则。根据这一法则可将一个力分解为作用于同一点的两个分力。

1.2.2 公理二 二力平衡条件

作用于刚体上的两个力（如 $\boldsymbol{F}_1$ 和 $\boldsymbol{F}_2$），使刚体平衡的必要和充分条件是：这两个力大小相等，方向相反，且作用在同一条直线上（图 1-3）。

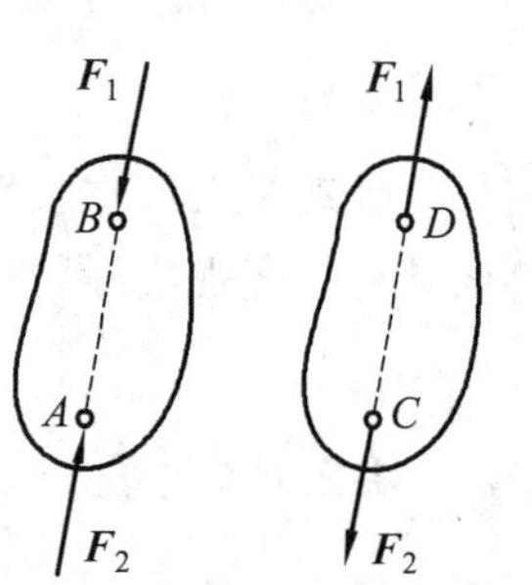

图 1-3

该公理揭示了作用于物体上的最简单的力系在平衡时所必须满足的条件，它是静力学中最基本的平衡条件，是推证力系平衡条件的基础。对于刚体来说，这个条件既是必要的又是充分的，但对于非刚体，这个条件是不充分的。

仅在两点受力作用并处于平衡的构件称为二力构件，简称为二力体。二力体所受的二力必沿此二力作用点的连线，且等值、反向。如果二力构件是一根直杆，则称为二力杆。

应用二力体的概念，可以很方便地判定结构中某些构件的受力方向。如图 1-4 所示三铰刚架，当不计自重时，其 CDE 部分只可能通过铰 C 和铰 E 两点受力，是一个二力构件，故 C，E 两点处的作用力必沿 CE 连线的方向。

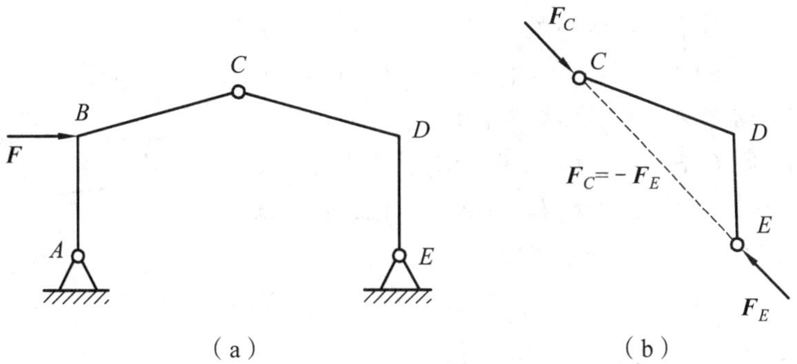

图 1-4

1.2.3　公理三　加减平衡力系原理

在已知力系上，加上或者减去任意一个平衡力系，不改变原力系对刚体的作用。

该公理是研究力系等效替换的重要依据。但应指出，对变形体而言只是必要条件，而非充分条件。

根据上述公理可以导出下列推理。

1. 力的可传递性

作用于刚体上的力，可沿其作用线任意移动，而不会改变它对刚体的作用效应。

证明：在刚体上的点 A 作用力 $\boldsymbol{F}$，如图 1-5（a）所示。根据加减平衡力系原理，可在力的作用线上任取一点 B，并加上两个相互平衡的力 $\boldsymbol{F}_1$ 和 $\boldsymbol{F}_2$，使 $\boldsymbol{F} = -\boldsymbol{F}_1 = \boldsymbol{F}_2$，如图 1-5（b）所示。由于力 $\boldsymbol{F}$ 和 $\boldsymbol{F}_1$ 也是一个平衡力系，故可除去；这样只剩下一个力 $\boldsymbol{F}_2$，如图 1-5（c）所示，即原来的力 $\boldsymbol{F}$ 沿其作用线移到了点 B。

由此可见，对于刚体来说，力的作用点已不是决定力的作用效应的要素，它已为作用线所代替。因此，作用于刚体上的力的**三要素**是：力的大小、方向和作用线。作用于刚体上的力可以沿着作用线移动，这种矢量称为**滑动矢量**。

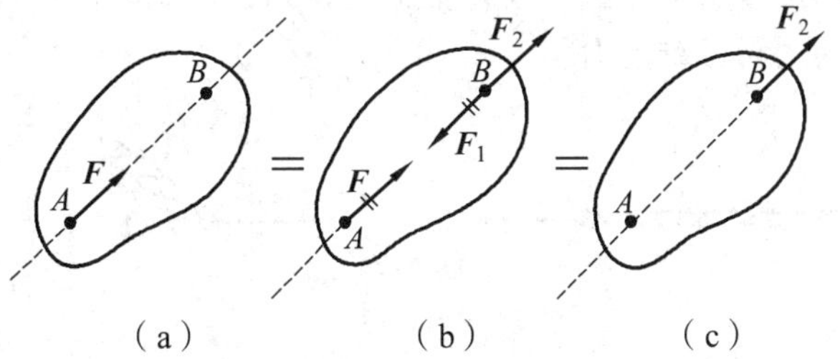

图 1-5

2. 三力平衡汇交定理

作用于刚体上三个相互平衡的力，若其中两个力交于一点，则第三个力必过汇交点，且三力共面，它们组成的力三角形自行封闭。

证明：如图 1-6 所示，在刚体的三点 A，B，C 上，分别作用三个相互平衡的力 $\boldsymbol{F}_1$，$\boldsymbol{F}_2$，$\boldsymbol{F}_3$。根据力的可传性，将力 $\boldsymbol{F}_1$ 和 $\boldsymbol{F}_2$ 移到汇交点 O，然后根据力的平行四边形法则，得合力 $\boldsymbol{F}_{12}$。则力 $\boldsymbol{F}_3$ 应与 $\boldsymbol{F}_{12}$ 平衡。由于两个力平衡必须共线，所以力 $\boldsymbol{F}_3$ 必定与力 $\boldsymbol{F}_1$ 和 $\boldsymbol{F}_2$ 共面，且其作用线通过力 $\boldsymbol{F}_1$ 与 $\boldsymbol{F}_2$ 的交点 O。于是定理得证。

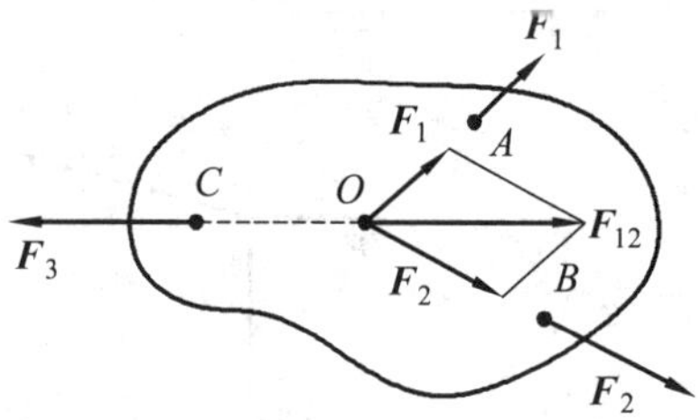

图 1-6

1.2.4 公理四 作用与反作用定律

作用力和反作用力总是同时存在，两力的大小相等，方向相反，沿同一直线，分别作用在两个相互作用的物体上。作用力与反作用力分别用 $\boldsymbol{F}$，$\boldsymbol{F}'$表示，则：

$$\boldsymbol{F} = -\boldsymbol{F}'$$

此公理概括了物体间相互作用的关系，表明作用力和反作用力总是成对出现的。由于作用力与反作用力分别作用在两个物体上，因此，不能视做平衡力系。

作用与反作用定律，对于刚体和变形体都是同样适用的。

1.2.5 公理五 刚化原理

变形体在某力系作用下处于平衡，则将此变形体刚化为刚体，其平衡状态保持不变。

这个公理指出，刚体的平衡条件，对于变形体的平衡也是必要的。因此可将刚体的平衡条件应用到变形体的平衡问题中去，从而扩大刚体静力学的应用范围。

必须指出，刚化为刚体的平衡条件，只是变形体的必要条件，而非充分条件。例如图 1-7 所示，绳索在等值、反向、共线的两个拉力作用下处于平衡。如将绳索刚化为刚体，其平衡状态保持不变，若绳索在两个等值、反向、共线的压力的作用下并不能平衡，此时绳索就不能刚化为刚体。

静力学全部理论都可以由上述五个公理推证而得到，这既能保证理论体系的完整和严密性，又可以培养读者的逻辑思维能力。

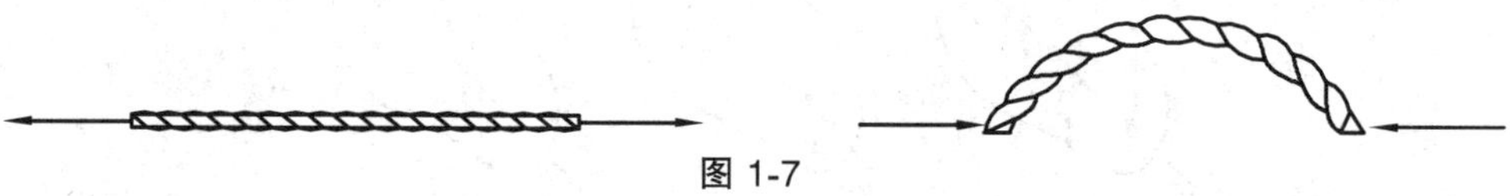
图 1-7

1.3 力在坐标轴上的投影

在理论力学的计算中，常常需要计算力以及其他各种矢量（如力矩、力偶矩、速度、加速度、动量、冲量、动量矩等）在轴上（特别是在直角坐标轴上）的投影。关于矢量在轴上投影的问题，数学中已讨论过，但为了今后应用方便起见，我们再通过力这一矢量来说明它。

1.3.1 力在轴上的投影

已知 $\boldsymbol{F}$ 和 x 轴，且二者之间的夹角为 α（如图 1-8 所示）。现分别从力的始末两端做 x 轴的垂线，得垂足 a、b。线段 ab 就是力 $\boldsymbol{F}$ 在 x 轴上的投影，用 F_x 表示。力在轴上的投影是**代数量**，其正负号规定：从 a 到 b 的指向与轴的正向相同为正，反之为负。故力在 x 轴上的投影为：

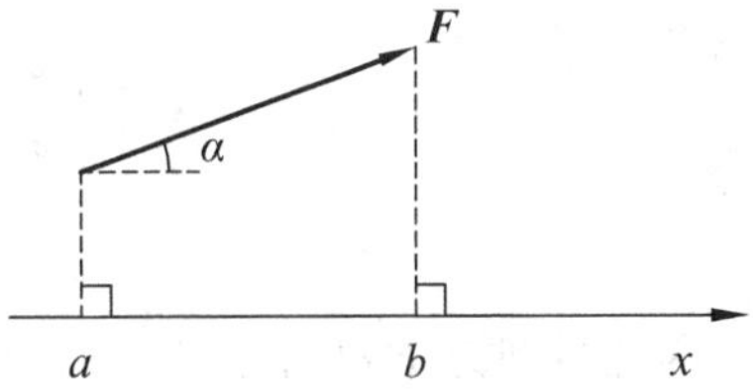

图 1-8

$$F_x = F\cos\alpha \tag{1-2}$$

即力在轴上的投影的大小等于力的模与力和投影轴正向夹角的余弦的乘积。

1.3.2 力在直角坐标轴上的投影

1. 直接投影法

已知空间力 $\boldsymbol{F}$ 和直角坐标 $Oxyz$，力 $\boldsymbol{F}$ 与坐标轴 x，y，z 的夹角分别为 α，β，γ，如图 1-9 所示，可用直接投影法将力投影在三个直角坐标轴上：

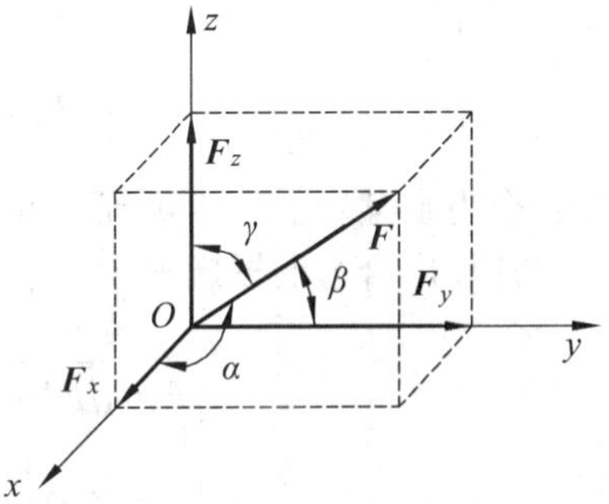

图 1-9

$$\begin{cases} F_x = F\cos\alpha \\ F_y = F\cos\beta \\ F_z = F\cos\gamma \end{cases} \tag{1-3}$$

上式称为直接投影法或一次投影法。F_x、F_y、F_z 都是代数量。

2. 二次投影法

已知空间力 $\boldsymbol{F}$ 和坐标 $Oxyz$，力 $\boldsymbol{F}$ 与 z 轴的夹角为 γ，力 $\boldsymbol{F}$ 在 Oxy 平面上的投影 $\boldsymbol{F}_{xy}$ 与 x 轴的夹角为 φ，则可用二次投影法先将力投影到 Oxy 平面上得 $\boldsymbol{F}_{xy}$，再将 $\boldsymbol{F}_{xy}$ 分别投影到 x，y 轴上，如图 1-10 所示，得到力 $\boldsymbol{F}$ 在三直角坐标轴上的投影为：

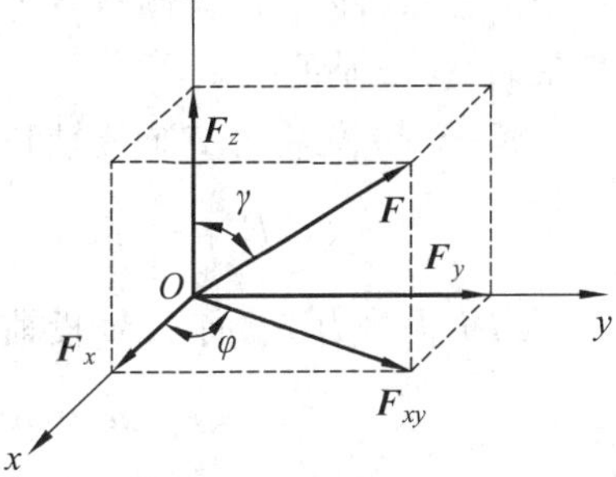

图 1-10

$$\begin{cases} F_x = F\sin\gamma\cos\varphi \\ F_y = F\sin\gamma\sin\varphi \\ F_z = F\cos\gamma \end{cases} \tag{1-4}$$

上式称为二次投影式。这种方法称为二次投影法。二次投影法的表达式非常实用，它在解决工程实际问题中用得非常普遍。

3. 力沿直角坐标轴分解的解析表达式

已知力 $\boldsymbol{F}$ 和其在直角坐标轴上的正交分量 $\boldsymbol{F}_x$，$\boldsymbol{F}_y$，$\boldsymbol{F}_z$，则有：

$$\boldsymbol{F}=\boldsymbol{F}_x+\boldsymbol{F}_y+\boldsymbol{F}_z \tag{1-5}$$

若以 $\boldsymbol{i}$，$\boldsymbol{j}$，$\boldsymbol{k}$ 分别表示沿 x，y，z 轴的单位矢量，如图 1-11 所示，则有：

$$\begin{cases}\boldsymbol{F}_x=F_x\boldsymbol{i}\\ \boldsymbol{F}_y=F_y\boldsymbol{j}\\ \boldsymbol{F}_z=F_z\boldsymbol{k}\end{cases} \tag{1-6}$$

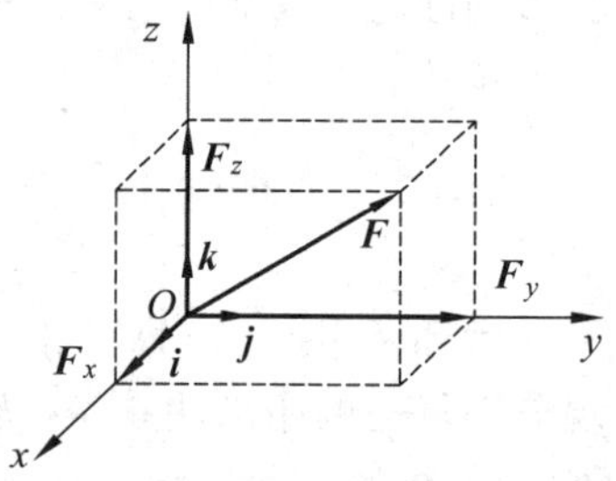

图 1-11

因此得到力 $\boldsymbol{F}$ 沿直角坐标轴的解析表达式：

$$\boldsymbol{F}=F_x\boldsymbol{i}+F_y\boldsymbol{j}+F_z\boldsymbol{k} \tag{1-7}$$

在上式中，首先要严格区分力沿坐标轴的分量和力在此轴上的投影这两个截然不同的概念。力的分量是矢量而力在坐标轴上的投影是代数量；其次只有在直角坐标系中，力在轴上的投影大小才和力沿该轴的分量大小相等，而在斜坐标系中则没有此相等关系。

将式（1-7）这种关系推广到一般情况，设若已知力 $\boldsymbol{F}_{\mathrm{R}}$ 是力系 $\boldsymbol{F}_1$，$\boldsymbol{F}_2$，…，$\boldsymbol{F}_n$ 的合力，即 $\boldsymbol{F}_{\mathrm{R}}=\sum\limits_{i=1}^{n}\boldsymbol{F}_i$，为书写方便，以后常将 $\sum\limits_{i=1}^{n}$ 简写成 $\sum$，将上式投影到各坐标轴上，得：

$$F_x=\sum F_{xi},\quad F_y=\sum F_{yi},\quad F_z=\sum F_{zi}$$

即：合力在某轴上的投影等于各分力在此轴上投影的代数和，这就是**合力投影定理**。

计算出合力的投影 $F_{\mathrm{R}x}$，$F_{\mathrm{R}y}$ 和 $F_{\mathrm{R}z}$ 后，就可以计算合力的大小和方向，即：

$$\begin{cases}F=\sqrt{F_x^2+F_y^2+F_z^2}=\sqrt{\left(\sum F_{xi}\right)^2+\left(\sum F_{yi}\right)^2+\left(\sum F_{zi}\right)^2}\\ \cos(\boldsymbol{F},\boldsymbol{i})=\dfrac{F_x}{F},\quad \cos(\boldsymbol{F},\boldsymbol{j})=\dfrac{F_y}{F},\quad \cos(\boldsymbol{F},\boldsymbol{k})=\dfrac{F_z}{F}\end{cases} \tag{1-8}$$

注意：力 $\boldsymbol{F}$ 是矢量，所以其沿坐标轴 x，y，z 的分量 $\boldsymbol{F}_x$，$\boldsymbol{F}_y$，$\boldsymbol{F}_z$ 也是矢量，它们有大小、方向、作用线。而力在坐标轴上的投影 F_x，F_y，F_z 是代数量。只有在直角坐标系中，力沿轴方向的分量的大小才与力在该轴上的投影值相等。

例 1-1 图 1-12 所示的斜齿圆柱齿轮，其上受啮合力 $\boldsymbol{F}$ 的作用。已知斜齿轮的齿倾角 β（螺旋角）和压力角 α，试求力 $\boldsymbol{F}$ 在 x，y，z 轴的投影。

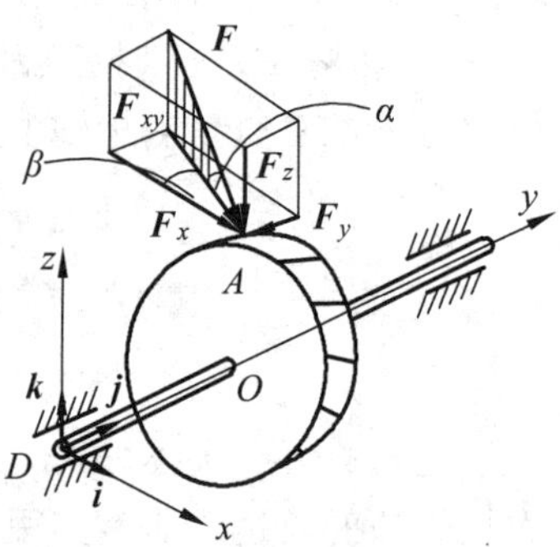

图 1-12

解：（1）先将力 $\boldsymbol{F}$ 向 z 轴和 Oxy 平面投影，得：

$$F_z=-F\sin\alpha,\quad F_{xy}=F\cos\alpha$$

（2）再将力 $\boldsymbol{F}_{xy}$ 向 x，y 投轴影，得：

$$F_x=F_{xy}\cos\beta=F\cos\alpha\cos\beta$$

$$F_y=-F_{xy}\sin\beta=-F\cos\alpha\sin\beta$$

1.4　力对点之矩

在一般情况下，力对刚体的作用可以产生移动和转动两种外效应。其中：力对刚体的移动效应可用力矢来度量；而力对刚体的转动效应可用力对点的矩（简称力矩）来度量，即力矩是度量力对刚体转动效应的物理量。

1.4.1　力对点的矩

如图 1-13 所示，力 $\boldsymbol{F}$ 与点 O 位于同一平面内，点 O 称为矩心，点 O 到力的作用线的垂直距离 h 称为力臂，力作用线与矩心所在平面称为力矩作用面。

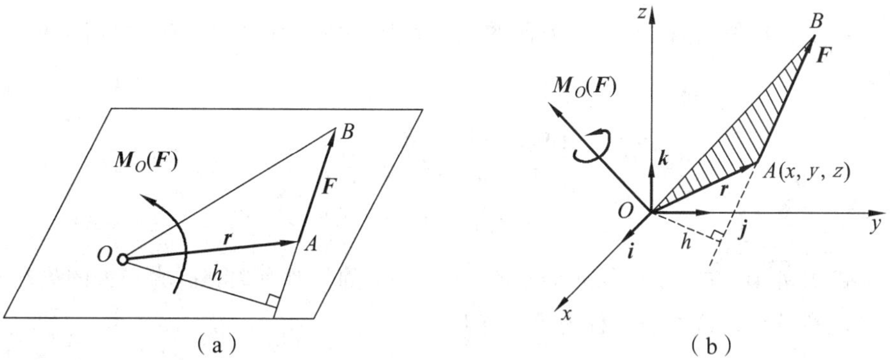

图 1-13

1. 力　矩

在平面问题中，力对点的矩定义如下：**力对点之矩**是一个代数量，它的绝对值等于力的大小与力臂的乘积，它的正负可按下法确定：力使物体绕矩心逆时针转向时为正，反之为负。力 $\boldsymbol{F}$ 对 O 点之矩用字母 $M_O(\boldsymbol{F})$ 表示，即：

$$M_O(\boldsymbol{F}) = \pm Fh = \pm 2A_{\triangle OAB} \tag{1-9}$$

其中 $A_{\triangle OAB}$ 为三角形 OAB 的面积，如图 1-13（a）所示。

2. 力矩矢

在空间问题中，力对点的矩是矢量。不仅要考虑力矩的大小、转向，而且还要注意力与矩心所组成的平面（力矩作用面）的方位。方位不同即使力矩大小一样，作用效果将完全不同，这三个因素可以用力矩矢 $\boldsymbol{M}_O(\boldsymbol{F})$ 来描述。其中：矢量的模即 $|\boldsymbol{M}_O(\boldsymbol{F})| = \pm Fh = \pm 2A_{\triangle OAB}$；矢量的方位和力矩作用面的法线方向相同；矢量的指向按右手螺旋法则来确定，如图 1-13（b）所示。

由图 1-13（b）可以看出，以 $\boldsymbol{r}$ 表示力作用点 A 的矢径，则矢积 $\boldsymbol{r}\times\boldsymbol{F}$ 的模等于△OAB 面

积的两倍，其方向与力矩矢一致。因此可得：

$$\boldsymbol{M}_O(\boldsymbol{F})=\boldsymbol{r}\times\boldsymbol{F} \tag{1-10}$$

上式为力对点的矩的矢积表达式，即：力对点的矩矢等于矩心到该力作用点的矢径与该力的矢量积。

若以矩心 O 为原点，做空间直角坐标系 $Oxyz$ 如图 1-13（b）所示。设力作用点 A 的坐标为 A（x，y，z），力在三个坐标轴上的投影分别为 F_x，F_y，F_z，则矢径 $\boldsymbol{r}$ 和力 $\boldsymbol{F}$ 分别为：

$$\boldsymbol{r}=x\boldsymbol{i}+y\boldsymbol{j}+z\boldsymbol{k}$$

$$\boldsymbol{F}=F_x\boldsymbol{i}+F_y\boldsymbol{j}+F_z\boldsymbol{k}$$

代入式（1-10），并采用行列式形式，得：

$$\boldsymbol{M}_O(\boldsymbol{F})=\boldsymbol{r}\times\boldsymbol{F}=\begin{vmatrix}\boldsymbol{i} & \boldsymbol{j} & \boldsymbol{k}\\ x & y & z\\ F_x & F_y & F_z\end{vmatrix}=(yF_z-zF_y)\boldsymbol{i}+(zF_x-xF_z)\boldsymbol{j}+(xF_y-yF_x)\boldsymbol{k} \tag{1-11}$$

由上式可知，单位矢量 $\boldsymbol{i}$，$\boldsymbol{j}$，$\boldsymbol{k}$ 前面的三个系数，应分别表示力矩矢 $\boldsymbol{M}_O(\boldsymbol{F})$ 在三个坐标轴上的投影，即：

$$\begin{cases}[\boldsymbol{M}_O(\boldsymbol{F})]_x=yF_z-zF_y\\ [\boldsymbol{M}_O(\boldsymbol{F})]_y=zF_x-xF_z\\ [\boldsymbol{M}_O(\boldsymbol{F})]_z=xF_y-yF_x\end{cases} \tag{1-12}$$

由于力矩矢量 $\boldsymbol{M}_O(\boldsymbol{F})$ 的大小和方向都与矩心 O 的位置有关，故力矩矢的矢端必须在矩心，不可以任意挪动，这种矢量称为定位矢量。

1.4.2　力对轴的矩

工程中，经常遇到刚体绕定轴转动的情形，为了度量力对绕定轴转动刚体的作用效果，必须了解力对轴的矩的概念。

在刚体上 A 点作用一力 $\boldsymbol{F}$，此力使刚体绕固定轴 z 转动，如图 1.14（a）所示。在直角坐标系中，将力分解为两个互相垂直的分力 $\boldsymbol{F}_z$ 与 $\boldsymbol{F}_{xy}$，其中 $\boldsymbol{F}_z$ 平行于 z 轴，$\boldsymbol{F}_{xy}$ 在垂直 z 轴的平面内。分力 $\boldsymbol{F}_z$ 只能使刚体沿 z 轴方向移动而不能使刚体绕 z 轴转动，只有分力 $\boldsymbol{F}_{xy}$ 才能使刚体绕 z 轴转动。$\boldsymbol{F}_{xy}$ 对 z 轴的矩，实际上就是 $\boldsymbol{F}_{xy}$ 对 z 轴与 Oxy 面交点 O 的矩，该量也就是原力 $\boldsymbol{F}$ 对 z 轴的矩，即：

$$M_z(\boldsymbol{F})=M_O(\boldsymbol{F}_{xy})=xF_y-yF_x$$

同理，可求得该力对另外两个坐标轴的矩，将此三式合写为：

$$\begin{cases}M_x(\boldsymbol{F})=yF_z-zF_y\\ M_y(\boldsymbol{F})=zF_x-xF_z\\ M_z(\boldsymbol{F})=xF_y-yF_x\end{cases} \tag{1-13}$$

力对轴的矩是力使刚体绕该轴转动效果的度量，是一个代数量，其绝对值等于此力在垂直于该轴的平面上的投影对于平面与该轴的交点之矩。其正负号如下规定：从 z 轴正端来看，若力的这个投影使物体绕该轴逆时针转动，则取正号，反之取负号。也可按右手螺旋法则确定其正负号，如图 1.14（b）所示，拇指指向与轴一致为正，反之为负。

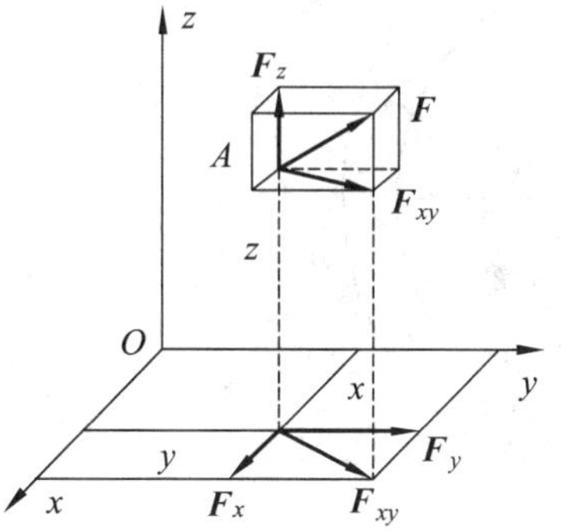

（a）

（b）

图 1-14

力对轴的矩等于零的情况：① 力与轴相交，即 $h=0$；② 力与轴平行，即$|\boldsymbol{F}_{xy}|=0$。也就是说，当力与轴在同一平面时，力对该轴的矩等于零。

力对轴的矩的单位为 N·m。

1.4.3 力对点的矩与力对过该点的轴之矩的关系

比较式（1-12）与式（1-13），可得：

$$\begin{cases}[\boldsymbol{M}_O(\boldsymbol{F})]_x = M_x(\boldsymbol{F})\\ [\boldsymbol{M}_O(\boldsymbol{F})]_y = M_y(\boldsymbol{F})\\ [\boldsymbol{M}_O(\boldsymbol{F})]_z = M_z(\boldsymbol{F})\end{cases} \tag{1-14}$$

上式说明：力对点的矩矢在通过该点的某轴上的投影，等于力对该轴的矩。式（1-14）建立了力对点的矩与力对轴的矩之间的关系。

如果力对通过点 O 的直角坐标轴 x，y，z 的矩是已知的，则可求得该力对点 O 的矩的大小和方向余弦为：

$$\begin{cases}|\boldsymbol{M}_O(\boldsymbol{F})| = |\boldsymbol{M}_O| = \sqrt{[M_x(\boldsymbol{F})]^2 + [M_y(\boldsymbol{F})]^2 + [M_z(\boldsymbol{F})]^2}\\ \cos(\boldsymbol{M}_O,\boldsymbol{i}) = \dfrac{M_x(\boldsymbol{F})}{|\boldsymbol{M}_O(\boldsymbol{F})|}\\ \cos(\boldsymbol{M}_O,\boldsymbol{j}) = \dfrac{M_y(\boldsymbol{F})}{|\boldsymbol{M}_O(\boldsymbol{F})|}\\ \cos(\boldsymbol{M}_O,\boldsymbol{k}) = \dfrac{M_z(\boldsymbol{F})}{|\boldsymbol{M}_O(\boldsymbol{F})|}\end{cases} \tag{1-15}$$

例 1-2 如图 1-15 所示圆柱直齿轮，受到啮合力 $\boldsymbol{F}$ 的作用。设 $F = 1\,400$ N。压力角 $\alpha = 20°$，齿轮的节圆（啮合圆）的半径 $r = 60$ mm。试计算力 $\boldsymbol{F}$ 对于轴心 O 的力矩。

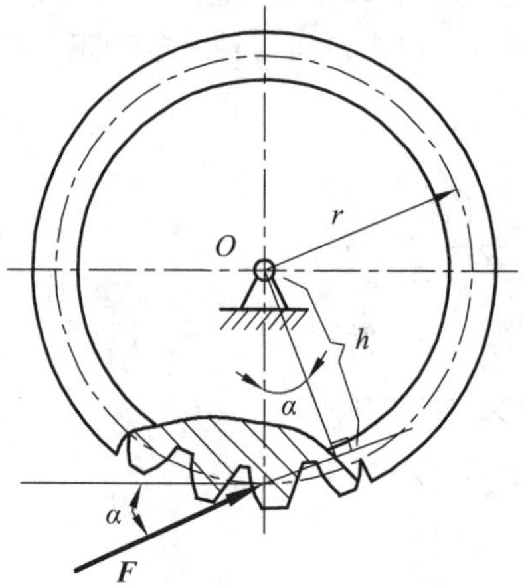

图 1-15

解：计算力 $\boldsymbol{F}$ 对点 O 的矩，可直接按力矩的定义求得，即：

$$M_O(\boldsymbol{F}) = F \cdot h = Fr\cos\alpha = 1\,400\ \mathrm{N} \cdot 60 \times 10^{-3}\ \mathrm{m} \cdot \cos 20° = 78.93\ \mathrm{N \cdot m}$$

例 1-3 手柄 $ABCE$ 在平面 Axy 内，在 D 处作用一个力 $\boldsymbol{F}$，如图 1-16 所示，它在垂直于 y 轴的平面内，偏离铅直线的角度为 θ。如果 $CD = a$，杆 BC 平行于 x 轴，杆 CE 平行于 y 轴，AB 和 BC 的长度都等于 l，试求力 $\boldsymbol{F}$ 对 x，y，z 三轴的矩。

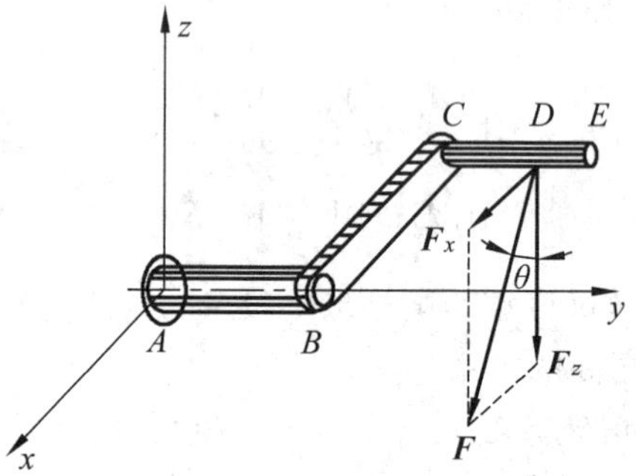

图 1-16

解：力 $\boldsymbol{F}$ 在 x，y，z 轴上的投影为：

$$F_x = F\sin\theta,\quad F_y = 0,\quad F_z = -F\cos\theta$$

力作用点 D 的坐标为：

$$x = -l,\ y = l + a,\ z = 0$$

代入式（1-13），得：

$$M_x(\boldsymbol{F}) = yF_z - zF_y = (l+a)(-F\cos\theta) - 0 = -F(l+a)\cos\theta$$
$$M_y(\boldsymbol{F}) = zF_x - xF_z = 0 - (-l)(-F\cos\theta) = -Fl\cos\theta$$
$$M_z(\boldsymbol{F}) = xF_y - yF_x = 0 - (l+a)(F\sin\theta) = -F(l+a)\sin\theta$$

本题亦可直接按力对轴之矩的定义计算。

1.4.4 合力矩定理

设 $\boldsymbol{F}_{\mathrm{R}}$ 是作用于点的诸力 $\boldsymbol{F}_1$，$\boldsymbol{F}_2$，…，$\boldsymbol{F}_n$ 的合力，即：

$$\boldsymbol{F}_{\mathrm{R}} = \sum \boldsymbol{F}_i$$

以 A 点之矢径 $\boldsymbol{r}$ 叉乘上式各项得：

$$\boldsymbol{r}\times\boldsymbol{F}_{\mathrm{R}} = \sum \boldsymbol{r}\times\boldsymbol{F}_i$$

或

$$\boldsymbol{M}_O(\boldsymbol{F}_{\mathrm{R}}) = \sum \boldsymbol{M}_O(\boldsymbol{F}_i) \tag{1-16}$$

此结果表明：合力对任一点之矩等于各分力对同一点之矩的矢量和。

对平面任意力系，由于力对点之矩是一个代数量，则**合力矩定理**表示为：

$$M_O(F_{\mathrm{R}}) = \sum M_O(F_i) \tag{1-17}$$

即合力对作用面内任一点的矩等于力系中各力对同一点之矩的代数和。

例 1-4 利用合力矩定理计算例 1-2 中力 $\boldsymbol{F}$ 对于轴心 O 的力矩。

解：由合力矩定理，将力 $\boldsymbol{F}$ 分解为圆周力 $\boldsymbol{F}_{\mathrm{t}}$ 和径向力 $\boldsymbol{F}_{\mathrm{r}}$（图 1-17（b）），由于径向力 $\boldsymbol{F}_{\mathrm{r}}$ 通过矩心 O，则：

$$M_O(\boldsymbol{F}) = M_O(\boldsymbol{F}_{\mathrm{t}}) + M_O(\boldsymbol{F}_{\mathrm{r}}) = M_O(\boldsymbol{F}_{\mathrm{t}}) = F\cos\alpha\cdot r = 78.93\ \mathrm{N\cdot m}$$

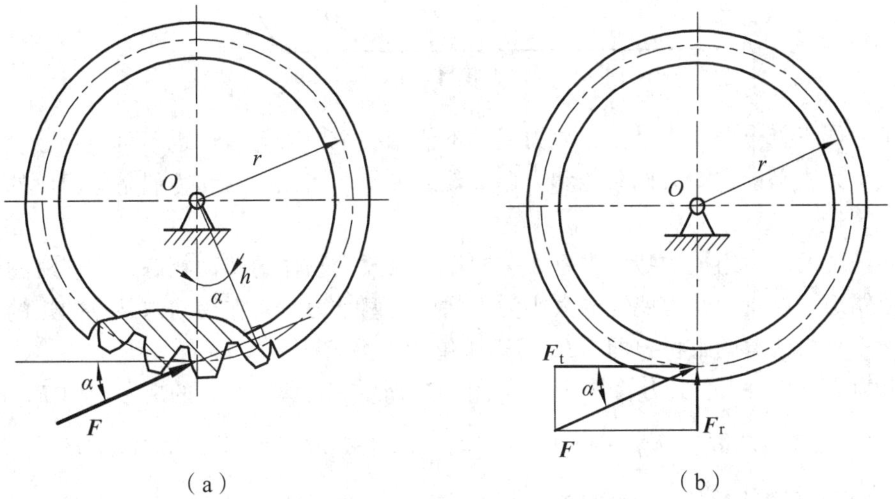

图 1-17

1.5 平面力偶

1.5.1 力偶与力偶矩

在生活和生产实践中，我们经常会见到两个大小相等反向不共线的平行力作用于物体的情形，例如汽车司机用双手转动驾驶盘（图 1-18），钳工用丝锥攻螺纹（图 1-19）以及人们用手指拧水龙头，等等。等值反向平行力的矢量和显然等于零，但是由于它们不共线而不能相互平衡，它们能使物体改变转动状态。这种由两个大小相等、方向相反且不共线的平行力组成的力系，称为**力偶**。如图 1-20 所示，记做（$\boldsymbol{F}$，$\boldsymbol{F'}$）。力偶的两力之间的垂直距离 d 称为**力偶臂**，力偶所在的平面称为**力偶的作用面**。

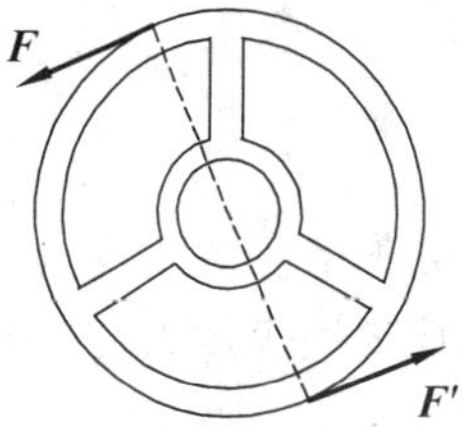

图 1-18

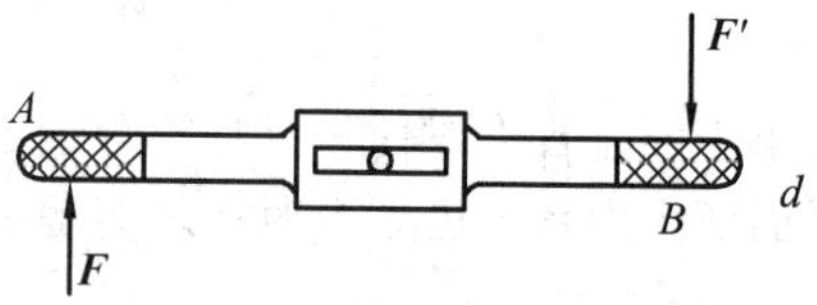

图 1-19

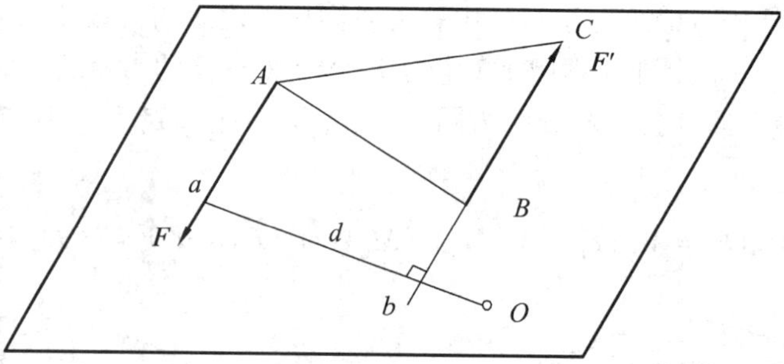

图 1-20

由于力偶不能合成为一个力，故力偶也不能用一个力来等效，也不可能存在合力，也不可能用一个力去平衡它，力偶只能和力偶等效或平衡。因此，力和力偶是静力学的两个基本要素。

力偶是由两个力组成的特殊力系，它的作用只改变物体的转动状态，力偶对物体的转动效应用力偶矩来度量。其力偶矩的大小为力偶中的两个力对其作用面内某点的矩的代数和，其值等于力与力偶臂的乘积，即 Fd，与矩心位置无关。

设有力偶（$\boldsymbol{F}$，$\boldsymbol{F'}$），其力偶臂为 d，如图 1-20 所示。力偶对点 O 的矩为 M_O（$\boldsymbol{F}$，$\boldsymbol{F'}$），则：

$$M_O(\boldsymbol{F},\boldsymbol{F}') = M_O(\boldsymbol{F}) + M_O(\boldsymbol{F}') = F \cdot aO - F' \cdot bO = F \cdot (aO - bO) = Fd$$

矩心 O 是任意选取的，由此可知力偶的作用效应决定于力的大小和力偶臂的长短，与矩心位置无关。

力偶在平面内的转向不同，其作用效应也不相同。因此，平面力偶对物体的作用效应由力偶矩的大小和力偶在作用面内的转向两个因素决定。平面力偶矩为代数量，以 M 或 $M(\boldsymbol{F}, \boldsymbol{F}')$ 表示，即：

$$M = \pm Fd = 2A_{\triangle ABC} \tag{1-18}$$

于是可得结论：力偶矩是一个代数量，其绝对值等于力的大小与力偶臂的乘积，正负号表示力偶的转向，一般以逆时针转向为正，反之则为负。

力偶矩的单位与力矩相同，也是 N·m。

1.5.2 平面力偶等效定理

由于力偶的作用面只改变物体的转动状态，而力偶对物体的转动效应是用力偶矩来度量的，因此可得如下的定理。

定理：在同平面内的两个力偶，如果力偶矩相等，转向相同，则两个力偶彼此等效。

定理给出了在同一平面内力偶的等效条件。由此可得结论：

（1）任一力偶可以在它的作用面内任意移动，而不改变它对刚体的作用。因此，力偶对刚体的作用与力偶在其作用面内的位置无关。

（2）只要保持力偶矩的大小和力偶的转向不变，可以同时改变力偶中力的大小和力偶臂的长短，而不改变力偶对刚体的作用。

由此可见，力偶的臂和力的大小都不是力偶的特征量，只有力偶矩是平面力偶作用的唯一度量。因而通常用图 1-21 所示的符号表示力偶，M 为力偶矩。

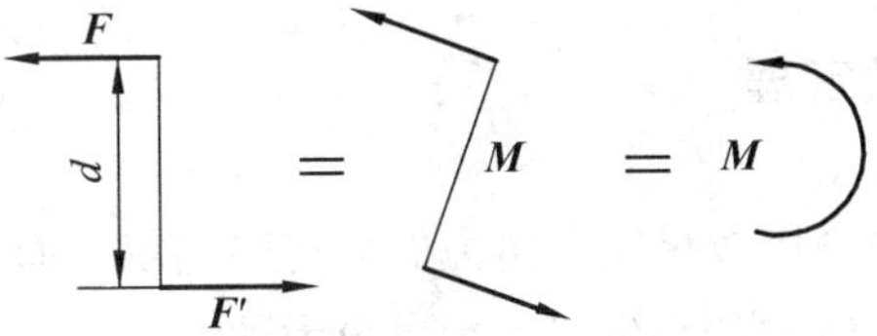

图 1-21

1.6 空间力偶

1.6.1 力偶矩矢

空间力偶对刚体的作用效应，可用力偶矩矢来度量，即用力偶中的两个力对空间某点之矩的矢量和来度量。设有空间力偶（$\boldsymbol{F}$，$\boldsymbol{F}'$），其力偶臂为 d，如图 1-22（a）所示。力偶对空间任一点 O 的矩矢为 $\boldsymbol{M}_O(\boldsymbol{F}, \boldsymbol{F}')$，则有：

$$M_O(F, F') = M_O(F) + M_O(F') = r_A \times F + r_B \times F'$$

由于 $F' = -F$ ，得：

$$M_O(F, F') = (r_A - r_B) \times F = r_{BA} \times F \text{（或 } r_{BA} \times F'\text{）}$$

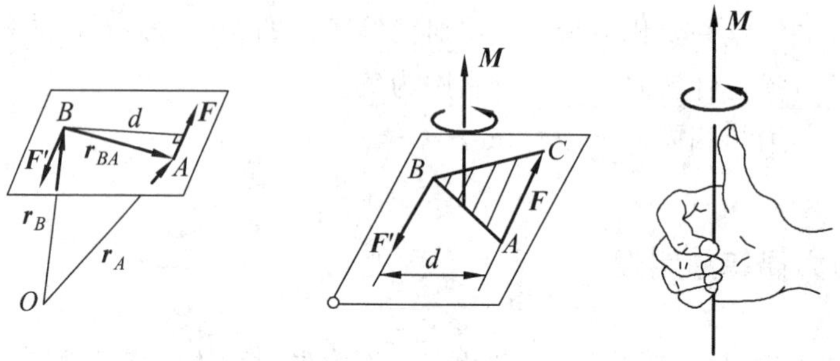

（a）　（b）　（c）

图 1-22

因此，力偶对空间任一点的矩矢与矩心无关，以记号 $M(F, F')$ 或 M 表示力偶矩矢，则：

$$M = r_{BA} \times F \tag{1-19}$$

由于矢 M 无须确定矢量的初端位置，这样的矢量称为自由矢量，如图 1-22（b）所示。

总之，空间力偶对刚体的作用效果决定于下列三个因素：① 矢量的模，即力偶矩大小 $M = Fd = 2A_{\triangle ABC}$（图 1-22（b））；② 矢量的方位与力偶作用面相垂直（图 1-22（b））；③ 矢量的指向与力偶的转向的关系服从右手螺旋法则，如图 1-22（c）所示。

1.6.2 空间力偶等效定理

由于空间力偶对刚体的作用效果完全由力偶矩矢来确定，而力偶矩矢是自由矢量，因此两个空间力偶不论作用在刚体的什么位置，也不论力的大小、方向及力偶臂的大小，只要力偶矩矢相等就等效。这就是空间力偶等效定理，即作用在同一刚体上的两个空间力偶，如果其力偶矩矢相等，则它们彼此等效。

这一定理表明：空间力偶可以平移到与预期作用面平行的任意平面上而不改变力偶对刚体的作用效果。例如用螺丝刀拧螺钉时，只要力偶矩的大小和力偶的转向不变，长螺丝刀或短螺丝刀的效果是一样的。也可以同时改变力与力偶臂的大小或将力偶在其作用面内任意移动，只要力偶矩矢的大小、方向不变，其作用效果就不变。可见，力偶矩矢是空间力偶作用效果的唯一度量。

例 1-5 图 1-23 为一电动铰车简图。盘 C 上受到电动机传来的矩为 1 000 kN·m 的力偶作用，从而通过铰盘 D 吊起 $P = 5\,000$ kN 的重物 E。设 $l = 1$ m，$r = 0.3$ m。求重力 $\boldsymbol{P}$ 和力偶在图示坐标轴上的投影以及对各坐标轴的矩。

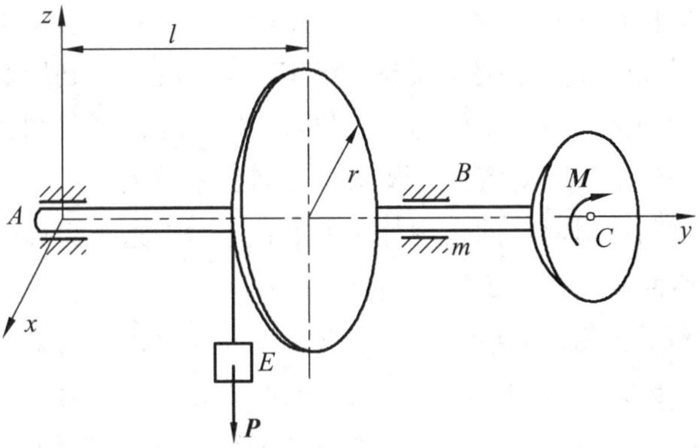

图 1-23

解：先求各力在三个坐标轴上的投影。根据力偶的性质可知此力偶在各坐标轴上的投影均为零。而力铅垂向下，故有：

$$P_x = P_y = 0$$
$$P_z = -P = -5\,000\ \text{kN}$$

再求各力对三个坐标轴的矩。由于力偶作用在盘 C 的平面内，其力偶矩矢 $\boldsymbol{M}$ 沿 y 轴并指向 y 轴负向。由力偶性质知此力偶对 x 轴和 z 轴的矩必为零，而对 y 轴的矩则为：

$$M_y = -M = -1\,000\ \text{kN}\cdot\text{m}$$

而力 $\boldsymbol{P}$ 对各坐标轴的矩则为：

$$M_x(\boldsymbol{P}) = -Pl = -5\,000\times1 = -5\,000\ (\text{kN}\cdot\text{m})$$
$$M_y(\boldsymbol{P}) = Pr = 5\,000\times0.3 = 1\,500\ (\text{kN}\cdot\text{m})$$
$$M_z(\boldsymbol{P}) = 0$$

1.7 约束和约束力

1.7.1 自由体与非自由体·约束与约束力

位移不受限制的物体称为**自由体**。例如飞行的飞机、炮弹、绕地球运行的人造地球卫星等都是自由体。但是，还有一类物体，它们在空间不可能具有任意的位移，而只能具有某些位移，或甚至完全不可能有任何位移，像这样位移受到限制的物体称为**非自由体**。在工程实际问题中所遇到的各种物体，几乎都是非自由体。例如车床主轴只能绕其轴线转动，发动机汽缸中的活塞只能在汽缸内往复移动，而管道和支架、建筑结构等则不能产生任何位移。

非自由体之所以不可能在空间具有任意的运动，是由于它们总是以某种形式与周围其他物体相联系，使其某些位移受到周围这些物体的限制。例如：车床主轴与轴承相互联系，主轴受到轴承的限制而只能转动；管道支架与墙壁相联系，支架受到墙的限制而不可能产生任何位移。在力学中，我们把对非自由体的某些位移起限制作用的周围物体称为**约束**。如对车床主轴而言，轴承就是约束；而对管道支架来说，墙就是约束。

从力学角度来看，约束对物体的作用，实际上就是力，这种力称为约束力。因此，**约束力的方向必与该约束所能够阻碍的位移方向相反**。

由于约束的作用是阻止物体某些位移的实现，因此当物体沿约束所能阻止的位移方向有运动趋势时，即物体对约束有作用力时，约束才能给物体以约束力。而当物体沿约束所能阻止的方向无运动趋势时，虽有约束存在，也不会产生约束力。即约束力是一种**被动力**。应用这个准则，可以确定约束力的方向或作用线的位置。至于约束力的大小则是未知的。

与被动的约束力相对应的另一类力称为**主动力**。主动力与约束力不同，它与物体受力以及约束条件等无关，而是可以独立地预先给定。主动力可以使物体运动或产生运动趋势，如拉力、推力、重力、风力等。而约束力则永远是被动的，它不可能预先独立地给定，也不可能使物体产生运动或运动趋势，而是由物体的受力和运动情况以及约束情况而定。

在静力学问题中，约束力和物体受的主动力组成平衡力系，因此可用平衡条件求出未知的约束力。

1.7.2 工程中常见的约束类型及约束力方向

上面说明了确定约束力的一般原则和方法。但在解决实际问题时，如果每个具体约束都要用上述一般原则去分析，是不方便的。而且很多实际的约束，其具体形式和结构虽不一样，从约束的力学作用来看，即从其所阻止的物体的位移这方面来看，它们是属于同一类型的约束。因此，为使今后分析简便，下面介绍几种工程实际中常见的基本约束类型及其约束力的分析。

1. 柔索约束

柔索是指绳索、链条、胶带等这类能承受很大的拉力，而对压缩和弯曲的抵抗能力很差的约束，称为柔性约束或挠性约束。根据“柔性”这一特点，容易判断，柔索对物体的约束作用，只能阻止物体沿柔索伸长方向的运动，也只能承受拉力。因此，绳索对物体的约束力，作用在接触点，方向沿着绳索背离物体。通常用 $\boldsymbol{F}$ 或 $\boldsymbol{F}_T$ 表示这类约束力。

例如图 1-24（a）中用钢索吊起重为 $\boldsymbol{P}$ 的钢梁。钢索对挂钩和钢梁作用的力，就可按柔索的约束力进行分析。各力分别示于图 1-24（b）。又如图 1-25 的皮带传动装置中的皮带，也属于柔索这类约束，它对皮带轮 A、B 的约束力沿轮缘的切线方向，已分别示于图中。

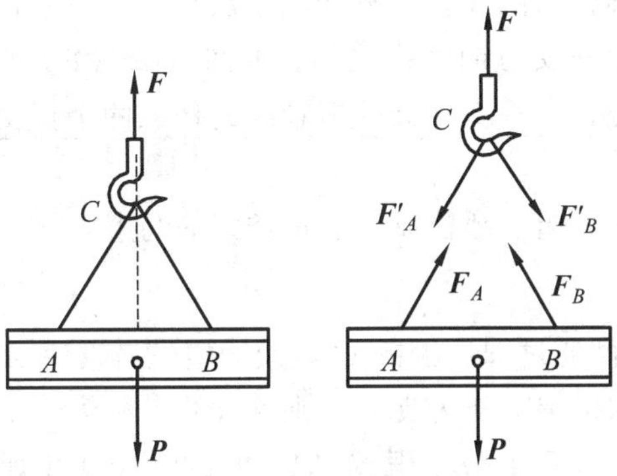

（a）　　　（b）

图 1-24

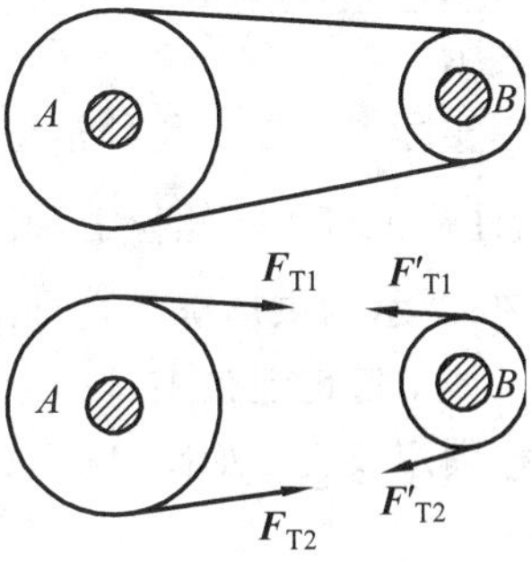

图 1-25

2. 光滑接触面约束

例如，支持物体的固定面（图 1-26（a），（b））、啮合齿轮的齿面（图 1-27）、机床中的导轨等，当摩擦忽略不计时，都属于这类约束。

这类约束不能限制物体沿约束表面切向的位移，只能阻碍物体沿接触表面法向并指向约束内部的位移。因此，光滑支承面对物体的约束力，作用在接触处，方向沿接触表面的公法线，并指向被约束的物体。这种约束力称为法向约束力，通常用 $\boldsymbol{F}_{\mathrm{N}}$ 表示。如图 1-26 中的 $\boldsymbol{F}_{\mathrm{N}A}$ 和 $\boldsymbol{F}_{\mathrm{N}C}$，图 1-27 中的 $\boldsymbol{F}_{\mathrm{N}B}$ 等。

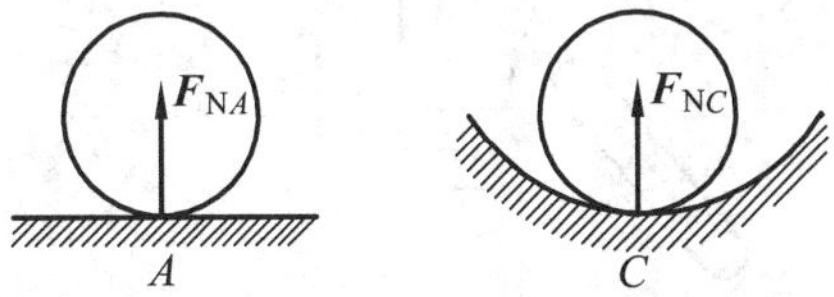

（a）　　　（b）

图 1-26

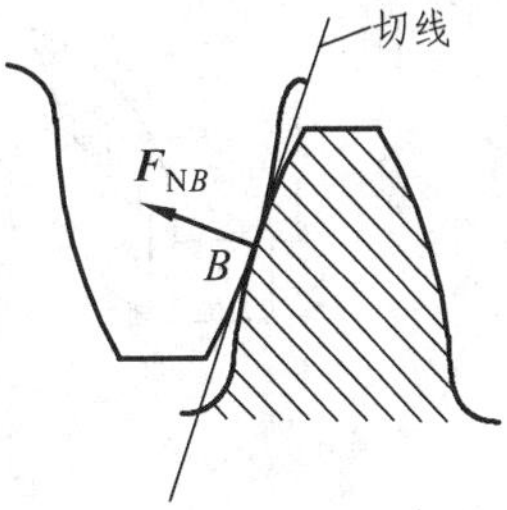

图 1-27

3. 光滑圆柱形铰链约束

光滑圆柱形铰链简称**铰链**，通常是由一个圆柱形物体（或与一物体固连的圆柱）插入另一物体的圆孔内而成（图 1-28（a）），且两者间的接触常常认为是光滑的。这时，两物体都只能产生绕圆柱体中心轴线的相对转动，而不可能产生沿垂直于中心轴线平面内的任何方向的相对移动。因此，它们间的约束力必在此平面内且可能沿任何一个方向，其具体方位和指向则往往无法事先确定。但是，无论约束力的具体方位和

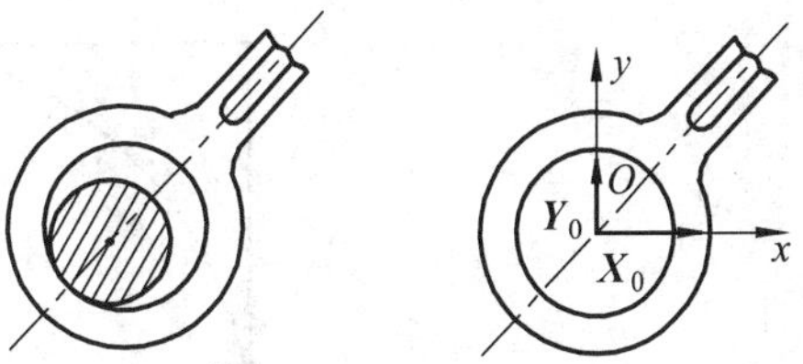

（a）　　　（b）

图 1-28

指向如何，由于接触面是光滑的，约束力必沿圆柱与圆孔在接触处的公法线，并可阻止物体沿过圆柱体中心且与圆柱体轴线垂直的任意两个正交方向的线位移，如图 1-28（b）所示。因此，光滑圆柱铰链的约束力，用过圆柱体中心，且垂直于圆柱体轴线的任意两个正交方向的分力来表示。

在工程实际中，以下几种常见的具体约束，都属于圆柱铰链这种类型的约束。

1）圆柱形销钉（或螺栓）和固定铰链支座

图 1-29 所示的拱形桥，它是由两个拱形构件通过圆柱铰链 C 以及固定铰链支座 A 和 B 连接而成。如果铰链连接中有一个固定在地面的机架上作为支座，则这种约束称为固定铰链支座，简称固定铰支，如图 1-29（b）中所示的支座 A，B。其简图如图 1-29（a）中所示的支座 A 和 B。

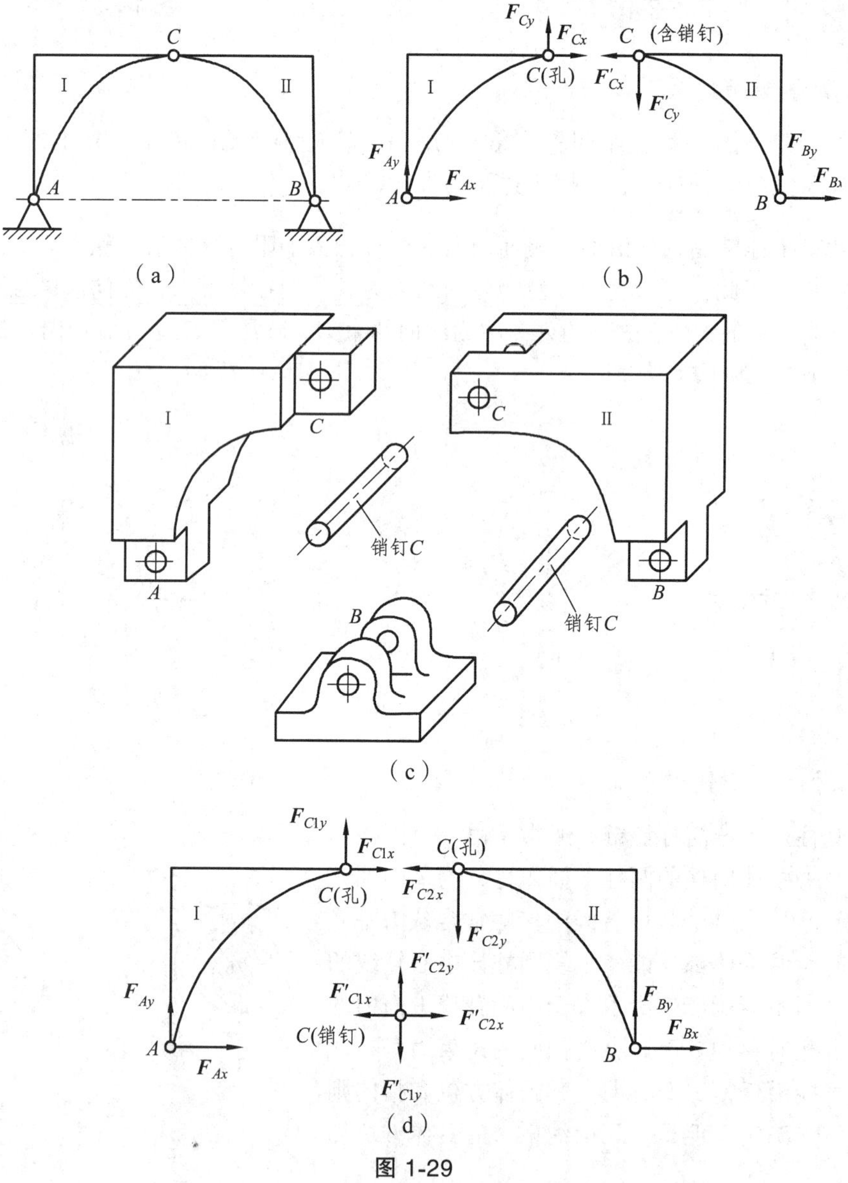

图 1-29

在分析铰链 C 处的约束力时，通常把销钉 C 固连在其中任意一个构件上，如构件Ⅱ上；则构件Ⅰ、Ⅱ互为约束。显然，当忽略摩擦时，构件上的销钉与构件的结合，实际上是轴与光滑孔的配合问题。因此，它与轴承具有同样的约束，即约束力的作用线不能预先定出，但约束力垂直轴线并通过铰链中心，故也可用两个同样大小未知的正交分力 $\boldsymbol{F}_{Cx}$，$\boldsymbol{F}_{Cy}$ 和 $\boldsymbol{F}'_{Cx}$，$\boldsymbol{F}'_{Cy}$ 来表示，如图 1-29（c）所示。其中 $\boldsymbol{F}_{Cx}=-\boldsymbol{F}'_{Cx}$，$\boldsymbol{F}_{Cy}=-\boldsymbol{F}'_{Cy}$，表明它们互为作用与反作用关系。

同理，把销钉固连在 A，B 支座上，则固定铰支 A，B 对构件Ⅰ，Ⅱ的约束力分别为 $\boldsymbol{F}_{Ax}$，$\boldsymbol{F}_{Ay}$ 与 $\boldsymbol{F}_{Bx}$，$\boldsymbol{F}_{By}$，如图 1-29（c）所示。

当需要分析销钉 C 的受力时，才把销钉分离出来单独研究。这时，销钉 C 将同时受到构件Ⅰ，Ⅱ上的孔对它的反作用力。其中，$\boldsymbol{F}_{C1x}=-\boldsymbol{F}'_{C1x}$，$\boldsymbol{F}_{C1y}=-\boldsymbol{F}'_{C1y}$ 为构件Ⅰ与销钉 C 的作用与反作用力；又 $\boldsymbol{F}_{C2x}=-\boldsymbol{F}'_{C2x}$，$\boldsymbol{F}_{C2y}=-\boldsymbol{F}'_{C2y}$，则为构件Ⅱ与销钉 C 的作用与反作用力。销钉 C 所受到的约束力如图 1-29（d）所示。

当将销钉 C 与构件Ⅱ固连为一体时，$\boldsymbol{F}_{C2x}$ 与 $\boldsymbol{F}'_{C2x}$，$\boldsymbol{F}_{C2y}$ 与 $\boldsymbol{F}'_{C2y}$ 为作用在同一刚体上的成对的平衡力，可以消去不画。此时，力的下角标不必再区分为 $C1$ 和 $C2$，铰链 C 处的约束力仍如图 1-29（c）所示。

2）向心轴承（径向轴承）

在工程中，各种机器的转轴常用径向轴承来支撑（图 1-30）。由于轴颈长度远小于轴长，长度可略去不计。通常，轴承润滑状况很好或采用滚动轴承，略去轴承的摩擦，这样它就可被归入圆柱形铰链这种约束类型之中。如图 1-30（b）或（c），图中画出了轴承作用于轴的约束力。

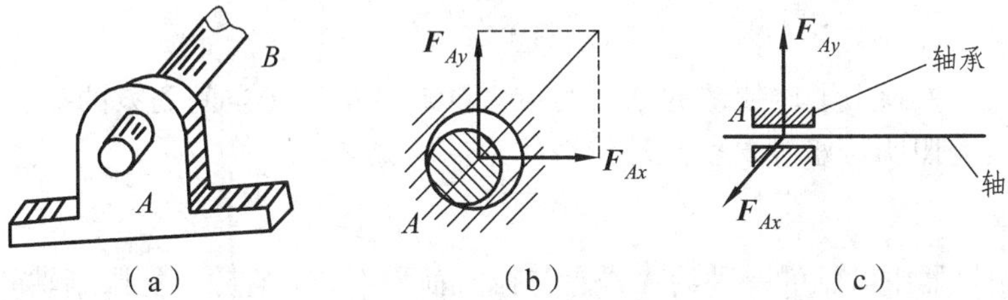

图 1-30

4. 其他约束

1）滚动支座（活动铰链支座）

在桥梁、屋架等结构中经常采用滚动支座约束。这种支座是在固定铰链支座与光滑支承面之间，装有几个辊轴而构成，又称辊轴支座。如图 1-31（a）所示，其简图如图 1-31（b）所示。它可以沿支承面移动，允许由于温度变化而引起结构跨度的自由伸长或缩短。显然，滚动支座的约束性质与光滑面约束相同，其约束力必垂直于支承面，且通过铰链中心。通常用 $\boldsymbol{F}_{\mathrm{N}}$ 表示其法向约束力，如图 1-31（c）所示。

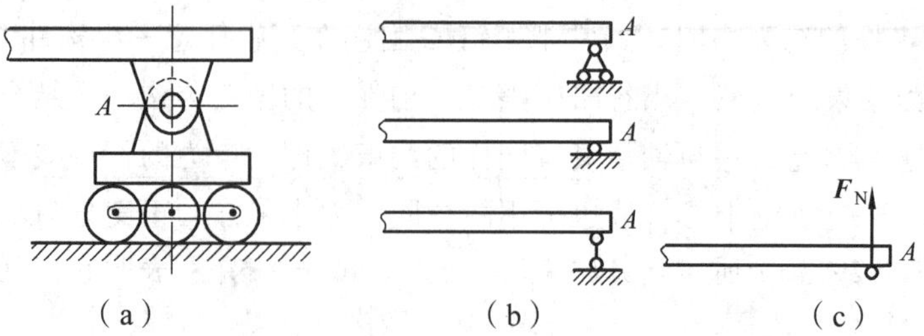

图 1-31

2）球铰链

球铰链是固连于某一物体上的一球形体，嵌入另一物体上的球窝（或称球轴承）内而成（图 1-32（a））。球窝上加工出一个孔，使球形体能绕球心相对转动，但却不能沿过球心的任意径向移动。因此，若略去摩擦，则球铰的约束力必过球心，但其作用线的方位和指向都难以预先确定。然而，由于这种约束力可能在空间具有任意方向，因此它可以阻止球体沿过球心的空间任意三个正交轴方向的位移，故球铰链的约束力，可用过球心并沿任意三个正交轴方向的三个分力来表示。

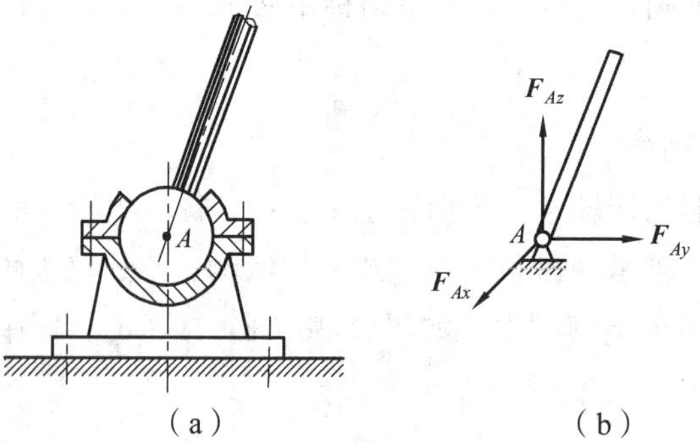

图 1-32

图 1-32（b）中画出了球铰链的三个约束力。球铰链属于空间约束的类型，汽车的变速操纵杆、机床上的照明灯座等，就是球铰链约束的实例。

3）止推轴承

止推轴承是机器中常见的一种约束，它与径向轴承不同，它除了能限制轴的径向位移外，还能限制轴沿轴向的位移。图 1-33（a）给出了该约束的简图。忽略轴径长度，则止推轴承相当于一个向心轴承与一个光滑面约束的组合，如图 1-33（b）所示。因此，止推轴承约束的作用与球形铰链约束相当，如图 1-33（c）所示。该约束的约束力与球形铰链的约束力相同。

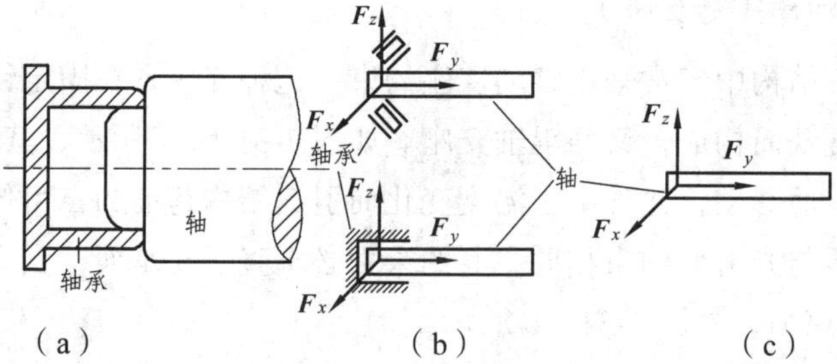

图 1-33

4）固定端约束

图 1-34（a）表示一物体的一端完全固定在另一物体上，这种约束称为固定端或插入端约束。例如车床刀架对车刀的约束，建筑中一端嵌入墙内的水泥梁等。由于固定端约束阻止了物体相对于约束的任何线位移和角位移，因此，对于受空间力系作用的物体，固定端约束属于空间约束，其约束力为沿过该固定端处的任意三个正交轴方向的约束力，及作用面与此三轴垂直的三个约束力偶，如图 1-34（b）所示。另外，若物体受平面力系作用，则固定端约束为平面固定端约束，如图 1-34（c）所示。即平面固定端，约束力为沿载荷作用平面内两正交轴方向的力，及位于载荷平面内的约束力偶，如图 1-34（d）所示。

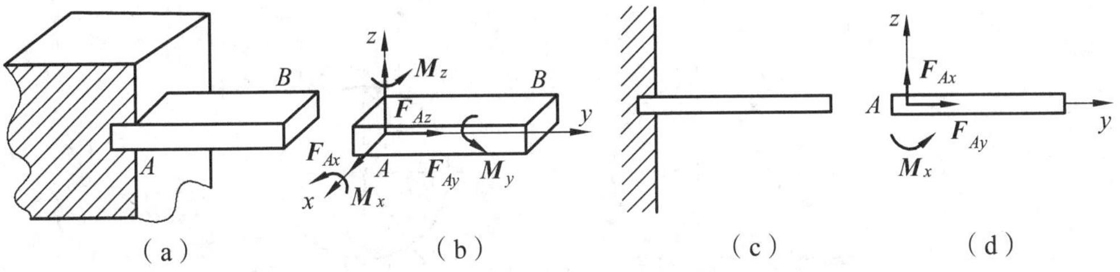

图 1-34

以上只介绍了几种简单的约束，在工程中，约束的类型远不止这些，有的约束比较复杂，分析时需要加以简化或抽象，在以后的章节中，再作介绍。

1.8　物体的受力分析和受力图

1.8.1　物体的受力分析

在工程实际中，为了求出未知的约束力，需要根据已知力，应用平衡条件求解。因此，首先要确定构件受了几个力，每个力的作用位置和力的作用方向，这种分析过程称为物体的受力分析。

1.8.2　物体受力分析的方法及步骤

在解决工程实际中的力学问题时，为突出所要解决的力学问题，首先把复杂的实际结构根据问题的性质、约束情况及受力情况进行简化，突出反映力学问题的主要方面，忽略其他的次要方面，从而得到力学的计算模型或简图。其简化过程主要包括结构本身的简化、约束形式的简化及受力情况的简化。本课程讨论的是在上述三个方面作了简化的结构。

在对简化结构进行力学计算时，还要根据问题的性质、已知条件及待求量等，确定所要研究的物体。这种被选出来研究的物体或结构系统，称为研究对象。为了清晰地表示研究对象的受力，必须把它从周围物体中分离出来，单独画出它的简图，这个步骤称为取出研究对象或取分离体。然后在取定的研究对象上，画出所有作用于其上的主动力和周围物体对它的约束力，得到能表明此物体受力情况的简明图形，称为受力图。

1.8.3 物体受力分析举例

例 1-6 用力 $\boldsymbol{F}$ 拉动碾子以压平路面，重为 $\boldsymbol{P}$ 的碾子受到一石块的阻碍，如图 1-35（a）所示。不计摩擦。试画出碾子的受力图。

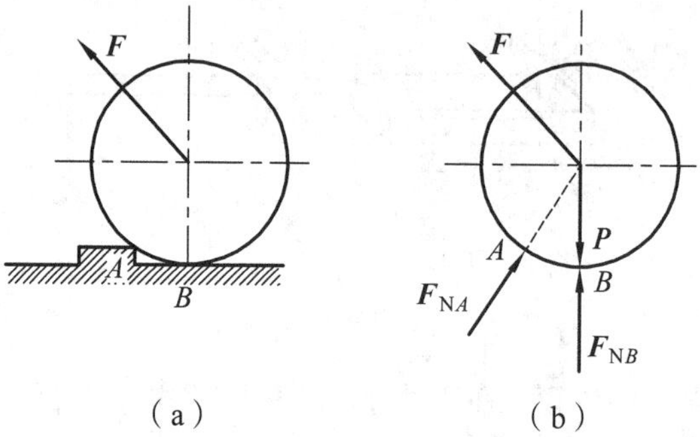

图 1-35

解：（1）取碾子为研究对象（即取分离体），并单独画出其简图。

（2）画主动力。有地球的引力 $\boldsymbol{P}$ 和碾子中心的拉力 $\boldsymbol{F}$。

（3）画约束力。因碾子在 A 和 B 两点处受到石块和地面的光滑约束，故在 A 处及 B 处受石块与地面的法向反力 $\boldsymbol{F}_{NA}$ 和 $\boldsymbol{F}_{NB}$ 的作用，它们都沿着碾子上接触点的公法线而指向圆心。

碾子的受力图如图 1-35（b）所示。

例 1-7 如图 1-36（a）所示，水平梁 AB 用斜杆 CD 支撑，A，C，D 三处均为光滑铰链连接。均质梁重 $\boldsymbol{P}_1$，其上放置一重为 $\boldsymbol{P}_2$ 的电动机。如不计杆 CD 的自重，试分别画出杆 CD 和梁 AB（包括电动机）的受力图。

解：（1）先分析斜杆 CD 的受力。由于斜杆的自重不计，根据光滑铰链的特性，C，D 处的约束力分别通过铰链 C，D 的中心，方向暂不确定。考虑到杆 CD 在 $\boldsymbol{F}_C$，$\boldsymbol{F}_D$ 二力作用下平衡，根据二力平衡公理，这两个力必定沿同一直线，且等值、反向。由此可确定 $\boldsymbol{F}_C$ 和 $\boldsymbol{F}_D$ 的作用线应沿中心 C 与 D 的连线，由经验判断，此处杆 CD 受压力，其受力图如图 1-36（b）所示。一般情况下，$\boldsymbol{F}_C$ 与 $\boldsymbol{F}_D$ 的指向不能预先判定，可先任意假设杆受拉力或压力。若根据平衡方程求得的力为正值，说明原假设力的指向正确；若为负值，则说明实际杆受力与原假设指向相反。

CD 为二力杆，它所受的两个力必定沿两力作用点的连线，且等值、反向。二力杆在工程实际中经常遇到，有时也把它作为一种约束，如图 1-36（b）所示。

（2）取梁 AB（包括电动机）为研究对象。它受有 $\boldsymbol{P}_1$，$\boldsymbol{P}_2$ 两个主动力的作用。梁在铰链 D 处受有二力杆 CD 给它的约束力 $\boldsymbol{F}'_D$。根据作用和反作用定律，$\boldsymbol{F}'_D = -\boldsymbol{F}_D$。两梁在 A 处受固

定铰支给它的约束力的作用，由于方向未知，可用两个大小未定的正交分力 $\boldsymbol{F}_{Ax}$ 和 $\boldsymbol{F}_{Ay}$ 表示。

梁 AB 的受力图如图 1-36（c）所示。

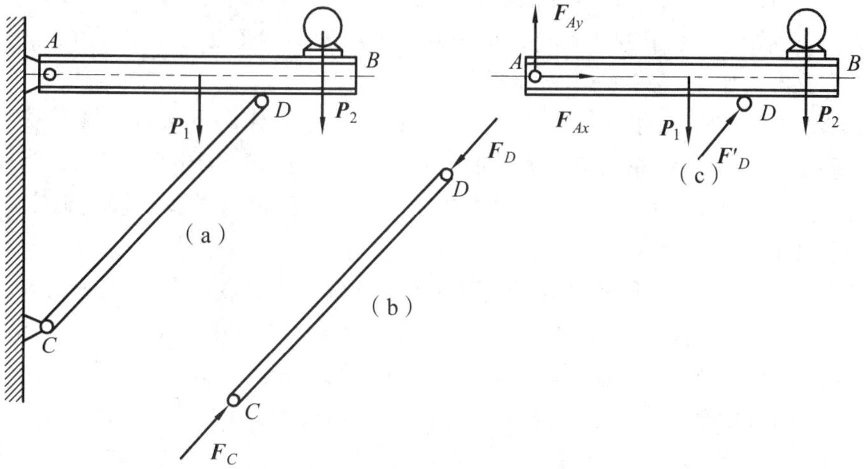

图 1-36

例 1-8 如图 1-37（a）所示的三铰拱桥，由左、右两拱铰接而成。不计自重及摩擦，在拱 AC 上作用有载荷 $\boldsymbol{F}$。试分别画出拱 AC 和 CB 的受力图。

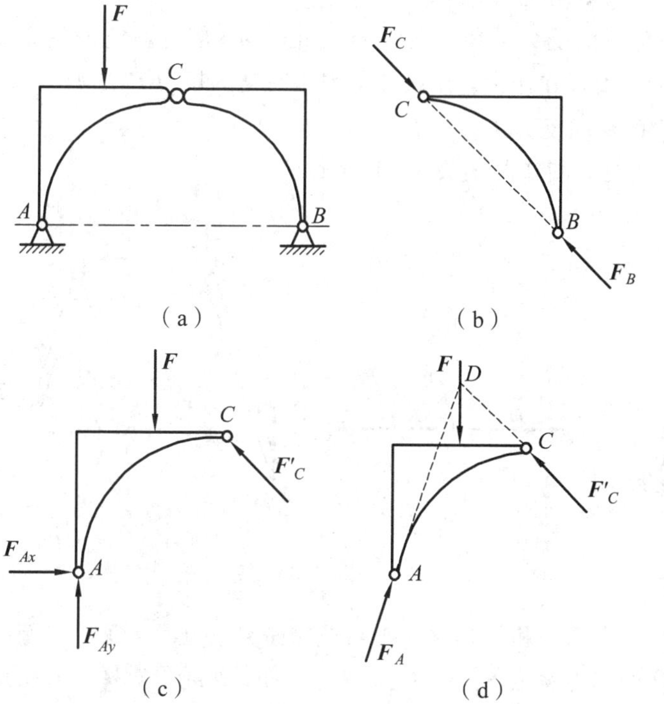

图 1-37

解：（1）先分析拱 BC 的受力。由于拱 BC 自重不计，且只在 B，C 两处受到铰链约束，因此拱 BC 为二力构件。在铰链中心处分别受 $\boldsymbol{F}_B$、$\boldsymbol{F}_C$ 两力的作用。且 $\boldsymbol{F}_B = -\boldsymbol{F}_C$，这两个力

的方向如图 1-37（b）所示。

（2）取拱 AC 为研究对象。由于自重不计，因此主动力只有载荷 $\boldsymbol{F}$。拱 AC 在铰链 C 处受有拱 BC 给它的约束力 $\boldsymbol{F}_C'$，根据作用和反作用定律，$\boldsymbol{F}_C' = -\boldsymbol{F}_C$。拱在 A 处受有固定铰支给它的约束力 $\boldsymbol{F}_A$ 的作用，由于方向未定，可用两个大小未知的正交分力 $\boldsymbol{F}_{Ax}$ 和 $\boldsymbol{F}_{Ay}$ 代替。

拱 AC 的受力图如图 1-37（c）所示。

再进一步分析可知，由于拱 AC 在 $\boldsymbol{F}$、$\boldsymbol{F}_C'$ 及 $\boldsymbol{F}_A$ 三个力作用下平衡，故可根据三力平衡汇交定理，确定铰链 A 处约束力 $\boldsymbol{F}_A$ 的方向。点 D 为力 $\boldsymbol{F}$ 和 $\boldsymbol{F}_C'$ 作用线的交点，当拱 AC 平衡时，约束力 $\boldsymbol{F}_A$ 的作用线必通过 D 点（图 1-37（d））；至于 $\boldsymbol{F}_A$ 的指向，暂时假定如图，以后由平衡条件具体确定。

例 1-9 如图 1-38（a）所示，梯子的两部分 AB 和 AC 在点 A 铰接，又在 D，E 两点用水平绳连接。梯子放在光滑水平面上，其自重不计，但在 AB 的中点 H 处作用一铅直载荷 $\boldsymbol{F}$。试分别画出绳子 DE 和梯子的 AB，AC 部分以及整个系统的受力图。

解：（1）绳子 DE 的受力分析。绳子两端 D、E 分别受到梯子对它的拉力 $\boldsymbol{F}_D$、$\boldsymbol{F}_E$ 的作用（图 1-38（b））。

（2）梯子 AB 部分的受力分析。它在 H 处受载荷 $\boldsymbol{F}$ 的作用，在铰链 A 处受 AC 部分给它的约束力 $\boldsymbol{F}_{Ax}$ 和 $\boldsymbol{F}_{Ay}$。在点 D 受绳子对它的拉力 $\boldsymbol{F}_D'$、$\boldsymbol{F}_D'$ 是 $\boldsymbol{F}_D$ 的反作用力。在点 B 受光滑地面对它的法向反力 $\boldsymbol{F}_B$。

梯子 AB 部分的受力如图 1-38（c）所示。

（3）梯子 AC 部分的受力分析。在铰链 A 处受 AB 部分对它的约束力 $\boldsymbol{F}_{Ax}'$ 和 $\boldsymbol{F}_{Ay}'$，$\boldsymbol{F}_{Ax}'$ 和 $\boldsymbol{F}_{Ay}'$ 分别是 $\boldsymbol{F}_{Ax}$ 和 $\boldsymbol{F}_{Ay}$ 的反作用力。在点 E 受绳子对它的拉力 $\boldsymbol{F}_E'$，$\boldsymbol{F}_E'$ 是 $\boldsymbol{F}_E$ 的反作用力。在 C 处受光滑地面对它的法向反力 $\boldsymbol{F}_C$。

梯子 AC 部分的受力图如图 1-38（d）所示。

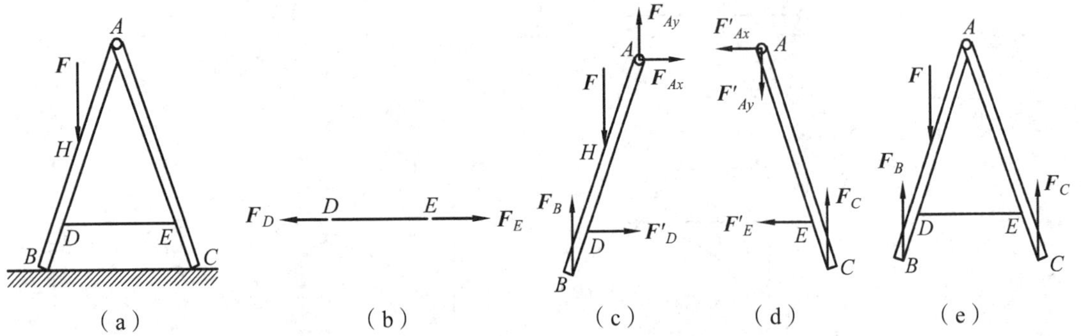

图 1-38

（4）整个系统的受力分析。当选整个系统为研究对象时，可把平衡的整个结构刚化为刚体。由于铰链处所受的力满足 $\boldsymbol{F}_{Ax} = -\boldsymbol{F}_{Ax}'$，$\boldsymbol{F}_{Ay} = -\boldsymbol{F}_{Ay}'$，绳子对梯子连接点和所受的力也分别满足 $\boldsymbol{F}_D = -\boldsymbol{F}_D'$，$\boldsymbol{F}_E = -\boldsymbol{F}_E'$，这些力都成对地作用在整个系统内，称为**内力**。内力对系统的作用效应相互抵消，因此可以除去，并不影响整个系统的平衡。故内力在受力图上不必画出。在受力图上只需画出系统以外的物体给系统的作用力，这种力称为**外力**。这里，载荷 $\boldsymbol{F}$ 和约束力 $\boldsymbol{F}_B$，$\boldsymbol{F}_C$ 都是作用于整个系统的外力。

整个系统的受力图如图 1-38（e）所示。

应该指出，内力与外力的区分不是绝对的。例如，当我们把梯子的 AC 部分作为研究对象时，$\boldsymbol{F}'_{Ax}$，$\boldsymbol{F}'_{Ay}$ 和 $\boldsymbol{F}'_{E}$ 均属于外力，但取整体为研究对象时 $\boldsymbol{F}'_{Ax}$，$\boldsymbol{F}'_{Ay}$ 及 $\boldsymbol{F}'_{E}$ 的又成为内力。可见，内力与外力的区分，只有相对于某一确定的研究对象才有意义。

例 1-10 图 1-39（a）所示平面构架，由杆 AB 和 BC 及 CD 滑轮铰接而成，A 为固定铰支座，B 为滚动支座，一绳拴结于 H 点，另一端绕过滑轮 D 后连接一重为 $\boldsymbol{P}$ 的重物，各杆及滑轮自重不计。试分别画出 AB，BC，CD 杆，轮 D 及整体的受力图。

解：（1）先取整体为研究对象。由于在受力图中不画出内力，因此系统的外力有：主动力 $\boldsymbol{P}$ 及 A 处反力 $\boldsymbol{F}_{Ax}$，$\boldsymbol{F}_{Ay}$，B 处反力 $\boldsymbol{F}_{B}$ 及 H 处绳的拉力 $\boldsymbol{F}_{\mathrm{T}}$，其受力图如图 1-39（b）所示。

（2）取 BC 杆为研究对象。由于不计自重，且杆只在 B 点和 C 点受到力的作用，因此为二力杆，故 B 点的力 $\boldsymbol{F}_{BC}$ 和 C 点的力 $\boldsymbol{F}_{CB}$ 沿着杆的轴线，且此二力等值、反向，其受力图如图 1-39（c）所示。

（3）取 AB 杆为研究对象。AB 杆上没有主动力，只有作用在 A 处的约束反力 $\boldsymbol{F}_{Ax}$，$\boldsymbol{F}_{Ay}$，E 处为铰链约束，其约束反力可用 $\boldsymbol{F}_{Ex}$，$\boldsymbol{F}_{Ey}$ 表示，B 处除有可动铰支座的约束反力 $\boldsymbol{F}_{B}$ 之外，还有 BC 杆对杆 AB 的反作用力 $\boldsymbol{F}'_{BC}$，且 $\boldsymbol{F}'_{BC}=-\boldsymbol{F}_{BC}$，其受力图如图 1-39（d）所示。

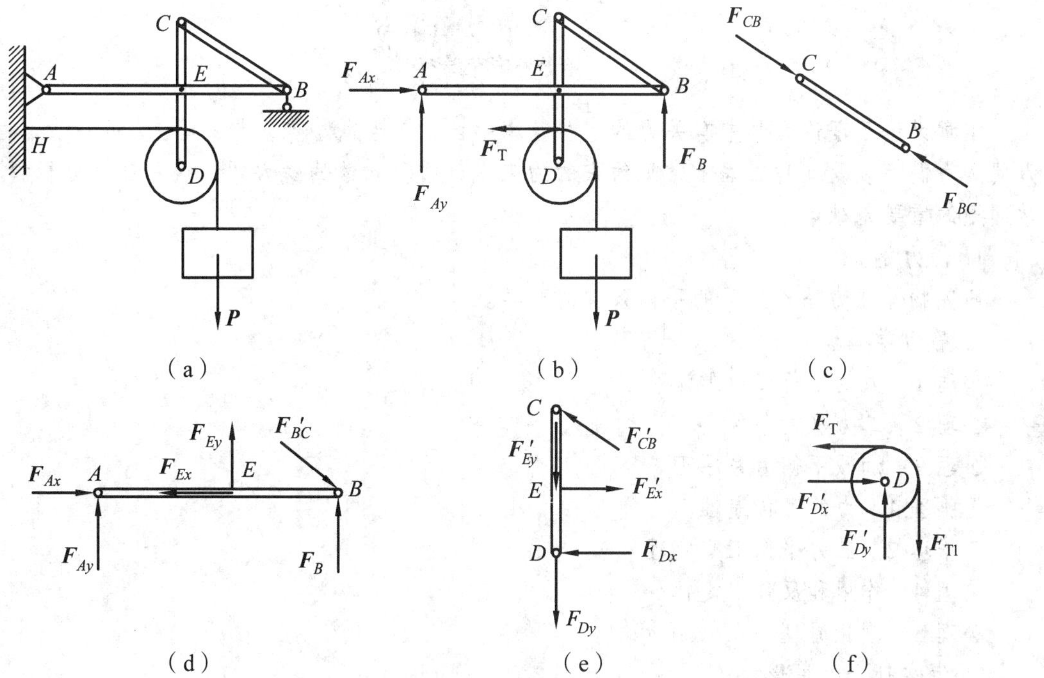

图 1-39

（4）取杆 CD 为研究对象。CD 杆上也没有主动力作用，只有 C 处受杆 CB 的反作用力 $\boldsymbol{F}'_{BC}$，且 $\boldsymbol{F}'_{BC}=-\boldsymbol{F}_{BC}$，$E$ 处和 D 处均为铰链约束，其反力可用 $\boldsymbol{F}'_{Ex}$，$\boldsymbol{F}'_{Ey}$ 和 $\boldsymbol{F}_{Dx}$，$\boldsymbol{F}_{Dy}$ 表示，且 $\boldsymbol{F}'_{Ex}=-\boldsymbol{F}_{Ex}$，$\boldsymbol{F}'_{Ey}=-\boldsymbol{F}_{Ey}$，其受力图如图 1-39（e）所示。

（5）取轮 D 为研究对象。轮所受到的力有绳子的拉力 $\boldsymbol{F}_{\mathrm{T}}$ 和 $\boldsymbol{F}_{\mathrm{T1}}$，铰链 D 的约束力 $\boldsymbol{F}'_{Dx}$ 和

F'_{Dy}，且 $F'_{Dx} = -F_{Dx}$，$F'_{Dx} = -F_{Dx}$，其受力图如图 1-39（f）所示。

正确地画出物体的受力图，是分析、解决力学问题的基础。画受力图时必须注意以下几点：

（1）必须明确研究对象。根据求解需要，可以取单个物体为研究对象，也可以取由几个物体组成的系统为研究对象。不同的研究对象的受力图是不同的。

（2）正确确定研究对象受力的数目。由于力是物体之间相互的机械作用，因此，对每一个力都应明确它是哪一个施力物体施加给研究对象的，决不能凭空产生。同时，也不可漏掉一个力。一般可先画已知的主动力，再画约束力；凡是研究对象与外界接触的地方，都一定存在约束力。

（3）正确画出约束力。一个物体往往同时受到几个约束的作用，这时应分别根据每个约束本身的特性来确定其约束力的方向，而不能凭主观臆测。

（4）当分析两物体间相互的作用力时，应遵循作用、反作用关系。若作用力的方向一经假定，则反作用力的方向应与之相反。当画某个系统的受力图时，由于内力成对出现，组成平衡力系，因此不必画出，只需画出全部外力。

本章小结

本章讨论了理论力学中有关力的一些基本知识，包括静力学基本公理、力的投影、力矩、力偶和力偶矩以及几种工程上常见约束的约束力分析和物体的受力图，这些都是分析解决力学问题的重要基础。

1. 静力学

研究物体在力系作用下的平衡条件的科学。

2. 静力学公理

公理 1　力的平行四边形法则

公理 2　二力平衡条件

公理 3　加减平衡力系原理

　推理 1　力的可传递性

　推理 2　三力平衡汇交定理

公理 4　作用和反作用定律

公理 5　刚化原理

3. 力在轴上的投影

在进行力学计算时，必须熟练掌握力在轴上的投影的计算。力在轴上的投影按矢量在轴上投影一样的方式进行计算，它是代数量，应注意其正负号的确定。在具体计算中，可按力与投影轴的夹角的不同情况，分别采用直接投影或二次投影的方法。

（1）直接投影法。

$$F_x = F\cos(\boldsymbol{F},\boldsymbol{i}),\quad F_y = F\cos(\boldsymbol{F},\boldsymbol{j}),\quad F_z = F\cos(\boldsymbol{F},\boldsymbol{k})$$

（2）间接投影法（即二次投影法）。

$$F_x = F\sin\gamma\cos\varphi,\quad F_y = F\sin\gamma\sin\varphi,\quad F_z = F\cos\gamma$$

4. 力矩

（1）力对点之矩是一个定位矢量，如图 1-12 所示。

$$\boldsymbol{M}_O(\boldsymbol{F}) = \boldsymbol{r}\times\boldsymbol{F} = \begin{vmatrix} \boldsymbol{i} & \boldsymbol{j} & \boldsymbol{k} \\ x & y & z \\ F_x & F_y & F_z \end{vmatrix},\quad |\boldsymbol{M}_O(\boldsymbol{F})| = Fh = 2A_{\triangle ABC}$$

（2）力对轴之矩是一个代数量，可按下列两种方法求得：

① $M_z(\boldsymbol{F}) = \pm F_{xy}h = \pm 2A_{\triangle OAB}$（图 1-13）

② $M_x(\boldsymbol{F}) = yF_z - zF_y$，$M_y(\boldsymbol{F}) = zF_x - xF_z$，$M_z(\boldsymbol{F}) = xF_y - yF_x$

（3）力对点的矩与力对轴的矩的关系：

$$[\boldsymbol{M}_O(\boldsymbol{F})]_x = M_x(\boldsymbol{F}),\quad [\boldsymbol{M}_O(\boldsymbol{F})]_y = M_y(\boldsymbol{F}),\quad [\boldsymbol{M}_O(\boldsymbol{F})]_z = M_z(\boldsymbol{F})$$

5. 平面力偶及力偶矩

（1）平面力偶。

力偶是由等值、反向、不共线的两个平行力组成的特殊力系。力偶没有合力，也不能用一个力来平衡。

平面力偶对物体的作用效应决定于力偶矩 M 的大小和转向，即：

$$M = \pm Fd$$

式中正负号表示力偶的转向，一般以逆时针转向为正，反之为负。

力偶对平面内任一点的矩等于力偶矩，力偶矩与矩心位置无关。

（2）同平面内力偶的等效定理：在同平面内的两个力偶，如果力偶矩相等，则彼此等效。力偶矩是平面力偶作用的唯一度量。

6. 空间力偶

（1）力偶矩矢。

空间力偶对刚体的作用效果决定于三个因素（力偶矩大小、力偶作用面方位及力偶的转向），它可用力偶矩矢 $\boldsymbol{M}$ 表示（图 1-21）。

$$\boldsymbol{M} = \boldsymbol{r}_{BA}\times\boldsymbol{F}$$

力偶矩矢与矩心无关，是自由矢量。

（2）力偶的等效定理：若两个力偶的力偶矩矢相等，则它们彼此等效。

7. 约束与约束力

限制非自由体某些位移的周围物体，称为约束。约束对自由体施加的力称为约束力。约束力的方向与该约束力所能阻碍的位移方向相反。

8. 物体的受力分析和受力图

画物体受力图时，首先要明确研究对象（即取分离体）。物体受的力分为主动力和约束力。要注意分清内力与外力，在受力图上一般只画研究对象所受的外力；还要注意作用力与反作用力之间的相互关系。

习题

1-1　已知 $F_1 = 3$ kN，$F_2 = 6$ kN，$F_3 = 4$ kN，$F_4 = 5$ kN，试分别用解析法和几何法求这四个力的合力。

1-2　力 $\boldsymbol{F}$ 作用于支架 ABC 上的 C 点，如图所示。已知 $F = 1\,200$ N，$a = 140$ mm，$b = 120$ mm。试求力 $\boldsymbol{F}$ 对其作用面内点 A 之矩。

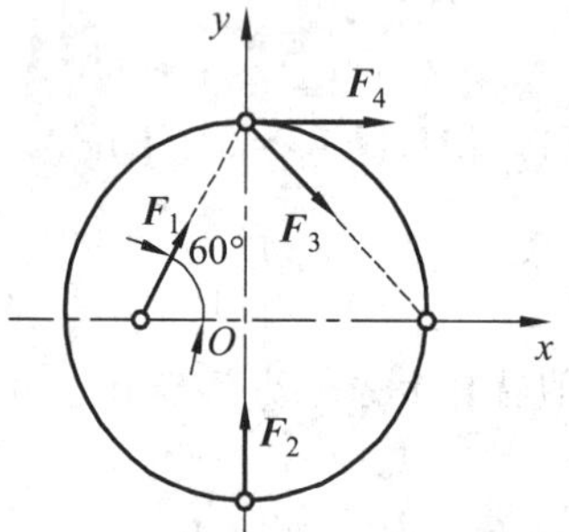

题 1-1 图

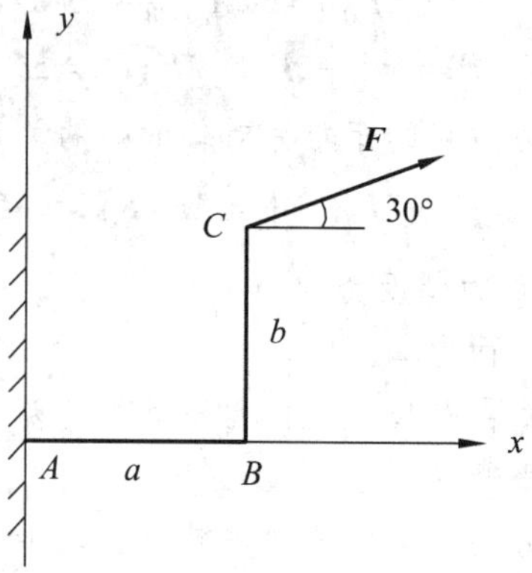

题 1-2 图

1-3　铆接薄板在孔心 A，B 和 C 处受三力作用，如图所示。$F_1 = 100$ N，沿铅直方向；$F_3 = 50$ N，沿水平方向，并通过点 A；$F_2 = 50$ N，力的作用线也通过点 A，尺寸如图。求此力系的合力。

1-4　图示力系中，已知 $F_1 = F_4 = 100$ N，$F_2 = F_3 = 100\sqrt{2}$ N，$F_5 = 200$ N，$b = 2$ m，试求此力系合成结果。

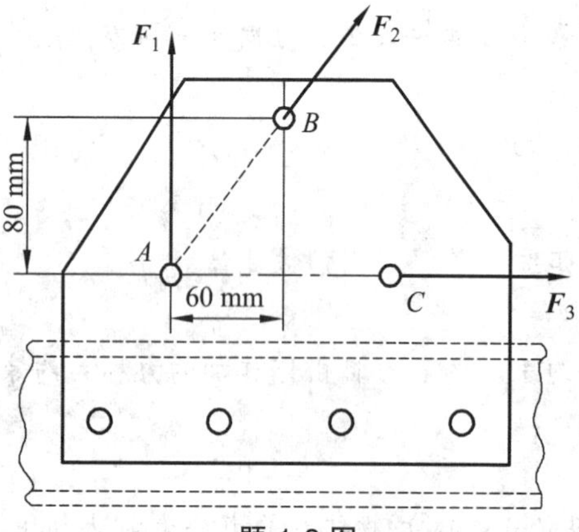

题 1-3 图

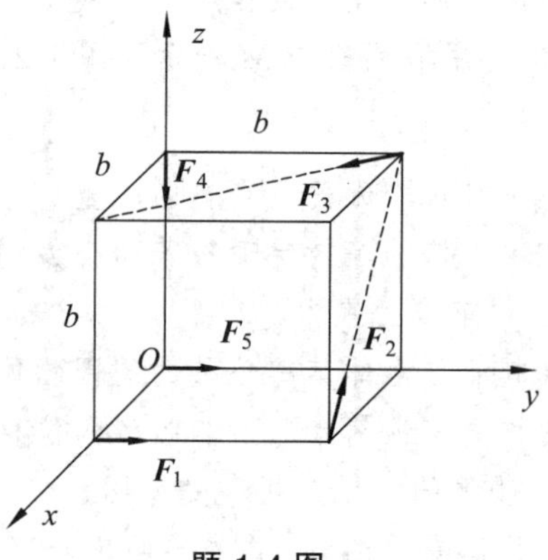

题 1-4 图

1-5　图示力系中，已知 $F_1 = 100$ N，$F_2 = F_3 = 100\sqrt{2}$ N，$F_4 = 300$ N，$b = 2$ m，试求此力系合成结果。

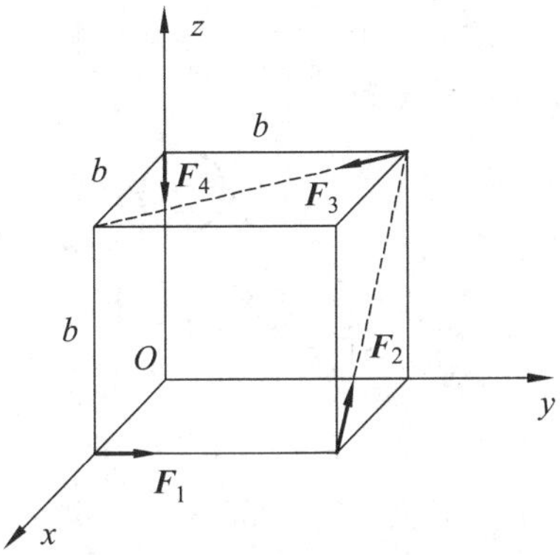

题 1-5 图

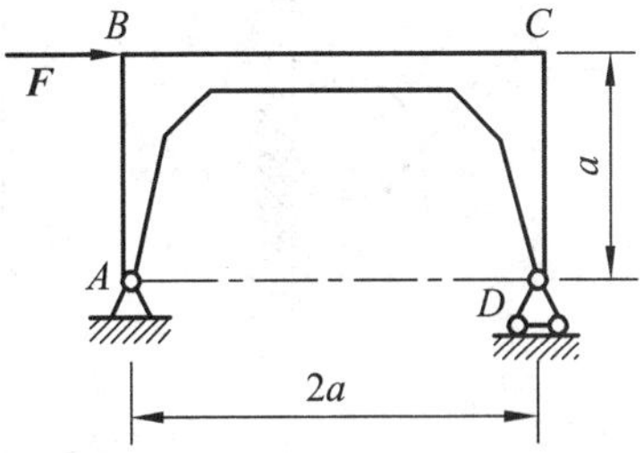

题 1-6 图

1-6　在图示刚架的点 B 作用一水平力 $\boldsymbol{F}$，刚架重量略去不计。求支座 A，D 的约束力 $\boldsymbol{F}_A$ 和 $\boldsymbol{F}_D$。

1-7　画出下列各图中物体 A，ABC，或构件 AB，AC 的受力图。未画重力的各物体的自重不计，所有接触处均为光滑接触。

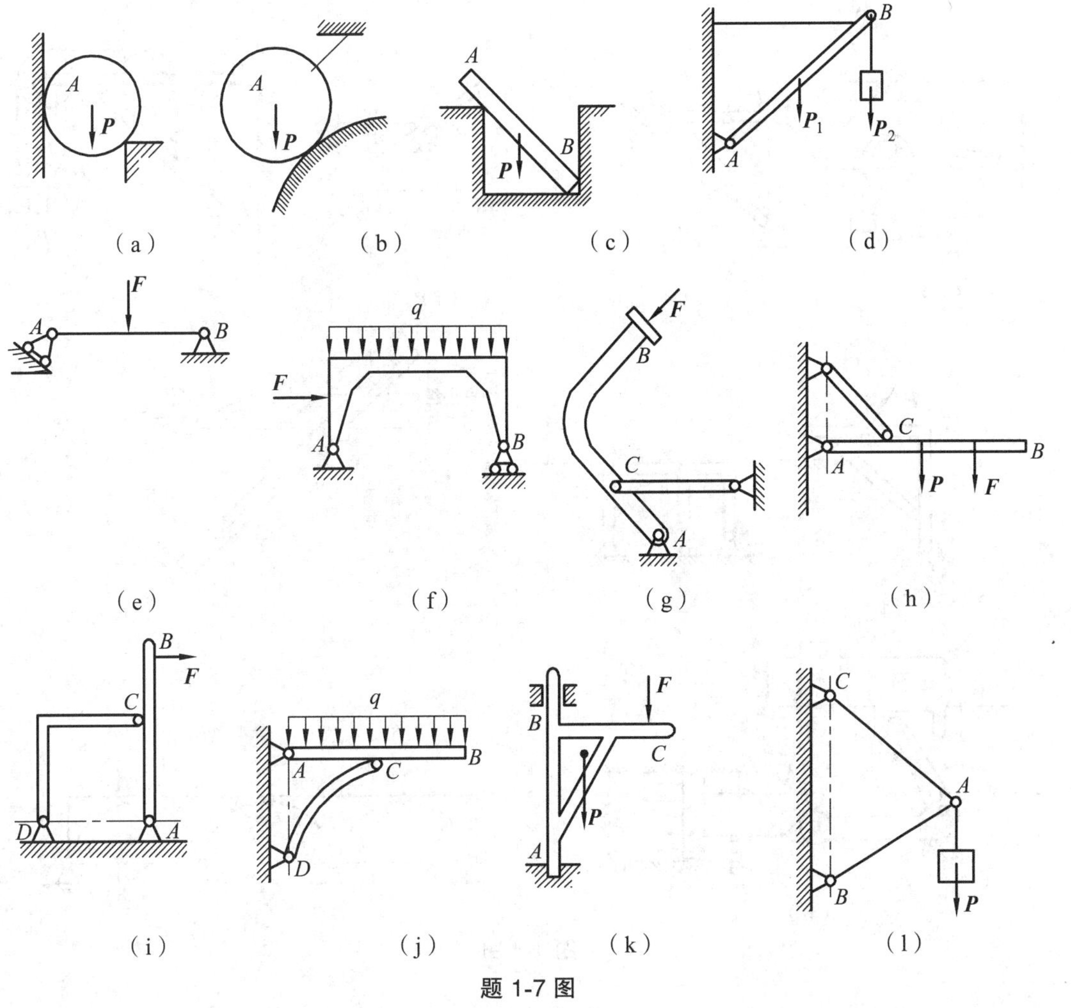

题 1-7 图

1-8　画出下列每个标注字符的物体（不包含销钉与支座）的受力图与系统整体受力图。题图中未画重力的各物体的自重不计，所有接触处均为光滑接触。

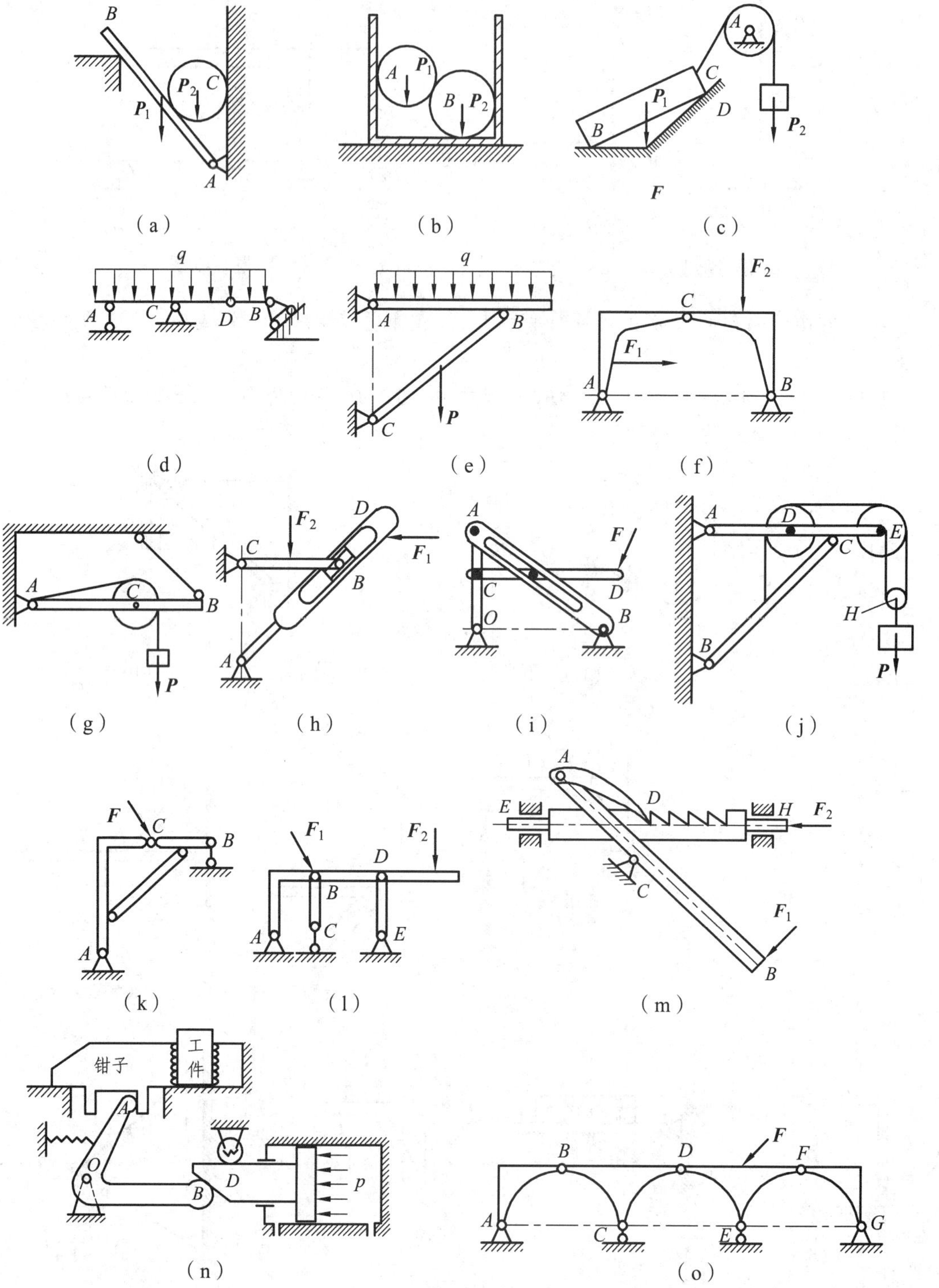

题 1-8 图

第 2 章　力系的简化与合成

作用在物体上的力系是按照力的作用线在空间的位置分布而分类的。各力的作用线在同一平面内的力系称为平面力系，在空间分布的力系称为空间力系。若各力的作用线汇交于一点称为汇交力系，相互平行的力系称为平行力系，否则称为任意力系。本章首先研究汇交力系与力偶系的合成，然后再推导任意力系的简化和简化结果分析。

平面汇交力系是指各力的作用线都在同一平面内且汇交于一点的力系。

2.1　平面汇交力系合成与平衡的几何法

2.1.1　平面汇交力系合成的几何法、力的多边形法则

合成的理论依据是力的平行四边形法则或三角形法则。

设一刚体上受到平面汇交力系 $\boldsymbol{F}_1$，$\boldsymbol{F}_2$，$\boldsymbol{F}_3$，$\boldsymbol{F}_4$ 作用，各力作用线汇交于一点 A，根据作用于刚体上力的可传性可将各力沿其作用线移至汇交点 A，如图 2-1（a）所示。

为合成此力系，可根据力的平行四边形法则，逐步两两合成各力，最后求得一个通过汇交点 A 的合力 $\boldsymbol{F}_R$；还可以用更简便的方法求此合力 $\boldsymbol{F}_R$ 的大小与方向。任取一点 a 将各分力的矢量依次首尾相连，由此组成一个不封闭的**力多边形** *abcde*，则此力多边形封闭边 $\overrightarrow{ae}$ 即为该力系的合力 $\boldsymbol{F}_R$，如图 2-1（b）所示。此图中的虚线 $\overrightarrow{ac}$ 矢（$\boldsymbol{F}_{R1}$）为力 $\boldsymbol{F}_1$ 与 $\boldsymbol{F}_2$ 的合力矢，又虚线 $\overrightarrow{ad}$ 矢（$\boldsymbol{F}_{R2}$）为力 $\boldsymbol{F}_{R1}$ 与 $\boldsymbol{F}_3$ 的合力矢，在作力多边形时不必画出。

根据矢量相加的交换律，任意交换各分力矢的作图次序，可得形状不同的力多边形，但其合力矢 $\overrightarrow{ae}$ 仍然不变，如图 2-1（c）所示。封闭边矢量 $\overrightarrow{ae}$ 仅表示此平面汇交力系合力 $\boldsymbol{F}_R$ 的大小和方向（即合力矢），而合力的作用线仍应通过原汇交点 A，如图 2-1（a）所示的 $\boldsymbol{F}_R$。

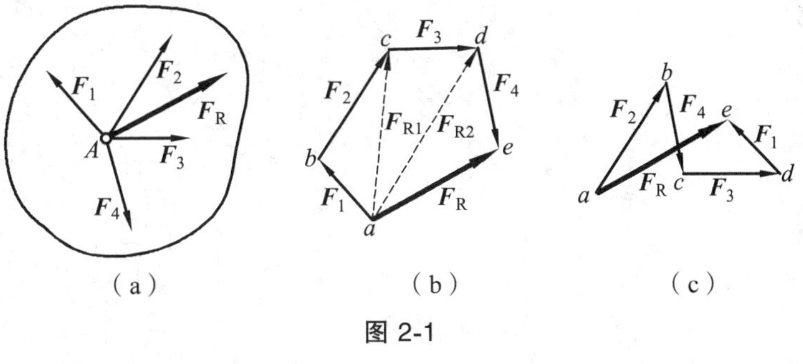

图 2-1

总之，平面汇交力系可简化为一合力，其合力的大小与方向等于各分力的矢量和（几何和），合力的作用线通过汇交点。设平面力系包含 n 个力，以 $\boldsymbol{F}_{\mathrm{R}}$ 表示它们的合力矢，则有：

$$\boldsymbol{F}_{\mathrm{R}} = \boldsymbol{F}_1 + \boldsymbol{F}_2 + \cdots + \boldsymbol{F}_n = \sum F_i \tag{2-1}$$

合力 $\boldsymbol{F}_{\mathrm{R}}$ 对刚体的作用与原力系对该刚体的作用等效。

如果力系中各力的作用线都沿同一直线，则此力系称为共线力系，它是平面汇交力系的特殊情况，它的力多边形在同一直线上。若沿直线的某一指向为正，相反为负，则力系合力的大小与方向决定于各分力的代数和，即：

$$F_{\mathrm{R}} = \sum F_i \tag{2-2}$$

2.1.2 平面汇交力系平衡的几何法

由于平面汇交力系可用其合力来代替，显然平面汇交力系平衡的必要充分条件是力系的合力为零。即：

$$\sum F_i = 0 \tag{2-3}$$

在平衡情形下，力多边形中最后一力的终点与第一力的起点重合，此时的力多边形成为封闭的力多边形。于是，平面汇交力系平衡的必要和充分条件是：力的多边形自行封闭，这是**平衡的几何条件**。

求解平面汇交力系平衡问题时可用图解法，即按比例线画出封闭的力多边形，然后，量得所要求的未知量；也可根据图形的几何关系，用三角公式计算出所要求的未知量，这种解题方法称为几何法。

例 2-1 支架的横梁 AB 与斜杆 DC 彼此以铰链 C 相连接，并各以铰链 A，D 连接于铅直墙上。如图 2-2（a）所示。已知 $AC = CB$，杆 DC 与水平线成 45°角，载荷 $F = 10$ kN，作用于 B 处。设梁和杆的重量忽略不计，求铰链 A 的约束力和杆 DC 所受的力。

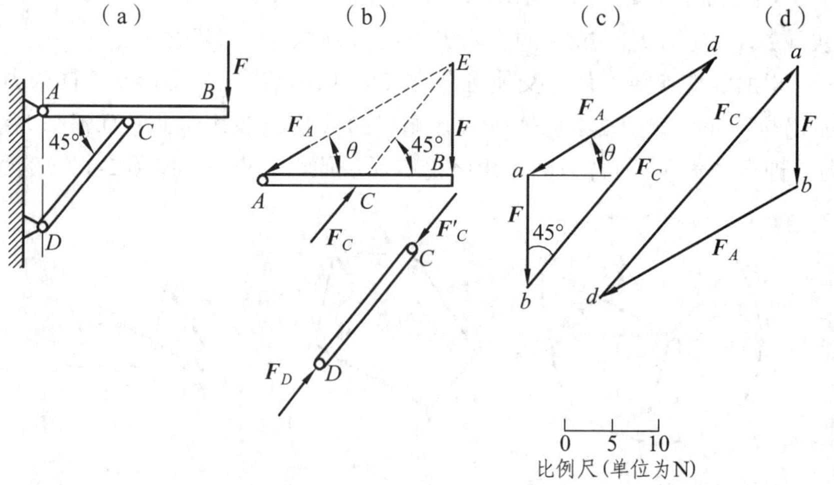

图 2-2

解：选取横梁 AB 为研究对象。横梁在 B 处受载荷 F 作用。DC 为二力杆，它对横梁 C 处的约束力 $\boldsymbol{F}_C$ 的作用线必沿两铰链 DC 中心的连线。铰链 A 的约束力 $\boldsymbol{F}_A$ 的作用线可根据三力平衡汇交定理确定，即通过另两力的交点 E，如图 2-2（b）所示。

根据平面汇交力系平衡的几何条件，这三个力应组成一封闭的力三角形。按照图中力的比例尺，先画出已知力矢 $\overline{ab}=\boldsymbol{F}$，再由点 a 作直线平行于 AE，由点 b 作直线平行 CE，这两直线交于点 d，如图 2-2（c）所示，由力三角形 abd 封闭，可确定 $\boldsymbol{F}_C$ 与 $\boldsymbol{F}_A$ 的指向。

在力三角形中，线段 bd 和 da 分别表示 $\boldsymbol{F}_C$ 与 $\boldsymbol{F}_A$ 的大小，量出它们的长度，按比例换算即可求得 $\boldsymbol{F}_C$ 与 $\boldsymbol{F}_A$ 的大小。也可以利用三角公式计算，在图 2-2（b），（c）中，通过简单计算可得：

$$F_C = 28.3\ \text{kN},\quad F_A = 22.4\ \text{kN}$$

根据作用力和反作用力的关系，作用于杆 DC 的 C 端的力 $\boldsymbol{F}_C'$ 与 $\boldsymbol{F}_C$ 的大小相等、方向相反。由此可知杆 DC 受压力，如图 2-2（b）所示。

应该指出，封闭力三角形也可以如图 2-2（d）所示，同样可求得力 $\boldsymbol{F}_C$ 与 $\boldsymbol{F}_A$，且结果相同。

通过上面例题，可总结几何法解题的主要步骤如下：

（1）选取研究对象。根据题意，选取适当的平衡物体作为研究对象，并画出简图。

（2）画受力图。在研究对象上，画出它所受的全部已知力和未知力（包括约束力）。

（3）作力多边形或力三角形。选择适当的比例尺，作出该力系的封闭力多边形或封闭三角形。必须注意，作图时总是从已知力开始。根据矢序规则和封闭特点，就可以确定未知力的指向。

（4）求出未知量。按比例确定未知量，或者用三角公式计算出来。

2.2 平面汇交力系合成与平衡的解析法

2.2.1 平面汇交力系合成

设 n 个力组成的平面汇交力系作用于一个刚体上，建立直角坐标系 Oxy，如图 2-3（a）所示。此汇交力系的合力 $\boldsymbol{F}_\text{R}$ 的解析表达式为：

$$\boldsymbol{F}_\text{R} = \boldsymbol{F}_{\text{R}x} + \boldsymbol{F}_{\text{R}y} = F_x\boldsymbol{i} + F_y\boldsymbol{j} \tag{2-4}$$

式中，F_x，F_y 为合力 $\boldsymbol{F}_\text{R}$ 在 x，y 轴上的投影。根据图 2-3（b）有：

$$\begin{cases} F_x = F_\text{R}\cos\theta \\ F_y = F_\text{R}\cos\beta \end{cases} \tag{2-5}$$

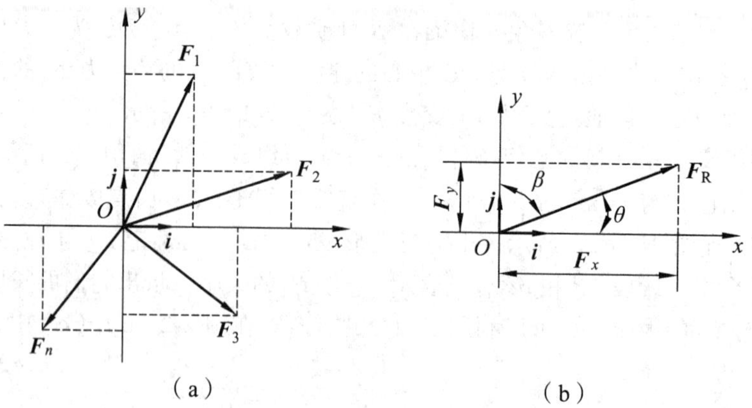

图 2-3

根据合力投影定理——合力在某一轴上的投影等于各分力在同一轴上投影的代数和，将式（2-4）向 x，y 轴投影，可得：

$$\begin{cases} F_x = F_{x1} + F_{x2} + \cdots + F_{xn} = \sum F_{xi} \\ F_y = F_{y1} + F_{y2} + \cdots + F_{yn} = \sum F_{yi} \end{cases} \tag{2-6}$$

其中，F_{x1} 和 F_{y1}，F_{x2} 和 F_{y2}，…，F_{xn} 和 F_{yn} 分别为各分力在 x 轴和 y 轴上的投影。

合力的大小为 $\boldsymbol{F}_{\mathrm{R}}$，方向余弦为合力与坐标轴正向之间的夹角：

$$\begin{cases} F_{\mathrm{R}} = \sqrt{F_x{}^2 + F_y{}^2} = \sqrt{(\sum F_{xi})^2 + (\sum F_{yi})^2} \\ \cos(\boldsymbol{F}_{\mathrm{R}}, \boldsymbol{i}) = \dfrac{F_x}{F_{\mathrm{R}}} = \dfrac{\sum F_{xi}}{F_{\mathrm{R}}} \\ \cos(\boldsymbol{F}_{\mathrm{R}}, \boldsymbol{j}) = \dfrac{F_y}{F_{\mathrm{R}}} = \dfrac{\sum F_{yi}}{F_{\mathrm{R}}} \end{cases} \tag{2-7}$$

例 2-2 已知：$F_1 = 200$ N，$F_2 = 200$ N，$F_3 = 100$ N，$F_4 = 100$ N，如图 2-4 所示。求平面汇交力系的合力。

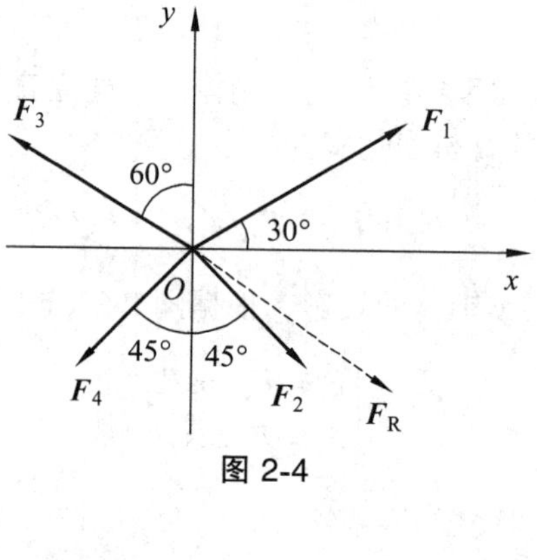

图 2-4

解：根据式（2-6）得：

$$F_x=\sum_{i=1}^{4}F_{xi}=F_1\cos30°+F_2\cos45°-F_3\cos30°-F_4\cos45°=157.31\ (\text{kN})$$

$$F_y=\sum_{i=1}^{4}F_{yi}=F_1\cos60°-F_2\cos45°+F_3\cos60°-F_4\cos45°=-62.13\ (\text{kN})$$

$$F_{\rm R}=\sqrt{F_x^{\ 2}+F_y^{\ 2}}=\sqrt{(\sum F_{xi})^2+(\sum F_{yi})^2}=169.13\ (\text{kN})$$

$$\cos(\boldsymbol{F}_{\rm R},\boldsymbol{i})=\frac{F_x}{F_{\rm R}}=\frac{\sum F_{xi}}{F_{\rm R}}=\frac{157.31}{169.13}=0.930\ 1$$

$$\cos(\boldsymbol{F}_{\rm R},\boldsymbol{j})=\frac{F_y}{F_{\rm R}}=\frac{\sum F_{yi}}{F_{\rm R}}=\frac{-62.13}{169.13}=-0.367\ 4$$

方向角$\alpha=(\boldsymbol{F}_{\rm R},\boldsymbol{i})=\pm21.55°$，$\beta=(\boldsymbol{F}_{\rm R},\boldsymbol{j})=180°\pm68.45°$，合力的指向为第Ⅳ象限，与 x 轴夹角为$-21.55°$。

2.2.2 平面汇交力系的平衡方程

由 2.1 知平面汇交力系平衡的必要和充分条件是：该力系的合力 $F_{\rm R}$ 等于零。由式（2-7）有：

$$F_{\rm R}=\sqrt{(\sum F_{xi})^2+(\sum F_{yi})^2}=0 \tag{2-8}$$

欲使上式成立，必须同时满足：$\sum F_{xi}=0$，$\sum F_{yi}=0$。

于是，平面汇交力系平衡的必要和充分条件：各力在两个坐标轴上投影的代数和分别等于零。这是两个独立的方程，可以求解两个未知量。

2.3 平面力偶系的合成

设在同一平面内有两个力偶（$\boldsymbol{F}_1$，$\boldsymbol{F}_1'$）和（$\boldsymbol{F}_2$，$\boldsymbol{F}_2'$），它们的力偶臂各为 d_1 和 d_2，如图 2-5（a）所示。这两个力偶的矩分别为 M_1 和 M_2，求它们的合成结果。为此，在保持力偶矩不变的情况下，同时改变这两个力偶的力的大小和力偶臂的长短，使它们具有相同的臂长 d，并将它们在平面内移转，使力的作用线重合，如图 2-5（b）所示。于是得到与原力偶等效的两个新力偶（$\boldsymbol{F}_3$，$\boldsymbol{F}_3'$）和（$\boldsymbol{F}_4$，$\boldsymbol{F}_4'$）。即：

$$M_1=F_1d_1=F_3d\ ,\quad M_2=-F_2d_2=-F_4d$$

分别将作用在点 A 和 B 的力合成（设 $\boldsymbol{F}_3>\boldsymbol{F}_4$），得：

$$F=F_3-F_4\ ,\quad F'=F_3'-F_4'$$

由于 F 与 F' 是相等的，所以构成了与原力偶系等效的**合力偶**（$\boldsymbol{F}$，$\boldsymbol{F}'$），如图 2-5（c）所示，以 M 表示合力偶的矩，得：

$$M = Fd = (F_3 - F_4)d = F_3d - F_4d = M_1 + M_2$$

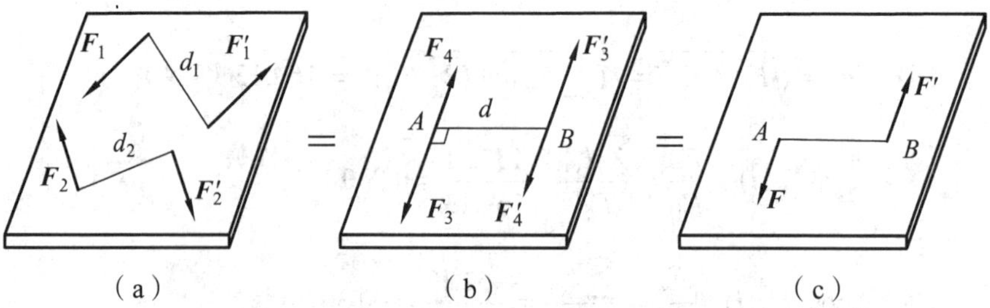

图 2-5

如果有两个以上的平面力偶，可以按照上述方法合成。即在同平面内的任意个力偶可合成为一个合力偶，合力偶矩等于各个力偶矩的代数和，可写为：

$$M = \sum M_i \tag{2-9}$$

2.4 空间力偶系的合成

任意个空间分布的力偶可合成为一个合力偶，合力偶矩矢等于各分力偶矩矢的矢量和，即：

$$\boldsymbol{M} = \boldsymbol{M}_1 + \boldsymbol{M}_2 + \cdots + \boldsymbol{M}_n = \sum M_i \tag{2-10}$$

证明：设有矩为 $\boldsymbol{M}_1$ 和 $\boldsymbol{M}_2$ 的两个力偶分别作用在相交的平面Ⅰ和Ⅱ内，如图 2-6 所示。首先证明它们合成的结果为一力偶。为此，在这两平面的交线上取任意线段 $AB = d$，利用力偶的等效条件，将两力偶各在其作用面内等效移转和变换，使它们具有共同的力偶臂 d，令 $\boldsymbol{M}_1 = \boldsymbol{M}(\boldsymbol{F}_1,\ \boldsymbol{F}_1')$，$\boldsymbol{M}_2 = \boldsymbol{M}(\boldsymbol{F}_2,\ \boldsymbol{F}_2')$。再分别合成 A、B 两点的汇交力，得 $\boldsymbol{F}_\mathrm{R} = \boldsymbol{F}_1 + \boldsymbol{F}_2$，$\boldsymbol{F}_\mathrm{R}' = \boldsymbol{F}_1' + \boldsymbol{F}_2'$。由图 2-6 可见，$\boldsymbol{F}_\mathrm{R} = -\boldsymbol{F}_\mathrm{R}'$，由此组成一个合力偶（$\boldsymbol{F}_\mathrm{R}$，$\boldsymbol{F}_\mathrm{R}'$），它作用在平面Ⅲ内，令其矩为 $\boldsymbol{M}$。由图 2-6 易得：

$$\boldsymbol{M} = \boldsymbol{r}_{BA} \times \boldsymbol{F}_\mathrm{R} = \boldsymbol{r}_{BA} \times (\boldsymbol{F}_1 + \boldsymbol{F}_2) = \boldsymbol{M}_1 + \boldsymbol{M}_2$$

上式证得：合力偶矩矢等于原有两力偶矩矢的矢量和。

如有 n 个空间力偶，可逐次合成，则式（2-10）得证。

合力偶矩矢的解析表达式为：

$$\boldsymbol{M} = M_x\boldsymbol{i} + M_y\boldsymbol{j} + M_z\boldsymbol{k} \tag{2-11}$$

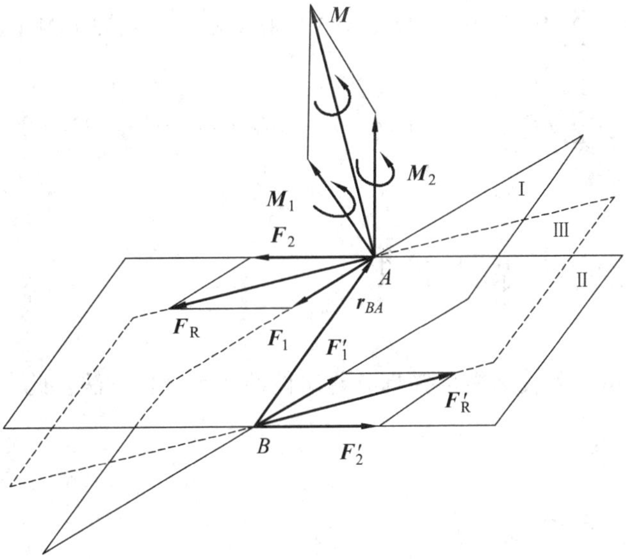

图 2-6

将式（2-10）分别向 x，y，z 轴投影，有：

$$\begin{cases} M_x = M_{1x} + M_{2x} + \cdots + M_{nx} = \sum M_{ix} \\ M_y = M_{1y} + M_{2y} + \cdots + M_{ny} = \sum M_{iy} \\ M_z = M_{1z} + M_{2z} + \cdots + M_{nz} = \sum M_{iz} \end{cases} \tag{2-12}$$

即合力偶矩矢在 x，y，z 轴上投影等于各分力偶矩矢在相应轴上投影的代数和。

例 2-3 工件如图 2-7（a）所示，它的 4 个面上同时钻 5 个孔，每个孔所受的切削力偶矩均为 80 N·m。求工件所受合力偶的矩在 x，y，z 轴上的投影 M_x，M_y，M_z。

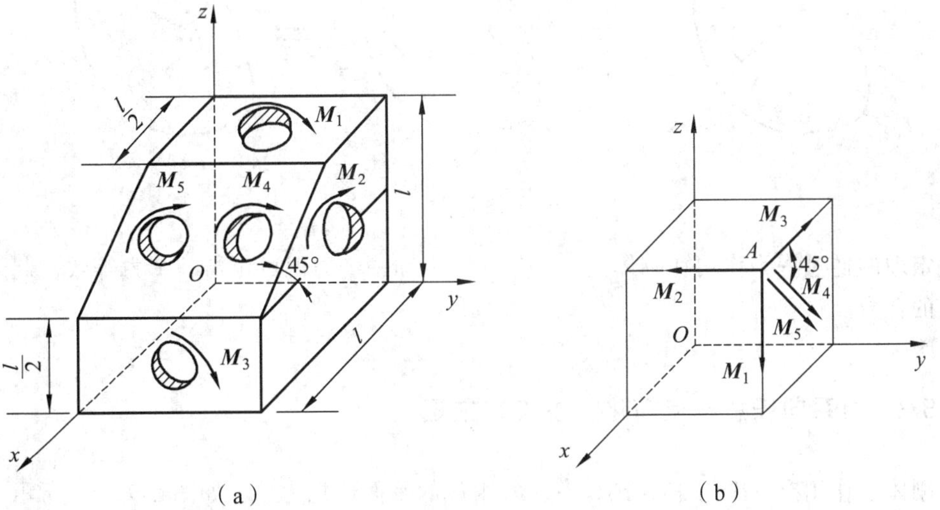

图 2-7

解：将作用在 4 个面上的力偶用力偶矩矢量表示，并将它们平行移到点 A，如图 2-7（b）所示。根据式（2-12），得：

$$M_x = \sum M_x = -M_3 - M_4\cos 45° - M_5\cos 45° = -193.1\ (\text{N}\cdot\text{m})$$
$$M_y = \sum M_y = -M_2 = -80\ (\text{N}\cdot\text{m})$$
$$M_z = \sum M_z = -M_1 - M_4\cos 45° - M_5\cos 45° - 193.1\ (\text{N}\cdot\text{m})$$

2.5 平面任意力系的简化

力系向一点简化是一种较为简便并具有普遍性的力系简化方法。此方法的理论基础是力的平移定理。

2.5.1 力的平移定理

定理：可以把作用在刚体上点 A 的力 $\boldsymbol{F}$ 平行移到任一点 B，但必须同时附加一个力偶，这个附加力偶的矩等于原来的力 $\boldsymbol{F}$ 对新作用点 B 的矩。

证明：如图 2-8（a）所示，将作用在刚体上点 A 的力 $\boldsymbol{F}$ 平行移到任意一点 B，由加减平衡力系原理，在刚体的点 B 加上平衡力系 $\boldsymbol{F}'=-\boldsymbol{F}''$，并令 $\boldsymbol{F}=\boldsymbol{F}'=-\boldsymbol{F}''$，如图 2-8（b）所示，显然这三个力与 $\boldsymbol{F}$ 等效。这三个力又可视为一个作用在 B 点的力 $\boldsymbol{F}'$ 和一个力偶（$\boldsymbol{F}$，$\boldsymbol{F}''$），这个力偶称为附加力偶，其矩为：

$$M = Fd = M_B(\boldsymbol{F})$$

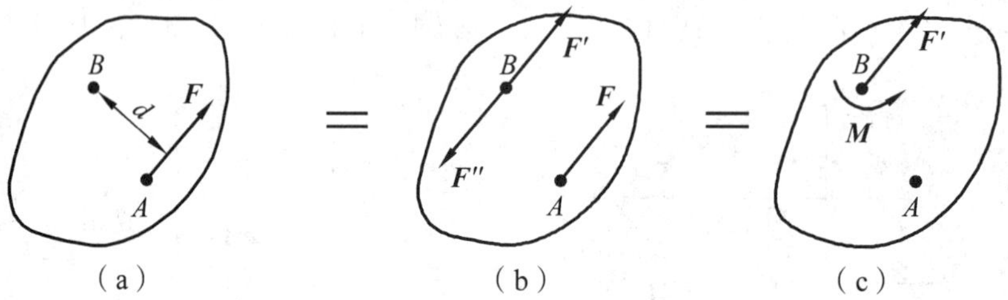

图 2-8

此定理的逆过程为作用在刚体上一点的一个力和一个力偶可以与一个力等效，此力为原来力系的合力。

2.5.2 力系向任意一点简化，主矢和主矩

设刚体上作用有 n 个力 $\boldsymbol{F}_1$，$\boldsymbol{F}_2$，…，$\boldsymbol{F}_n$ 组成的平面任意力系，如图 2-9（a）所示，在力系所在平面内任取点 O 作为简化中心，应用力的平移定理将力系中各力都向 O 点平移，如图 2-9（b）所示，得到作用于简化中心 O 点的平面汇交力系 $\boldsymbol{F}_1'$，$\boldsymbol{F}_2'$，…，$\boldsymbol{F}_n'$ 和附加的平面力偶系，其矩为 M_1，M_2，…，M_n。

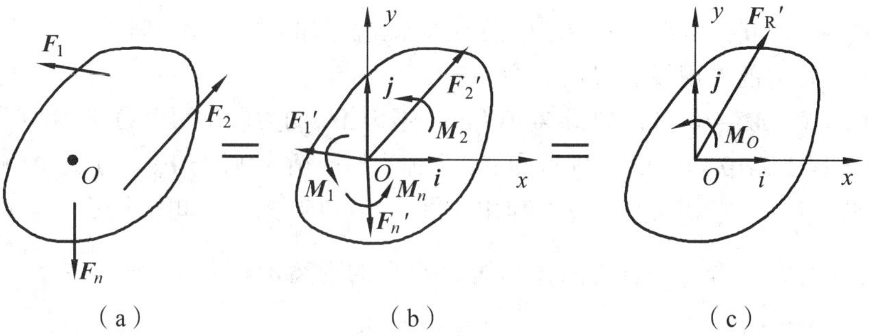

图 2-9

平面汇交力系 $\boldsymbol{F}_1'$，$\boldsymbol{F}_2'$，…，$\boldsymbol{F}_n'$可以合成为作用线通过简化中心 O 的一个力 $\boldsymbol{F}_R'$，此力称为原来力系的主矢，即主矢等于力系中各力的矢量和。即有：

$$\boldsymbol{F}_R' = \boldsymbol{F}_1' + \boldsymbol{F}_2' + \cdots + \boldsymbol{F}_n' = \boldsymbol{F}_1 + \boldsymbol{F}_2 + \cdots + \boldsymbol{F}_n = \sum \boldsymbol{F}_i \tag{2-13}$$

平面力偶系 M_1，M_2，…，M_n 可以合成一个力偶，这个力偶的矩为 M_O，此力偶矩称为原来力系的主矩，即主矩等于力系中各力矢量对简化中心 O 的矩的代数和，即：

$$M_O = M_1 + M_2 + \cdots + M_n = \sum M_O(\boldsymbol{F}_i) \tag{2-14}$$

结论：平面任意力系向力系所在平面内任意一点 O 简化，可得到一个力和一个力偶。这个力等于该力系的主矢，作用线通过简化中心 O。这个力偶的矩等于该力系对于 O 点的主矩，与简化中心的位置有关。

利用平面汇交力系和平面力偶系的合成方法，可求出力系的主矢和主矩。如图 2-9（c）所示，建立直角坐标系 Oxy，主矢 $\boldsymbol{F}_R'$ 的大小和方向余弦为：

$$F_R' = \sqrt{F_{Rx}'^2 + F_{Ry}'^2} = \sqrt{(\sum F_x)^2 + (\sum F_y)^2} \tag{2-15}$$

$$\begin{cases} \cos(\boldsymbol{F}_R, \boldsymbol{i}) = \dfrac{F_{Rx}'}{F_R'} = \dfrac{\sum F_x}{F_R} \\ \cos(\boldsymbol{F}_R, \boldsymbol{j}) = \dfrac{F_{Ry}'}{F_R'} = \dfrac{\sum F_y}{F_R} \end{cases} \tag{2-16}$$

主矩的解析表达式为：

$$M_O(\boldsymbol{F}_R) = \sum (x_i F_{yi} - y_i F_{xi}) \tag{2-17}$$

2.6 力系简化结果

2.6.1 平面任意力系简化结果分析

（1）当 $\boldsymbol{F}_R' = 0$，$\boldsymbol{M}_O \neq 0$ 时，简化为一个合力偶。此时的力偶矩与简化中心的选择无关，主矩 M_O 为原来力系的合力偶矩。

（2）当 $F_R' \neq 0$，$M_O = 0$ 时，简化为一个力。此时附加力偶系互相平衡，力系的主矢为原来力系的合力，合力的作用线通过简化中心。

（3）当 $F_R' \neq 0$，$M_O \neq 0$ 时，如图 2-10（a），矩为 M_O 的力偶用两个力 F_R 和 F_R'' 表示，并令 $F_R' = F_R = -F_R''$（图 2-10（b）），力偶臂为 d。去掉一对平衡力 F_R' 与 F_R''，于是就将作用于点 O 的力 F_R' 和力偶（F_R'，F_R''）合成为一个作用在另一点 O'的力 F_R，如图 2-10（c）所示。

主矢为原来力系的合力，合力的作用线到 O 点的距离 $d = \dfrac{M_O}{F_R'}$。

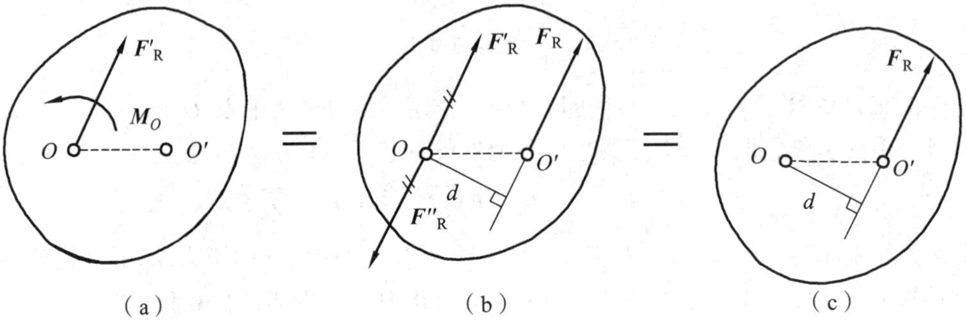

图 2-10

（4）当 $F_R' = 0$，$M_O = 0$ 时，平面任意力系为平衡力系。

由上面（2）、（3）可以看出：不论主矩是否等于零，只要主矢不等于零，力系最终简化为一个合力。

例 2-4 重力坝受力情形如图 2-11（a）所示。已知：$P_1 = 450\ \text{kN}$，$P_2 = 200\ \text{kN}$，$F_1 = 300\ \text{kN}$，$F_2 = 70\ \text{kN}$。求力系向点 O 简化的结果，合力与基线 OA 的交点到点 O 的距离 x 以及合力作用线方程。

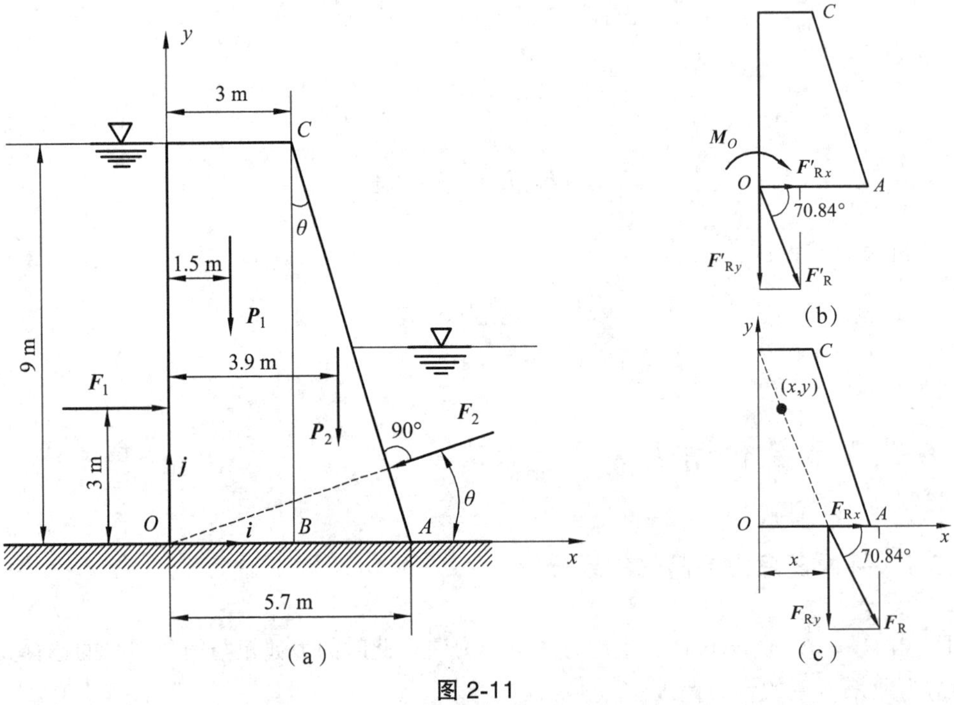

图 2-11

解：（1）先将力系向点 O 简化，求得其主矢 $\boldsymbol{F}_R'$ 和主矩 M_O（图 2-11（b））。由图 2-11（a），有：

$$\theta = \angle ACB = \arctan\frac{AB}{CB} = 16.7^\circ$$

主矢 $\boldsymbol{F}_R'$ 在 x，y 轴上的投影：

$$\sum F_x = F_1 - F_2\cos\theta = 232.9\ (\text{kN})$$
$$\sum F_y = -P_1 - P_2 - F_2\sin\theta = -670.1\ (\text{kN})$$

主矢 $\boldsymbol{F}_R'$ 的大小：

$$F_R' = \sqrt{(\sum F_x)^2 + (\sum F_y)^2} = 709.4\ (\text{kN})$$

主矢 $\boldsymbol{F}_R'$ 的方向余弦：

$$\cos(\boldsymbol{F}_R', \boldsymbol{i}) = \frac{\sum F_x}{F_R'} = 0.032\ 83,\ \cos(\boldsymbol{F}_R', \boldsymbol{j}) = \frac{\sum F_y}{F_R'} = -0.944\ 6$$

则有：

$$\angle(\boldsymbol{F}_R', \boldsymbol{i}) = \pm 70.84^\circ,\ \angle(\boldsymbol{F}_R', \boldsymbol{j}) = 180^\circ \pm 19.16^\circ$$

故主矢 F_R' 在第四象限内，与 x 轴的夹角为 -70.84°。

力系对点 O 的主矩：

$$M_O = M_O(\boldsymbol{F}_R) = -3\ \text{m}\cdot F_1 - 1.5\cdot P_1 - 3.9\cdot P_2 = -2\ 355\ \text{kN}\cdot\text{m}$$

（2）合力 F_R 的大小和方向与主矢 F_R' 相同。其作用线位置的 x 值可根据合力矩定理求得（图 2-11（c）），由于 $M_O(F_{Rx}) = 0$，故：

$$M_O = M_O(\boldsymbol{F}_R) = M_O(F_{Rx}) + M_O(F_{Ry}) = F_{Ry}\cdot x$$

解得：

$$x = \frac{M_O}{F_{Ry}} = \frac{2\ 355\ \text{kN}\cdot\text{m}}{670.1\ \text{kN}} = 3.514\ \text{m}$$

（3）设合力作用线上任一点的坐标为（x，y），将合力作用于此点（图 2-11（c）），则合力 F_R 对坐标原点的矩的解析表达式：

$$M_O = M_O(\boldsymbol{F}_R) = xF_{Ry} - yF_{Rx} = x\sum F_y - y\sum F_x$$

将已求得的 M_O，$\sum F_x$，$\sum F_y$ 的代数值代入上式，得合力作用线方程：

$$670.1\ \text{kN}\cdot x + 232.9\ \text{kN}\cdot y - 2\ 355\ \text{kN}\cdot\text{m} = 0$$

上式中，若令 $y = 0$，可得 $x = 3.514$ m，与前述结果相同。

2.7 空间力系向一点简化，主矢和主矩

与平面力系一样，空间任意力系向一点简化也得到一个力和一个力偶，这个力为简化后的主矢，这个力偶为简化后的主矩。它们是决定空间力系对刚体作用效果的两个基本物理量。

2.7.1 力系向任意一点简化

刚体上作用空间任意力系 $\boldsymbol{F}_1$，$\boldsymbol{F}_2$，…，$\boldsymbol{F}_n$（图 2-12（a））。应用力的平移定理，依次将各力向简化中心 O 平移，同时附加一个相应的力偶。这样，原来的空间任意力系被空间汇交力系和空间力偶系两个简单力系等效替换，如图 2-12（b）所示。其中：

$$\begin{cases}\boldsymbol{F}_i' = \boldsymbol{F}_i \\ \boldsymbol{M}_i = \boldsymbol{M}_O(\boldsymbol{F}_i)\end{cases} \quad (i = 1, 2, \cdots, n)$$

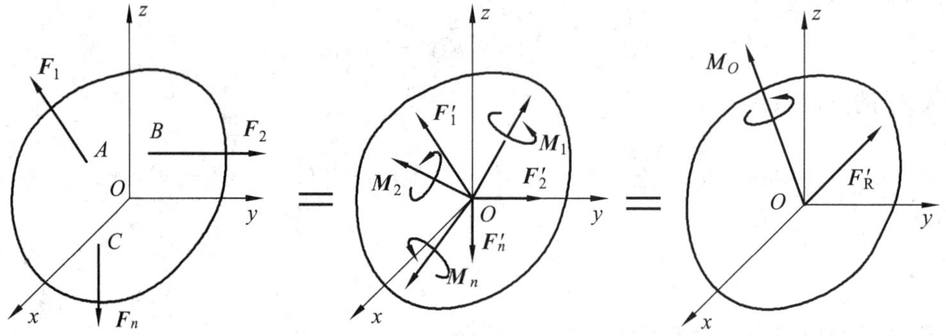

（a）（b）（c）

图 2-12

作用于点 O 的空间汇交力系可合成一力 $\boldsymbol{F}_{\mathrm{R}}'$（图 2-12（c）），此力的作用线通过点 O，其大小和方向等于力系的主矢，即：

$$\boldsymbol{F}_{\mathrm{R}}' = \sum \boldsymbol{F}_i = \sum F_{xi}\boldsymbol{i} + \sum F_{yi}\boldsymbol{j} + \sum F_{zi}\boldsymbol{k} \tag{2-18}$$

空间分布的力偶系可合成为一力偶（图 2-12（c））。其力偶矩矢等于原力系对点 O 的主矩，即：

$$\boldsymbol{M}_O = \sum \boldsymbol{M}_i = \sum \boldsymbol{M}_O(\boldsymbol{F}_i) = \sum (\boldsymbol{r}_i \times \boldsymbol{F}_i) \tag{2-19}$$

由力矩的解析表达式有：

$$\boldsymbol{M}_O = \sum (y_i F_{zi} - z_i F_{yi})\boldsymbol{i} + \sum (z_i F_{xi} - x_i F_{zi})\boldsymbol{j} + \sum (x_i F_{yi} - y_i F_{xi})\boldsymbol{k} \tag{2-20}$$

结论：空间任意力系向力系所在空间内任意一点 O 简化，可得到一个力和一个力偶。这个力的大小和方向等于该力系的主矢，作用线通过简化中心 O；这个力偶的矩矢等于该力系对简化中心的主矩。主矢与简化中心的位置无关；主矩与简化中心的位置有关。

2.7.2 力系简化结果分析

空间任意力系向一点简化可得到 4 种情况，即合力偶、合力、力螺旋和平衡，共分以下 6 种情形。

1. 主矩等于零而主矢不等于零

当空间任意力系向一点简化时，若主矢 $F_R' \neq 0$，主矩 $M_O = 0$，这时得一与原力系等效的合力，合力的作用线通过简化中心 O，其大小和方向等于原力系的主矢。

2. 主矢等于零而主矩不等于零

当空间任意力系向一点简化时，若主矢 $F_R' = 0$，主矩 $M_O \neq 0$，这时得一与原力系等效的合力偶，其合力偶矩矢等于原力系对简化中心 O 的主矩。由于力偶矩矢与矩心位置无关，因此在这种情况下，主矩与简化中心的位置无关。

3. 主矢和主矩都不等于零且主矢与主矩垂直

若空间任意力系向一点简化的结果为主矢 $F_R' \neq 0$，又主矩 $M_O \neq 0$，且 $F_R' \perp M_O$（图 2-13（a））。这时，力 F_R' 和力偶矩矢和 M_O 的力偶（F_R''，F_R）在同一平面内（图 2-13（b）），可将力 F_R' 与力偶（F_R''，F_R）进一步合成，得作用于点 O' 的一个力 F_R（图 2-13（c））。此力即为原力系的合力，其大小和方向等于原力系的主矢，其作用线离简化中心 O 的距离为：

$$d = \frac{|M_O|}{F_R}$$

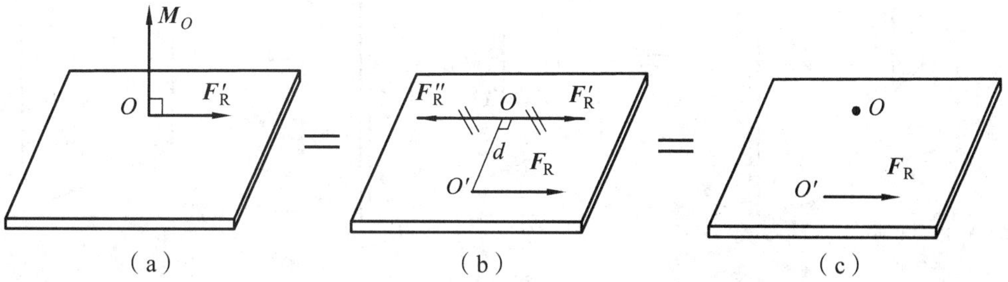

图 2-13

4. 主矢和主矩都不等于零且主矢与主矩平行

如果空间任意力系向一点简化后 $F_R' \neq 0$，$M_O \neq 0$，且 $F_R' /\!/ M_O$，这种结果称为**力螺旋**，如图 2-14 所示，所谓力螺旋就是由一力和一力偶组成的力系，其中的力垂直于力偶的作用面。例如，钻孔时的钻头对工件的作用以及拧木螺钉时螺丝刀对螺钉的作用都是力螺旋。

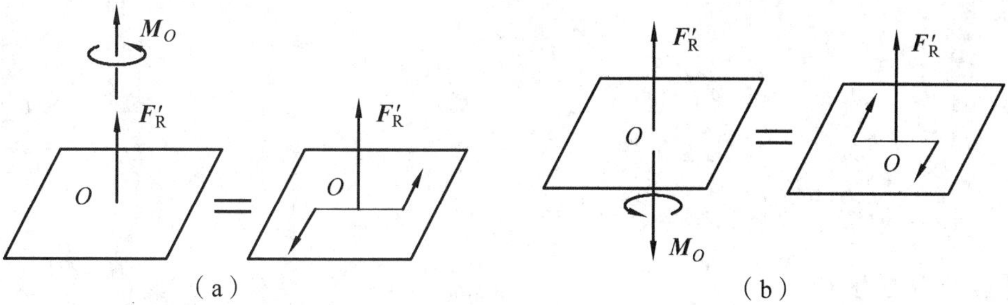

图 2-14

力螺旋是由静力学的两个基本要素（力和力偶）组成的最简单的力系，不能再进一步合成。力偶的转向和力的指向符合右手螺旋法则的称为右螺旋（图 2-14（a）)，否则符合左手螺旋法则的称为左螺旋（图 2-14（b））。力螺旋的力作用线称为该力螺旋的中心轴。在上述情形下，中心轴通过简化中心。

5. 主矢和主矩都不等于零且两者既不平行又不垂直

如果空间任意力系向一点简化后 $\boldsymbol{F}_R' \neq 0$，$\boldsymbol{M}_O \neq 0$，同时两者既不平行也不垂直，如图 2-15（a）所示。此时可将力偶矩矢 $\boldsymbol{M}_O$ 分解为两个力偶 $\boldsymbol{M}_O''$ 和 $\boldsymbol{M}_O'$，它们分别垂直于 $\boldsymbol{F}_R'$ 和平行于 $\boldsymbol{F}_R'$，如图 2-15（b）所示，则 $\boldsymbol{M}_O''$ 和 $\boldsymbol{F}_R'$ 可用作用于点 O' 的力 $\boldsymbol{F}_R$ 来代替。由于力偶矩矢是自由矢量，故可将 $\boldsymbol{M}_O'$ 平行移动，使之与 $\boldsymbol{F}_R$ 共线。这样便得一力螺旋，其中心轴不在简化中心 O，而是通过另一点 O'，如图 2-15（c）所示。O，O' 两点间距离为：

$$d = \frac{|\boldsymbol{M}_O''|}{F_R'} = \frac{M_O \sin\theta}{F_R'} \tag{2-21}$$

可见，一般情形下空间任意力系可合成力螺旋。

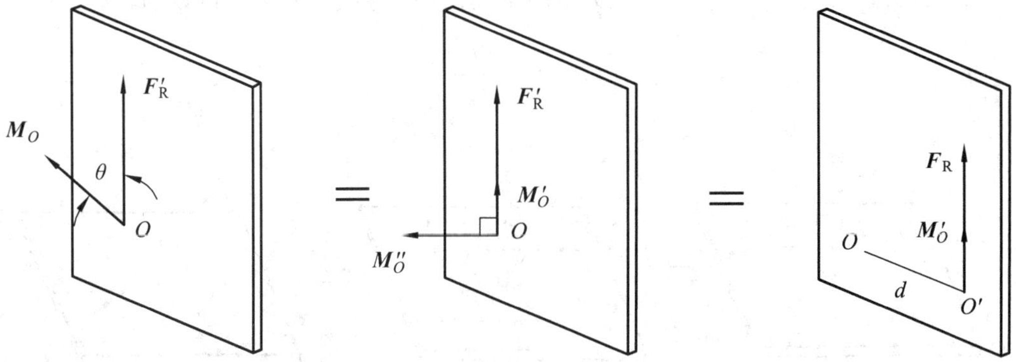

图 2-15

6. 主矢和主矩都等于零，则力系平衡

当空间任意力系向任一点简化时，若主矢 $\boldsymbol{F}_R' = 0$，主矩 $\boldsymbol{M}_O = 0$，这是空间力系平衡。

例 2-5 如图 2-16 所示，由 $\boldsymbol{F}_1$ 和 $\boldsymbol{F}_2$ 组成的力系，$F_1 = F_2 = F$，$OA = OD = a$，$OB = OC = 2a$。将此力系向 O 点简化。

解：以 O 为简化中心，简化后的主矢沿各轴的分量大小为：

$$F_{Rx} = \sum F_x = -\frac{\sqrt{2}}{2}F$$

$$F_{Ry} = \sum F_y = -\frac{\sqrt{2}}{2}F$$

$$F_{Rz} = \sum F_z = \sqrt{2}F$$

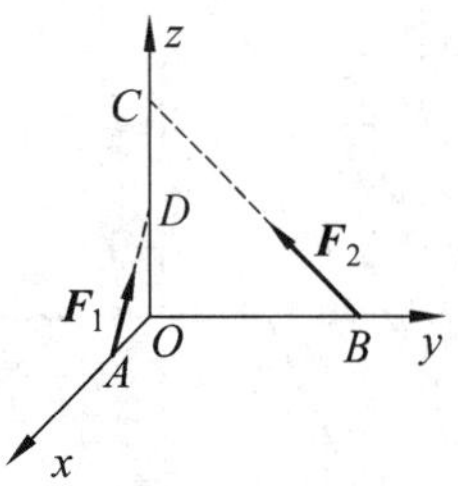

图 2-16

则简化后的主矢为：

$$F_R = \sum F_x + \sum F_y + \sum F_z = \left(-\frac{\sqrt{2}}{2}F\right)\boldsymbol{i} + \left(-\frac{\sqrt{2}}{2}F\right)\boldsymbol{j} + \left(\sqrt{2}F\right)\boldsymbol{k}$$

简化后的主矩沿各轴的分量大小为：

$$M_x=\sum M_x=\frac{\sqrt{2}}{2}F\cdot 2a=\sqrt{2}Fa$$

$$M_y=\sum M_y=-\frac{\sqrt{2}}{2}F\cdot a=-\frac{\sqrt{2}}{2}Fa$$

$$M_z=\sum M_z=0$$

则简化后的主矩为：

$$M_O=M_x\boldsymbol{i}+M_y\boldsymbol{j}+M_z\boldsymbol{k}=\frac{\sqrt{2}}{2}Fa(2\boldsymbol{i}-\boldsymbol{j})$$

2.8 平行力系的中心、重心

2.8.1 平行力系的中心

平行力系是任意力系的一种特殊情况，平行力系的中心是平行力系合力通过的一个点。设在刚体上 A，B 两点作用两个平行力 $\boldsymbol{F}_1$，$\boldsymbol{F}_2$，如图 2-17 所示，$\boldsymbol{r}_1$，$\boldsymbol{r}_2$ 为平行力作用点的位置矢量，$\boldsymbol{r}_C$ 为该平行力系合力作用点（平行力系中心）的位置矢量。

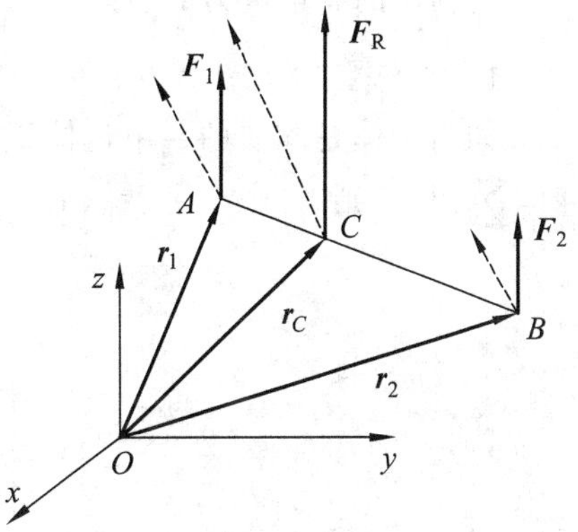

图 2-17

设 $\boldsymbol{F}^0$ 为该平行力系各力的单位矢量，则合力矢为 $\boldsymbol{F}_R=F_R\boldsymbol{F}^0$，$\boldsymbol{F}_i=F_i\boldsymbol{F}^0$，由合力矩定理：

$$\boldsymbol{M}_O(\boldsymbol{F}_R)=\sum M_O(F_i)$$

即 $$\boldsymbol{r}_C\times F_R\boldsymbol{F}^0=\sum\boldsymbol{r}_i\times F_i\boldsymbol{F}^0$$

或 $$F_R\boldsymbol{r}_C\times\boldsymbol{F}^0=\left(\sum F_i\boldsymbol{r}_i\right)\times\boldsymbol{F}^0$$

于是 $$F_R\boldsymbol{r}_C=\sum F_i\boldsymbol{r}_i$$

即平行力系中心的位置矢量为：

$$\boldsymbol{r}_C=\frac{\sum F_i\boldsymbol{r}_i}{F_R}=\frac{\sum F_i\boldsymbol{r}_i}{\sum F_i}\qquad(2\text{-}22)$$

可以看出平行力系中心是取决于力系中各力的大小及作用点的位置，而与各力作用线的方位无关，点 C 即为此平行力系的中心。

将（2-22）投影到图 2-17 中的直角坐标轴上，得：

$$
\begin{cases}
x_C = \dfrac{\sum F_i x_i}{\sum F_i} \\
y_C = \dfrac{\sum F_i y_i}{\sum F_i} \\
z_C = \dfrac{\sum F_i z_i}{\sum F_i}
\end{cases}
\tag{2-23}
$$

2.8.2 重　心

地球半径很大，地表面的重力可以看做是平行力系，此平行力系的中心即物体的重心。物体的重心在物体内占有确定的位置，与该物体在空间的位置无关。

设物体由若干个部分组成，其第 i 部分重为 P_i，其重心为（x_i, y_i, z_i），则由式（2-23）可得物体重心：

$$
\begin{cases}
x_C = \dfrac{\sum P_i x_i}{\sum P_i} \\
y_C = \dfrac{\sum P_i y_i}{\sum P_i} \\
z_C = \dfrac{\sum P_i z_i}{\sum P_i}
\end{cases}
\tag{2-24}
$$

若物体的总重量为 $\boldsymbol{P}$，则 $\boldsymbol{P} = \sum P_i$。

1. 体积重心

如果物体是均质的，单位体积的重量为 γ = 常量，以 ΔV_i 表示微小体积，物体总体积为 $V = \sum \Delta V_i$。则 $P_i = \gamma \Delta V_i$，代入式（2-24）得：

$$
\begin{cases}
x_C = \dfrac{\sum x_i \Delta V_i}{\sum \Delta V_i} = \dfrac{\sum x_i \Delta V_i}{V} \\
y_C = \dfrac{\sum y_i \Delta V_i}{\sum \Delta V_i} = \dfrac{\sum y_i \Delta V_i}{V} \\
z_C = \dfrac{\sum z_i \Delta V_i}{\sum \Delta V_i} = \dfrac{\sum z_i \Delta V_i}{V}
\end{cases}
\tag{2-25}
$$

对上式取极限有：

$$
\begin{cases}
x_C = \dfrac{\int_V x \mathrm{d}V}{V} \\
y_C = \dfrac{\int_V y \mathrm{d}V}{V} \\
z_C = \dfrac{\int_V z \mathrm{d}V}{V}
\end{cases}
\tag{2-26}
$$

式中，V 为物体的体积。显然，均质物体的重心就是物体的几何重心，即**形心**。

可见，均质物体的重心与其单位体积的重量（比重）无关，仅取决于物体的形状。此时的重心称为体积重心。

2. 面积重心

工程中常采用薄壳结构，如厂房的定壳、薄壁容器、飞机机翼等，其厚度 d 与其表面面积 S 相比很小，认为厚度 d 为常量，则 $\Delta V_i = d\Delta S$，$S=\sum S_i$，将其代入式（2-25）得：

$$\begin{cases} x_C = \dfrac{\sum x_i \Delta S_i}{\sum \Delta S_i} = \dfrac{\sum x_i \Delta S_i}{S} = \dfrac{\int_S x\mathrm{d}S}{S} \\ y_C = \dfrac{\sum y_i \Delta S_i}{\sum \Delta S_i} = \dfrac{\sum y_i \Delta S_i}{S} = \dfrac{\int_S y\mathrm{d}S}{S} \\ z_C = \dfrac{\sum z_i \Delta S_i}{\sum \Delta S_i} = \dfrac{\sum z_i \Delta S_i}{S} = \dfrac{\int_S z\mathrm{d}S}{S} \end{cases} \tag{2-27}$$

此时物体的重心称为面积重心。

3. 线段重心

如果物体是均质等截面的细长线段，其截面尺寸与其长度 l 相比很小，认为其面积 S 是常量，则 $\Delta V_i = S\Delta l_i$，$l=\sum l_i$，代入式（2-25）得：

$$\begin{cases} x_C = \dfrac{\sum x_i \Delta l_i}{\sum \Delta l_i} = \dfrac{\sum x_i \Delta l_i}{l} = \dfrac{\int_l x\mathrm{d}l}{l} \\ y_C = \dfrac{\sum y_i \Delta l_i}{\sum \Delta l_i} = \dfrac{\sum y_i \Delta l_i}{l} = \dfrac{\int_l y\mathrm{d}l}{l} \\ z_C = \dfrac{\sum z_i \Delta l_i}{\sum \Delta l_i} = \dfrac{\sum z_i \Delta l_i}{l} = \dfrac{\int_l z\mathrm{d}l}{l} \end{cases} \tag{2-28}$$

此时的重心称为线段重心。

2.8.3 确定物体重心的方法

凡具有对称面、对称轴或对称中心的简单形式的均质物体，其重心一定在它的对称面、对称轴或对称中心上。简单形状的物体的重心可从工程手册中查到，表 2-1 列出了常见的几种简单形状的物体的重心。

表 2-1　常见的简单形体重心表

图　　形	重心位置	图　　形	重心位置
三角形 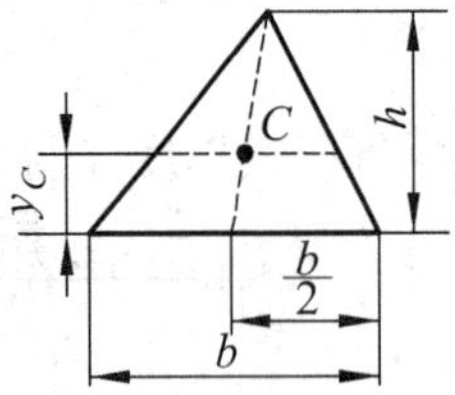	在中线的交点 $y_C=\frac{1}{3}h$	梯形 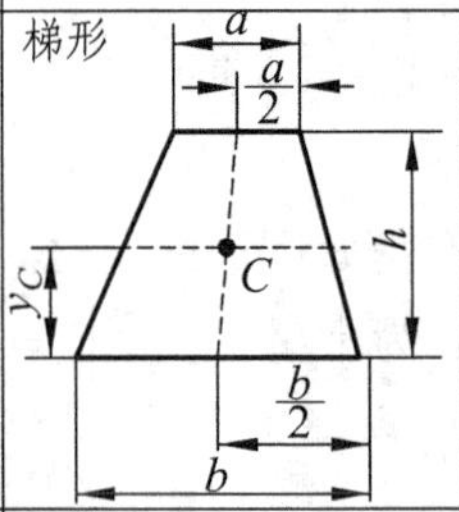	$y_C=\frac{h(2a+b)}{3(a+b)}$
圆弧 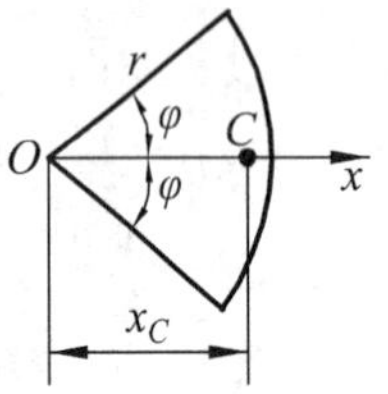	$x_C=\frac{r\sin\varphi}{\varphi}$ 对于半圆弧 $x_C=\frac{2r}{\pi}$	弓形 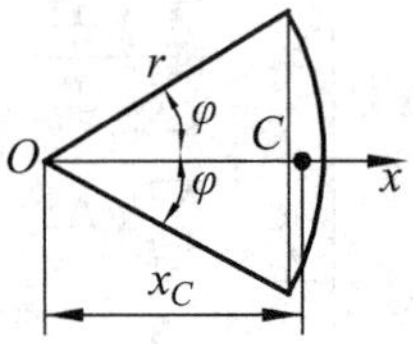	$x_C=\frac{2}{3}\frac{r^3\sin^3\varphi}{A}$ 面积 $A=\frac{r^2(2\varphi-\sin2\varphi)}{2}$
扇形 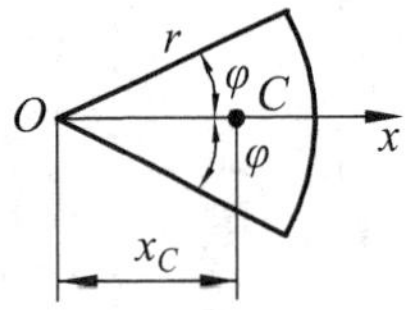	$x_C=\frac{2}{3}\frac{r\sin\varphi}{\varphi}$ 对于半圆 $x_C=\frac{4r}{3\pi}$	部分圆环 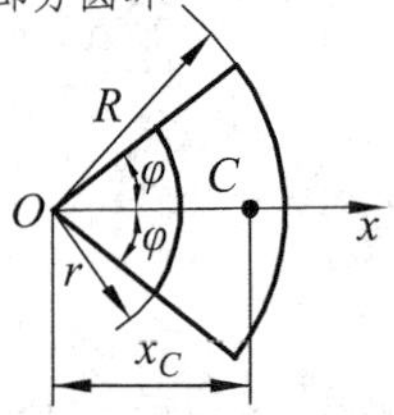	$x_C=\frac{2}{3}\frac{R^3-r^3}{R^2-r^2}\frac{\sin\varphi}{\varphi}$
二次抛物线面 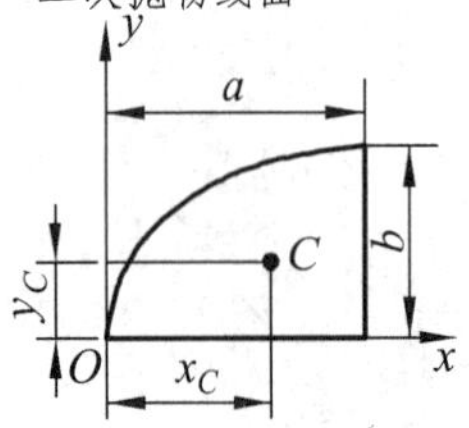	$x_C=\frac{5}{8}a$ $y_C=\frac{2}{5}b$	二次抛物线面 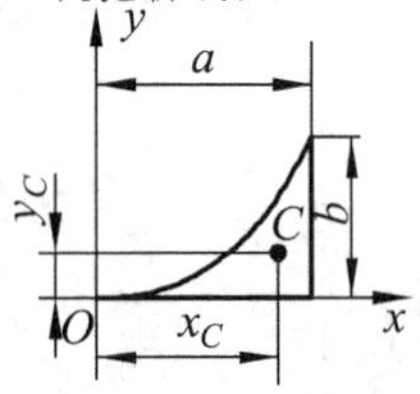	$x_C=\frac{3}{4}a$ $y_C=\frac{3}{10}b$
正圆锥体 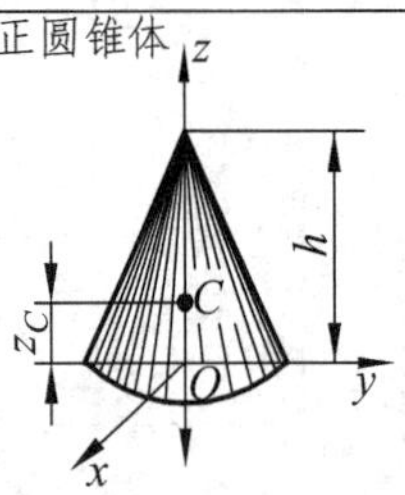	$z_C=\frac{1}{4}h$	正角锥体 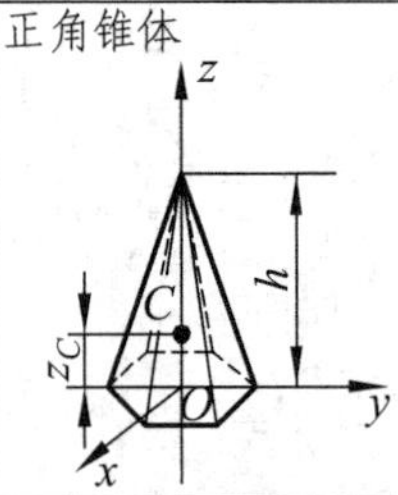	$z_C=\frac{1}{4}h$
半圆球 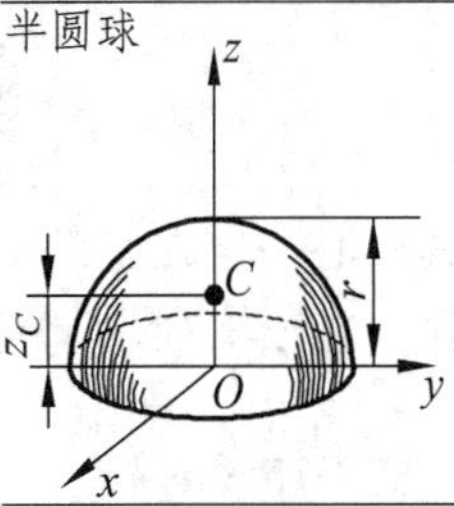	$z_C=\frac{3}{8}r$	锥形筒体 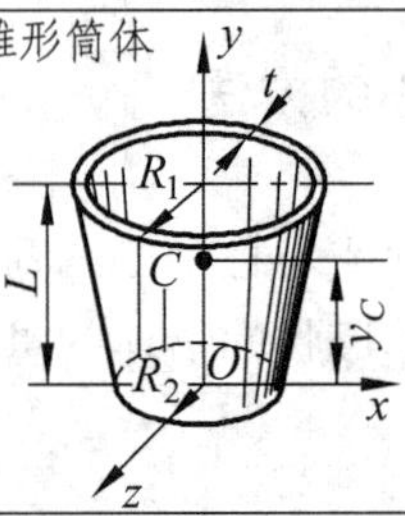	$y_C=\frac{4R_1+2R_2-3t}{6(R_1+R_2-t)}L$

求重心的方法很多，下面介绍常用的几种方法。

1. 求积分法

对均质物体，当分割成微小部分的体积（或面积、弧长）与坐标的函数关系式易于写出时，可采用求积分法。

对于表 2-1 列出的重心位置，均可采用求积分法求得。

例 2-6 试求图 2-18 所示半径为 R，圆心角为 2φ 的扇形面积的重心。

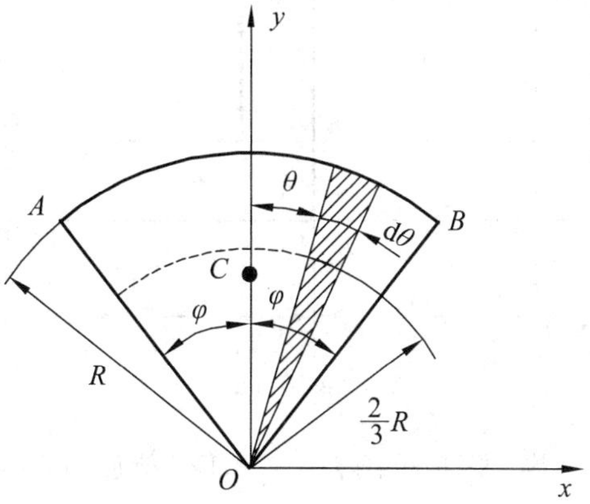

图 2-18

解： 取中心角的平分线为 y 轴。由于对称关系，重心必在这个轴上，即 $x_C=0$，现在只需求出 y_C。

把扇形面积分成无数个无穷小的面积单元（可看做三角形），每个小三角形的重心都在距定点 O 为 $\frac{2}{3}R$ 处，任一位置 θ 处的微小面积 $\mathrm{d}A=\frac{1}{2}R^2\mathrm{d}\theta$，其重心的 y 坐标为 $y=\frac{2}{3}R\cos\theta$。扇形总面积为：

$$A=\int \mathrm{d}A=\int_{-\varphi}^{\varphi}\frac{1}{2}R^2\mathrm{d}\theta=R^2\varphi$$

由面积重心坐标公式，可得：

$$y_C=\frac{\int y\mathrm{d}A}{A}=\frac{\int_{-\varphi}^{\varphi}\frac{2}{3}R\cos\theta\cdot\frac{1}{2}R^2\mathrm{d}\theta}{R^2\varphi}=\frac{2}{3}R\frac{\sin\varphi}{\varphi}$$

如以 $\varphi=\frac{\pi}{2}$ 代入，即得半圆形的重心：

$$y_C=\frac{4R}{3\pi}$$

2. 组合法

1）分割法

若一个物体由几个简单形状的物体组合而成，而这些物体的重心是已知的，那么整个物体的重心即可用式（2-27）求出。

例 2-7　试求 Z 形截面重心的位置，其尺寸如图 2-19 所示。

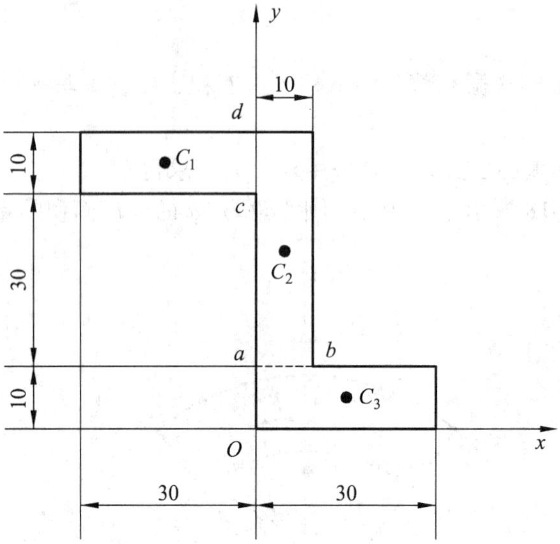

图 2-19

解：取坐标轴如图所示，将该图形分割为三个矩形（例如用 ab 和 cd 两线分割）。以 C_1,C_2,C_3 表示这些矩形的重心，而以 A_1,A_2,A_3 表示它们的面积。以 (x_1,y_1)，(x_2,y_2)，(x_3,y_3) 分别表示 C_1,C_2,C_3 的坐标，由图得：$x_1=-15$，$y_1=45$，$A_1=300$；$x_2=5$，$y_2=30$，$A_2=400$；$x_3=15$，$y_3=5$，$A_3=300$。按公式求得该截面重心的坐标 x_C，y_C：

$$x_C=\frac{x_1A_1+x_2A_2+x_3A_3}{A_1+A_2+A_3}=2\ (\text{mm})$$

$$y_C=\frac{y_1A_1+y_2A_2+y_3A_3}{A_1+A_2+A_3}=27\ (\text{mm})$$

2）负面积法（负体积法）

例 2-8　试求图 2-20 所示振动沉桩器中的偏心块的重心。已知：$R=100$ mm，$r=17$ mm，$b=13$ mm。

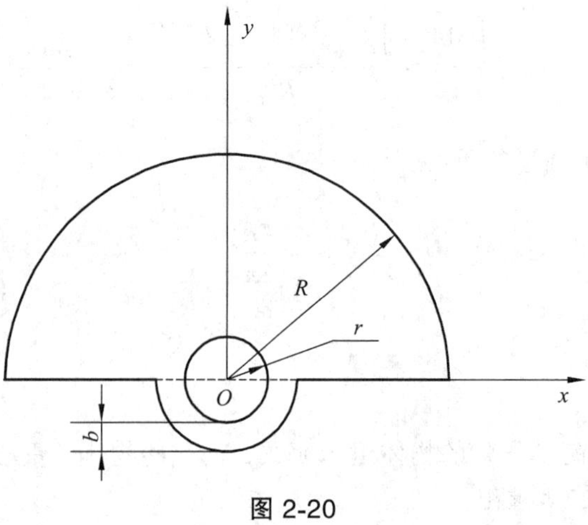

图 2-20

解：将偏心块看成是由三部分组成，即半径为 R 的半圆 A_1，半径为 $r+b$ 的半圆 A_2 和半径为 r 的小圆 A_3。因 A_3 是切去的部分，所以面积应取负值。取坐标轴如图 2-20 所示，由对称有 $x_C=0$。设 y_1,y_2,y_3 分别为 A_1,A_2,A_3 的重心坐标。由例 2-5 结果可知：

$$y_1=\frac{4R}{3\pi}=\frac{400}{3\pi}\text{mm}，\quad y_2=\frac{-4(r+b)}{3\pi}=-\frac{40}{\pi}\text{mm}，\quad y_3=0$$

由公式（2-27）可得偏心块的重心坐标为：

$$\begin{aligned}y_C&=\frac{y_1A_1+y_2A_2+y_3A_3}{A_1+A_2+A_3}\\&=\frac{\frac{\pi}{2}\times100^2\times\frac{400}{3\pi}+\frac{\pi}{2}\times(17+13)^2\times\left(-\frac{40}{\pi}\right)-17^2\pi\times0}{A_1+A_2+A_3}=40.04\ (\text{mm})\end{aligned}$$

3. 实验法

对于形状复杂不易计算或质量不均的物体可用实验法测量重心，常用悬挂法和称重法。

本章小结

1. 平面汇交力系的合成

（1）几何法。根据力多边形法则，合力矢为：

$$\boldsymbol{F}_\text{R}=\sum\boldsymbol{F}_i$$

合力作用线通过汇交点。

（2）解析法。合力的解析表达式为：

$$\boldsymbol{F}_\text{R}=\sum F_{xi}\boldsymbol{i}+\sum F_{yi}\boldsymbol{j}$$

$$F_\text{R}=\sqrt{(\sum F_{xi})^2+(\sum F_{yi})^2}$$

$$\cos(\boldsymbol{F}_\text{R},\boldsymbol{i})=\frac{\sum F_{xi}}{F_\text{R}}，\quad \cos(\boldsymbol{F}_\text{R},\boldsymbol{j})=\frac{\sum F_{yi}}{F_\text{R}}$$

2. 力偶系的合成

（1）平面力偶系：合力偶矩等于各分力偶矩的代数和。即：

$$M=\sum M_i$$

（2）空间力偶系：合力偶矩矢等于各分力偶矩矢的矢量和。即：

$$\boldsymbol{M}=\sum\boldsymbol{M}_i$$

3. 平面任意力系的简化

（1）力的平移定理：同平面内平移一力的同时必须附加一力偶，附加力偶的矩等于原来的力对新作用点的矩。

（2）平面任意力系向平面内任意一点 O 简化，一般情况下，可得一个力和一个力偶，这个力等于该力系的主矢，即：

$$\boldsymbol{F}_R' = \sum_{i=1}^{n} \boldsymbol{F}_i = \sum F_x \boldsymbol{i} + \sum F_y \boldsymbol{j}$$

作用线通过简化中心 O。这个力偶的矩等于该力系对于点 O 的主矩，即：

$$M_O = \sum M_O(\boldsymbol{F}_i) = \sum (x_i F_{yi} - y_i F_{xi})$$

（3）平面任意力系向一点简化，可能出现四种情况（表 2-2）。

表 2-2　平面任意力系四种简化情况

主矢	主矩	合成结果	说　　明
$\boldsymbol{F}_R' \neq 0$	$\boldsymbol{M}_O = 0$	合力	此力为原力系的合力，合力作用线通过简化中心
	$\boldsymbol{M}_O \neq 0$	合力	合力作用线离简化中心的距离 $d = \dfrac{M_O}{F_R'}$
$\boldsymbol{F}_R' = 0$	$\boldsymbol{M}_O \neq 0$	合力偶	此力偶为原力系的合力偶，在这种情况下，主矩与简化中心的位置无关
	$\boldsymbol{M}_O = 0$	平衡	

4. 空间任意力系的简化

（1）空间任意力系向任意一点 O 简化，得到一个作用在简化中心 O 的主矢 F_R' 和一个力偶，力偶矩矢为 M_O，即：

$$F_R' = \sum F_i \text{（主矢）},\quad M_O = \sum M_O(F_i) \text{（主矩）}$$

（2）空间任意力系向一点简化，结果见表 2-3。

表 2-3　空间任意力系简化情况

主矢	主矩		合成结果	说　　明
$F_R' = 0$	$\boldsymbol{M}_O = 0$		平衡	
	$\boldsymbol{M}_O \neq 0$		合力偶	此时主矩与简化中心的位置无关
$F_R' \neq 0$	$\boldsymbol{M}_O = 0$		合力	合力作用线通过简化中心
	$\boldsymbol{M}_O \neq 0$	$F_R' \perp \boldsymbol{M}_O$	合力	合力作用线离简化中心的距离 $d = \dfrac{\lvert \boldsymbol{M}_O \rvert}{F_R'}$
	$\boldsymbol{M}_O \neq 0$	$F_R' \,//\, \boldsymbol{M}_O$	力螺旋	力螺旋的中心轴通过简化中心
		F_R' 与 $\boldsymbol{M}_O$ 成 θ 角	力螺旋	力螺旋的中心轴离简化中心 O 的距离为 $d = \dfrac{\lvert \boldsymbol{M}_O \rvert \sin\theta}{F_R'}$

5. 物体重心的坐标公式

$$x_C = \frac{\sum P_i x_i}{\sum P_i},\ y_C = \frac{\sum P_i y_i}{\sum P_i},\ z_C = \frac{\sum P_i z_i}{\sum P_i}$$

其中 $\boldsymbol{P} = \sum P_i$。

习 题

2-1 如图所示，固定在墙壁上的圆环受三条绳索的拉力作用，力 $\boldsymbol{F}_1$ 沿水平方向，力 $\boldsymbol{F}_3$ 沿铅直方向，力 $\boldsymbol{F}_2$ 与水平线成 40° 角。三力的大小分别为 $F_1 = 2\,000\ \text{N}$，$F_2 = 2\,500\ \text{N}$，$F_3 = 1\,500\ \text{N}$。求三力的合力。

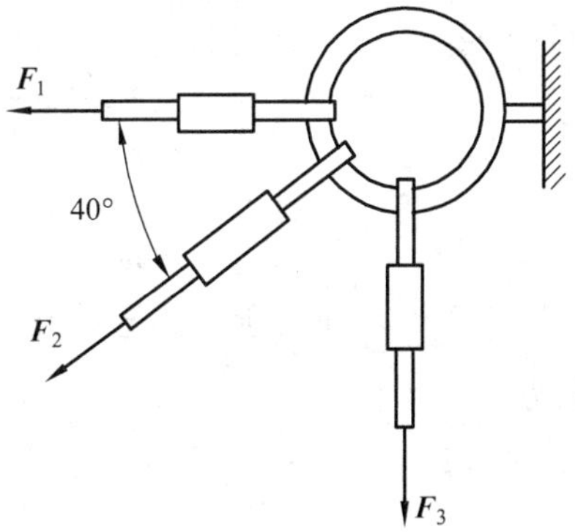

题 2-1 图

2-2 物体重 $P = 20\ \text{kN}$，用绳子挂在支架的滑轮 B 上，绳子的另一端挂在铰 D 上，如图所示。转动铰，物体便能升起。设滑轮的大小，AB 与 CB 杆自重及摩擦略去不计，A，B，C 三处均为铰链连接。当物体处于平衡状态时，求拉杆 AB 和支杆 CB 所受的力。

2-3 已知 $F_1 = 150\ \text{N}$，$F_2 = 200\ \text{N}$，$F_3 = 300\ \text{N}$，$F = F' = 200\ \text{N}$。求力系向点 O 的简化结果，并求力系合力的大小及与原点 O 的距离 d。

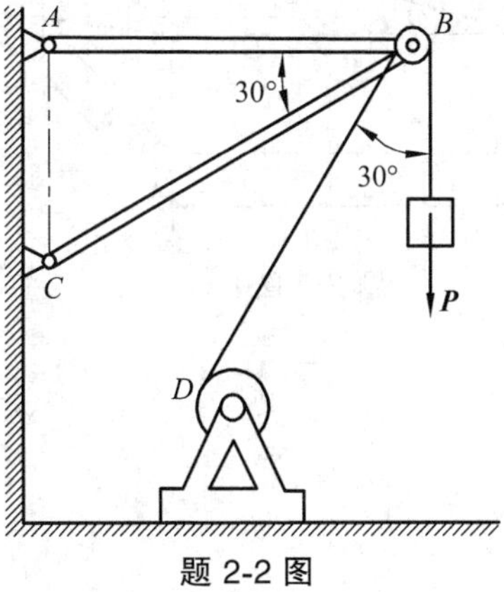

题 2-2 图

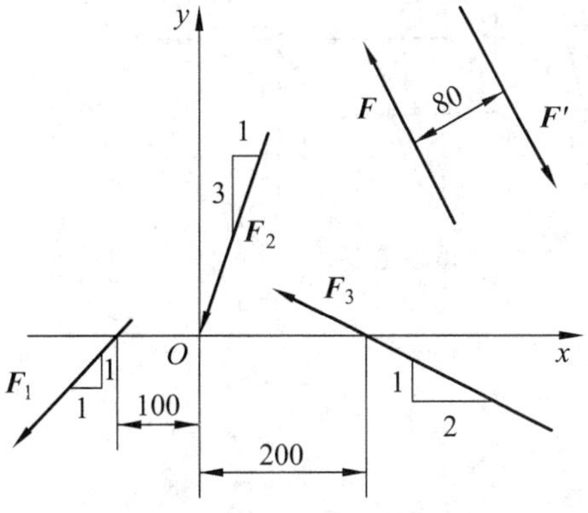

题 2-3 图

2-4　图示平面任意力系中，$F_1 = 40\sqrt{2}$ N，$F_2 = 80$ N，$F_3 = 40$ N，$F_4 = 110$ N，$M = 2\ 000$ N·mm。各力作用位置如图所示，长度单位均为 mm。求：① 力系向点 O 简化的结果；② 力系的合力的大小、方向及合力作用线方程。

2-5　图示等边三角形 ABC，边长为 L，现在其三顶点沿三边作用三个大小相等的力 $\boldsymbol{F}$，试求此力系的简化结果。

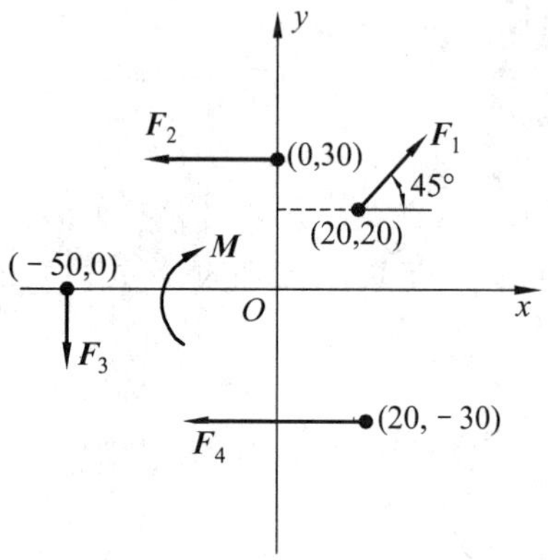

题 2-4 图

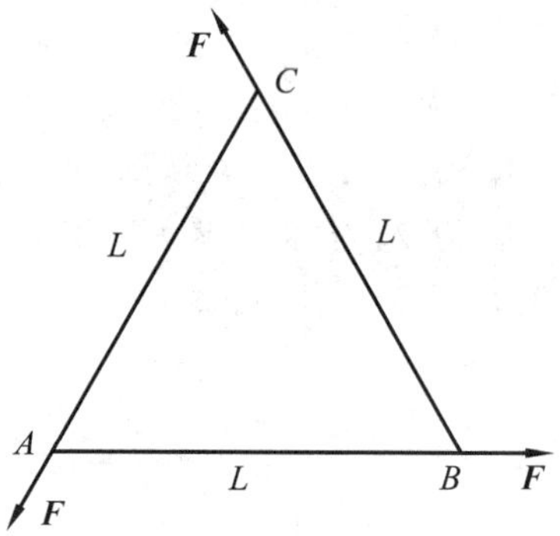

题 2-5 图

2-6　沿着直棱柱的棱边作用五个力，如图所示。已知 $P_1 = P_3 = P_4 = P_5 = P$，$P_2 = \sqrt{2}P$，$OA = OC = a$，$OB = 2a$，试将此力系简化。

2-7　力系中，$F_1 = 100$ N，$F_2 = 300$ N，$F_3 = 200$ N，各力作用线的位置如图所示。将力系向原点 O 简化。

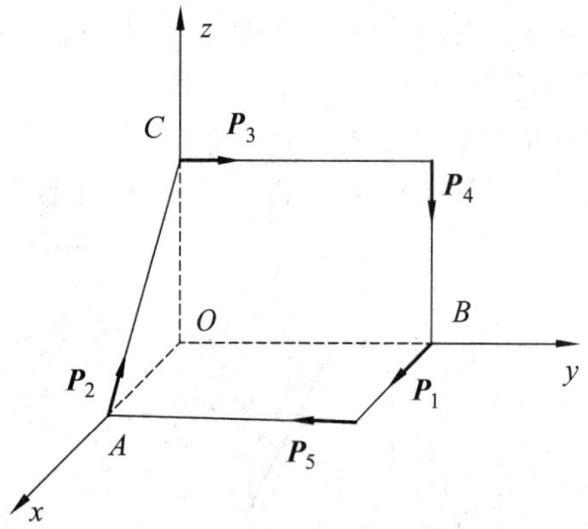

题 2-6 图

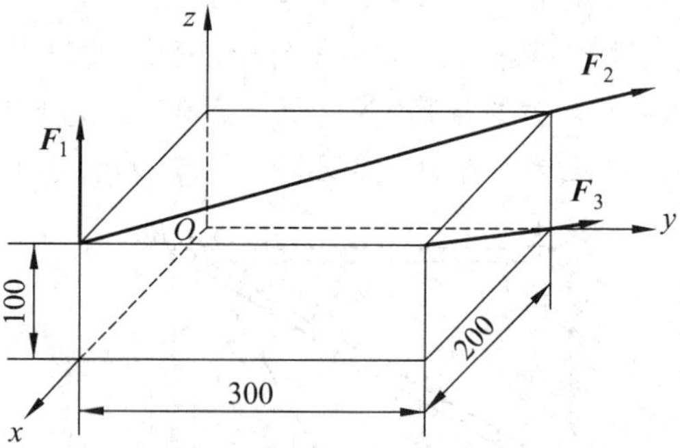

题 2-7 图

2-8　一平行力系由五个力组成，力的大小和作用线的位置如图所示。图中小正方格的边长为 10 mm。求此平行力系的合力。

2-9　图示力系的三力分别为 $F_1 = 350\ \mathrm{N}$，$F_2 = 400\ \mathrm{N}$ 和 $F_3 = 600\ \mathrm{N}$，其作用线的位置如图所示。将此力系向原点 O 简化。

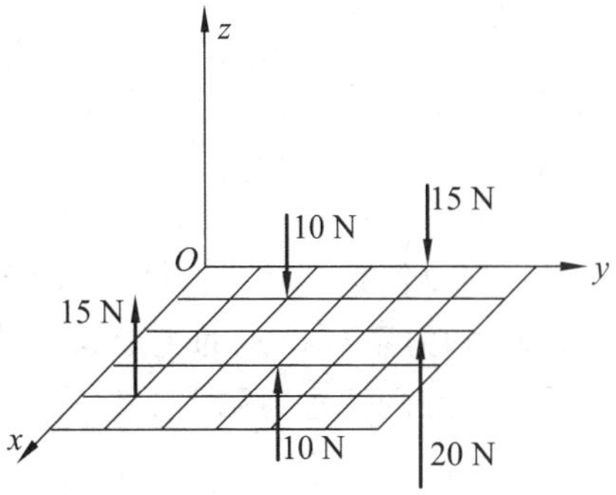

题 2-8 图

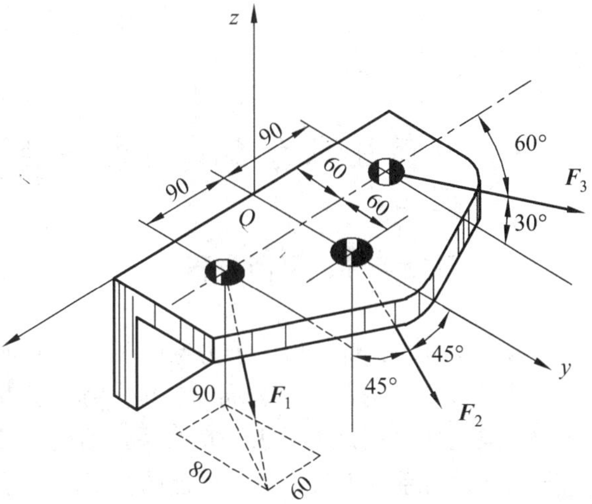

题 2-9 图

第 3 章　力系的平衡

3.1　平面任意力系的平衡条件和平衡方程

3.1.1　平衡条件、平衡方程

由第 2 章可知，将任何一个力系向平面内（或空间）任一点 O 简化，其一般结果是得到一个作用于 O 点的力和一个力偶，它们分别等于力系的主矢 $\boldsymbol{F}_{\mathrm{R}}'$ 和力系对 O 点的主矩 $\boldsymbol{M}_O$。若 $\boldsymbol{F}_{\mathrm{R}}'$ 和 $\boldsymbol{M}_O$ 均为零，则该力系为平衡力系，因此平面任意力系（或空间任意力系）平衡的必要与充分条件是力系的主矢和对任一点的主矩均为零，即：

$$\begin{cases}\boldsymbol{F}_{\mathrm{R}}' = \sum \boldsymbol{F}_i = 0 \\ \boldsymbol{M}_O = \sum \boldsymbol{M}_O(\boldsymbol{F}_i) = 0\end{cases} \tag{3-1}$$

于是，平面任意力系平衡的必要与充分条件是：力系的主矢和对任一点 O 的主矩都等于零。

1. 二投一矩式平衡方程

由平衡条件 $\boldsymbol{F}_{\mathrm{R}}' = 0$，根据式（2-7）$\boldsymbol{F}_{\mathrm{R}}' = \sqrt{\boldsymbol{F}_x^2 + \boldsymbol{F}_y^2} = 0$ 即可得：

$$\sum \boldsymbol{F}_x = 0, \sum \boldsymbol{F}_y = 0 \tag{3-2a}$$

由平衡条件 $\boldsymbol{M}_O = \sum \boldsymbol{M}_O(\boldsymbol{F}) = 0$ 可得：

$$\sum \boldsymbol{M}_O(\boldsymbol{F}) = 0 \tag{3-2b}$$

即：所有各力在两个任选的坐标轴上的投影的代数和分别等于零，以及各力对于任意一点的矩的代数和也等于零。

例 3-1　图 3-1 所示的水平横梁 AB，A 端为固定铰链支座，B 端为一滚动支座。梁的长为 $4a$，梁重 $\boldsymbol{P}$，作用在梁的中点 C。在梁的 AC 段上受均布载荷 q 作用，在梁的 BC 段上受力偶作用，力偶矩 $M = Pa$。试求 A 和 B 处的支座约束力。

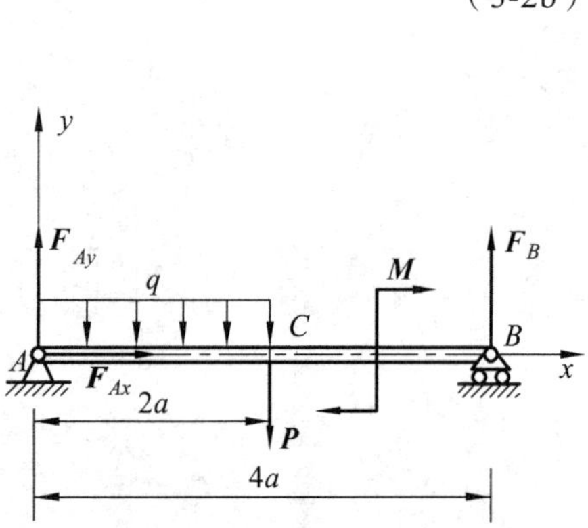

图 3-1

解：选梁 AB 为研究对象。它所受的主动力有：均

布载荷 q，重力 $\boldsymbol{P}$ 和矩为 M 的力偶。它所受的约束力有：铰链 A 的两个分力 $\boldsymbol{F}_{Ax}$ 和 $\boldsymbol{F}_{Ay}$，滚动支座 B 处铅直向上的约束力 $\boldsymbol{F}_B$。取坐标系作受力图如图 3-1 所示，列出平衡方程：

$$\sum M_A(F)=0,\ F_B\cdot 4a-M-P\cdot 2a-q\cdot 2a\cdot a=0$$
$$\sum F_x=0,\ F_{Ax}=0$$
$$\sum F_y=0,\ F_{Ay}-q\cdot 2a-P+F_B=0$$

解上述方程，得：

$$F_B=\frac{3}{4}P+\frac{1}{2}qa,\quad F_{Ax}=0,\quad F_{Ay}=\frac{P}{4}+\frac{3}{2}qa$$

例 3-2 自重为 $P=100$ kN 的 T 字形钢架 ABD，置于铅垂面内，载荷如图 3-2（a）所示。其中 $M=20$ kN·m，$F=400$ kN，$q=20$ kN/m，$l=1$ m。试求固定端 A 的约束力。

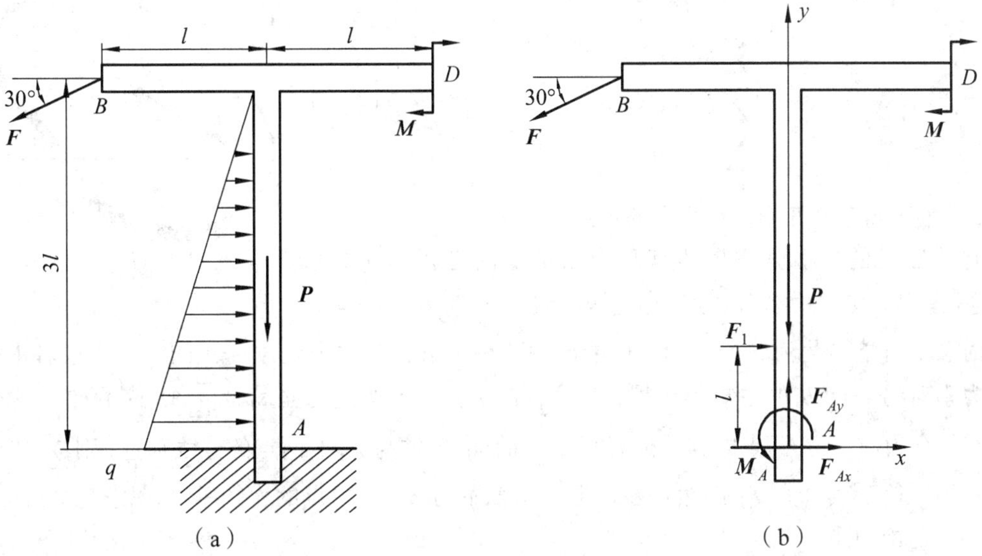

图 3-2

解：取 T 字形刚架为研究对象，其上除受主动力外，还受有固定端 A 处的约束力 $\boldsymbol{F}_{Ax}$，$\boldsymbol{F}_{Ay}$ 和约束力偶 M_A。线性分布载荷可视为一组平行力系，将其简化为一集中力 $\boldsymbol{F}_1$，其大小为 $F_1=\frac{1}{2}q\times 3l=30$ kN，其作用线可利用合力矩定理确定：

$$F_1 h=\int_0^{3l}\frac{q}{3l}(3l-y)y\mathrm{d}y$$

式中，h 为点 A 到集中力 $\boldsymbol{F}_1$ 的距离，由上式求得 $h=l$，即集中力作用于三角形分布载荷的几何中心。刚架受力图如图 3-2（b）所示。

按图示坐标，列平衡方程：

$$\sum F_x=0,\ F_{Ax}+F_1-F\sin 60^\circ=0$$
$$\sum F_y=0,\ F_{Ay}-P-F\cos 60^\circ=0$$
$$\sum M_A(\boldsymbol{F})=0,\ M_A-M-F_1 l+F\cos 60^\circ\cdot l+F\sin 60^\circ\cdot 3l=0$$

解方程，求得：

$$F_{Ax}=F\sin 60°-F_1=316.4\ (\mathrm{kN})$$
$$F_{Ay}=P+F\cos 60°=300\ (\mathrm{kN})$$
$$M_A=M+F_1 l-Fl\cos 60°-3Fl\sin 60°=-1188\ (\mathrm{kN\cdot m})$$

负号说明实际情况与图中所设方向相反，即 M_A 为顺时针方向。

从以上例题可见选取适当的坐标轴和力矩中心，可以减少每个平衡方程中未知量的数目，在平面任意力系情况下，矩心选取在多个未知力的交点上而坐标轴应当与尽可能多的未知力相垂直。

2. 二矩式平衡方程

在三个平衡方程中有两个力矩方程和一个投影方程，即：

$$\begin{cases}\sum M_A(\boldsymbol{F})=0\\ \sum M_B(\boldsymbol{F})=0\\ \sum F_x=0\end{cases} \qquad (3\text{-}3)$$

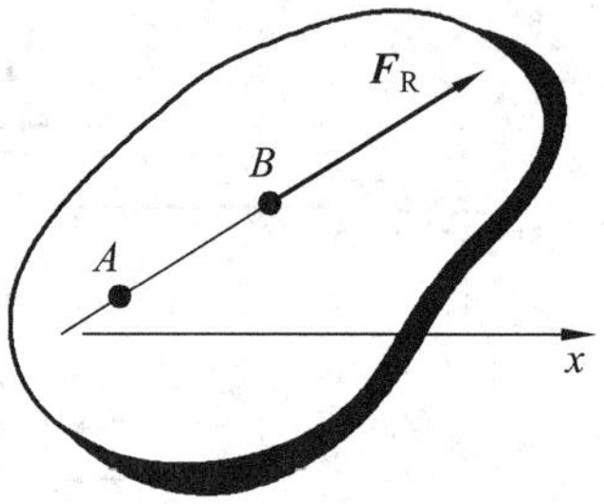

图 3-3

其中，x 轴不得垂直于 A，B 两点的连线。

此种形式的平衡方程也能满足力系平衡的必要和充分条件，这是因为：如果力系对 A 点的主矩等于零，即 $\sum M_A(\boldsymbol{F})=0$，则此力系不可能简化为一个力偶，可能出现两种情形：简化为经过 A 点的一个力或者平衡。如果力系对另一点 B 的主矩等于零，即 $\sum M_B(\boldsymbol{F})=0$，则此力必满足 $\sum M_A(\boldsymbol{F})=0$。这个力系或有一合力沿 A, B 两点的连线或者平衡。而如若 x 轴与 A, B 两点的连线垂直，则 $\sum F_x=0$，力系并不平衡。其合力 $\boldsymbol{F}_\mathrm{R}$ 仍然存在，但如 x 轴不与 A，B 两点的连线垂直，则合力 $\boldsymbol{F}_\mathrm{R}=0$，力系必为平衡力系。

3. 三矩式平衡方程

在三个平衡方程中，三个均为力矩式平衡方程，即：

$$\begin{cases}\sum M_A(\boldsymbol{F})=0\\ \sum M_B(\boldsymbol{F})=0\\ \sum M_C(\boldsymbol{F})=0\end{cases} \qquad (3\text{-}4)$$

其应用条件：A，B，C 三点不得共线。

这是因为：根据式（3-3），如若 $\sum M_C(\boldsymbol{F})=0$，则力系合力 $\boldsymbol{F}_\mathrm{R}$ 要么通过 A，B 连线，要么平衡。但如果 C 点不在 A，B 的连线上，则其合力 $\boldsymbol{F}_\mathrm{R}$ 对 C 点之矩为零，力系必为平衡力系。

上述 3 组方程（3-2），（3-3），（3-4），究竟选用哪一组方程须根据具体条件确定。对于受平面任意力系作用的单个刚体的平衡问题，可以写出 3 个独立的平衡方程，求解 3 个未知数。

3.1.2 平面平行力系

平面平行力系是平面任意力系的一种特殊情形。

如图 3-4 所示，设物体受平面平行力系 $\boldsymbol{F}_1$，$\boldsymbol{F}_2$，…，$\boldsymbol{F}_n$ 的作用，如选取 x 轴与各力垂直，则不论力系是否平衡，每一个力在 x 轴上的投影恒等于零，即 $\sum F_x \equiv 0$ 。于是平行力系的独立平衡方程的数目只有两个，即：

$$\begin{cases}\sum F_y = 0\\ \sum M_O(\boldsymbol{F}) = 0\end{cases} \tag{3-5}$$

平面平行力系的平衡方程，也可用两个力矩方程的形式表示，即：

$$\begin{cases}\sum M_A(\boldsymbol{F}) = 0\\ \sum M_B(\boldsymbol{F}) = 0\end{cases} \tag{3-6}$$

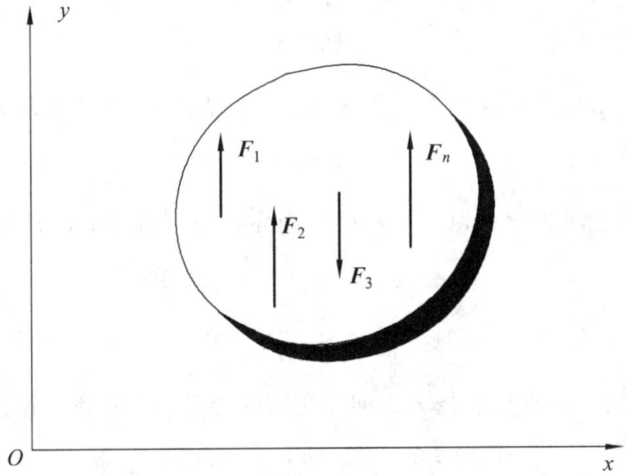

图 3-4

3.1.3 平衡方程的应用

例 3-3 塔式起重机如图 3-5 所示。设机身所受重力为 $\boldsymbol{G}_1$，且作用线距右轨 B 为 e；载重的重力 $\boldsymbol{G}_2$ 距右轨的最大距离为 l，轨距 $AB = b$；又平衡重的重力 $\boldsymbol{G}_3$ 距左轨 A 为 a。求起重机满载和空载时均不致翻倒，平衡重的重量 $\boldsymbol{G}_3$ 所应满足的条件。

解：以起重机整体为研究对象。起重机不致翻倒时，其所受的主动力 $\boldsymbol{G}_1$，$\boldsymbol{G}_2$，$\boldsymbol{G}_3$ 和约束反力 $\boldsymbol{F}_A$，$\boldsymbol{F}_B$ 组成一平衡的平面平行力系，受力图如图 3-5 所示。

满载且载重 $\boldsymbol{G}_2$ 距右轨最远时，起重机有绕 B 点往右翻倒的趋势，列平衡方程：

$$\sum M_B(\boldsymbol{F}) = 0,\ -G_1 \cdot e - G_2 \cdot l + G_3(a+b) - F_A \cdot b = 0$$

$$F_A = \frac{[G_3(a+b) - G_2 l - G_1 e]}{b}$$

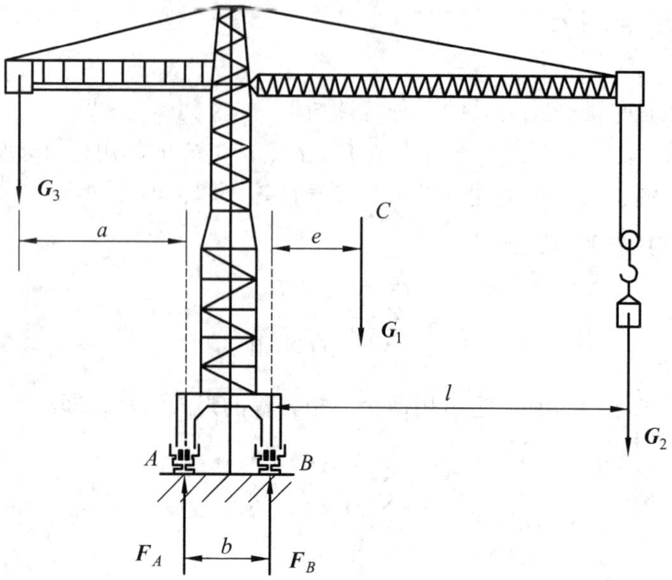

图 3-5

此种情况下，起重机若不绕 B 点往右翻转，须使 $\boldsymbol{F}_A$ 满足条件（即不翻倒条件）：

$$F_A \geqslant 0$$

其中等号对应起重机处于翻倒与不翻倒的临界状态。由以上两式可得满载且平衡时 $\boldsymbol{G}_3$ 所应满足的条件为：

$$G_3 \geqslant \frac{(G_1 e + G_2 l)}{(a+b)}$$

空载（$\boldsymbol{G}_2 = 0$）时，起重机有绕 A 点向左翻倒的趋势，列平衡方程：

$$\sum M_A(\boldsymbol{F}) = 0, \quad -G_1 \cdot (b+e) + G_3 \cdot a + F_B \cdot b = 0$$

$$F_B = \frac{[G_1 \cdot (b+e) - G_3 a]}{b}$$

此种情况下，起重机不绕 A 点向左翻倒的条件为：

$$F_B \geqslant 0$$

于是空载且平衡时 $\boldsymbol{G}_3$ 所应满足的条件为：

$$G_3 \leqslant \frac{G_1(e+b)}{a}$$

由此可见，起重机满载和空载均不致翻倒时，平衡重量 $\boldsymbol{G}_3$ 所应满足的条件为：

$$\frac{(G_1 e + G_2 l)}{(a+b)} \leqslant G_3 \leqslant \frac{G_1(e+b)}{a}$$

例 3-4 图 3-6（a）所示为曲轴冲床简图，由轮 Ⅰ、连杆 AB 和冲头 B 组成。$OA = R$，$AB = l$。忽略摩擦和自重，当 OA 在水平位置、冲压力为 $\boldsymbol{F}$ 时系统处于平衡状态。求：① 作用在轮 I 上的力偶之矩 M 的大小；② 轴承 O 处的约束力；③ 连杆 AB 受的力；④ 冲头给导轨的侧压力。

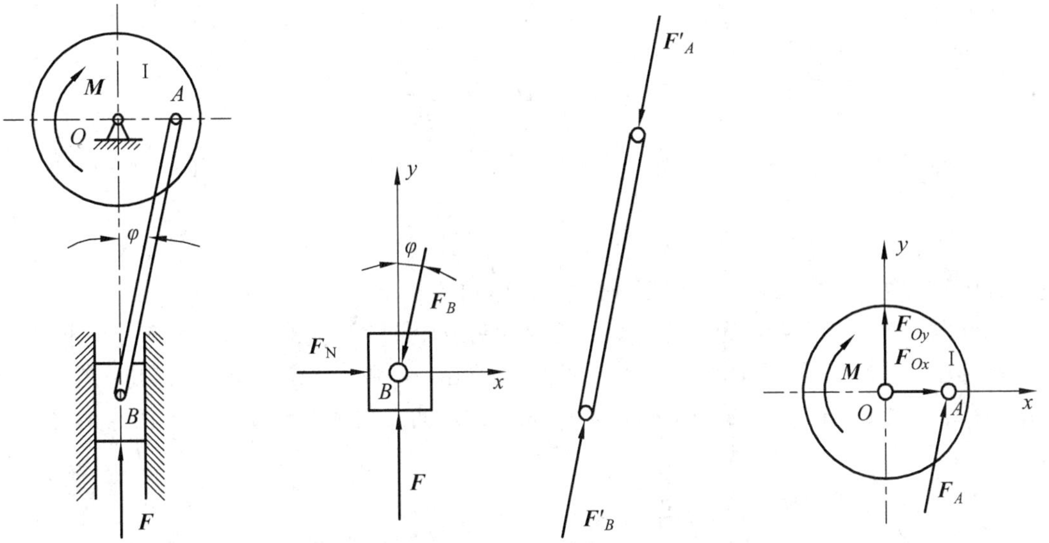

图 3-6

解:（1）首先以冲头为研究对象。冲头受冲压阻力 $\boldsymbol{F}$、导轨约束力 $\boldsymbol{F}_{\mathrm{N}}$ 以及连杆（二力杆）的作用力 $\boldsymbol{F}_B$ 作用，受力如图 3-6（b）所示，为一平面汇交力系。

设连杆与铅直线间的夹角为 φ，按图示坐标轴列平衡方程：

$$\sum F_x = 0,\quad F_{\mathrm{N}} - F_B \sin\varphi = 0 \tag{a}$$

$$\sum F_y = 0,\quad F - F_B \cos\varphi = 0 \tag{b}$$

由式（b）得：

$$F_B = \frac{F}{\cos\varphi}$$

F_B 为正值，说明假设的 $\boldsymbol{F}_B$ 的方向是对的，即连杆受压力（图 3-6（c））。代入式（a）得：

$$F_{\mathrm{N}} = F\tan\varphi = F\frac{R}{\sqrt{l^2 - R^2}}$$

冲头对导轨侧压力的大小等于 F_{N}，方向相反。

（2）再以轮 I 为研究对象。轮 I 受平面任意力系作用，包括矩为 M 的力偶，连杆作用力 $\boldsymbol{F}_A$ 以及轴承的约束力 $\boldsymbol{F}_{Ox}$，$\boldsymbol{F}_{Oy}$（图 3-6（d））。按图示坐标轴列平衡方程：

$$\sum M_O(\boldsymbol{F}) = 0,\quad F_A \cos\varphi \cdot R - M = 0 \tag{c}$$

$$\sum F_x = 0,\quad F_{Ox} + F_A \sin\varphi = 0 \tag{d}$$

$$\sum F_y = 0,\quad F_{Oy} + F_A \cos\varphi = 0 \tag{e}$$

由式（c）得：

$$M = FR$$

由式（d）得：

$$F_{Ox} = -F_A \sin\varphi = -F\frac{R}{\sqrt{l^2 - R^2}}$$

由式（e）得：

$$F_{Oy} = -F_A \cos\varphi = -F$$

负号说明，力 $\boldsymbol{F}_{Ox}$，$\boldsymbol{F}_{Oy}$ 的方向与图示假设的方向相反。

此题也可先取整个系统为研究对象，再取冲头或轮 I 为研究对象，列平衡方程求解。

例 3-5 图 3-7（a）所示的组合梁（不计自重）由 AC 和 CD 铰接而成。已知：$F = 20$ kN，均布载荷 $q = 10$ kN/m，$M = 20$ kN·m，$l = 1$ m。试求插入端 A 及滚动支座 B 的约束力。

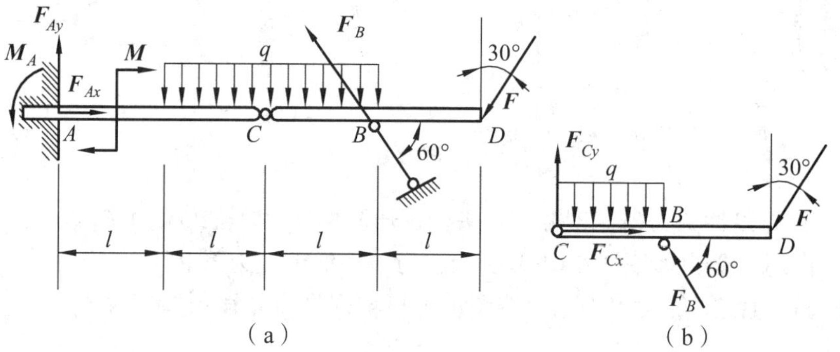

图 3-7

解：先以整体为研究对象，组合梁在主动力 M，$\boldsymbol{F}$，q 和约束力 $\boldsymbol{F}_{Ax}$，$\boldsymbol{F}_{Ay}$，$\boldsymbol{M}_A$ 及 $\boldsymbol{F}_B$ 作用下平衡，受力如图 3-7（a）所示。其中均布载荷的合力通过点 C，大小为 $2ql$。列平衡方程：

$$\sum F_x = 0,\quad F_{Ax} - F_B\cos60° - F\sin30° = 0 \tag{a}$$

$$\sum F_y = 0,\quad F_{Ay} + F_B\sin60° - 2ql - F\cos30° = 0 \tag{b}$$

$$\sum M_A(\boldsymbol{F}) = 0,\quad M_A - M - 2ql\cdot 2l + F_B\sin60°\cdot 3l - F\cos30°\cdot 4l = 0 \tag{c}$$

以上 3 个方程中包含有 4 个未知量，必须再补充方程才能求解。为此可取梁 CD 为研究对象，受力如图 3-7（b），有：

$$\sum M_C(\boldsymbol{F}) = 0,\quad F_B\sin60°\cdot l - ql\frac{l}{2} - F\cos30°\cdot 2l = 0 \tag{d}$$

由式（d）得：

$$F_B = 45.77 \text{ kN}$$

代入式（a），（b），（c）得：

$$F_{Ax} = 32.89 \text{ kN},\quad F_{Ay} = -2.32 \text{ kN},\quad M_A = 10.37 \text{ kN}$$

此题也可先取梁 CD 为研究对象，求得 $\boldsymbol{F}_B$ 后，再以整体为研究对象，求出 $\boldsymbol{F}_{Ax}$，$\boldsymbol{F}_{Ay}$ 及 M_A。

注意：此题在研究整体平衡时，可将均布载荷作为合力通过点 C，但在研究梁 CD 或 AC 平衡时，必然分别受一半的均布载荷。

例 3-6 齿轮传动机构如图 3-8（a）所示。齿轮Ⅰ的半径为 r，自重为 P_1。齿轮Ⅱ的半径为 $R=2r$，其上固结一半径为 r 的塔轮Ⅲ，轮Ⅱ与轮Ⅲ共重 $P_2=2P_1$。齿轮压力角 $\theta=20°$，物体 C 重为 $P=20P_1$。求：① 保持物体 C 匀速上升时，作用于轮Ⅰ上力偶的矩 M；② 光滑轴承 A，B 的约束力。

解：先取轮Ⅱ，Ⅲ及重物 C 为研究对象，受力如图 3-8（b）所示。齿轮间的啮合力 $\boldsymbol{F}$ 可沿节圆的切向及径向分解为圆周力 $\boldsymbol{F}_{\mathrm{t}}$ 和径向力 $\boldsymbol{F}_{\mathrm{r}}$。列平衡方程：

$$\sum F_x=0,\quad F_{Bx}-F_{\mathrm{r}}=0$$
$$\sum F_y=0,\quad F_{By}-P-F_{\mathrm{t}}-P_2=0$$
$$\sum M_B(\boldsymbol{F})=0,\quad Pr-F_{\mathrm{t}}R=0$$

由以上三式及压力角定义：

$$\tan\theta=\frac{F_{\mathrm{r}}}{F_{\mathrm{t}}}\text{，且 }\theta=20°$$

解出：

$$F_{\mathrm{t}}=\frac{Pr}{R}=10P_1,\quad F_{\mathrm{r}}=F_{\mathrm{t}}\tan\theta=3.64P_1$$
$$F_{Bx}=F_{\mathrm{r}}=3.64P_1,\quad F_{By}=P+P_2+F=32P_1$$

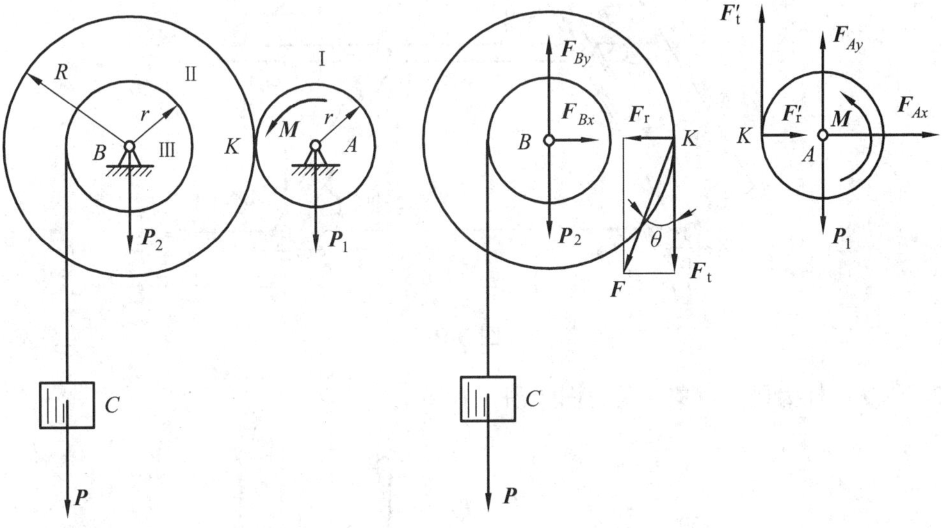

（a）（b）（c）

图 3-8

再取轮Ⅰ为研究对象，受力如图 3-8（c）所示。列方程：

$$\sum F_x = 0,\quad F_{Ax} + F_r' = 0$$
$$\sum F_y = 0,\quad F_{Ay} + F_t' - P_1 = 0$$
$$\sum M_A(\boldsymbol{F}) = 0,\quad M - F_t' r = 0$$

解得：

$$F_{Ax} = -F_r' = -3.64P_1,\quad F_{Ay} = P_1 - F_t' = -9P_1$$
$$M = F_t' r = 10P_1 r$$

例 3-7 在图示构架中，A，C，D，E 处为铰链连接，BD 杆上的销钉 B 置于 AC 杆的光滑槽内，力 $F = 200$ N，力偶矩 $M = 100$ N·m，不计各杆件重量，各尺寸见图 3-9。求 A，B，C 处所受的力。

解：（1）取构架整体为研究对象作受力图：

$$\sum M_E(\boldsymbol{F}) = 0,\quad 1.6F_{Ay} - M - 0.2F = 0$$

得：

$$F_{Ay} = \frac{M + 0.2F}{1.6} = \frac{100 + 0.2\times 200}{1.6} = 87.5\text{（N）}\ (\downarrow)$$

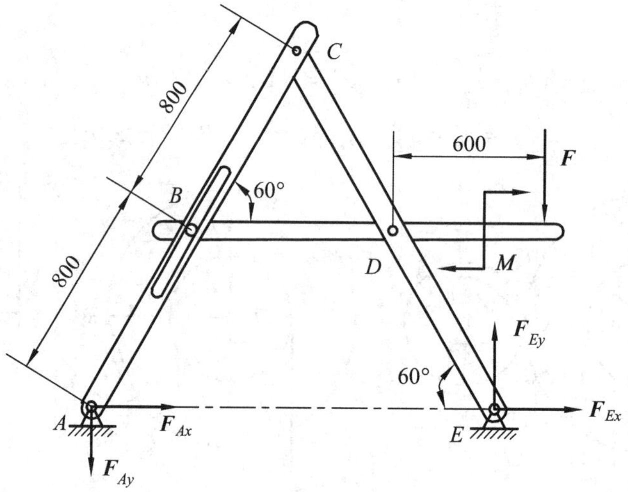

图 3-9

（2）取 BD 杆为研究对象作受力图（图 3-10）：

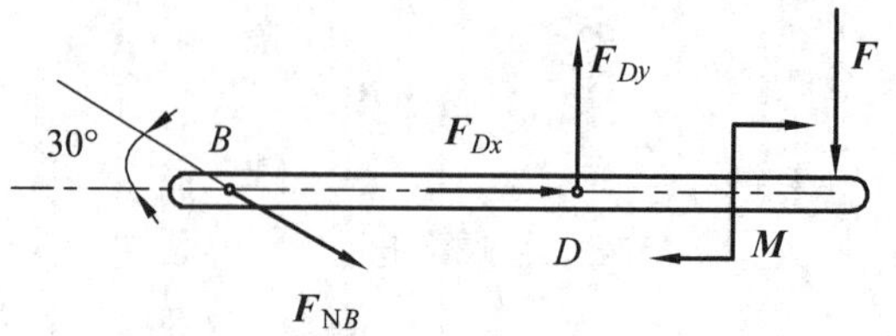

图 3-10

$$\sum M_D(\boldsymbol{F})=0,\quad 0.8F_{\mathrm{N}B}\sin 30^\circ-0.6F-M=0$$

得：

$$F_{\mathrm{N}B}=\frac{0.6F+M}{0.8\sin 30^\circ}=\frac{0.6\times 200+100}{0.8\sin 30^\circ}=550\text{（N）}$$

（3）取 AC 杆为研究对象作受力图：

$$\sum F_x=0,\quad F_{Ax}+F_{Cx}-F_{\mathrm{N}B}\cos 30^\circ=0 \qquad \text{(a)}$$

$$\sum F_y=0,\quad -F_{Ay}+F_{\mathrm{N}B}\sin 30^\circ-F_{Cy}=0 \qquad \text{(b)}$$

$$\sum M_A(\boldsymbol{F})=0,\quad 0.8F_{\mathrm{N}B}-1.6F_{Cx}\cos 30^\circ-0.8F_{Cy}=0 \qquad \text{(c)}$$

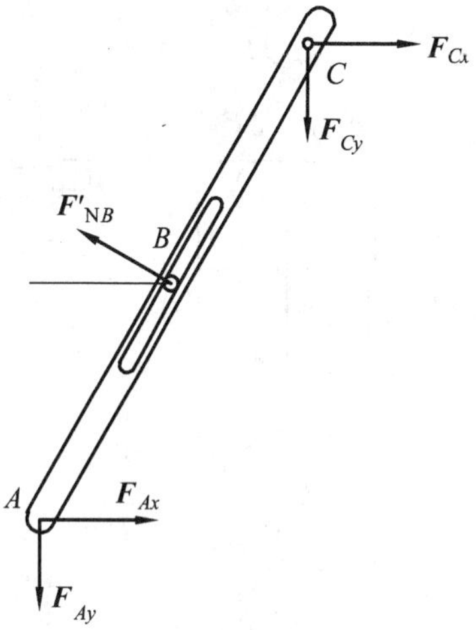

图 3-11

由（b）式得：

$$F_{Cy}=-F_{Ay}+F_{\mathrm{N}B}\sin 30^\circ=-87.5+550\sin 30^\circ=187.5\text{（N）}(\downarrow)$$

由（c）式得：

$$F_{Cx}=\frac{0.8F_{\mathrm{N}B}-0.8F_{Cy}}{1.6\sin 30^\circ}=\frac{0.8\times 550-187.5}{1.6\sin 30^\circ}=209.2\text{（N）}\ (\rightarrow)$$

由（a）式得：

$$F_{Ax}=-F_{Cx}+F_{\mathrm{N}B}\cos 30^\circ=-209.2+550\cos 30^\circ=267.2\text{（N）}\ (\rightarrow)$$

3.2 静定和超静定问题

在前面的几个例题中我们看到了机械工程中常见的几个物体组成的系统，当物体处于平衡时，可适当选取研究对象，建立相应的平衡方程，从而求解出欲求的全部未知量。组成系统的每一个物体都处于平衡状态。因此对于每一个受平面任意力系作用的物体均可写出 3 个平衡方程，n 个物体共有 $3n$ 个独立方程。当系统中未知量数目等于平衡方程的数目时，则所有未知量都能由平衡方程求出，这类问题称为静定问题。

在工程实际中，有时为了提高结构的刚度和稳定性，常常增加多余的约束，从而使这些结构的未知量的数目多于平衡方程的数目，未知量就不能全部由平衡方程求出，这样的问题称为静不定问题或超静定问题。对于超静定问题，必须考虑物体受力后的变形，加列某些补充方程后才能使方程的数目等于未知量的数目。此须在材料力学和结构力学中研究。

下面举出一些静定和超静定问题的例子。

图 3-12（a），（b）所示，重物分别用绳子悬挂，均受平面汇交力系作用，均有 2 个平衡方程。在图（a）中，有 2 个未知约束力，因此是静定的；而在图（b）中，有 3 个未知约束力，因此是超静定的。

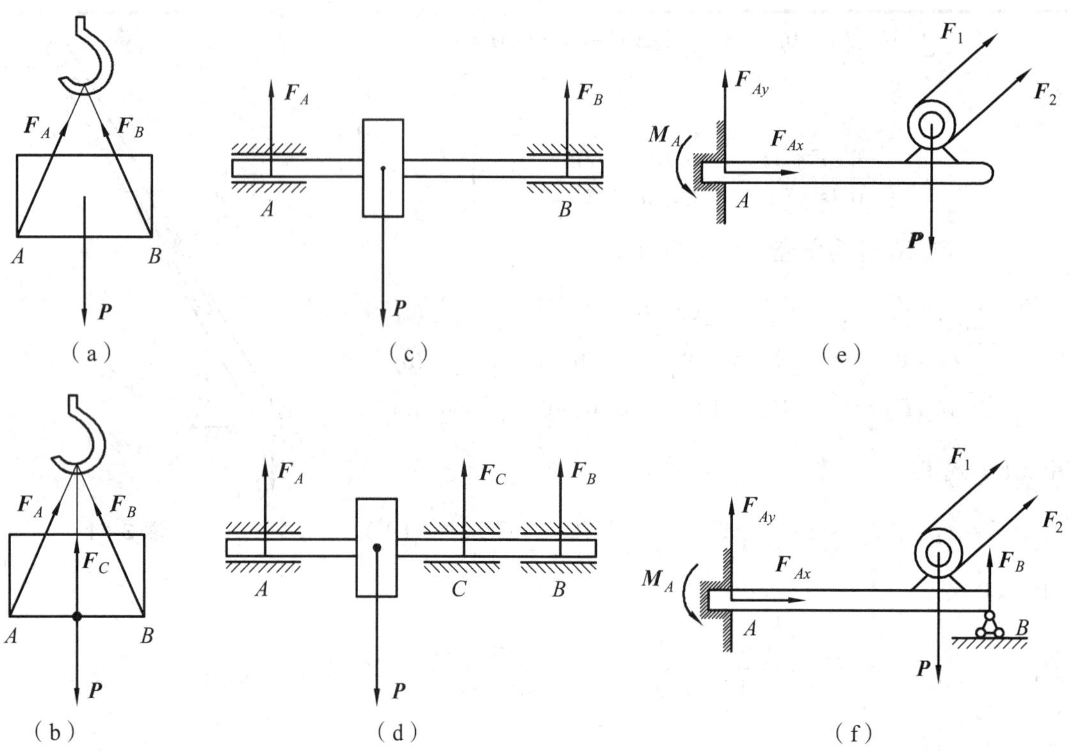

图 3-12

图 3-12（c），（d）所示，轴分别由轴承支承，均受平面平行力系作用，均有 2 个平衡方程。图（c）中有 2 个未知约束力，因此是静定的；而在图（d）中，有 3 个未知约束力，因此是超静定的。

图 3-12（e），（f）所示的平面任意力系，均有 3 个平衡方程。图（e）中有 3 个未知数，因此是静定的；而图（f）中有 4 个未知数，因此是超静定的。

图 3-13 所示的梁由两部分铰接组成，每部分有 3 个平衡方程，共有 6 个平衡方程。未知量除了图中所画的 3 个约束力和 1 个约束力偶外，尚有铰链 C 处的 2 个约束力，共计 6 个，因此是静定的。而若将 B 处的滚动支座改为固定铰支，则系统共有 7 个未知数，因此系统将是超静定的。

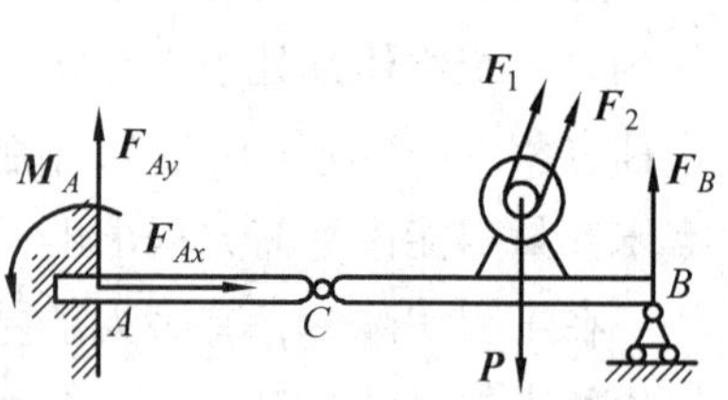

图 3-13

在研究静定物体系的平衡问题时，可以选每个物体为研究对象，列出全部平衡方程求解；也可先取整个系统为研究对象列出平衡方程。这样的方程中不包含内力，式中未知量较少，解出部分未知量后，再从系统中选取某些物体为研究对象，列出另外的平衡方程，直至求出所有未知量。

在选择研究对象和列平衡方程时，应使每一个平衡方程中的未知量个数尽可能少，最好只含 1 个未知量，以避免求解联立方程。

3.3 空间任意力系的平衡方程

3.3.1 平衡方程

由第 2 章可知，将任何一个力系向空间任一点简化，其一般结果是得到一个作用于 O 点的力和一个力偶。它们分别等于力系的主矢 $\boldsymbol{F}_R'$ 和力系对 O 点的主矩 $\boldsymbol{M}_O$，若 $\boldsymbol{F}_R'$ 和 $\boldsymbol{M}_O$ 均为零，则该力系为平衡力系，即：

$$\begin{cases} F_R' = \sum F_i = 0 \\ M_O = \sum M_O(\boldsymbol{F}_i) = 0 \end{cases} \tag{3-7}$$

根据式（1-8）和式（2-20），可将上述平衡条件写成空间任意力系的平衡方程，即：

$$\begin{cases} \sum F_x = 0, \quad \sum F_y = 0, \quad \sum F_z = 0 \\ \sum M_x(\boldsymbol{F}_i) = 0, \quad \sum M_y(\boldsymbol{F}_i) = 0, \quad \sum M_z(\boldsymbol{F}_i) = 0 \end{cases} \tag{3-8}$$

上式表明，空间任意力系平衡的必要与充分条件是：力系中各力在三个坐标轴上的投影的代数和为零；各力分别对三个坐标轴的矩的代数和为零。

1. 空间汇交力系

由于各力作用线都汇交于同一点 O，若取汇交点 O 为直角坐标系 $Oxyz$ 的原点，则各力对每一坐标轴的矩都等于零，因而式（3-8）中后三个力矩方程成为恒等式，故空间汇交力系的平衡方程为：

$$\begin{cases} \sum F_x = 0 \\ \sum F_y = 0 \\ \sum F_z = 0 \end{cases} \tag{3-9}$$

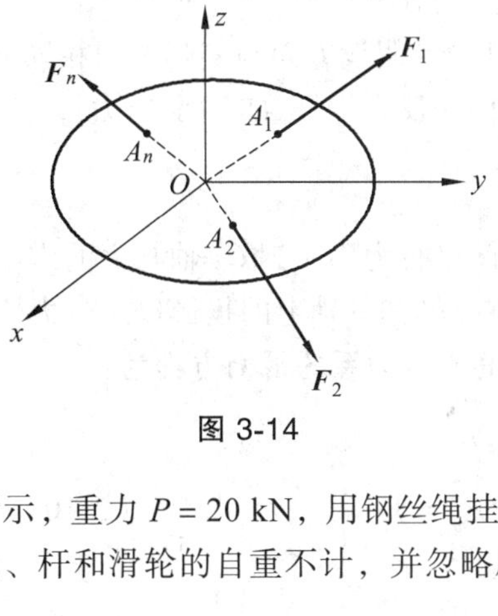

图 3-14

例 3-8 如图 3-15（a）所示，重力 $P = 20$ kN，用钢丝绳挂在铰车 D 及滑轮 B 上。A，B，C 处为光滑铰链连接。钢丝绳、杆和滑轮的自重不计，并忽略摩擦和滑轮的大小，试求平衡时杆 AB 和 BC 所受的力。

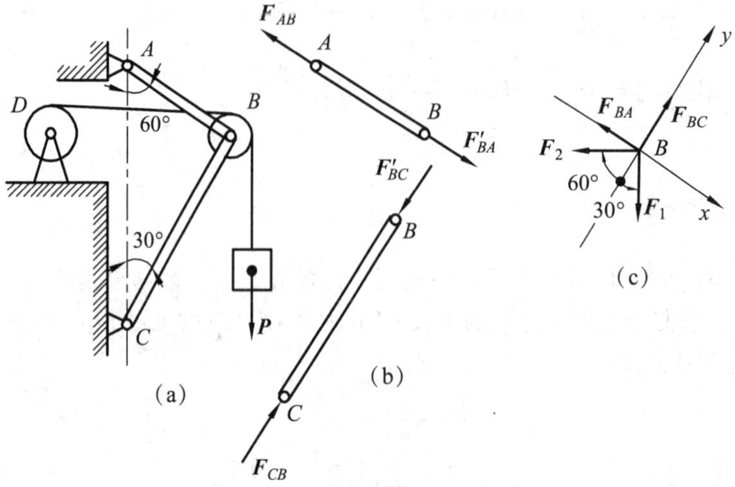

图 3-15

解：（1）取研究对象。由于 AB，BC 两杆都是二力杆，假设杆 AB 受拉力，杆 BC 受压力，如图 3-15（b）所示。为了求出这两个未知力，可求两杆对滑轮的约束力。因此选取滑轮 B 为研究对象。

（2）画受力图。滑轮受到钢丝绳的拉力 $\boldsymbol{F}_1$ 和 $\boldsymbol{F}_2$（已知 $F_1 = F_2 = P$）。此外杆 AB 和 BC 对滑轮的约束力为 $\boldsymbol{F}_{BA}$ 和 $\boldsymbol{F}_{BC}$。由于滑轮的大小可忽略不计，故这些力可看作汇交力系，如图 3-15（c）所示。

（3）列平衡方程。选取坐标轴如图 3-15（c）所示，坐标轴应尽量取在与未知力作用线相垂直的方向。这样在一个平衡方程中只有一个未知数，不必解联立方程，即：

$$\sum F_x = 0\ ,\quad -F_{BA} + F_1\cos 60° - F_2\cos 30° = 0 \qquad \text{(a)}$$

$$\sum F_y = 0\ ,\quad F_{BC} - F_1\cos 30° - F_2\cos 60° = 0 \qquad \text{(b)}$$

（4）求解方程，得：

$$F_{BA} = -0.366P = -7.321\ \text{kN}$$

$$F_{BC} = 1.366P = 27.32\ \text{kN}$$

所求结果，F_{BC} 为正值，表示这力的假设方向与实际方向相同，即杆 BC 受压；F_{BA} 为负值，表示这力的假设方向与实际方向相反，即杆 AB 也受压力。

2. 空间平行力系

各力作用线互相平行的空间平行力系，若取 z 轴与力的作用线平行（图 3-16)，则各力在 x 轴和 y 轴上的投影以及各力对 z 轴的矩都等于零，于是空间平行力系的平衡方程为：

$$\begin{cases}\sum F_z = 0\\ \sum M_x(\boldsymbol{F}_i) = 0\\ \sum M_y(\boldsymbol{F}_i) = 0\end{cases} \qquad (3\text{-}10)$$

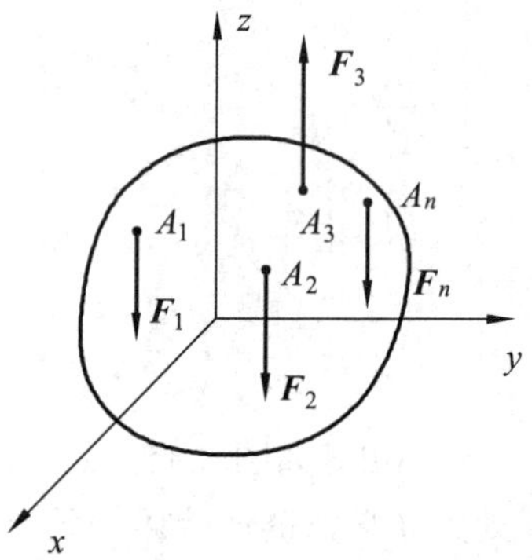

图 3-16

3.3.2 空间约束类型举例

一般情况下，当物体受到空间任意力系作用时，在每个约束处，其约束力的未知量可能有 1 ~ 6 个。决定每种约束的约束力未知量个数的基本方法：观察每种被约束物体在空间可能的 6 种独立的位移中（沿 xyz 三轴的移动和绕此三轴的转动）有哪几种位移被约束所阻碍。阻碍移动的是约束力；阻碍转动的是约束力偶。现将几种常见的约束及其相应的约束力综合列表 3-1。

表 3-1　空间约束的类型及其约束力举例

约束力未知量		约束类型
1	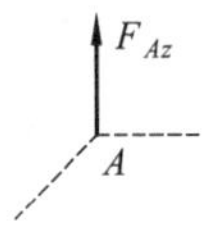	光滑表面　滚动支座　绳索　二力杆 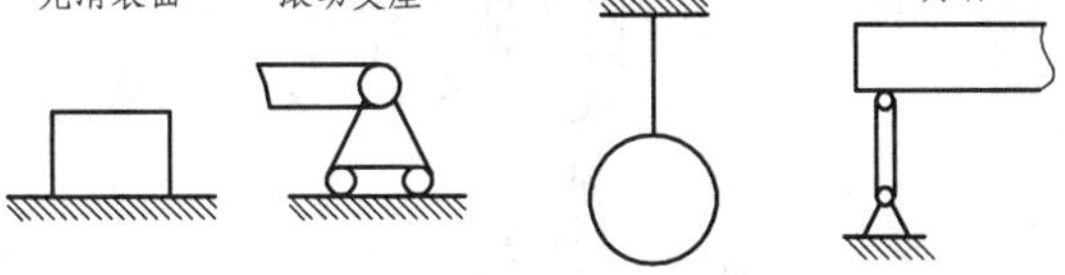
2	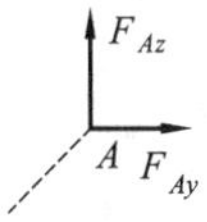	径向轴承　圆柱铰链　铁轨　蝶铰链 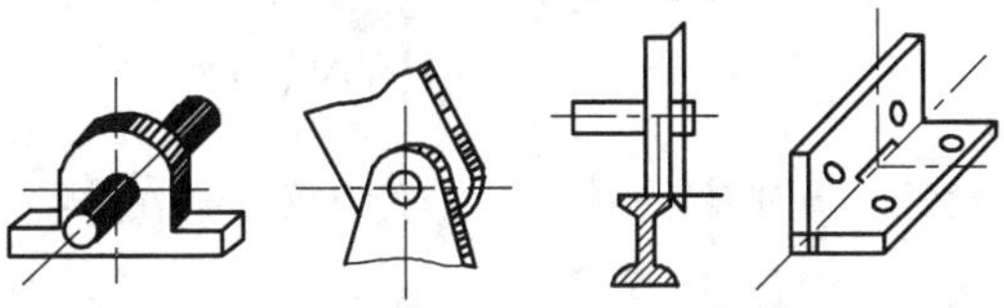
3	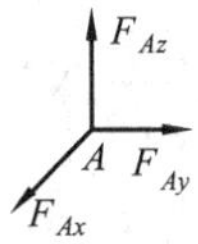	球形铰链　止推轴承 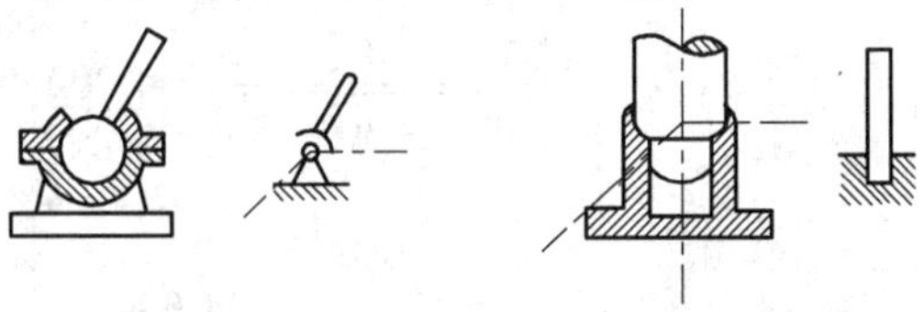
4	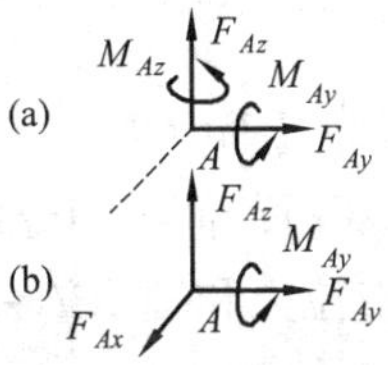	导向轴承　万向接头 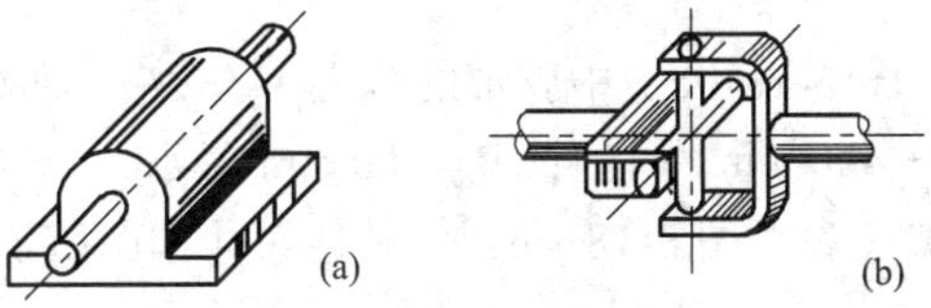
5	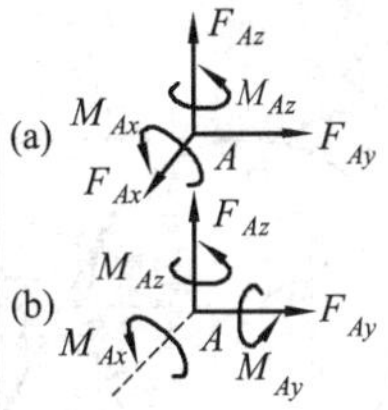	带有销子的夹板　导轨 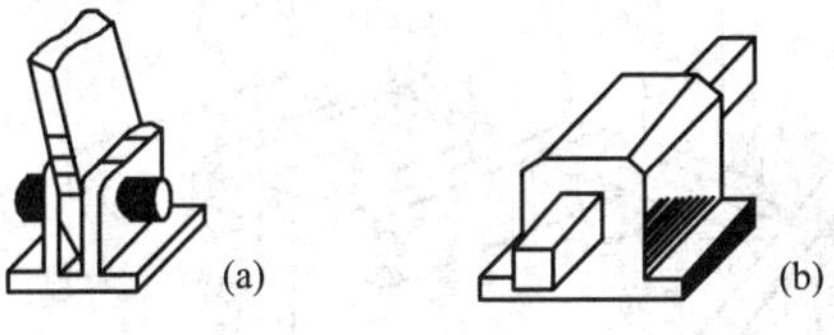
6	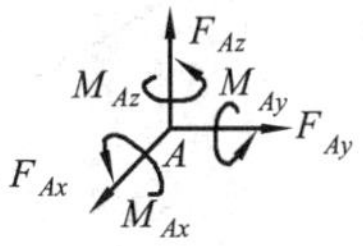	空间的固定端支座 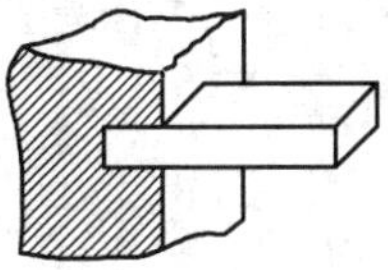

3.3.3 平衡方程的应用

例 3-9 如图 3-17 所示，求力 $F=1\ 000$ N 对于 z 轴的力矩 M_z。

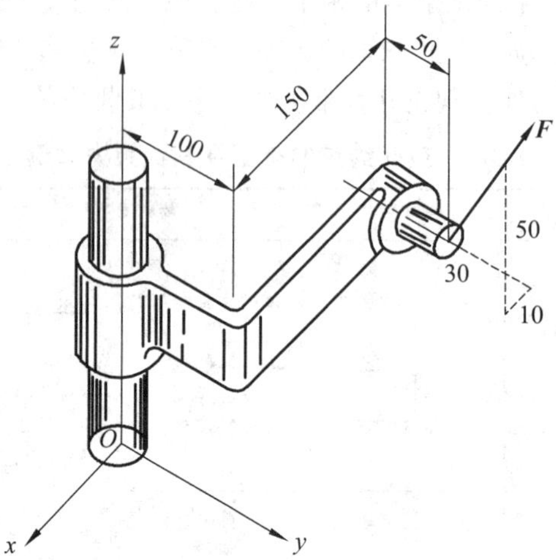

图 3-17

解：只有力在 x，y 轴方向的分量才产生对 z 轴之矩。

$$F_x = F\cos\alpha = F\times\frac{10}{\sqrt{10^2+30^2+50^2}} = 1\ 000\times\frac{10}{\sqrt{3\ 500}} = \frac{1\ 000}{\sqrt{35}}(\text{N})$$

$$F_y = F\cos\beta = F\times\frac{30}{\sqrt{10^2+30^2+50^2}} = 1\ 000\times\frac{30}{\sqrt{3\ 500}} = \frac{3\ 000}{\sqrt{35}}(\text{N})$$

力对 z 轴之矩：

$$M_z = (100+50)F_x + 150F_y = 150\times\frac{4\ 000}{\sqrt{35}}(\text{N}\cdot\text{mm}) = 101.4(\text{N}\cdot\text{m})$$

例 3-10 在图 3-18（a）中胶带的拉力 $F_2=2F_1$，曲柄上作用有铅垂力 $F=2\ 000$ N。已知胶带轮的直径 $D=400$ mm，曲柄长 $R=300$ mm，胶带 1 和胶带 2 与铅垂线间夹角分别为 θ 和 β，$\theta=30°$，$\beta=60°$（参见图 3-18（b）），其他尺寸如图所示。求胶带拉力和轴承约束力。

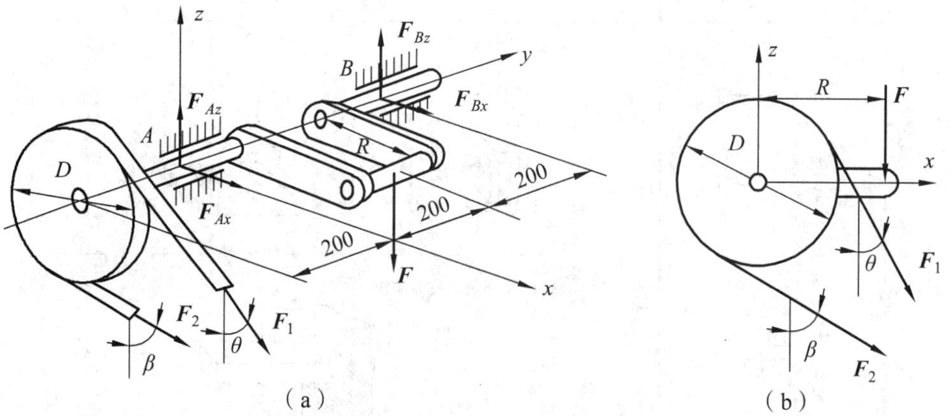

图 3-18

解：以整个轴为研究对象，受力分析如图 3-18（a）所示，其上有力 $\boldsymbol{F}_1$，$\boldsymbol{F}_2$，$\boldsymbol{F}$ 及轴承约束力 $\boldsymbol{F}_{Ax}$，$\boldsymbol{F}_{Az}$，$\boldsymbol{F}_{Bx}$，$\boldsymbol{F}_{Bz}$。轴受空间任意力系作用，选坐标轴受力图如图所示，列出平衡方程：

$$\sum F_x = 0,\quad F_1\sin 30° + F_2\sin 60° + F_{Ax} + F_{Bx} = 0$$
$$\sum F_y = 0,\quad 0 = 0$$
$$\sum F_z = 0,\quad -F_1\cos 30° - F_2\cos 60° - F + F_{Az} + F_{Bz} = 0$$
$$\sum M_x(\boldsymbol{F}) = 0,\quad F_1\cos 30°\times 200\text{ mm} + F_2\cos 60°\times 200\text{ mm} - F\times 200\text{ mm} + F_{Bz}\times 400\text{ mm} = 0$$
$$\sum M_y(\boldsymbol{F}) = 0,\quad FR - \frac{D}{2}(F_2 - F_1) = 0$$
$$\sum M_z(\boldsymbol{F}) = 0,\quad F_1\sin 30°\times 200\text{ mm} + F_2\sin 60°\times 200\text{ mm} - F_{Bx}\times 400\text{ mm} = 0$$

又有：

$$F_2 = 2F_1$$

联立上述方程，解得：

$$F_1 = 3\,000\text{ N},\quad F_2 = 6\,000\text{ N}$$
$$F_{Ax} = -10\,044\text{ N},\quad F_{Az} = -9\,379\text{ N}$$
$$F_{Bx} = -3\,348\text{ N},\quad F_{Bz} = -1\,799\text{ N}$$

此题中，平衡方程 $\sum F_y = 0$ 成为恒等式，独立的平衡方程只有 5 个；在题设条件 $F_2 = 2F_1$ 之下，才能解出上述 6 个未知量。

例 3-11　图 3-19 所示的三轮小车，自重 $P = 8$ kN，作用于点 E，载荷 $P_1 = 10$ kN，作用于点 C。求小车静止时地面对车轮的约束力。

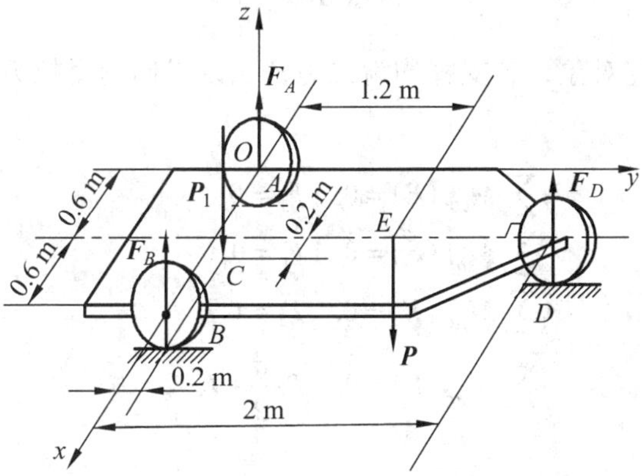

图 3-19

解：以小车为研究对象，受力如图 3-19 所示。其中 $\boldsymbol{P}$ 和 $\boldsymbol{P}_1$ 是主动力，$\boldsymbol{F}_A$，$\boldsymbol{F}_B$，$\boldsymbol{F}_D$ 为地面的约束力，此 5 个力相互平行，组成空间平行力系。

取坐标系 $Oxyz$ 如图所示，列出 3 个平衡方程：

$$\sum F_z = 0,\quad -P_1 - P + F_A + F_B + F_D = 0 \tag{a}$$
$$\sum M_x(\boldsymbol{F}) = 0,\quad -0.2\ \mathrm{m}\cdot P_1 - 1.2\ \mathrm{m}\cdot P + 2\ \mathrm{m}\cdot F_D = 0 \tag{b}$$
$$\sum M_y(\boldsymbol{F}) = 0,\quad 0.8\ \mathrm{m}\cdot P + 0.6\ \mathrm{m}\cdot P - 0.6\ \mathrm{m}\cdot F_D - 1.2\ \mathrm{m}\cdot F_B = 0 \tag{c}$$

解得：

$$F_D = 5.8\ \mathrm{kN},\quad F_B = 7.777\ \mathrm{kN},\quad F_A = 4.423\ \mathrm{kN}$$

例 3-12 图 3-20 所示均质长方板由六根直杆支持于水平位置，直杆两端各用球铰链与板和地面连接。板重为 $\boldsymbol{P}$，在 A 点处作用一水平力 $\boldsymbol{F}$，且 $F = 2P$。求各杆的内力。

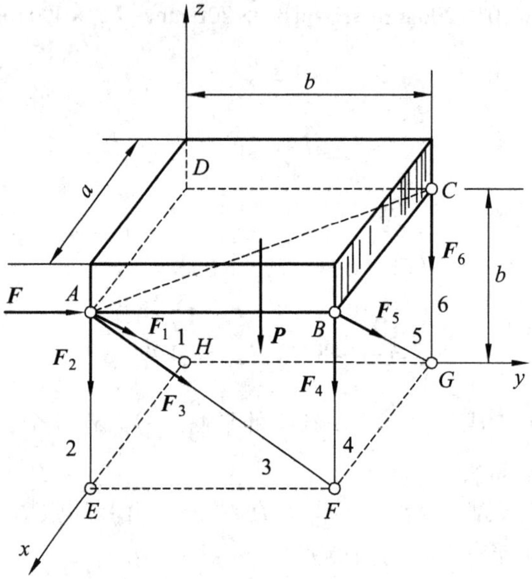

图 3-20

解：取长方板为研究对象，各支杆均为二力杆，设它们均受拉力。板的受力图如图 3-20 所示。列平衡方程：

$$\sum M_{AE}(\boldsymbol{F}) = 0,\quad F_5 = 0$$
$$\sum M_{BF}(\boldsymbol{F}) = 0,\quad F_1 = 0$$
$$\sum M_{AC}(\boldsymbol{F}) = 0,\quad F_4 = 0$$
$$\sum M_{AB}(\boldsymbol{F}) = 0,\quad P\cdot\frac{a}{2} + F_6\cdot a = 0$$

解得：

$$F_6 = -\frac{P}{2}\ （压力）$$

由

$$\sum M_{DH}(\boldsymbol{F}) = 0,\quad Fa + F_3\cos 45^\circ\cdot a = 0$$

解得：

$$F_3 = -2\sqrt{2}P \text{（压力）}$$

由

$$\sum M_{FG}(\boldsymbol{F}) = 0,\quad Fb - F_2 b - p\frac{b}{2} = 0$$

解得：

$$F_2 = 1.5P \text{（拉力）}$$

3.4 平面力偶系的平衡条件

由式（2-9）可知，在同平面内的任意多个力偶可合成为一个合力偶，合力偶矩等于各个力偶矩的代数和，即：

$$M = \sum M_i$$

因此，当力偶系平衡时，其合力偶的矩等于零。即平面力偶系平衡的必要与充分条件：所有力偶矩的代数和等于零。其平衡方程为：

$$\sum M_i = 0 \tag{3-11}$$

例 3-13 如图 3-21 所示的工件上作用有三个力偶。三个力偶的矩分别为 $M_1 = M_2 = 10\ \text{N}\cdot\text{m}$，$M_3 = 20\ \text{N}\cdot\text{m}$；固定螺柱 A 和 B 的距离 $l = 200\ \text{mm}$。求两个光滑螺柱所受的水平力。

解：选工件为研究对象。工件在水平面内受三个力偶和两个螺柱的水平约束力的作用。根据力偶系的合成定理，三个力偶合成后仍为一力偶，如果工件平衡，必有一反力偶与它相平衡。因此螺柱 A 和 B 的水平约束力 $\boldsymbol{F}_A$ 和 $\boldsymbol{F}_B$ 必组成一力偶，它们的方向假设如图 3-21 所示，则 $F_A = F_B$。由力偶系的平衡条件知：

$$\sum M = 0,\quad F_A l - M_1 - M_2 - M_3 = 0$$

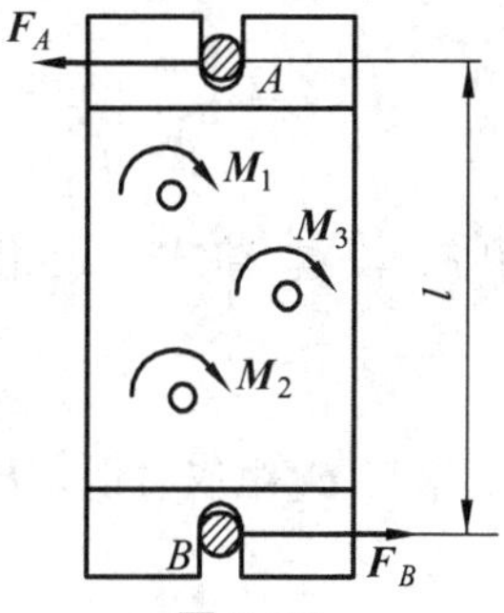

图 3-21

得：

$$F_A = \frac{M_1 + M_2 + M_3}{l}$$

代入已给数值：

$$F_A = \frac{(10+10+20)\ \text{N}\cdot\text{m}}{200\times10^{-3}\ \text{m}} = 200\ \text{N}$$

因为 F_A 是正值，故所假设的方向是正确的，而螺柱 A，B 所受的力则应与 F_A，F_B 大小相等，方向相反。

例 3-14 图 3-22（a）所示机构的自重不计。圆轮上的销子 A 放在摇杆 BC 上的光滑导槽内。圆轮上作用一力偶，其力偶矩为 $M_1 = 2\ \text{kN}\cdot\text{m}$，$OA = r = 0.5\ \text{m}$。图示位置时 OA 与 OB 垂直，$\theta = 30°$，且系统平衡。求作用于摇杆 BC 上力偶的矩 M_2 及铰链 O，B 处的约束力。

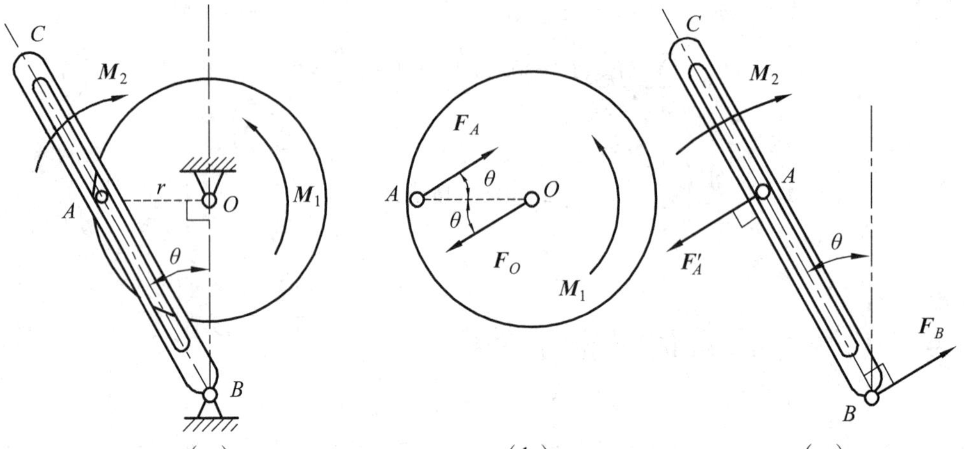

图 3-22

解：先取圆轮为研究对象，其上受有矩为 M_1 的力偶及光滑导槽对销子 A 的作用力 $\boldsymbol{F}_A$ 和铰链 O 处约束力 $\boldsymbol{F}_O$ 的作用。由于力偶必须由力偶来平衡，因而 $\boldsymbol{F}_O$ 与 $\boldsymbol{F}_A$ 必定组成一力偶，力偶矩方向与 M_1 相反，由此定出 $\boldsymbol{F}_A$ 与 $\boldsymbol{F}_O$ 的指向如图 3-22（b）。由力偶平衡条件

$$\sum M = 0,\quad M_1 - F_A r\sin\theta = 0$$

解得：

$$F_A = \frac{M_1}{r\sin 30°} \qquad \text{(a)}$$

再以摇杆 BC 为研究对象，其上作用有矩为 M_2 的力偶及力 $\boldsymbol{F}'_A$ 与 $\boldsymbol{F}_B$，同理，$\boldsymbol{F}'_A$ 与 $\boldsymbol{F}_B$ 必组成力偶，如图 3-22（c）所示。

由平衡条件

$$\sum M = 0,\quad -M_2 + F'_A\frac{r}{\sin\theta} = 0 \qquad \text{(b)}$$

其中 $F'_A = F_A$。将式（a）代入式（b），得：

$$M_2 = 4M_1 = 8\ \text{kN}\cdot\text{m}$$

$\boldsymbol{F}_O$ 与 $\boldsymbol{F}_A$ 组成力偶，$\boldsymbol{F}_B$ 与 $\boldsymbol{F}'_A$ 组成力偶，则有：

$$F_O = F_B = F_A = \frac{M_1}{r\sin 30°} = \frac{2\ \text{kN}\cdot\text{m}}{0.5\ \text{m}\times\frac{1}{2}} = 8\ \text{kN}$$

方向如图 3-22（b），（c）所示。

3.5 空间力偶系的平衡条件

3.5.1 平衡条件

（1）任意多个空间分布的力偶，可合成为一个合力偶，合力偶矩矢等于各分力偶矩矢的矢量和。即：

$$\boldsymbol{M}=\boldsymbol{M}_1+\boldsymbol{M}_2+\cdots+\boldsymbol{M}_n=\sum_{i=1}^{n}\boldsymbol{M}_i$$

其解析表达式为：

$$\boldsymbol{M}=M_x\boldsymbol{i}+M_y\boldsymbol{j}+M_z\boldsymbol{k}$$

（2）由于空间力偶系可以用一个合力偶来代替，因此，空间力偶系平衡的必要与充分条件是：该力偶系的合力偶矩等于零，亦即所有力偶矩矢的矢量和等于零。即：

$$\sum\boldsymbol{M}_i=0 \tag{3-12}$$

3.5.2 平衡方程

将式（3-12）平衡条件，根据解析表达式可得：

$$\begin{cases}\sum M_{ix}=0\\ \sum M_{iy}=0\\ \sum M_{iz}=0\end{cases} \tag{3-13}$$

即：该力偶系中所有各力偶矩矢在三个坐标轴上投影的代数和分别等于零。

例 3-15 O_1 和 O_2 圆盘与水平轴 AB 固连，O_1 盘面垂直于 z 轴，O_2 盘面垂直于 x 轴，盘面上分别作用有力偶（$\boldsymbol{F}_1$，$\boldsymbol{F}_1'$）、（$\boldsymbol{F}_2$，$\boldsymbol{F}_2'$）如图 3-23（a）所示。如两盘半径均为 200 mm，$F_1=3$ N，$F_2=5$ N，$AB=800$ mm，不计构件自重。求轴承 A 和 B 处的约束力。

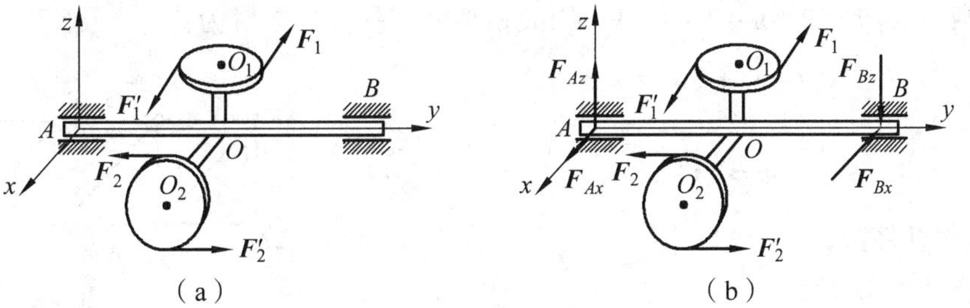

图 3-23

解：取整体为研究对象，由于构件自重不计，主动力为两力偶，由力偶只能由力偶来平衡的性质，轴承 A，B 处的约束力也应形成力偶。设该处的约束力为 $\boldsymbol{F}_{Ax}$，$\boldsymbol{F}_{Az}$，$\boldsymbol{F}_{Bx}$，$\boldsymbol{F}_{Bz}$，方向如图 3-23（b）所示，由力偶系的平衡方程，有：

$$\sum M_x = 0,\quad 400F_2 - 800F_{Bz} = 0$$
$$\sum M_z = 0,\quad 400F_1 + 800\,F_{Bx} = 0$$

解得：

$$F_{Ax} = F_{Bx} = -1.5\ \text{N},\quad F_{Az} = F_{Bz} = 2.5\ \text{N}$$

F_{Ax}，F_{Bx}为负值，说明约束力方向与假设相反。

3.6 平面桁架的内力计算

在工程实际中，有很多这样的结构。如房屋建筑、桥梁、起重机、电视塔等结构，它们是由许多杆件在其端点处相互连接起来而成为一几何形状不变的结构，像这样一种由杆件彼此在两端用铰链连接而成的结构称为**桁架**，它在受力后几何形状不变，其杆件的铰链接头称为**节点**。

桁架的优点：杆件主要承受拉力或压力，可以充分发挥材料的作用，节约材料，减轻重量。为了简化桁架的计算，工程实际中采用以下几个假设：

（1）桁架的杆件都是直的。

（2）杆件用光滑的铰链连接。

（3）桁架所受的力（载荷）都作用在节点上，而且在桁架的平面内，桁架都看成二力杆。

（4）桁架杆件的重量略去不计。

实际的桁架，当然与上述假设有差别，如桁架的节点不是铰链的，杆件的中心线也不可能是绝对直的等，但其计算的结果符合工程实际的需要。

3.6.1 平面简单桁架

本节是研究平面桁架中的静定桁架，如图 3-24 所示，此桁架以三角形框架为基础，每加上一个节点必须增加两根杆件，这样就构成了平面简单桁架，即在三个基本节点上加上 $n-3$ 个节点，则需要增加 2（$n-3$）杆件。因此桁架所有杆件的数目为：

$$2(n-3)+3 = 2n-3$$

即：

$$m = 2n-3 \qquad (3\text{-}14)$$

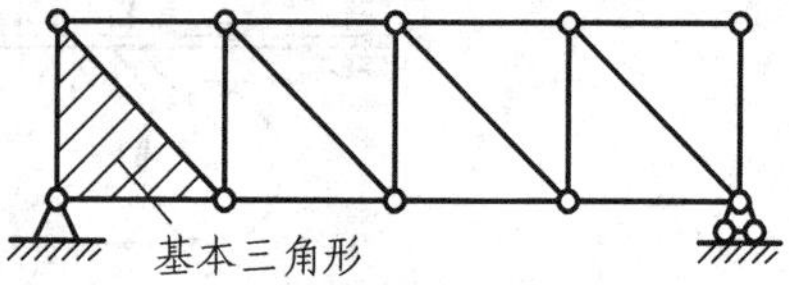

图 3-24

式中　m——杆件数；

　　n——节点数。

平面简单桁架是静定的，以下介绍两种常用的计算方法。

3.6.2 节点法

桁架的每一个节点都受一平面汇交力系的作用，因而逐个节点应用平面汇交力系的平衡方程。既可由已知力求出全部未知杆件内力；也可以用平面汇交力系平衡的几何条件，即图解法求解。

例 3-16 平面桁架的尺寸和支座如图 3-25（a）所示。在节点 D 处受一集中载荷 $F=10\ \text{kN}$ 的作用。试求桁架各杆件的内力。

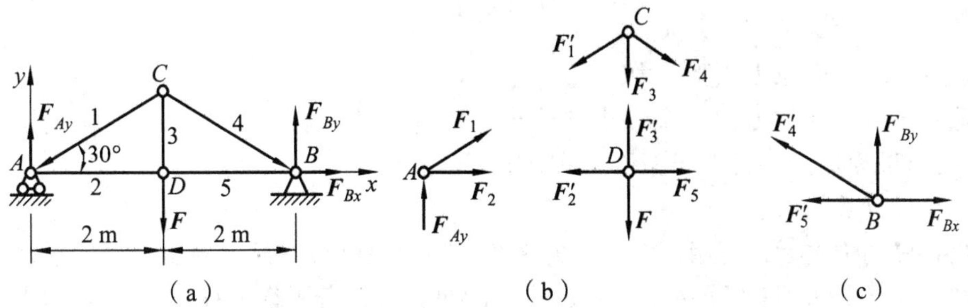

图 3-25

解：（1）求支座约束力。

以桁架整体为研究对象，受力如图 3-25（a）所示。列平衡方程：

$$\sum F_x=0,\quad F_{Bx}=0$$
$$\sum M_A(\boldsymbol{F})=0,\quad F_{By}\cdot 4\ \text{m}-F\cdot 2\ \text{m}=0$$
$$\sum M_B(\boldsymbol{F})=0,\quad F\cdot 2\ \text{m}-F_{Ay}\cdot 4\ \text{m}=0$$

解得：

$$F_{Bx}=0,\quad F_{Ay}=F_{By}=5\ \text{kN}$$

（2）依次取一个节点为研究对象，计算各杆内力。

假定各杆均受拉力，各节点受力如图 3-25（b）所示，为计算方便，最好逐次列出只含两个未知力的节点的平衡方程。

先取节点 A，杆的内力 F_1 和 F_2 未知。列平衡方程：

$$\sum F_x=0,\quad F_2+F_1\cos 30°=0$$
$$\sum F_y=0,\quad F_{Ay}+F_1\sin 30°=0$$

代入 F_{Ay} 的值后，解得：

$$F_1=-10\ \text{kN},\quad F_2=8.66\ \text{kN}$$

次取节点 C，杆的内力 F_3 和 F_4 未知。列平衡方程：

$$\sum F_x=0,\quad F_4\cos 30°-F_1'\cos 30°=0$$
$$\sum F_y=0,\quad -F_3-(F_1'+F_4)\sin 30°=0$$

代入 $F_1' = F_1 = -10\ \text{kN}$，解得：

$$F_4 = -10\ \text{kN},\quad F_3 = 10\ \text{kN}$$

再取节点 D，只有一个杆的内力 F_5 未知。列平衡方程：

$$\sum F_x = 0,\quad F_5 - F_2' = 0$$

代入 $F_2' = F_2$ 的值后，解得：

$$F_5 = 8.66\ \text{kN}$$

（3）判断各杆受拉力或受压力。

原假定各杆均受拉力，计算结果 F_2，F_5，F_3 为正值，表明杆 2，5，3 确受拉力；内力 F_1 和 F_4 的结果为负值，表明杆 1 和 4 承受压力。

（4）校核计算结果。

解出各杆内力之后，可用尚余节点的平衡方程校核已得结果。例如，对节点 B 列出平衡方程（图 3-25（c）），将 $F_4' = -10\ \text{kN}$，$F_5' = 8.66\ \text{kN}$ 代入，若平衡方程

$$\sum F_x = 0,\quad \sum F_y = 0$$

得到满足（用计算机解题时，看是否满足精度要求的微量），则计算正确。

3.6.3 截面法

如果只需要计算桁架中某几根杆的内力或者需要对已求得的内力中的某几个力进行校核时不宜用节点法，可以适当地选取一截面假想地把桁架截开，然后考虑其中一部分的平衡即可求得待求的内力，这就是截面法。由于截面法是建立在平面任意力系平衡的基础上的，因此在截割桁架时，所待求内力的杆数不得大于 3，同时由于各杆都在有关的节点处相交，因而计算时往往采用力矩形式的平衡方程为宜。

例 3-17 如图 3-25 所示平面桁架，各杆件的长度都等于 1 m。在节点 E，G，F 上分别作用载荷 $F_E = 10\ \text{kN}$，$F_G = 7\ \text{kN}$，$F_F = 5\ \text{kN}$。试计算杆 1，2 和 3 的内力。

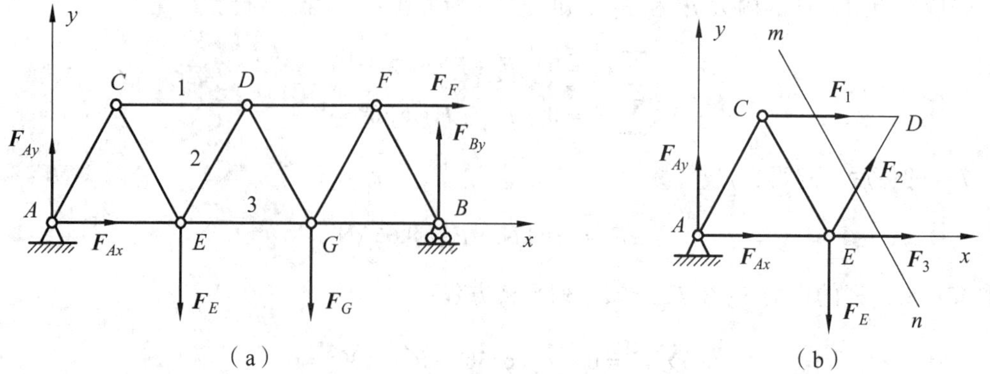

图 3-26

解：先求桁架的支座反力，以桁架整体为研究对象，受力如图 3-26（a）。列出平衡方程：

$$\sum F_x = 0,\quad F_{Ax} + F_F = 0$$

$$\sum F_y = 0,\quad F_{Ay} + F_{By} - F_E - F_G = 0$$

$$\sum M_B(\boldsymbol{F}) = 0,\quad F_E \cdot 2\ \mathrm{m} + F_G \cdot 1\ \mathrm{m} - F_{Ay} \cdot 3\ \mathrm{m} - F_F \sin 60^\circ \cdot 1\ \mathrm{m} = 0$$

解得：

$$F_{Ax} = -5\ \mathrm{kN},\quad F_{Ay} = 7.557\ \mathrm{kN},\quad F_{By} = 9.44\ \mathrm{kN}$$

为求杆 1，2 和 3 的内力，可作一截面 $m-n$ 将三杆截断。选取桁架左半部为研究对象。假定所截断的三杆都受拉力，受力如图 3-26（b）所示，为一平面任意力系，列平衡方程：

$$\sum M_E(\boldsymbol{F}) = 0,\quad -F_1 \sin 60^\circ \cdot 1\ \mathrm{m} - F_{Ay} \cdot 1\ \mathrm{m} = 0$$

$$\sum F_y = 0,\quad F_{Ay} + F_2 \sin 60^\circ - F_E = 0$$

$$\sum M_D(\boldsymbol{F}) = 0,\quad F_E \frac{1}{2}\ \mathrm{m} + F_3 \sin 60^\circ \cdot 1\ \mathrm{m} - F_{Ay} \cdot 1.5\ \mathrm{m} + F_{Ax} \sin 60^\circ \cdot 1\ \mathrm{m} = 0$$

解得：

$$F_1 = -8.726\ \mathrm{kN}\ (\text{压力}),\quad F_2 = 2.821\ \mathrm{kN}\ (\text{拉力}),\quad F_3 = 12.32\ \mathrm{kN}\ (\text{拉力})$$

如选取桁架的右半部为研究对象，可得同样的结果。

同样，可以用截面截断另外三根杆件，计算其他各杆的内力，或用以校核已求得的结果。

3.7 考虑摩擦时的平衡问题

3.7.1 滑动摩擦

在前面的讨论中物体的接触都假定是理想光滑的，实际上两物体的接触面之间一般都有摩擦，只是在有些问题中摩擦力很小，对所研究的问题影响较小，而把接触面看成是光滑的。但对另外一些实际问题，如汽车在公路上行驶，皮带轮，摩擦传动等，摩擦是明显的，甚至起主要作用，这是必须对其加以考虑的。

当两个表面粗糙的物体，其接触表面之间有相对滑动的趋势或相对滑动时，彼此作用有阻碍相对滑动的阻力，即滑动摩擦力。**摩擦力**作用于相互接触处，其方向与相对滑动的趋势或相对滑动的方向相反。它的大小根据主动力作用的不同分为三种情况，即静滑动摩擦力、最大静滑动摩擦力和动滑动摩擦力。

1. 静滑动摩擦力及最大静滑动摩擦力

将重为 $\boldsymbol{P}$ 的物体放在粗糙的水平面上并施加一水平力 $\boldsymbol{F}$ 如图 3-27 所示，当 $\boldsymbol{F}$ 的大小不超过某一数值时，物体虽有向右滑动的趋势，但仍保持相对静止，这就表明除受法向约束力 $\boldsymbol{F}_{\mathrm{N}}$ 外还有一个阻碍物体沿水平面向右滑动的切向约束力，此力即静滑动摩擦力，简称静摩擦力。常以 $\boldsymbol{F}_{\mathrm{S}}$ 表示，方向向左，其大小由平衡条件确定，即：

$$\sum F_x = 0,\quad F_S = F$$

由上式可知，静摩擦力的大小随主动力 **F** 的增大而增大，这是静摩擦力和一般约束力共同的性质。

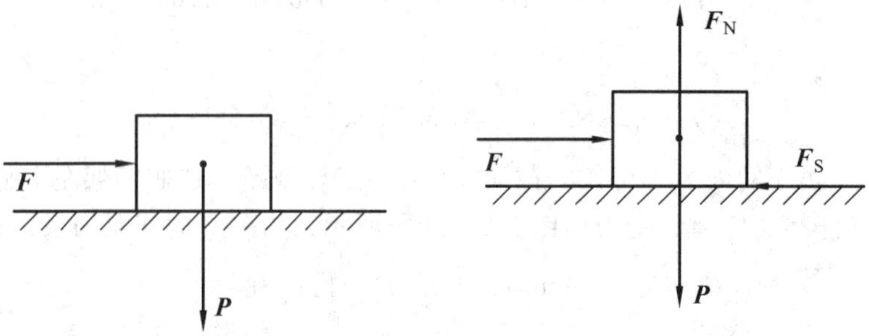

图 3-27

静摩擦力与约束力不同之处在于它并不随主动力 **F** 的增大而无限度地增大。当主动力 **F** 的大小达到一定数值时物体处于平衡的临界状态，这时静摩擦力达到最大值即最大静滑动摩擦力，简称最大静摩擦力，以 $\boldsymbol{F}_{max}$ 表示。

综上所述：静摩擦力的大小随主动力的情况而改变，且介于零与最大值之间，即：

$$0 \leqslant F_S \leqslant F_{max}$$

实验表明：最大静摩擦力的大小与两物体间的正压力（即法向约束力）成正比，即：

$$F_{max} = f_S F_N \tag{3-15}$$

式中，f_S 是比例常数，称静摩擦因数，是无量纲的量。

静摩擦因数与相互接触物体的材料的种类、粗糙度、润滑情况等多种因素有关。一般通过试验测定，常用材料的摩擦因数列于表 3-2 中。

表 3-2　常用材料的滑动摩擦因数

材料名称	静摩擦因数		动摩擦因数	
	无润滑	有润滑	无润滑	有润滑
钢—钢	0.15	0.1 ~ 0.2	0.15	0.05 ~ 0.1
钢—软钢			0.2	0.1 ~ 0.2
钢—铸铁	0.3		0.18	0.05 ~ 0.15
钢—青铜	0.15	0.1 ~ 0.15	0.15	0.1 ~ 0.15
软钢—铸铁	0.2		0.18	0.05 ~ 0.15
软钢—青铜	0.2		0.18	0.07 ~ 0.15
铸铁—铸铁		0.18	0.15	0.07 ~ 0.12
铸铁—青铜			0.15 ~ 0.2	0.07 ~ 0.15
青铜—青铜		0.1	0.2	0.07 ~ 0.1
皮鞋—铸铁	0.3 ~ 0.5	0.15	0.6	0.15
橡皮—铸铁			0.8	0.5
木材—木材	0.4 ~ 0.6	0.1	0.2 ~ 0.5	0.07 ~ 0.15

2. 动滑动摩擦力

当滑动摩擦力已达到最大值时，若主动力 $\boldsymbol{F}$ 再继续增大，接触面之间将出现相对滑动，此时接触面之间仍作用有阻碍相对滑动的阻力，这种阻力称为动滑动摩擦力，简称**动摩擦力**，以 $\boldsymbol{F}$ 表示。其方向与物体相对运动方向相反，大小与正压力 $\boldsymbol{F}_N$ 成正比，即：

$$F = fF_N \tag{3-16}$$

式中 f 是**动摩擦因数**，它与接触物体的材料和表面情况有关。

一般情况下，动摩擦因数小于静摩擦因数，即 $f < f_S$。对多数材料而言，f 随相对滑动速度的增大而略有减小，当相对滑动速度不大时，动摩擦因数可近似地认为是个常数。参阅表 3-2；在运转的机械中，往往用降低接触表面粗糙度或加入润滑剂等方法降低 f，以减少摩擦和磨损。

3.7.2 摩擦角和自锁现象

1. 摩擦角

当物体处于静止的临界状态时，其最大静摩擦力 $\boldsymbol{F}_{max}$ 与法向约束力 $\boldsymbol{F}_N$，这两个分力的几何和 $\boldsymbol{F}_{RA} = \boldsymbol{F}_N + \boldsymbol{F}_{max}$ 称为支承面的全约束力。其作用线与接触面的公法线成一夹角 φ_f，称为**摩擦角**。由图 3-28 可得：

$$\tan\varphi_f = \frac{F_{max}}{F_N} = \frac{f_S F_N}{F_N} = f_S \tag{3-17}$$

即：摩擦角的正切等于静摩擦因数，可见摩擦角与摩擦因数一样，都是表示材料表面性质的量。

以最大全约束力 $\boldsymbol{F}_{RA}$ 为母线绕法线旋转一周可获得一个顶角为 $2\varphi_f$ 的圆锥面，称为摩擦锥。

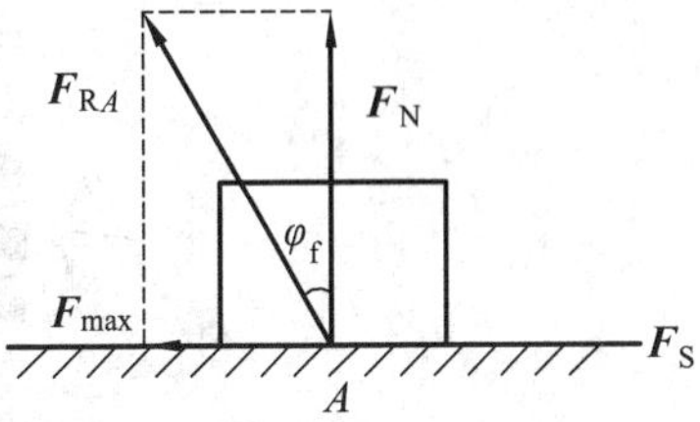

图 3-28

2. 自锁现象

物体平衡时，静摩擦力不一定达到最大值而在零与最大值 F_{max} 之间变化，所以全约束力与法线间的夹角 φ 也在零与摩擦角 φ_f 之间变化，即：

$$0 \leqslant \varphi \leqslant \varphi_f \tag{3-18}$$

由于静摩擦力不可能超过最大值，因此全约束力的作用线也不可能超出摩擦角之外，故：

（1）如果作用于物体的全部主动力的合力 $\boldsymbol{F}_R$ 的作用线在摩擦角 φ_f 之内，则无论这个力怎样大，物体必保持静止，这种现象称为自锁现象。因为在这种情况下主动力的合力 $\boldsymbol{F}_R$ 与法线方向的夹角 $\theta < \varphi_f$，其 $\boldsymbol{F}_R$ 和全约束力 $\boldsymbol{F}_{RA}$ 必能满足二力平衡条件，如图 3-29（a）所示。工程中常应用自锁条件设计一些机构或夹具，如螺旋千斤顶、压榨机、圆锥销等使它们始终保持在平衡状态下工作。

（2）如果全部主动力的合力 $\boldsymbol{F}_R$ 的作用线在摩擦角 φ_f 之外，则无论这个力怎样小，物体一定会滑动，因为 $\theta > \varphi_f$，支撑面的全约束力 $\boldsymbol{F}_{RA}$ 和主动力的合力 $\boldsymbol{F}_R$ 不能满足二力平衡条件，如图 3-29（b）所示。

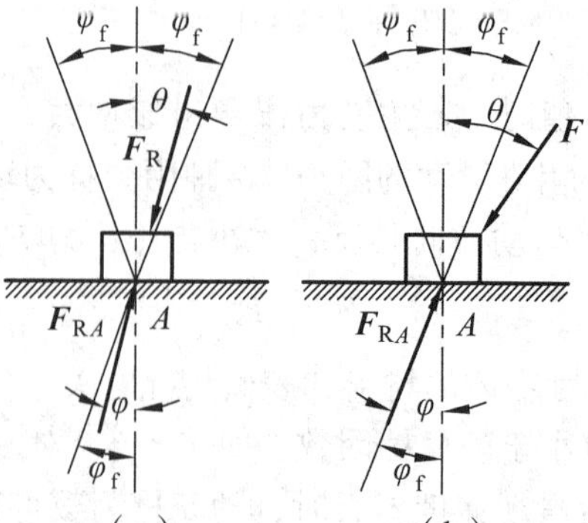

图 3-29

3. 斜面的自锁条件

斜面的自锁条件就是螺纹的自锁条件。因为螺纹可以看成绕在一圆柱体上的斜面，如图 3-30（b）所示，螺纹升角θ就是斜面的倾角，如图 3-30（c）所示。螺母相当于斜面上的滑块 A，加于螺母的轴向载荷 $\boldsymbol{P}$，相当于滑块 A 的重力。要使螺纹自锁，必须使螺纹的升角θ小于或等于摩擦角 φ_f。因此螺纹的自锁条件为：

$$\theta < \varphi_f$$

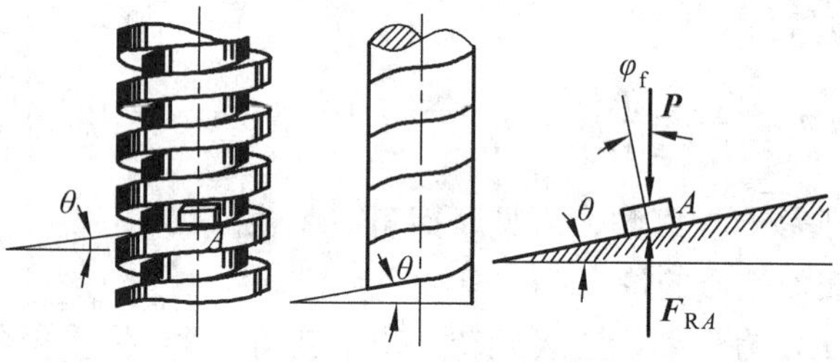

图 3-30

若螺旋千斤顶的螺杆与螺母之间的摩擦因数为 $f_S = 0.1$，则：

$$\tan\varphi_f = f_S = 0.1$$

得：

$$\varphi_f = 5°43'$$

为保证螺旋千斤顶自锁，一般取螺纹升角 $\theta = 4° \sim 4°30'$。

3.7.3 考虑摩擦时的平衡问题

考虑摩擦时，求解物体平衡问题的步骤与前几章所述大致相同，但有如下的几个特点：① 分析物体受力时，必须考虑接触面间切向的摩擦力 $\boldsymbol{F}_S$，通常增加了未知量的数目；② 为确定这些新增加的未知量，还需列出补充方程，即 $F_S \leqslant f_S F_N$，补充方程的数目与摩擦力的数目相同；③ 由于物体平衡时摩擦力有一定的范围（即 $0 \leqslant F_S \leqslant f_S F_N$），所以有摩擦时平衡问题的解亦有一定的范围，而不是一个确定的值。

工程中有不少问题只需要分析平衡的临界状态，这时静摩擦力等于其最大值，补充方程只取等号。有时为了计算方便，也先在临界状态下计算，求得结果后再分析、讨论其解的平衡范围。

例 3-18 物体重为 $\boldsymbol{P}$，放在倾角为 θ 的斜面上，它与斜面间的摩擦因数为 f_S，如图 3-31（a）所示。当物体处于平衡时，试求水平力的大小。

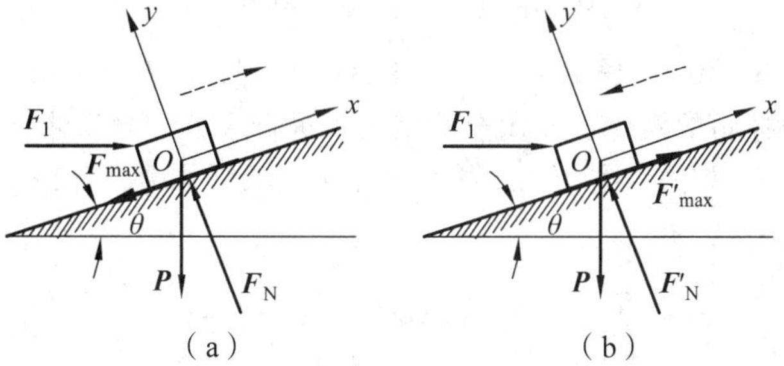

图 3-31

解：由经验可知：力 $\boldsymbol{F}_1$ 太大，物体将上滑；力 $\boldsymbol{F}_1$ 太小，物体将下滑。因此 $\boldsymbol{F}_1$ 应在最大值与最小值之间。

先求力 $\boldsymbol{F}_1$ 的最大值。当力 F_1 达到此值时，物体处于将要向上滑动的临界状态。在此情形下，摩擦力 $\boldsymbol{F}_S$ 沿斜面向下，并达到最大值 F_{max}。物体共受 4 个力作用：已知力 $\boldsymbol{P}$，未知力 $\boldsymbol{F}_1$，$\boldsymbol{F}_N$，$\boldsymbol{F}_{max}$，如图 3-31（a）所示。列平衡方程：

$$\sum F_x = 0,\quad F_1\cos\theta - P\sin\theta - F_{max} = 0$$
$$\sum F_y = 0,\quad F_N - F_1\sin\theta - P\cos\theta = 0$$

此外，还有一个补充方程，即：

$$F_{max} = f_S F_N$$

三式联立，可解得水平推力 F_1 的最大值：

$$F_{1max} = P\frac{\sin\theta + f_S\cos\theta}{\cos\theta - f_S\sin\theta}$$

现再求 $\boldsymbol{F}_1$ 的最小值。当力达到此值时，物体处于将要向下滑动的临界状态。在此情形下，摩擦力沿斜面向上，并达到另一最大值，用 F'_{max} 表示此力，物体的受力情况如图 3-31（b）所示。列平衡方程：

$$\sum F_x = 0,\quad F_1\cos\theta - P\sin\theta - F'_{max} = 0$$
$$\sum F_y = 0,\quad F'_N - F_1\sin\theta - P\cos\theta = 0$$

此外，再列出补充方程：

$$F'_{max} = f_S F'_N$$

三式联解，可解得水平推力 $\boldsymbol{F}_1$ 的最小值：

$$F_{1\min}=P\frac{\sin\theta-f_S\cos\theta}{\cos\theta+f_S\sin\theta}$$

综合上述两个结果可知，为使物块静止，力必须满足如下条件：

$$P\frac{\sin\theta-f_S\cos\theta}{\cos\theta+f_S\sin\theta}\leqslant F_1\leqslant P\frac{\sin\theta+f_S\cos\theta}{\cos\theta-f_S\sin\theta}$$

此题如不计算摩擦（ $f_S=0$ ），平衡时应有 $F_1=P\tan\theta$ ，其解答是唯一的。

本题也可利用摩擦角的概念，使用全约束力来进行求解。当物体有向上滑动趋势且达临界状态时，全约束力 $\boldsymbol{F}_R$ 与法线夹角为摩擦角 φ_f ，物体受力如图 3-32（a）所示。这是平面汇交力系，平衡方程如下：

$$\sum F_y=0,\quad F_R\cos(\theta+\varphi_f)-P=0$$
$$\sum F_x=0,\quad F_{1\max}-F_R\sin(\theta+\varphi_f)=0$$

解得：

$$F_{1\max}=P\tan(\theta+\varphi_f)$$

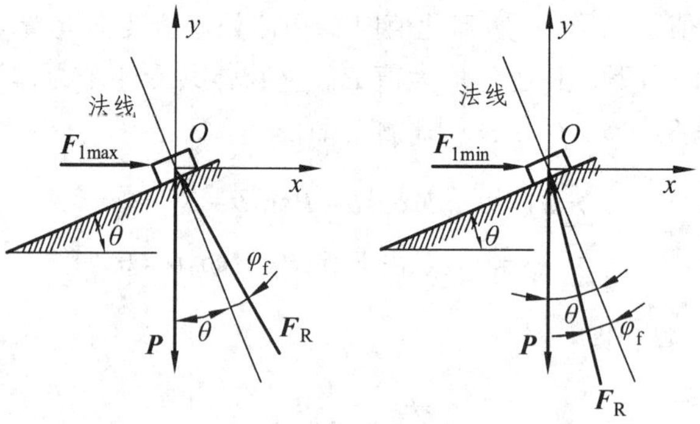

图 3-32

同样，当物体有向下滑动趋势且达临界状态时，受力如图 3-32（b）所示，平衡方程为：

$$\sum F_y=0,\quad F_R\cos(\theta-\varphi_f)-P=0$$
$$\sum F_x=0,\quad F_{1\min}-F_R\sin(\theta-\varphi_f)=0$$

解得：

$$F_{1\min}=P\tan(\theta-\varphi_f)$$

由以上计算知，使物体平衡的力 $\boldsymbol{F}_1$ 应满足：

$$P\tan(\theta-\varphi_f)\leqslant F_1\leqslant P\tan(\theta+\varphi_f)$$

这一结果与用解析法计算的结果是相同的。对图 3-32（a），（b）所示的两个平面汇交力系也可以不列平衡方程，只需用几何法画出封闭的力三角形就可以直接求出 $F_{1\max}$ 与 $F_{1\min}$。

在此例题中，如斜面的倾角小于摩擦角，即$\theta < \varphi_f$时，水平推力$F_{1\min}$为负值。这说明，此时物体不需要力$\boldsymbol{F}_1$的支持就能静止于斜面上；而且无论重力$\boldsymbol{P}$值多大，物体也不会下滑，这就是自锁现象。

例 3-19 图 3-33 所示为凸轮机构。已知推杆（不计自重）与滑道间的摩擦因数为f_S，滑道宽度为b。设凸轮与推杆接触处的摩擦忽略不计。问a为多大，推杆才不致被卡住。

解：取推杆为研究对象。其受力图如图 3-33（b）所示，推杆除受凸轮推力$\boldsymbol{F}$作用外，在滑道A，B处还受法向反力$\boldsymbol{F}_{NA}$，$\boldsymbol{F}_{NB}$作用，由于推杆有向上推动趋势，则摩擦力$\boldsymbol{F}_A$，$\boldsymbol{F}_B$的方向向下。

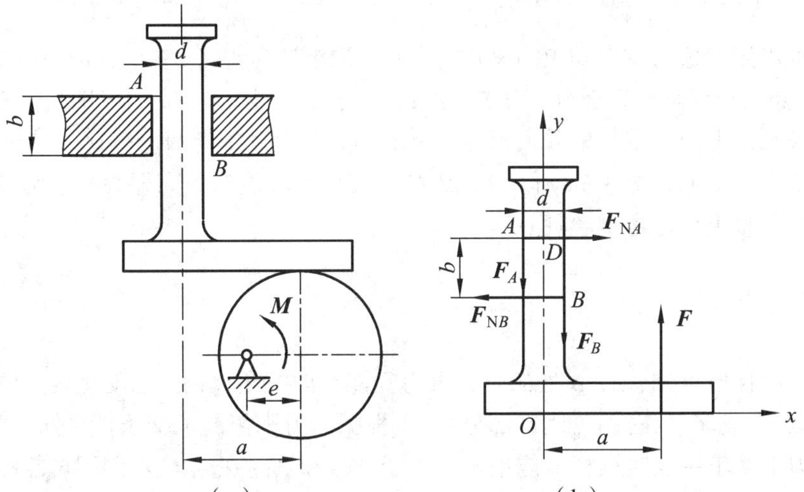

图 3-33

列平衡方程：

$$\sum F_x = 0,\quad F_{NA} - F_{NB} = 0 \tag{a}$$

$$\sum F_y = 0,\quad -F_A - F_B + F = 0 \tag{b}$$

$$\sum M_D(\boldsymbol{F}) = 0,\quad Fa - F_{NB}b - F_B\frac{d}{2} + F_A\frac{d}{2} = 0 \tag{c}$$

考虑平衡的临界情况（即推杆将动而尚未动时），摩擦力都达最大值，可以列出两个补充方程：

$$F_A = f_S F_{NA} \tag{d}$$

$$F_B = f_S F_{NB} \tag{e}$$

由式（a）得：

$$F_{NA} = F_{NB} = F_N$$

代入式（d），（e）得：

$$F_A = F_B = F_{\max} = f_S F_N$$

代入式（b），得：

$$F = 2F_{max}$$

最后代入式（c），注意 $F_{NB} = \frac{F_{max}}{f_S}$，解得：

$$a_{极限} = \frac{b}{2f_S}$$

保持 F 和 b 不变，由式（c）可见，当 a 减小时，$F_{NB}(=F_{NA})$ 亦减小，因而最大静摩擦力减小，式（b）不能成立。因而当 $a < \frac{b}{2f_S}$ 时，推杆不能平衡，即推杆不会被卡住。

本题也可以用摩擦角及全约束力来进行求解。取推杆为研究对象，这时应将 A，B 处的摩擦力和法向约束力分别合成为全约束力 $\boldsymbol{F}_{RA}$ 和 $\boldsymbol{F}_{RB}$。于是，推杆受 $\boldsymbol{F}$，$\boldsymbol{F}_{RA}$ 和 $\boldsymbol{F}_{RB}$ 三个力作用。

用比例尺在图上画出推杆的几何尺寸，并自 A，B 两点各作与法线成夹角 φ_f（摩擦角）的直线，两线交于 C（如图 3-34 所示），点 C 至推杆中心线的距离即为所求临界值 $a_{极限}$，可用比例尺从图上量出。或按下式计算，得：

$$a_{极限} = \frac{b}{2}\cot\varphi_f = \frac{b}{2f_S}$$

由摩擦力的性质可知，A，B 处的全约束力只能在摩擦角以内，也就是两力的作用线的交点只可能在点 C 或 C 的右侧（阴影部分内）。根据三力平衡的汇交条件可知，只有 $\boldsymbol{F}$，$\boldsymbol{F}_{RA}$ 和 $\boldsymbol{F}_{RB}$ 三个力汇交于一点时推杆才能平衡。由于 $\boldsymbol{F}_{RA}$ 和 $\boldsymbol{F}_{RB}$ 在点 C 左侧不可能相交，因而当 $a < a_{极限}$，或 $a < \frac{b}{2f_S}$ 时，三力不可能汇交，即推杆不能被卡住。而当 $a \geqslant \frac{b}{2f_S}$ 时，三力将汇交于 C 点右侧阴影部分的一点而平衡，此时无论推力 $\boldsymbol{F}$ 多大也不能推动推杆，推杆将被卡住（自锁）。

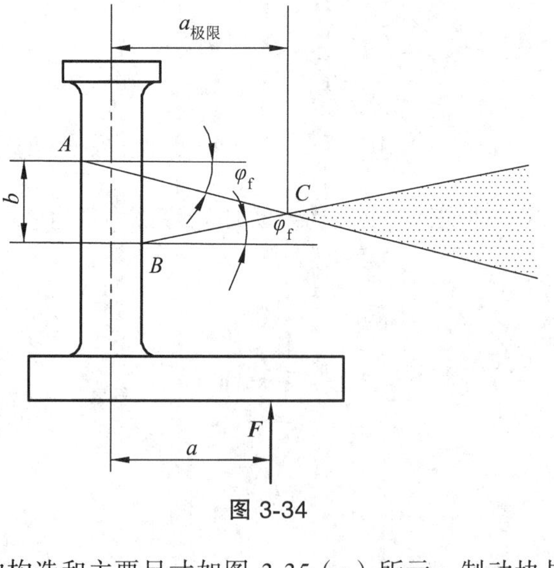

图 3-34

例 3-20 制动器的构造和主要尺寸如图 3-35（a）所示。制动块与鼓轮表面间的摩擦因数为 f_S，试求制止鼓轮转动所必需的力 $\boldsymbol{F}$。

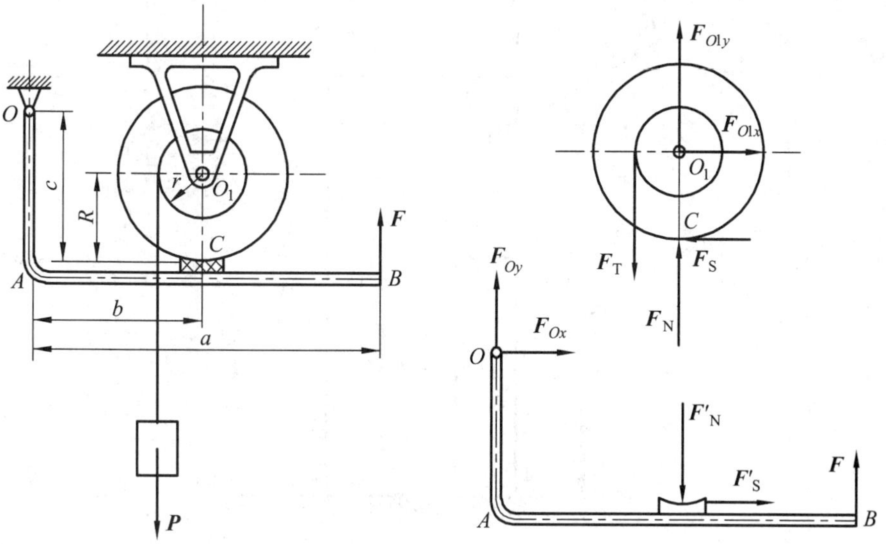

图 3-35

解：先取鼓轮为研究对象，受力如图 3-35（b）所示。鼓轮在绳拉力 $\boldsymbol{F}_{\mathrm{T}}(F_{\mathrm{T}}=P)$ 作用下，有逆时针转动的趋势；因此，闸块除给鼓轮正压力 $\boldsymbol{F}_{\mathrm{N}}$ 外，还有一个向左的摩擦力 $\boldsymbol{F}_{\mathrm{S}}$。列方程：

$$\sum M_{O1}(\boldsymbol{F})=0,\quad F_{\mathrm{T}}r-F_{\mathrm{S}}R=0 \tag{a}$$

解得：

$$F_{\mathrm{S}}=\frac{r}{R}F_{\mathrm{T}}=\frac{r}{R}P \tag{b}$$

再取杆件 OAB 为研究对象，其受力图如图 3-34（c）所示。列力矩方程：

$$\sum M_O(\boldsymbol{F})=0,\quad Fa+F_{\mathrm{S}}'c-F_{\mathrm{N}}'b=0 \tag{c}$$

补充方程：

$$F_{\mathrm{S}}'\leqslant f_{\mathrm{S}}F_{\mathrm{N}}' \tag{d}$$

由式（c），（d）得：

$$F_{\mathrm{S}}'\leqslant\frac{f_{\mathrm{S}}aF}{b-f_{\mathrm{S}}c} \tag{e}$$

由 $F_{\mathrm{S}}=F_{\mathrm{S}}'$，解得：

$$F\geqslant\frac{rP(b-f_{\mathrm{S}}c)}{f_{\mathrm{S}}Ra}$$

例 3-21 图 3-36 所示的均质木箱重 $P=5\ \mathrm{kN}$，它与地面间的静摩擦因数 $f_{\mathrm{S}}=0.4$。图中 $h=2a=2\ \mathrm{m}$，$\theta=30^\circ$。求：① 当 D 处的拉力 $F=1\ \mathrm{kN}$ 时，木箱是否平衡？② 能保持木箱平衡的最大拉力。

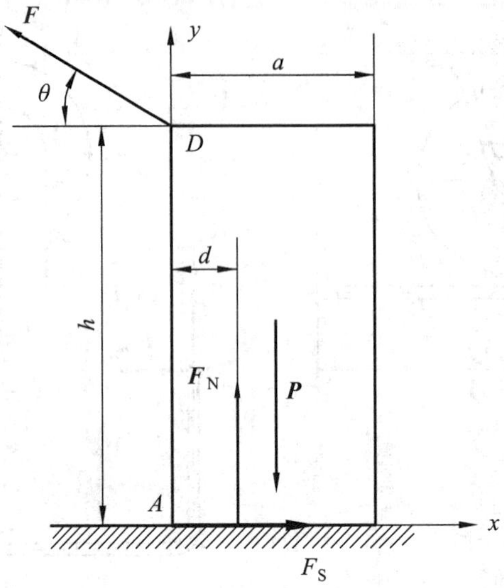

图 3-36

解：欲保持木箱平衡，必须满足两个条件：一是不发生滑动，即要求静摩擦力 $F_S \leqslant F_{max} = f_S F_N$；二是不绕 A 点翻倒，这时法向约束力 $\boldsymbol{F}_N$ 的作用线应在木箱内，即 $d>0$。

（1）取木箱为研究对象，受力如图 3-36 所示，列平衡方程：

$$\sum F_x = 0,\quad F_S - F\cos\theta = 0 \tag{a}$$

$$\sum F_y = 0,\quad F_N - P + F\sin\theta = 0 \tag{b}$$

$$\sum M_A(\boldsymbol{F}) = 0,\quad hF\cos\theta - P\frac{a}{2} + F_N d = 0 \tag{c}$$

求解以上各方程，得：

$$F_S = 0.866\ \text{kN},\quad F_N = 4.5\ \text{kN},\quad d = 0.171\ \text{m}$$

此时木箱与地面间最大摩擦力：

$$F_{max} = f_S F_N = 1.8\ \text{kN}$$

可见，$F_S < F_{max}$，木箱不滑动；又 $d>0$，木箱不会翻倒。此时，木箱保持平衡。

（2）为求保持平衡的最大拉力 F，可分别求出木箱将滑动时的临界拉力 $F_{滑}$ 和木箱绕点翻倒的临界拉力 $F_{翻}$。二者中取其较小者，即为所求。

木箱将滑动的条件：

$$F_S = F_{max} = f_S F_N \tag{d}$$

由式（a），（b），（d）联立解得：

$$F_{滑} = \frac{f_S P}{\cos\theta + f_S\sin\theta} = 1.876\ \text{kN}$$

木箱绕点翻倒的条件为 $d=0$，代入式（c），得：

$$F_{翻}=\frac{Pa}{2h\cos\theta}=1.443\,(\text{kN})$$

由于 $F_{翻}<F_{滑}$，所以保持木箱平衡的最大拉力为：

$$F=F_{翻}=1.443\ \text{kN}$$

这说明，当拉力 $\boldsymbol{F}$ 逐渐增大时，木箱将先翻倒而失去平衡。

3.7.4 滚动摩阻

1. 滚动摩阻

由实践可知，使物体滚动总是比使它滑动容易得多。所以在工程实际中，为了提高效率，减轻劳动强度，常利用物体的滚动来代替物体的滑动。设在水平面上有一个滚子，重量为 $\boldsymbol{P}$，半径为 r。在其中心 O 上作用一水平力 $\boldsymbol{F}$，当力 $\boldsymbol{F}$ 不大时，滚子仍保持静止，其受力情况如图 3-37 所示，则滚子不可能保持平衡。因为静滑动摩擦力 $\boldsymbol{F}_S$ 与力 $\boldsymbol{F}$ 组成一力偶，滚子应该发生滚动。但实际上当力 $\boldsymbol{F}$ 不大时，滚子是可以平衡的。这是由于滚子和平面实际上并不是刚体，它们在力的作用下都会发生变形，实际上是一小块面积接触，如图 3-38（a）。约束力在这一小块接触面上的分布规律比较复杂，但可将这些力向 A 点简化，得到一个力 $\boldsymbol{F}_R$ 和一个力偶，力偶的矩为 $\boldsymbol{M}_f$，如图 3-38（b）所示。这个力 $\boldsymbol{F}_R$ 可分解为摩擦力 $\boldsymbol{F}_S$ 和法向约束力 $\boldsymbol{F}_N$，这个矩为 $\boldsymbol{M}_f$ 的力偶称为**滚动摩阻力偶**（简称为摩阻力偶），它与力偶（$\boldsymbol{F}$，$\boldsymbol{F}_S$）平衡，其转向与滚动的趋势相反，如图 3-38（c）所示。

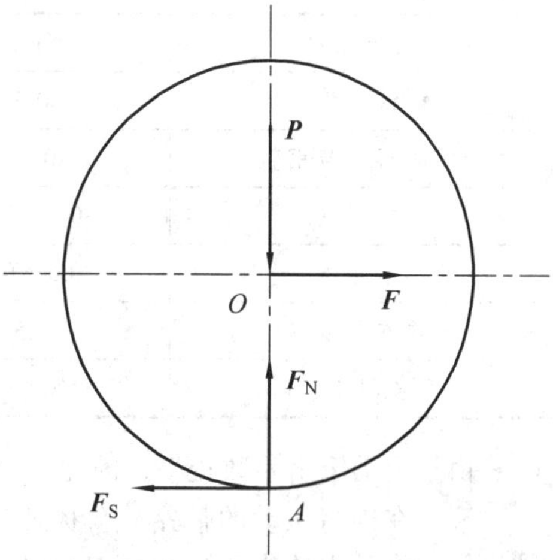

图 3-37

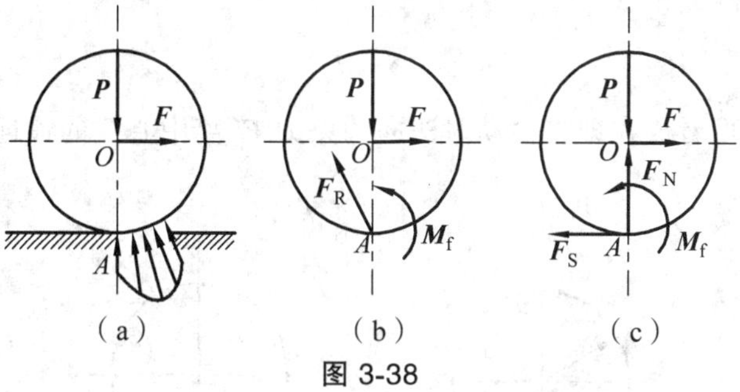

图 3-38

与静滑动摩擦力相似，滚动摩阻力偶矩 $\boldsymbol{M}_f$ 随着主动力的增加而增大。当 $\boldsymbol{F}$ 增加到滚子滚动的临界平衡状态时，滚动摩阻力偶矩达到最大值，称为最大滚动摩阻力偶，用 M_{max} 表示。若 $\boldsymbol{F}$ 再增大轮子就会滚动，在滚动过程中，滚动摩阻力偶矩近似等于 M_{max}，因此可知滚动摩阻力偶矩 $\boldsymbol{M}_f$ 的大小介于零与最大值之间，即：

$$0 \leqslant M_f \leqslant M_{max} \tag{3-19}$$

实验表明：最大滚动摩阻力偶矩 M_{max} 与滚子半径无关，而与支撑面的正压力 $\boldsymbol{F}_N$ 的大小成正比，即：

$$M_{max} = \delta F_N \tag{3-20}$$

式中，δ 是比例常数，称为**滚动摩阻系数**，简称滚阻系数，其具有长度的量纲，单位一般用 mm。

滚动摩阻系数由实验测定，它与滚子和支撑面的材料的硬度和湿度等有关，与滚子的半径无关。表 3-3 是几种材料的滚动摩阻系数的值。

表 3-3 滚动摩阻系数 δ

材料名称	δ/mm	材料名称	δ/mm
铸铁与铸铁	0.5	软钢与钢	0.5
钢质车轮与钢轨	0.05	有滚珠轴承的料车和钢轨	0.09
木与钢	0.3 ~ 0.4	无滚珠轴承的料车和钢轨	0.21
木与木	0.5 ~ 0.8	钢质车轮与木面	1.5 ~ 2.5
软木与软木	1.5	轮胎与路面	2 ~ 10
淬火钢珠与钢	0.01		

由于滚动摩阻系数较小，因此在大多数情况下滚动摩阻在工程实际计算中常忽略不计。

滚子在即将滚动的临界平衡状态时其受力图如图 3-39（a）所示，根据任意力系的简化结果，可将其中的法向约束力 $\boldsymbol{F}_N$ 与最大滚动摩阻力偶 M_{max} 合成为一个力 $\boldsymbol{F}'_N$，且 $F'_N = F_N$。力 $\boldsymbol{F}'_N$ 的作用线距中心线的距离为 d，如图 3-39（b）所示。即：

$$d = \frac{M_{max}}{F'_N}$$

与式（3-21）比较，得：

$$\delta = d$$

因而滚动摩阻系数 δ 可看成在即将滚动时法向约束力 $\boldsymbol{F}'_N$ 离中心线的最远距离，也就是最大滚阻力偶 $(\boldsymbol{F}'_N, \boldsymbol{P})$ 的臂。

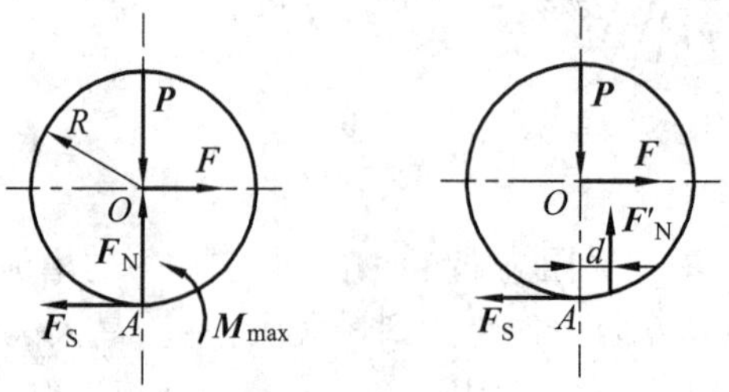

（a）　　（b）

图 3-39

2. 滚动比滑动省力的力学分析

由图 3-39 计算使滚子滚动或滑动所需要的水平拉力 $\boldsymbol{F}$。

由平衡方程 $\sum M_A(\boldsymbol{F})=0$，可以求得：

$$F_{滚}=\frac{M_{max}}{R}=\frac{\delta F_N}{R}=\frac{\delta}{R}P$$

由平衡方程 $\sum F_x=0$，可以求得：

$$F_{滑}=F_{max}=f_S F_N=f_S P$$

一般情况下，有：

$$\frac{\delta}{R}<<f$$

因而使滚子滚动比滑动省力得多。

本章小结

1. 平面任意力系平衡的必要与充分条件：力系的主矢和对于任一点的主矩都等于零。

$$F_R=\sum F_i=0,\quad M_O=\sum M_O(\boldsymbol{F}_i)=0$$

平面任意力系平衡方程的一般形式：

$$\sum F_{xi}=0,\quad \sum F_{yi}=0,\quad \sum M_O(\boldsymbol{F}_i)=0$$

二矩式平衡方程：

$$\sum M_A(\boldsymbol{F})=0,\quad \sum M_B(\boldsymbol{F})=0,\quad \sum F_x=0$$

其中，x 轴不得垂直于 A，B 两点的连线。

三矩式平衡方程：

$$\sum M_A(\boldsymbol{F})=0,\quad \sum M_B(\boldsymbol{F})=0,\quad \sum M_C(\boldsymbol{F})=0$$

其应用条件：A，B，C 三点不得共线。

2. 在 Oxy 面内且力线平行于 y 轴的平面平行力系的平衡方程：

$$\sum F_y=0,\quad \sum M_O(\boldsymbol{F})=0$$

3. 平面汇交力系平衡方程：

$$\sum F_x=0,\quad \sum F_y=0$$

4. 平面力偶系平衡方程：

$$\sum M_O(\boldsymbol{F})=0$$

5. 共线力系平衡方程：

$$\sum F_i = 0$$

6. 空间任意力系平衡方程的基本形式：

$$\sum F_x = 0,\quad \sum F_y = 0,\quad \sum F_z = 0$$
$$\sum M_x(\boldsymbol{F}) = 0,\quad \sum M_y(\boldsymbol{F}) = 0,\quad \sum M_z(\boldsymbol{F}) = 0$$

7. 几种特殊力系的平衡方程：

（1）空间汇交力系。

$$\sum F_x = 0,\quad \sum F_y = 0,\quad \sum F_z = 0$$

（2）空间力偶系。

$$\sum M_x(\boldsymbol{F}) = 0,\quad \sum M_y(\boldsymbol{F}) = 0,\quad \sum M_z(\boldsymbol{F}) = 0$$

（3）空间平行力系。若力系中各力与 z 轴平行，其平衡方程的基本形式：

$$\sum F_z = 0,\quad \sum M_x(\boldsymbol{F}) = 0,\quad \sum M_y(\boldsymbol{F}) = 0$$

8. 桁架由二力杆铰接构成

（1）确定平面简单桁架（静定桁架）的计算式：

$$m = 2n - 3$$

式中，m 为杆件数；n 为节点数。

（2）求平面简单桁架各杆内力的两种方法：

节点法：逐个考虑桁架中所有节点的平衡。应用平面汇交力系的平衡方程求出各杆的内力。

截面法：截断待求内力的杆件，将桁架截割为两部分，取其中的一部分为研究对象，应用任意力系的平衡方程求出被截割各杆件的内力。

9. 摩擦现象分为滑动摩擦和滚动摩阻两类

（1）滑动摩擦力是在两个物体相互接触的表面间有相对滑动趋势或有相对滑动时出现的切向约束力。前者称之为静滑动摩擦力，后者称之为动滑动摩擦力。

① 静摩擦力 $\boldsymbol{F}_S$ 的方向与接触面间相对滑动趋势的方向相反，其值满足：

$$0 \leqslant F_S \leqslant F_{max}$$

静摩擦定律：$F_{max} = f_S F_N$

式中，f_S 为静摩擦系数；F_N 为法向约束力。

② 动滑动摩擦力的方向与接触面间相对滑动的速度方向相反，其大小：

$$F = f F_N$$

式中，f 为动摩擦因数，一般情况下略小于静摩擦因数 f_S。

（2）摩擦角 φ_f 为全约束力与法线间的夹角的最大值，且有：

$$\tan\varphi_f = f_S$$

全约束力与法线间夹角的变化范围：

$$0 \leqslant \varphi \leqslant \varphi_f$$

当主动力的合力作用线在摩擦角之内时发生自锁现象。

（3）物体滚动时会受到阻碍滚动的滚动摩阻力偶的作用。物体平衡时，滚动摩阻力偶矩 M_f 随主动力的大小变化范围：

$$0 \leqslant M_f \leqslant M_{max} \quad 及 \quad M_{max} = \delta F_N$$

式中，δ 为滚动摩阻系数，单位为 mm。

物体滚动时，滚动摩阻力偶矩近似等于 M_{max}。

习 题

3-1 火箭沿与水平面成 $\beta = 25°$ 角的方向作匀速直线运动，如图所示。火箭的推力 $F_1 = 100$ kN 与运动方向成 $\theta = 5°$ 角。如火箭重 $P = 200$ kN，求空气动力 $\boldsymbol{F}_2$ 和它与飞行方向的交角 γ。

3-2 如图所示，输电线 ACB 架在两电线杆之间，形成一下垂曲线，下垂距离 $CD = f = 1$ m，两电线杆间距离 $AB = 40$ m。电线 ACB 段重 $P = 400$ N，可近似认为沿 AB 连线均匀分布。求电线的中点和两端的拉力。

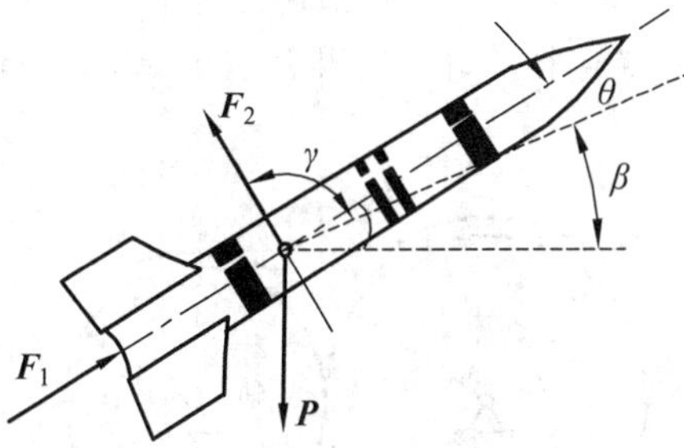

题 3-1 图

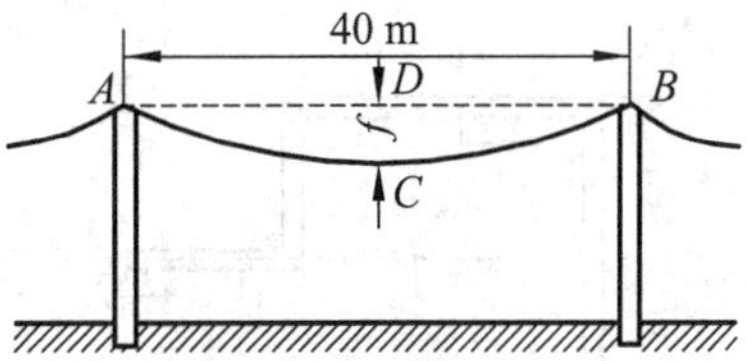

题 3-2 图

3-3 图示液压夹紧机构中，D 为固定铰链，B，C，E 为活动铰链。已知力 $\boldsymbol{F}$，机构平衡时角度如图示，各构件自重不计，求此时工件 H 所受的压紧力。

3-4 如图所示，刚架上作用力 $\boldsymbol{F}$。试分别计算力 $\boldsymbol{F}$ 对点 A 和 B 的力矩。

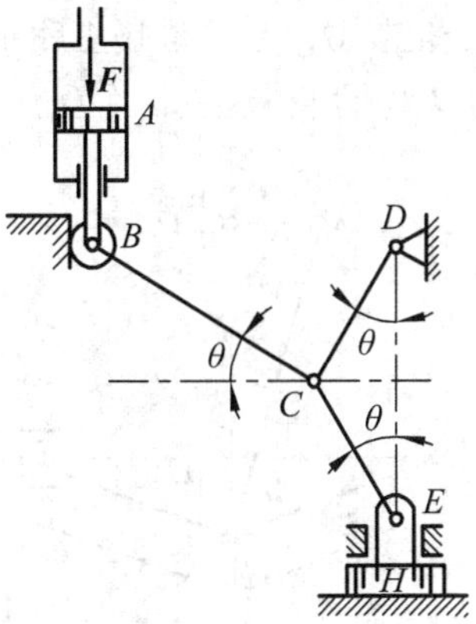

题 3-3 图

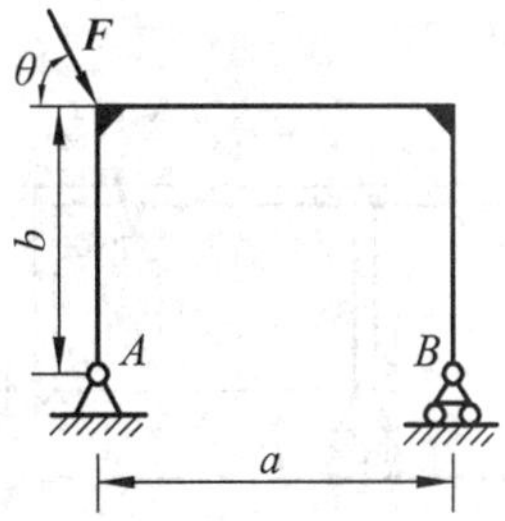

题 3-4 图

3-5　已知梁 AB 上作用一力偶，力偶矩为 M，梁长为 l，梁重不计。求在图（a），（b），（c）三种情况下支座 A 和 B 的约束力。

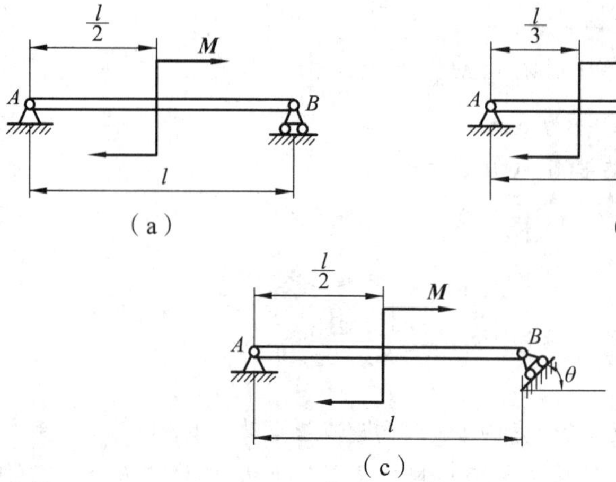

题 3-5 图

3-6　在图示结构中，各构件的自重略去不计。在构件 AB 上作用一力偶矩为 M 的力偶，求支座 A 和 C 的约束力。

3-7　两齿轮的节圆半径分别为 r_1，r_2，作用于轮Ⅰ上的主动力偶的力偶矩为 M_1，齿轮的压力角为 θ，不计两齿轮的重量。求使二轮维持匀速转动时齿轮Ⅱ的阻力偶之矩 M_2 及轴承 O_1，O_2 的约束力的大小和方向。

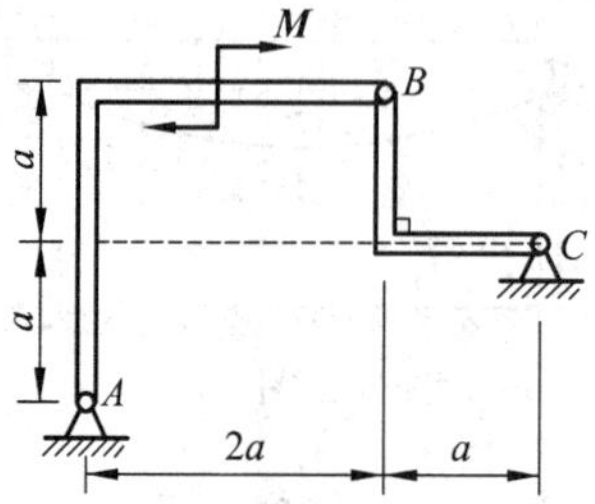

题 3-6 图

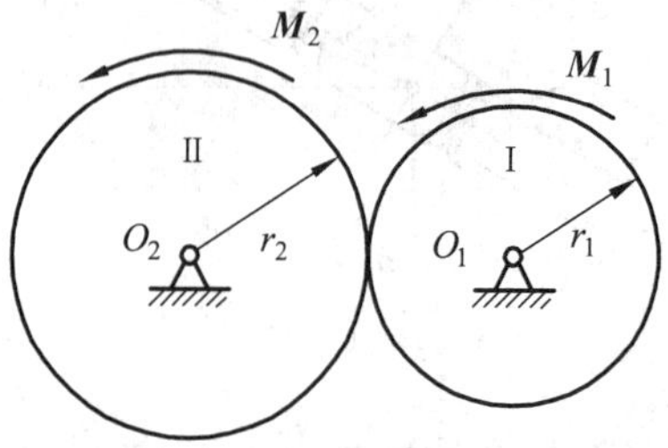

题 3-7 图

3-8　在图示结构中，各构件的自重略去不计，在构件 BC 上作用一力偶矩为 M 的力偶，各尺寸如图。求支座 A 的约束力。

3-9　在图示机构中，曲柄 OA 上作用一力偶，其矩为 M；另在滑块上作用水平力 $\boldsymbol{F}$。机构尺寸如图所示，各杆重量不计。求当机构平衡时力 $\boldsymbol{F}$ 与力偶矩 M 的关系。

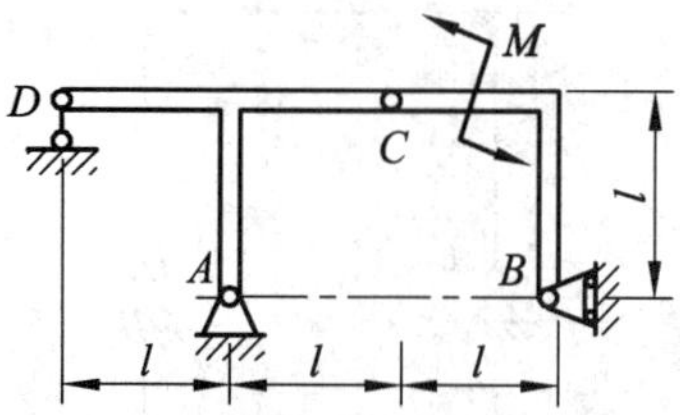

题 3-8 图

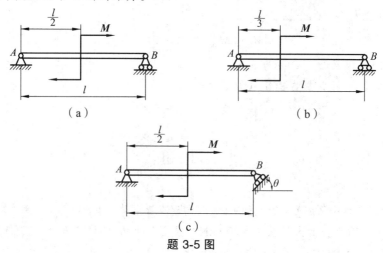

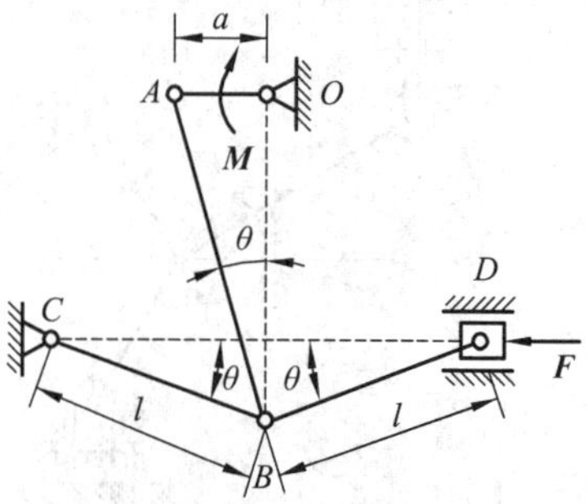

题 3-9 图

3-10　如图所示，当飞机作稳定航行时，所有作用在它上面的力必须相互平衡。已知飞机的重量 $P=30$ kN，螺旋桨的牵引力 $F=4$ kN。飞机的尺寸：$a=0.2$ m，$b=0.1$ m，$c=0.05$ m，$l=5$ m。求阻力 $\boldsymbol{F}_x$、机翼升力 $\boldsymbol{F}_{y1}$ 和尾部的升力 $\boldsymbol{F}_{y2}$。

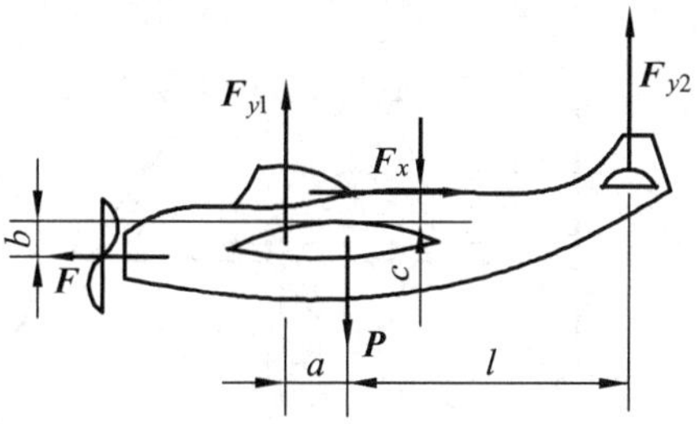

题 3-10 图

3-11　如图所示，飞机机翼上安装一台发动机，作用在机翼 OA 上的气动力按梯形分布；$q_1=60$ kN/m，$q_2=40$ kN/m，机翼重 $P_1=45$ kN，发动机重 $P_2=20$ kN，发动机螺旋桨的反作用力偶矩 $M=18$ kN · m。求机翼处于平衡状态时，机翼根部固定端 O 所受的力。

3-12　无重水平梁的支承和载荷如图（a)，(b）所示。已知力 $\boldsymbol{F}$，力偶矩为 M 的力偶和强度为 q 的均布载荷。求支座 A 和 B 处的约束力。

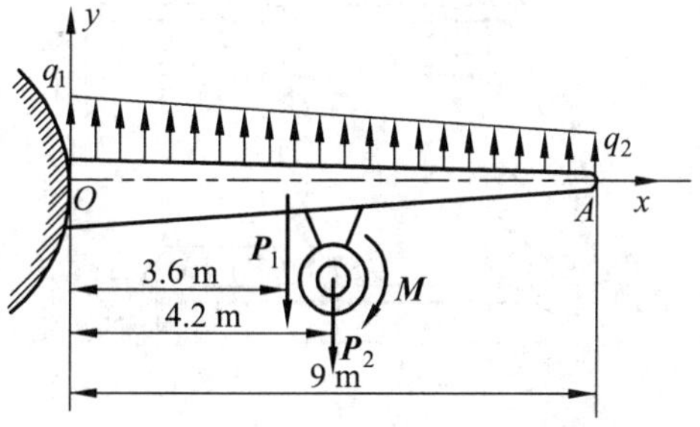

题 3-11 图

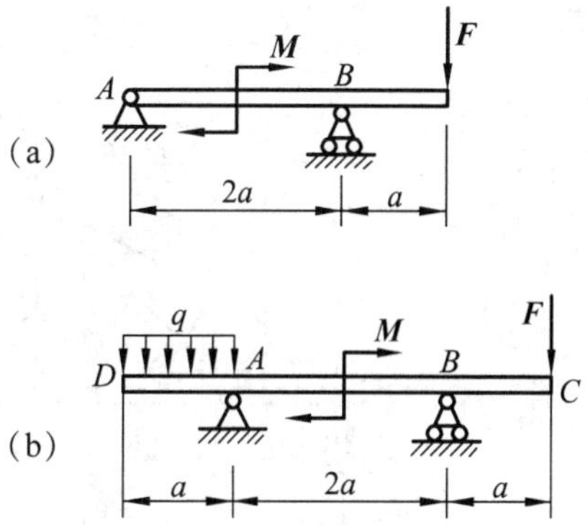

题 3-12 图

3-13　如图所示，液压式汽车起重机全部固定部分（包括汽车自重）总重 $P_1=60$ kN，旋转部分总重 $P_2=20$ kN，$a=1.4$ m，$b=0.4$ m，$l_1=1.85$ m，$l_2=1.4$ m。求：① 当 $R=3$ m，起吊重量 $P=50$ kN 时，支撑腿 A，B 所受地面的支承反力；② 当 $R=5$ m 时，为了保证起重机不致翻倒，问最大起重量为多大？

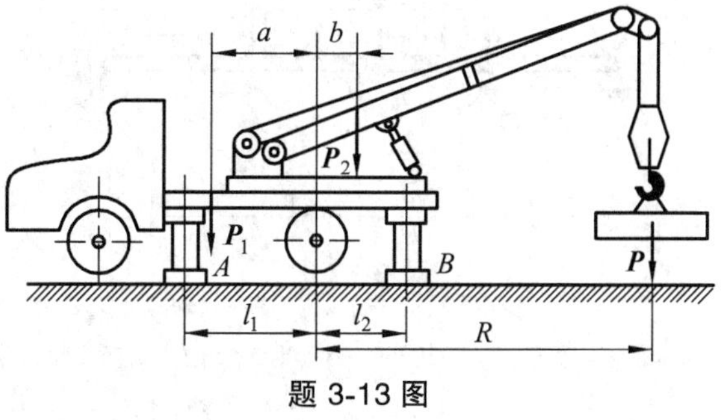

题 3-13 图

3-14　水平梁 AB 由铰链 A 和杆 BC 所支持，如图所示。在梁上 D 处用销子安装半径 $r=0.1$ m 的滑轮。有一跨过滑轮的绳子，其一端水平地系于墙上，另一端悬挂有重 $P=1\,800$ N 的重物。如 $AD=0.2$ m，$BD=0.2$ m，$\varphi=45°$，且不计梁、杆、滑轮和绳的重量。求铰链 A 和杆 BC 对梁的约束力。

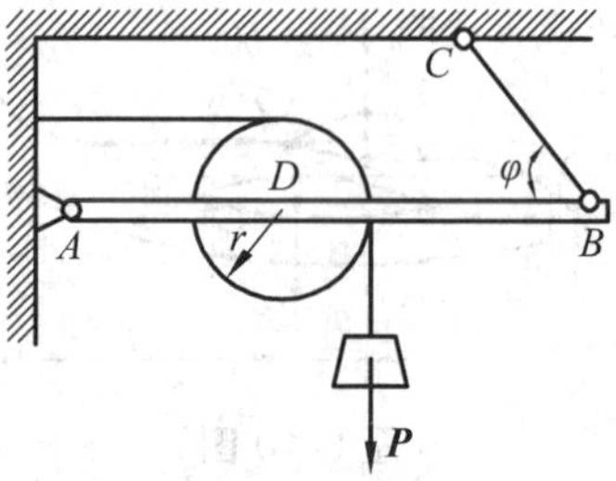

题 3-14 图

3-15　如图所示，组合梁由 AC 和 DC 两段铰接构成，起重机放在梁上。已知起重机重 $P_1=50$ kN，重心在铅垂直线 EC 上，起重载荷 $P_2=10$ kN。如不计梁重，求支座 A，B 和 D 三处的约束力。

3-16　在图示（a)，(b）两连续梁中，已知 q，M，a 及 θ，不计梁的自重，求各连续梁在 A，B，C 三处的约束力。

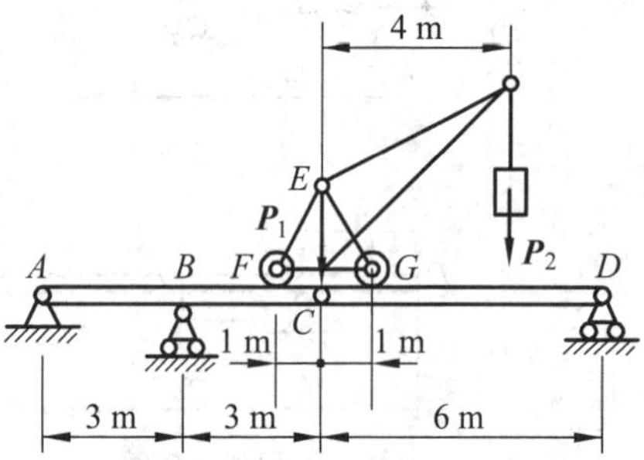

题 3-15 图

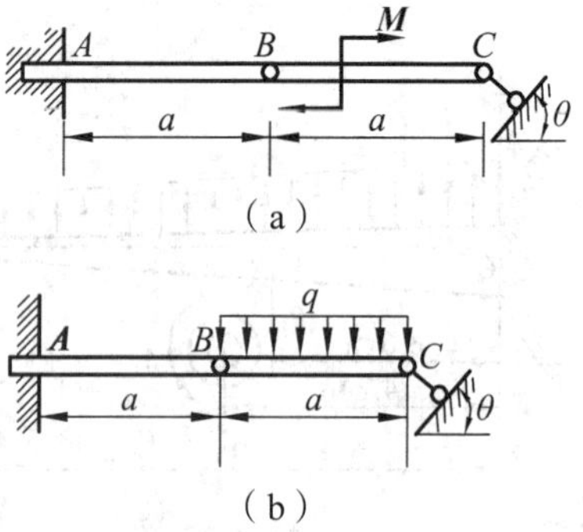

题 3-16 图

3-17　由 AC 和 CD 构成的组合梁通过铰链 C 连接。它的支承和受力如图所示。已知均布载荷强度 $q=10$ kN/m，力偶矩 $M=40$ kN · m，不计梁重。求支座 A，B，D 的约束力和铰链 C 处所受的力。

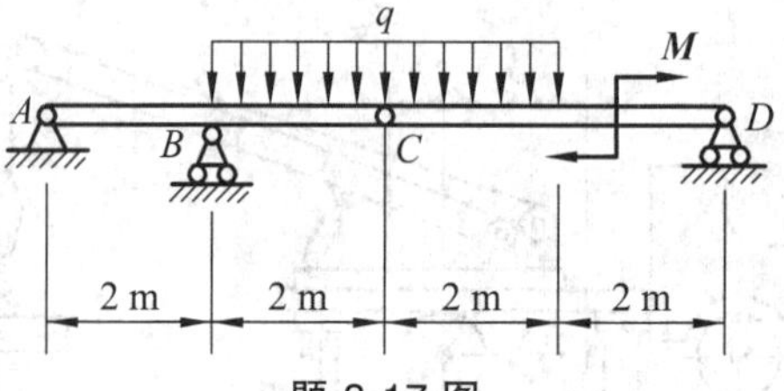

题 3-17 图

3-18　图示传动机构，已知带轮Ⅰ，Ⅱ的半径各为 r_1，r_2，鼓轮半径为 r，物体 A 重为 $\boldsymbol{P}$，两轮的重心均位于转轴上。求匀速提升 A 物时在轮Ⅰ上所需施加的力偶矩 M 的大小。

3-19　图示为一种闸门启闭设备的传动系统。已知各齿轮的节圆半径分别为 r_1，r_2，r_3，r_4，鼓轮的半径为 r，闸门重 $\boldsymbol{P}$，齿轮的压力角为 θ，不计各齿轮的自重。求最小的启闭门力偶矩 M 及轴 O_3 的约束力。

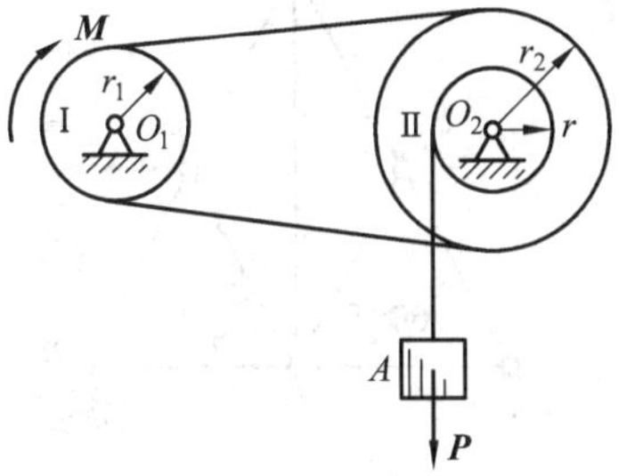

题 3-18 图

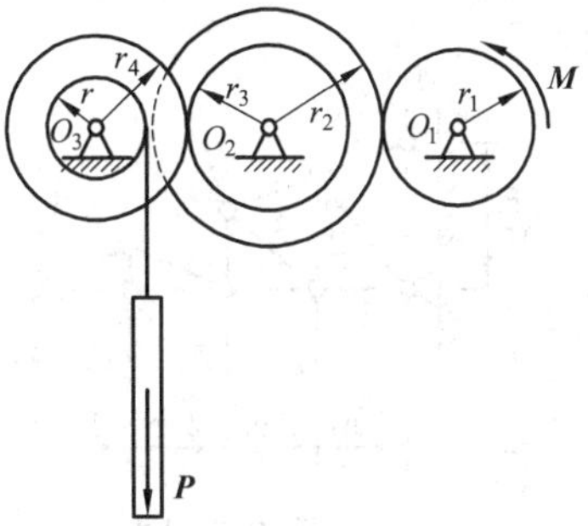

题 3-19 图

3-20　如图所示，三铰拱由两半拱和三个铰链 A，B，C 构成，已知每半拱重 $P = 300$ kN，$l = 32$ m，$h = 10$ m。求支座 A，B 的约束力。

3-21　不计图示构架中各杆件重量，力 $F = 40$ kN，各尺寸如图。求铰链 A，B，C 处所受的力。

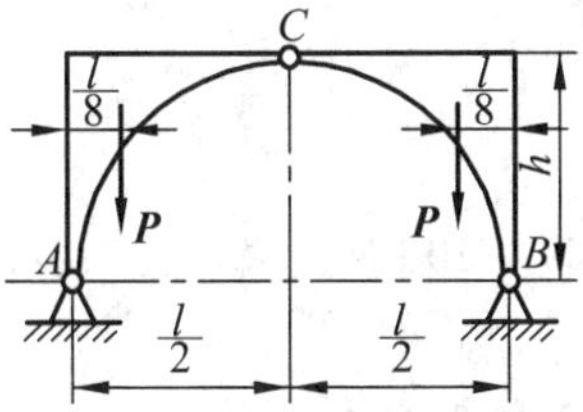

题 3-20 图

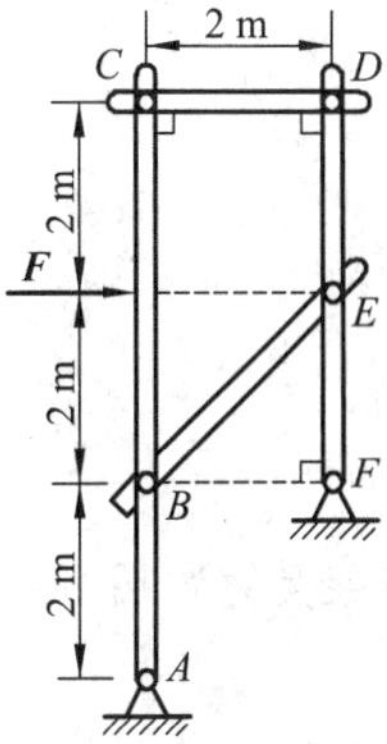

题 3-21 图

3-22　图示结构由直角弯杆 DAB 与直杆 BC，CD 铰接而成，并在 A 处与 B 处用固定铰支座和可动铰支座固定。杆 DC 受均布载荷 q 的作用，杆 BC 受矩为 $M = qa^2$ 的力偶作用。不计各构件的自重。求铰链 D 所受的力。

3-23　在图示构架中，各杆单位长度的重量为 300 N/m，载荷 $P = 10$ kN，A 处为固定端，B，C，D 处为铰链。求固定端 A 处及 B，C 铰链处的约束力。

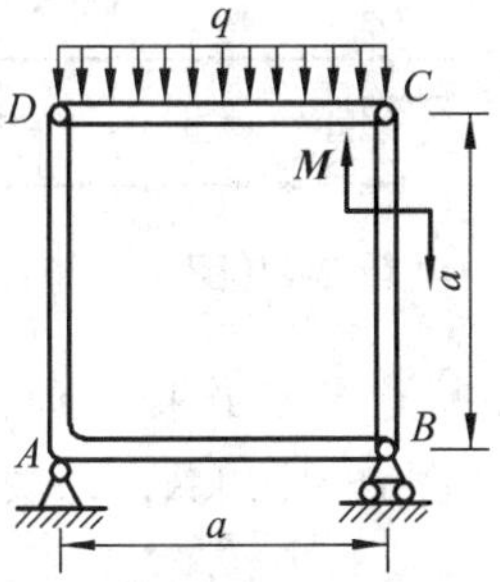

题 3-22 图

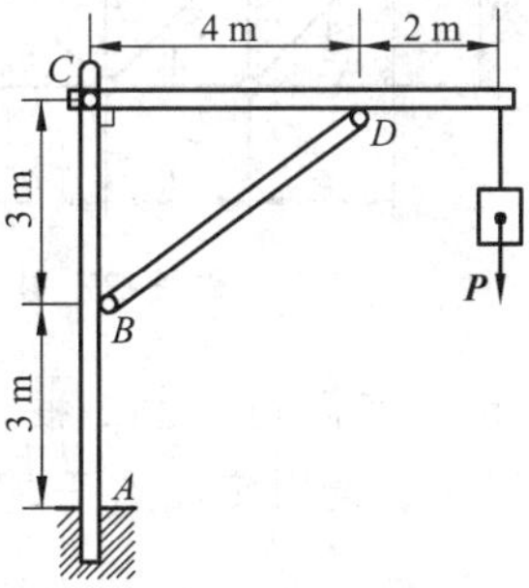

题 3-23 图

3-24　平面悬臂桁架所受的载荷如图所示。求杆 1，2 和 3 的内力。

3-25　平面桁架受力如图所示。ABC 为等边三角形，且 $AD=DB$。求杆 CD 的内力。

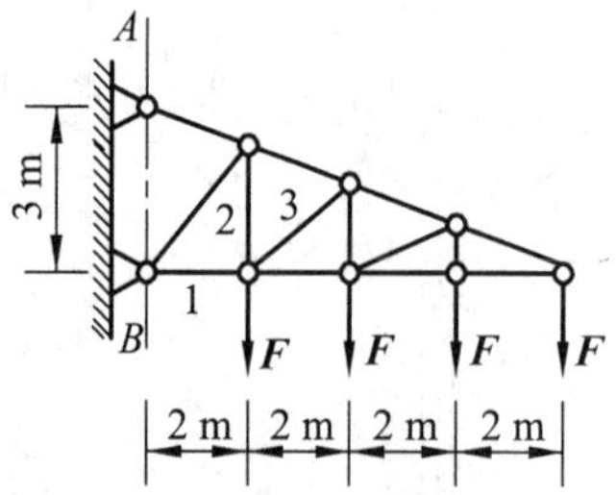

题 3-24 图

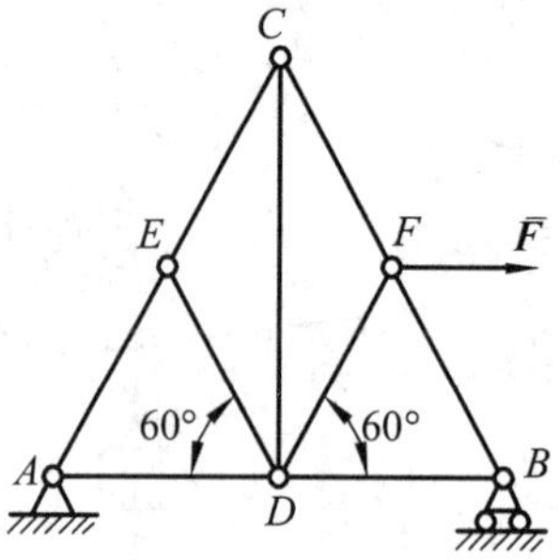

题 3-25 图

3-26　平面桁架尺寸如图所示（尺寸单位为 m），载荷 $F_1=240$ kN，$F_2=720$ kN。试用最简便的方法求杆 BD 及 BE 的内力。

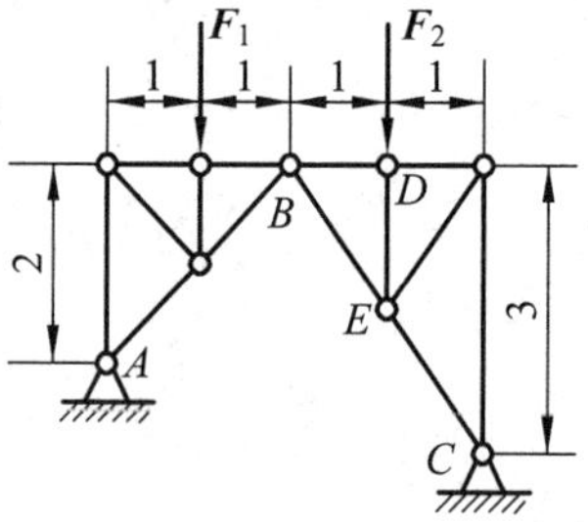

题 3-26 图

3-27　桁架受力如图所示，已知 $F_1=10$ kN，$F_2=F_3=20$ kN。试求桁架 4，5，7，10 各杆的内力。

3-28　平面桁架的支座和载荷如图所示，求杆 1，2 和 3 的内力。

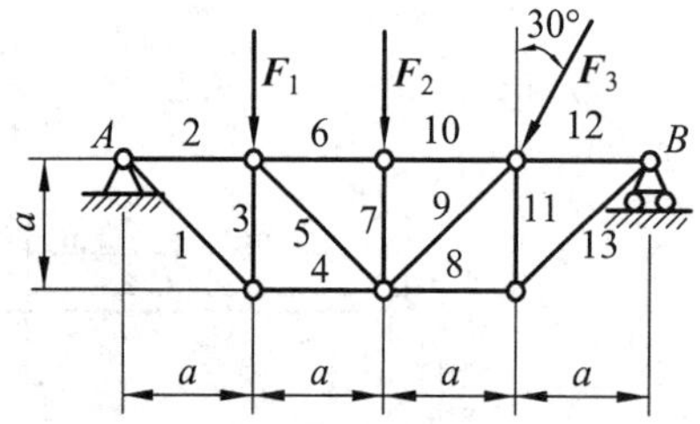

题 3-27 图

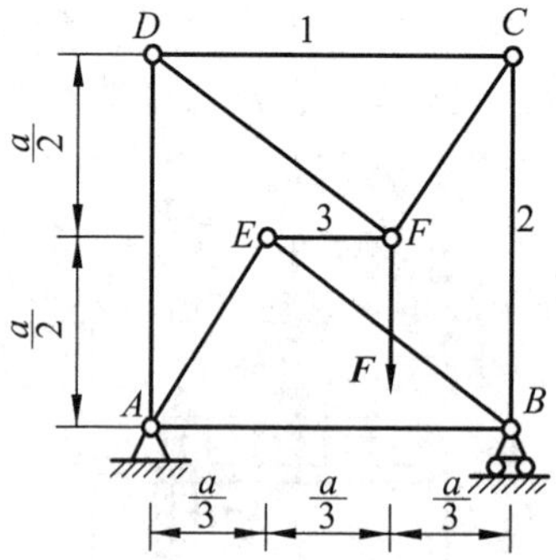

题 3-28 图

3-29　图示空间构架由三根无重直杆组成，在 D 端用球铰链连接，如图所示。A，B 和 C 端则用球铰链固定在水平地板上。如果挂在 D 端的物 $P=10$ kN，求铰链 A，B 和 C 的约束力。

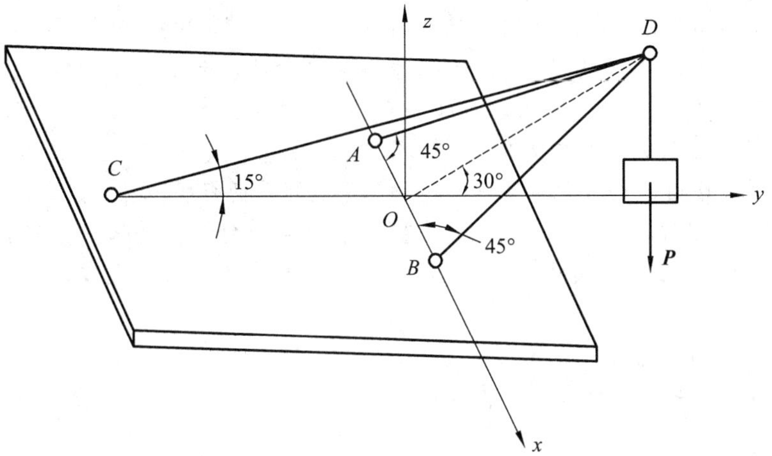

题 3-29 图

3-30　在图示起重机中，已知：$AB = BC = AD = AE$；点 A，B，D 和 E 等均为球铰链连接，如三角形 ABC 在 xy 平面的投影为 AF 线，与轴夹角为 θ，如图所示。求铅直支柱和各斜杆的内力。

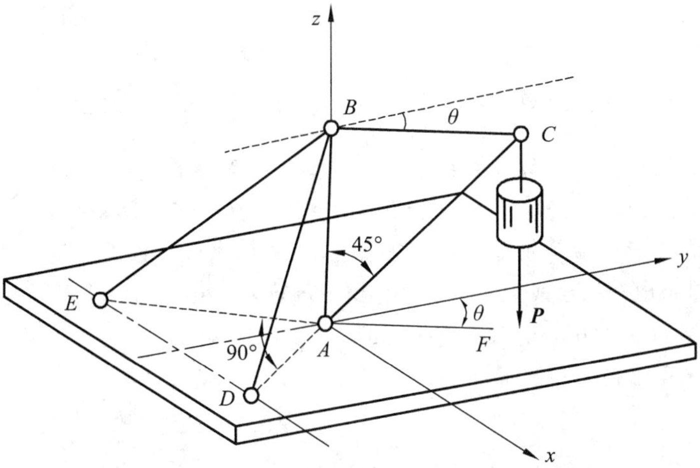

题 3-30 图

3-31　图示空间桁架由六杆 1，2，3，4，5 和 6 构成。在节点 A 上作用一力 $\boldsymbol{F}$，此力在矩形平面 $ABDC$ 内，且与铅直线成 45°角，$\triangle EAK = \triangle FBM$。等腰三角形 EAK，FBM 和 NDB 在顶点 A，B 和 D 处均为直角，又 $EC = CK = FD = DM$。若 $F = 10$ kN，求各杆的内力。

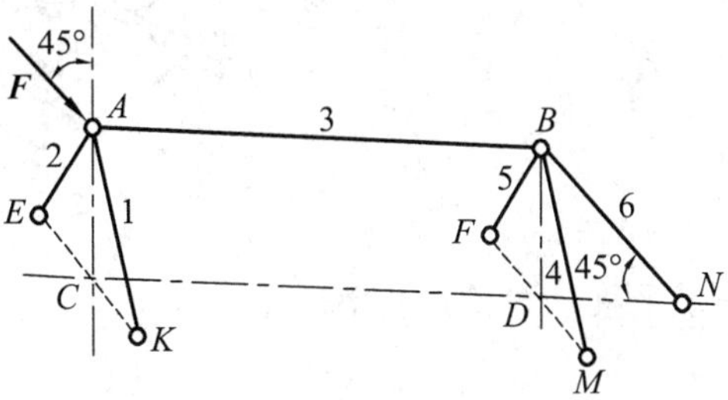

题 3-31 图

3-32　图示三圆盘 A，B 和 C 的半径分别为 150 mm，100 mm 和 50 mm。三轴 OA，OB 和 OC 在同一平面内，$\angle AOB$ 为直角。在这三圆盘上分别作用力偶，组成各力偶的力作用在轮缘上，它们的大小分别等于 10 N，20 N 和 F。如这三圆盘所构成的物系是自由的，不计物系重量，求能使此物系平衡的力 $\boldsymbol{F}$ 的大小和角 θ。

3-33　图示手摇钻由支点 B，钻头 A 和一个弯曲的手柄组成。当支点 B 处加压力 $\boldsymbol{F}_x$，$\boldsymbol{F}_y$ 和 $\boldsymbol{F}_z$ 以及手柄上加力 $\boldsymbol{F}$ 后，即可带动钻头绕轴 AB 转动而钻孔，已知 $F_z=50$ N，$F=150$ N。求：① 钻头受到的阻抗力偶矩；② 材料给钻头的约束力 $\boldsymbol{F}_{Ax}$，$\boldsymbol{F}_{Ay}$ 和 $\boldsymbol{F}_{Az}$ 的值；③ 压力 $\boldsymbol{F}_x$ 和 $\boldsymbol{F}_y$ 的值。

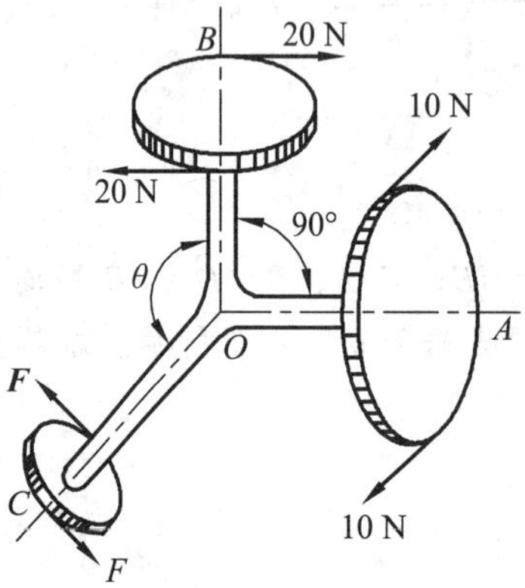

题 3-32 图

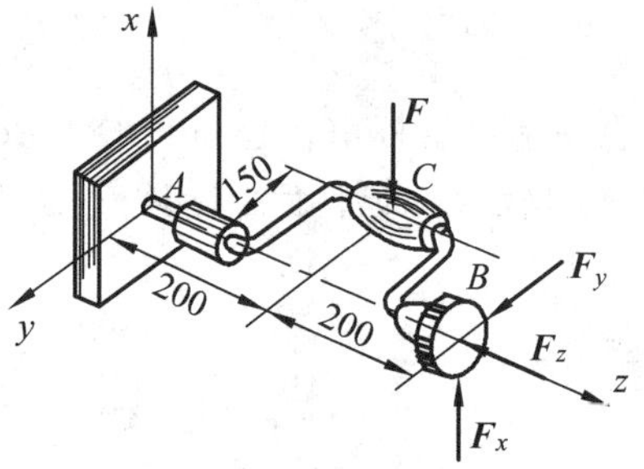

题 3-33 图

3-34　图示电动机以转矩 M 通过链条传动将重物 P 等速提起，链条与水平线成 30°角（直线 O_1x_1 平行于直线 Ax）。已知：$r=100$ mm，$R=200$ mm，$P=10$ kN，链条主动边（下边）的拉力为从动边的 2 倍。轴及轮重不计，求支座 A 和 B 的约束力以及链条的拉力。

3-35　某减速箱由三轴组成如图示，动力由Ⅰ轴输入，在Ⅰ轴上作用转矩 $M_1=679$ N·m。如齿轮节圆直径为 $D_1=160$ mm，$D_2=632$ mm，$D_3=204$ mm，齿轮压力角为 20°。不计摩擦及轮、轴重量，求等速传动时，轴承 A，B，C，D 的约束力。

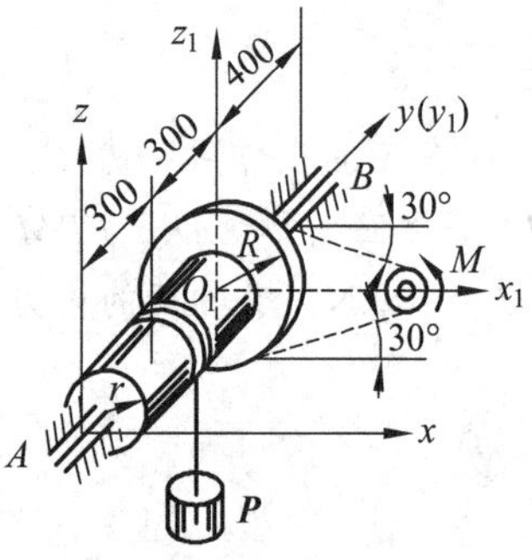

题 3-34 图

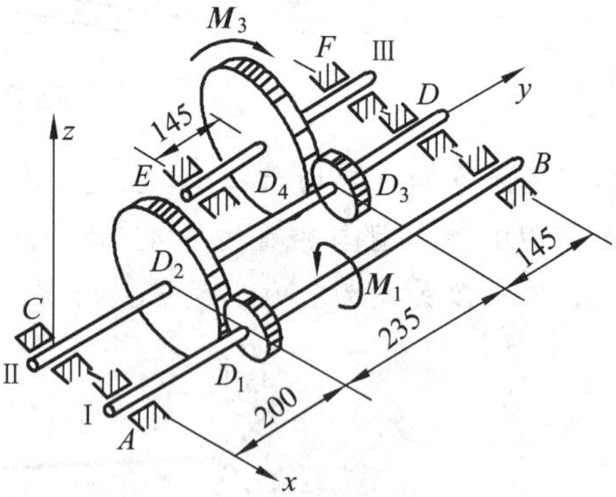

题 3-35 图

3-36　图示六杆支撑一水平板，在板角处受铅直力 $\boldsymbol{F}$ 作用。设板和杆自重不计，求各杆的内力。

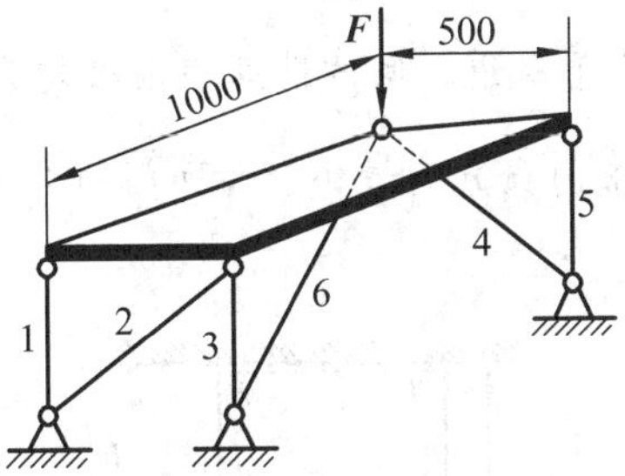

题 3-36 图

3-37　如图所示，置于 V 形槽中的圆柱上作用一力偶，力偶的矩 $M = 15\ \mathrm{N \cdot m}$ 时，刚好能转动此圆柱。已知圆柱重 $P = 400\ \mathrm{N}$，直径 $D = 0.25\ \mathrm{m}$，不计滚动摩阻。求棒料与 V 形槽间的静摩擦因数 f_S。

3-38　梯子 AB 靠在墙上，其重为 $P = 200\ \mathrm{N}$，如图所示。梯长为 l，并与水平面交角 $\theta = 60°$。已知接触面间的静摩擦因数均为 0.25。今有一重 650 N 的人沿梯上爬，问人所能达到的最高点 C 到点 A 的距离 s 应为多少？

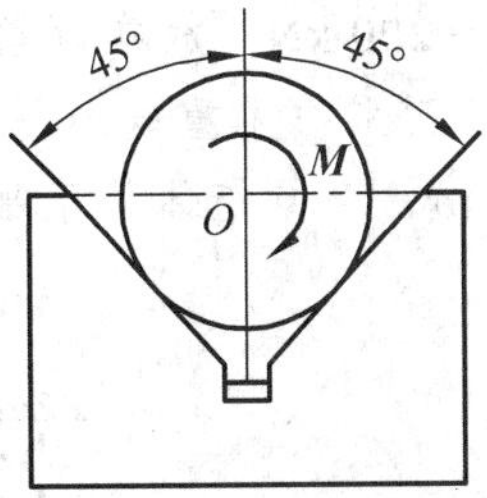

题 3-37 图

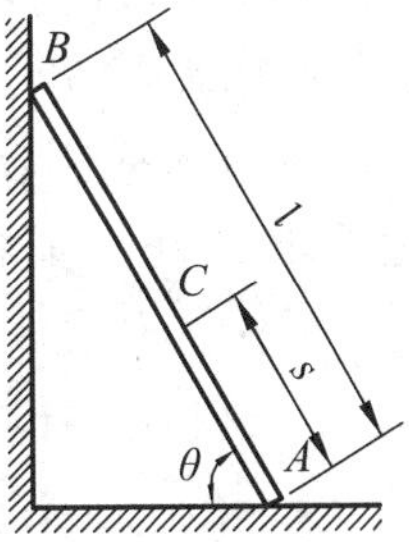

题 3-38 图

3-39　两个相同的均质杆 AB 和 BC，在端点 B 用光滑铰链连接，A，C 端放在不光滑的水平面上，如图所示。当 ABC 成等边三角形时，系统在铅直面内处于临界平衡状态。求杆端与水平面间的摩擦因数。

3-40　攀登电线杆的脚套钩如图。设电线杆直径 $D = 300\ \mathrm{mm}$，A、B 间的铅直距离 $b = 100\ \mathrm{mm}$。若套钩与电线杆之间的摩擦因数 $f_S = 0.5$。求工人操作时，为了安全，站在套钩上的最小距离 l 应为多大。

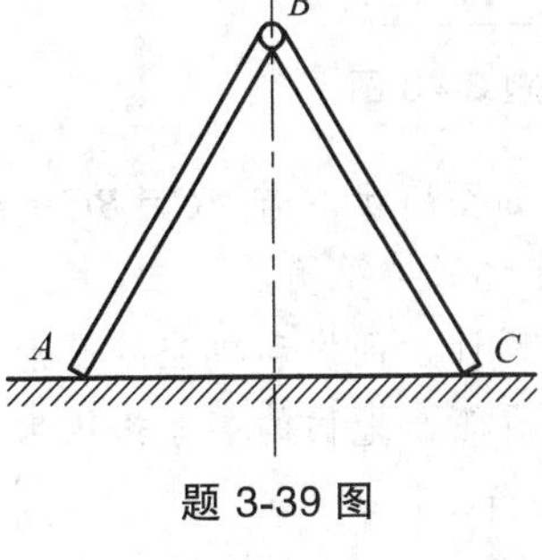

题 3-39 图

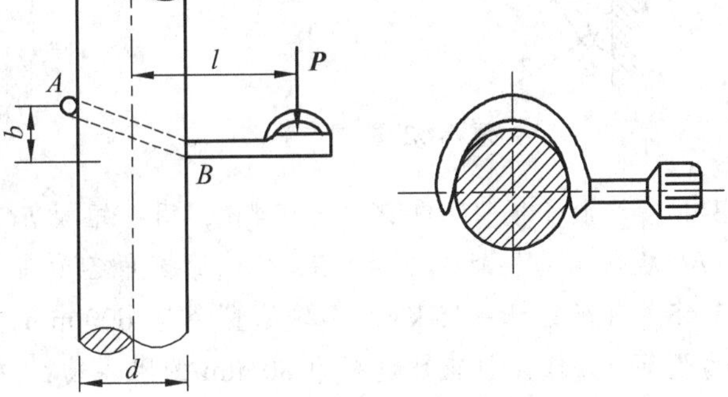

题 3-40 图

3-41　不计自重的拉门与上下滑道之间的静摩擦因数均为 f_S，门高为 h。若在门上 $\frac{2}{3}h$ 处用水平力 $\boldsymbol{F}$ 拉门而不会卡住，求门宽 b 的最小值。问门的自重对不被卡住的门宽最小值是否有影响？

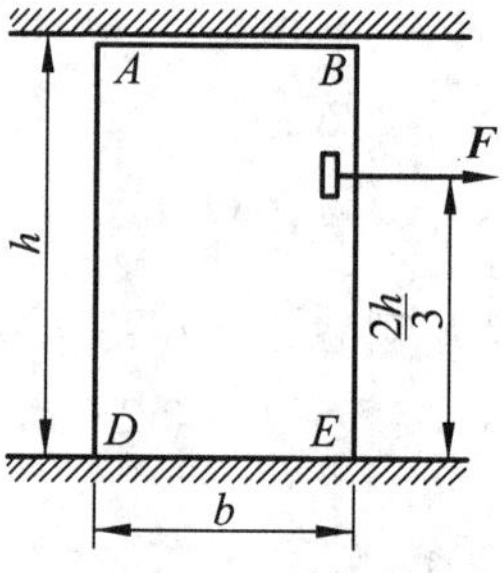

题 3-41 图

3-42　图示两无重杆在 B 处用套筒式无重滑块连接，在 AD 杆上作用一力偶，其力偶矩 $M_A = 40\ \text{N}\cdot\text{m}$，滑块和 AD 杆间的摩擦因数 $f_S = 0.3$。求保持系统平衡时力偶矩 M_C 的范围。

3-43　均质箱体的宽度 $b = 1\ \text{m}$，高 $h = 2\ \text{m}$，重 $P = 200\ \text{kN}$，放在倾角 $\theta = 20°$ 的斜面上。箱体与斜面之间的摩擦因数 $f_S = 0.2$。今在箱体的 C 点系一无重软绳，方向如图所示，绳的另一端绕过滑轮 D 挂一重物 E。已知 $BC = a = 1.8\ \text{m}$。求使箱体处于平衡状态的重物 E 的重量。

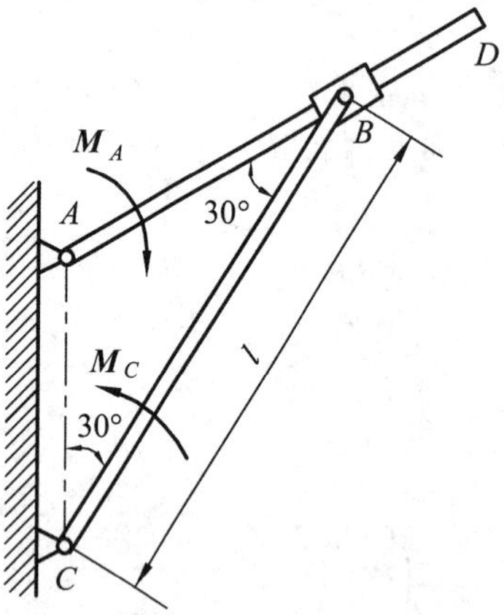

题 3-42 图

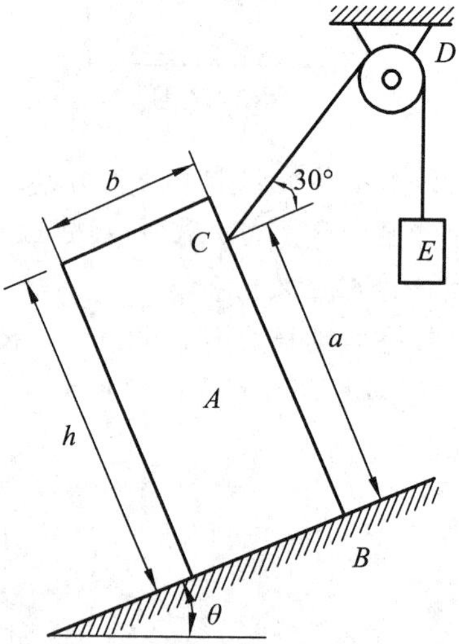

题 3-43 图

3-44　均质长板 AD 重 $\boldsymbol{P}$，长为 4 m，用一短板 BC 支撑，如图所示。若 $AC = BC = AB = 3\ \text{m}$，$BC$ 板的自重不计。求 A，B，C 处摩擦角各为多大才能使之保持平衡。

3-45　汽车重 $P = 15\ \text{kN}$，车轮的直径为 600 mm，轮自重不计。问发动机应给予后轮多大的力偶矩，方能使前轮越过高为 80 mm 的阻碍物？并问此时后轮与地面的静摩擦因数应为多大才不致打滑？

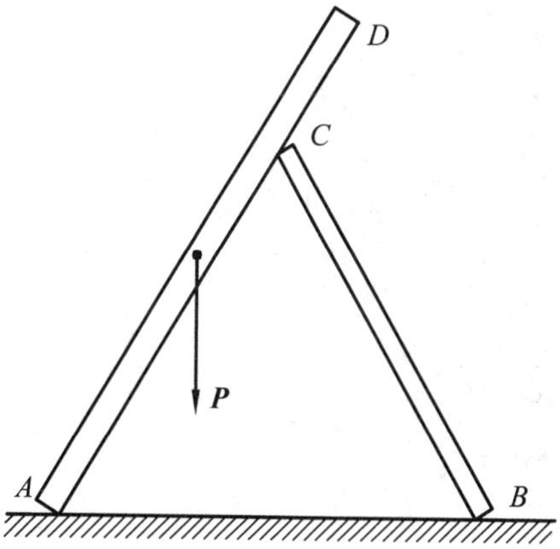

题 3-44 图

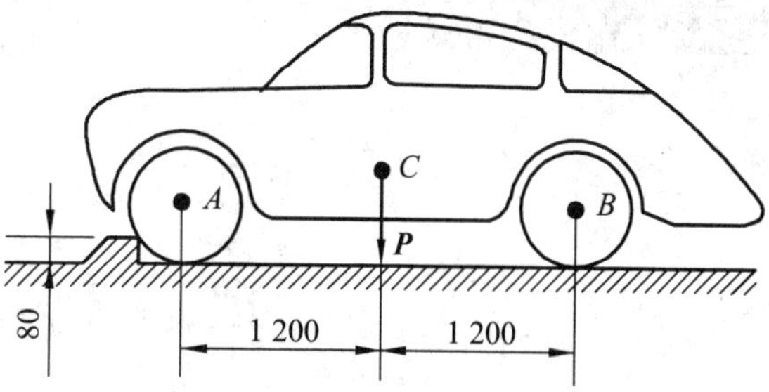

题 3-45 图

3-46 砖夹的宽度为 0.25 m，曲杆 *AGB* 与 *GCED* 在 *G* 点铰接，尺寸如图所示。设砖重 $P = 120$ N，提起砖的力 $\boldsymbol{F}$ 作用在砖夹的中心线上，砖夹与砖间的摩擦因数 $f_S = 0.5$。求距离 b 为多大才能把砖夹起。

3-47 一起重用的夹具由 *ABC* 和 *DEF* 两个相同的弯杆组成，并由杆 *BE* 连接，*B* 和 *E* 都是铰链，尺寸如图所示。不计夹具自重，问要能提起重物 *P*，夹具与重物接触面处的摩擦因数 f_S 应为多大？

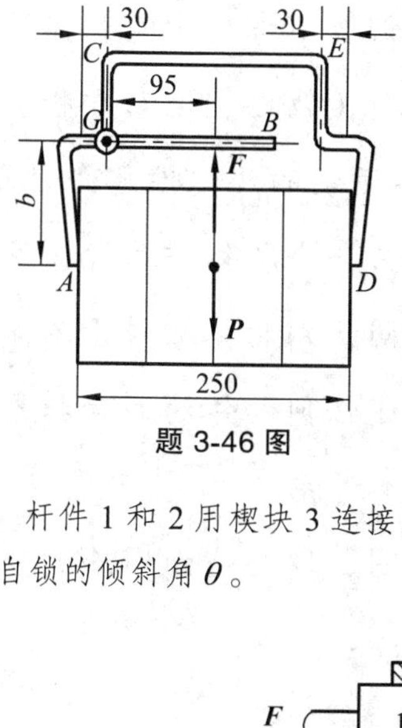

题 3-46 图

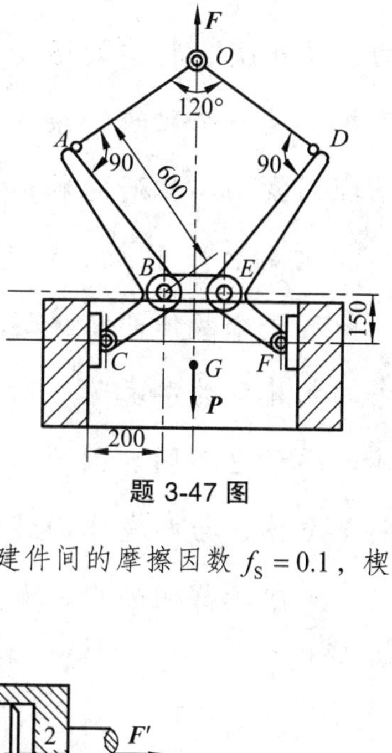

题 3-47 图

3-48 杆件 1 和 2 用楔块 3 连接，已知楔块与构建件间的摩擦因数 $f_S = 0.1$，楔块自重不计。求能自锁的倾斜角 θ。

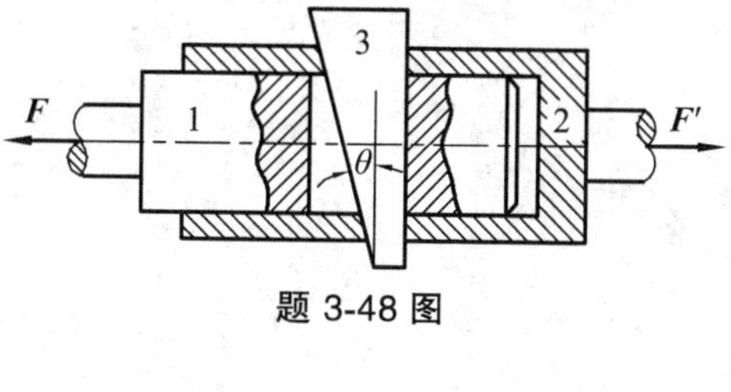

题 3-48 图

运动学

静力学研究作用在物体上力系的平衡条件，如果作用在物体上的力系不平衡，物体的运动状态将发生变化。物体在力的作用下的运动规律是一个比较复杂的问题，在此我们暂不考虑影响物体运动的物理因素而单独研究物体运动的几何性质（轨迹、运动方程、速度和加速度等），因此，运动学是研究物体运动的几何性质的科学。

研究一个物体的机械运动，必须选取另一个物体作参考，这个参考的物体称为参考体，所选的参考体不同，则物体相对于不同参考体的运动也不同。因此，在力学中，描述任何物体的运动都需要指明参考体，与参考体固连的坐标系称为参考系。

在一般工程问题中，如果不做特别说明，取与地面固连的坐标系为参考系。

第 4 章　点的运动及刚体的简单运动

4.1　矢径法确定点的运动·速度·加速度

4.1.1　点的运动方程

（1）描述点的空间位置随时间变化规律的数学表达式称为点的运动方程。

点在空间运动时所经过的路线称为轨迹，轨迹可以是直线，也可以是曲线。如果点的轨迹是直线则称该点的运动为直线运动；如果点的轨迹是曲线则称该点的运动为曲线运动。

（2）设点 M 的轨迹为图 4-1 所示曲线，选取参考系上某固定点 O 为坐标原点，自点 O 向动点 M 做矢量 $\boldsymbol{r}$，则 $\boldsymbol{r}$ 称为动点 M 相对于原点的位置矢径，简称矢径。当动点 M 运动时，矢径 $\boldsymbol{r}$ 随时间变化，它是时间的单值连续函数，即：

$$\boldsymbol{r}=\boldsymbol{r}(t) \tag{4-1}$$

上式称为以矢量表示的点的运动方程，它表示了动点 M 的位置随时间的变化规律。

动点 M 在运动过程中，其矢径 $\boldsymbol{r}$ 的末端在空间所描述的曲线即为动点的轨迹，此轨迹又称矢端曲线。

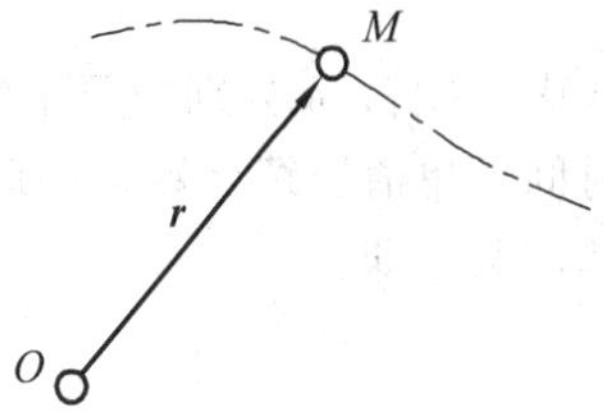

图 4-1

4.1.2　点的速度

点的速度是矢量，其速度矢等于它的矢径 $\boldsymbol{r}$ 对时间的一阶导数，即：

$$\boldsymbol{v}=\frac{\mathrm{d}\boldsymbol{r}}{\mathrm{d}t} \tag{4-2}$$

动点的速度沿着矢径 $\boldsymbol{r}$ 的矢端曲线即沿动点运动轨迹的切线，并与此点的运动方向一致。速度的大小即速度矢 $\boldsymbol{v}$ 的模，表明点运动的快慢，在国际单位制中速度的单位为 m/s。

4.1.3　点的加速度

点的速度矢对时间的变化率称为加速度。点的加速度也是矢量，它表征了速度大小和方向的变化。动点的加速度矢等于该点的速度矢对时间的一阶导数，或等于矢径对时间的二阶导数，即：

$$\boldsymbol{a}=\frac{\mathrm{d}\boldsymbol{v}}{\mathrm{d}t}=\frac{\mathrm{d}^2\boldsymbol{r}}{\mathrm{d}t^2} \tag{4-3}$$

有时为了方便，在字母上方加“·”表示该量对时间的一阶导数，加“··”表示该量对时间的二阶导数，因此式（4-2）、（4-3）亦可记为：

$$\boldsymbol{v}=\dot{\boldsymbol{r}},\ \boldsymbol{a}=\dot{\boldsymbol{v}}=\ddot{\boldsymbol{r}}$$

在国际单位制中，加速度 a 的单位为 $\mathrm{m/s^2}$。

4.2 用直角坐标法研究点的运动

4.2.1 点的运动方程

以某一固定点建立直角坐标系 $Oxyz$，则动点 M 在任意瞬时的空间位置既可以用它相对于坐标原点 O 的矢量表示，也可以用它的三个直角坐标 x，y，z 表示，如图 4-2 所示。由于矢径的原点与直角坐标的原点重合，因此有如下关系：

$$\boldsymbol{r}=x\boldsymbol{i}+y\boldsymbol{j}+z\boldsymbol{k} \tag{4-4}$$

式中，$\boldsymbol{i}$，$\boldsymbol{j}$，$\boldsymbol{k}$ 分别为三个坐标轴的单位矢量，由于 $\boldsymbol{r}$ 是时间的单值连续函数，因此 x，y，z 也是时间的单值连续函数，即：

$$\begin{cases}x=f_1(t)\\y=f_2(t)\\z=f_3(t)\end{cases} \tag{4-5}$$

这些方程即为以直角坐标表示的点的运动方程，如果知道了点的运动方程（4-5），就可以求出任一瞬时的点的坐标 x，y，z 的值，也就完全确定了该瞬时动点的位置。

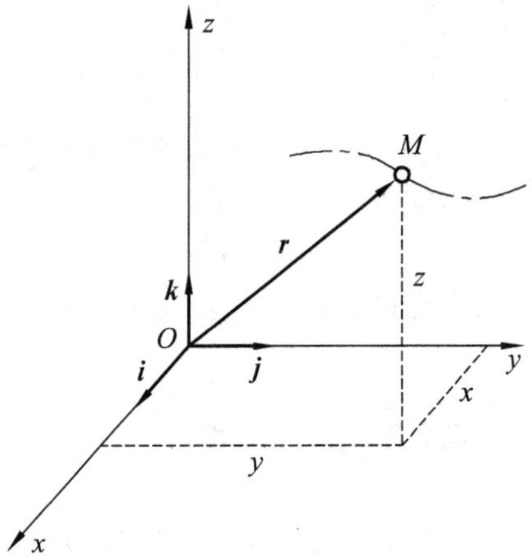

图 4-2

在工程中经常遇到点在某平面内运动的情形，此时点的轨迹为一平面曲线，轨迹所在的平面坐标为 Oxy，则点的运动方程为：

$$\begin{cases}x=f_1(t)\\y=f_2(t)\end{cases} \tag{4-6}$$

从上式中消去时间 t，即得轨迹方程：

$$f(x,y)=0 \tag{4-7}$$

4.2.2 点的速度

由于将 $\boldsymbol{r}=x\boldsymbol{i}+y\boldsymbol{j}+z\boldsymbol{k}$ 带入式（4-2）中，而 $\boldsymbol{i}$，$\boldsymbol{j}$，$\boldsymbol{k}$ 为大小和方向都不变的恒矢量，因此：

$$\boldsymbol{v}=\dot{\boldsymbol{r}}=\dot{x}\boldsymbol{i}+\dot{y}\boldsymbol{j}+\dot{z}\boldsymbol{k} \tag{4-8}$$

设动点 M 的速度矢在直角坐标轴上的投影为 v_x，v_y，v_z，即：

$$\boldsymbol{v}=v_x\boldsymbol{i}+v_y\boldsymbol{j}+v_z\boldsymbol{k} \tag{4-9}$$

比较式（4-8）和式（4-9）可得：

$$v_x=\dot{x},\ v_y=\dot{y},\ v_z=\dot{z} \tag{4-10}$$

因此，速度在各坐标轴上的投影等于动点的各对应坐标对时间的一阶导数。由上式求得 v_x，v_y，v_z 后速度 $\boldsymbol{v}$ 的大小和方向就可以由它的这三个投影完全确定。其中：

$$v=\sqrt{v_x^2+v_y^2+v_z^2}\ ,\ \cos(\boldsymbol{v},\boldsymbol{i})=\frac{v_x}{v},\ \cos(\boldsymbol{v},\boldsymbol{j})=\frac{v_y}{v},\ \cos(\boldsymbol{v},\boldsymbol{k})=\frac{v_z}{v}$$

4.2.3 点的加速度

将式（4-4）代入式（4-3）得：

$$\boldsymbol{a}=\frac{\mathrm{d}\boldsymbol{v}}{\mathrm{d}t}=\frac{\mathrm{d}v_x}{\mathrm{d}t}\boldsymbol{i}+\frac{\mathrm{d}v_y}{\mathrm{d}t}\boldsymbol{j}+\frac{\mathrm{d}v_z}{\mathrm{d}t}\boldsymbol{k} \tag{4-11}$$

即：

$$\boldsymbol{a}=a_x\boldsymbol{i}+a_y\boldsymbol{j}+a_z\boldsymbol{k}$$

$$\begin{cases} a_x=\dot{v}_x=\ddot{x} \\ a_y=\dot{v}_y=\ddot{y} \\ a_z=\dot{v}_z=\ddot{z} \end{cases} \tag{4-12}$$

因此，加速度在直角坐标轴上的投影等于动点的各对应坐标对时间的二阶导数。加速度 $\boldsymbol{a}$ 的大小和方向由它的三个投影 a_x，a_y，a_z 完全确定。其中，

$$a=\sqrt{a_x^2+a_y^2+a_z^2}\ ,\ \cos(\boldsymbol{a},\boldsymbol{i})=\frac{a_x}{a},\ \cos(\boldsymbol{a},\boldsymbol{j})=\frac{a_y}{a},\ \cos(\boldsymbol{a},\boldsymbol{k})=\frac{a_z}{a}$$

例 4-1 如图 4-3（a）所示曲柄滑块机构，曲柄 OA 绕 O 轴以 $\varphi=\omega t$ 的规律转动（ω 为已知常数），并通过连杆 AB 带动滑块 B 在水平槽内滑动。设连杆 AB 与曲柄 OA 的长度相等，即 $OA=AB=L$，运动开始时曲柄在水平位置，试求连杆 AB 中点 C 的轨迹、速度和加速度。

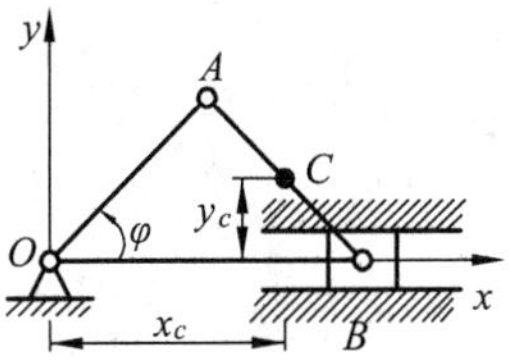

（a）

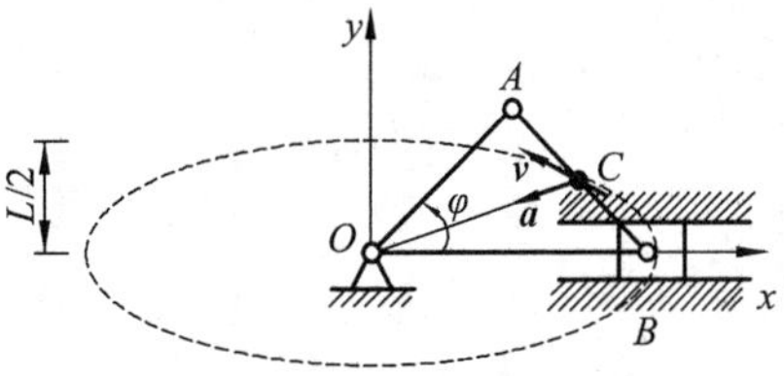

（b）

图 4-3

解：以连杆 AB 上 C 点为动点，选取如图 4-3 所示坐标系 Oxy，先建立 C 点的运动方程，然后确定 C 点的轨迹方程、速度和加速度。

（1）求 C 点的轨迹。

取 C 点在任一瞬时 t 的位置来分析，曲柄 OA 与 x 轴夹角为 $\varphi=\omega t$，且 $\triangle OAB$ 为等腰三角形，此时 C 点的坐标为：

$$\begin{cases} x_C = OA\cos\varphi + AC\cos\varphi = \dfrac{3L}{2}\cos\omega t \\ y_C = BC\sin\varphi = \dfrac{L}{2}\sin\omega t \end{cases} \tag{a}$$

式（a）为点 C 的直角坐标形式的运动方程。将以上式改写为：

$$\begin{cases} \dfrac{x_C}{3L/2} = \cos\omega t \\ \dfrac{y_C}{L/2} = \sin\omega t \end{cases}$$

将上两式平方后相加，得：

$$\left(\frac{x_C}{3L/2}\right)^2 + \left(\frac{y_C}{L/2}\right)^2 = 1 \tag{b}$$

式（b）为连杆 AB 中点 C 的轨迹方程。由式（b）可知，C 点的轨迹为一椭圆，如图 4-3（b）所示。

（2）求 C 点的速度。

将式（a）对时间取一阶导数，得 C 点的速度在各坐标轴上的投影为：

$$\begin{cases} v_{Cx} = \dot{x}_C = -\dfrac{3L}{2}\omega\sin\omega t \\ v_{Cy} = \dot{y}_C = \dfrac{L}{2}\omega\cos\omega t \end{cases} \tag{c}$$

故 C 点的速度大小为：

$$v_C = \sqrt{v_{Cx}^2 + v_{Cy}^2} = \frac{L\omega}{2}\sqrt{9\sin^2\omega t + \cos^2\omega t}$$

其方向余弦为：

$$\cos(\boldsymbol{v}_C, \boldsymbol{i}) = \frac{v_{Cx}}{v_C} = \frac{-3\sin\omega t}{\sqrt{9\sin^2\omega t + \cos^2\omega t}}$$

$$\cos(\boldsymbol{v}_C, \boldsymbol{j}) = \frac{v_{Cy}}{v_C} = \frac{\cos\omega t}{\sqrt{9\sin^2\omega t + \cos^2\omega t}}$$

速度 $\boldsymbol{v}$ 的方向：沿椭圆轨迹的切线，指向 C 点的运动方向，如图 4-3（b）所示。

（3）求 C 点的加速度。

将式（c）再对时间取一阶导数，可得 C 点的加速度在各坐标轴上的投影：

$$\begin{cases} a_{Cx} = \dot{v}_{Cx} = -\dfrac{3L}{2}\omega^2 \cos\omega t \\ a_{Cy} = \dot{v}_{C_y} = -\dfrac{L}{2}\omega^2 \sin\omega t \end{cases}$$

故 C 点的加速度大小为：

$$a_C = \sqrt{a_{Cx}^2 + a_{Cy}^2} = \frac{L\omega^2}{2}\sqrt{9\cos^2\omega t + \sin^2\omega t}$$

其方向余弦为：

$$\begin{cases} \cos(\boldsymbol{a}_C, \boldsymbol{i}) = \dfrac{a_{Cx}}{a_C} = \dfrac{-3\cos\omega t}{\sqrt{9\cos^2\omega t + \sin^2\omega t}} \\ \cos(\boldsymbol{a}_C, \boldsymbol{j}) = \dfrac{a_{Cy}}{a_C} = \dfrac{-\sin\omega t}{\sqrt{9\cos^2\omega t + \sin^2\omega t}} \end{cases}$$

加速度 $\boldsymbol{a}$ 的方向：从点 C 指向 O 点，如图 4-3（b）所示。

例 4-2 椭圆规的曲柄 OC 可绕定轴 O 转动，其端点 C 与规尺 AB 的中点以铰链相连接，而规尺 A，B 两端分别在相互垂直的滑槽中运动，如图 4-4 所示。已知：$OC = AC = BC = l$，$MC = a$，$\varphi = \omega t$。求规尺上点 M 的运动方程、运动轨迹、速度和加速度。

解：欲求点 M 的运动轨迹，可以先用直角坐标法给出它的运动方程，然后从运动方程中消去时间 t，得到轨迹方程。为此，取坐标系 Oxy 如图 4-4 所示，点 M 的运动方程为：

$$x = (OC + CM)\cos\varphi = (l + a)\cos\omega t$$
$$y = AM\sin\varphi = (l - a)\sin\omega t$$

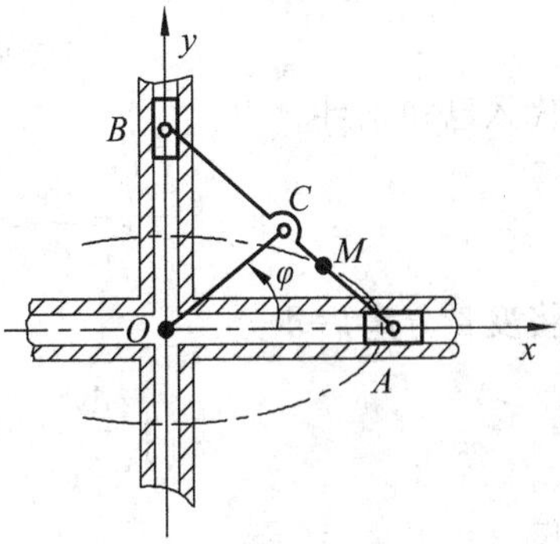

图 4-4

消去时间 t，得轨迹方程：

$$\frac{x^2}{(l+a)^2} + \frac{y^2}{(l-a)^2} = 1$$

由此可见，点 M 的轨迹是一个椭圆，长轴与 x 轴重合，短轴与 y 轴重合。

当点 M 在 BC 段上时，椭圆的长轴将与 y 轴重合。读者可自行推算。

为求点的速度，应将点的坐标对时间取一阶导数。得：

$$v_x = \dot{x} = -(l + a)\omega\sin\omega t, \quad v_y = \dot{y} = (l - a)\omega\cos\omega t$$

故点 M 的速度大小为：

$$v = \sqrt{v_x^2 + v_y^2} = \sqrt{(l+a)^2\omega^2\sin^2\omega t + (l-a)^2\omega^2\cos^2\omega t}$$

其方向余弦为：

$$\cos(\boldsymbol{v}, \boldsymbol{i}) = \frac{v_x}{v} = \frac{-(l+a)\sin\omega t}{\sqrt{l^2 + a^2 - 2al\cos 2\omega t}}$$

$$\cos(\boldsymbol{v}, \boldsymbol{j}) = \frac{v_y}{v} = \frac{(l-a)\cos\omega t}{\sqrt{l^2 + a^2 - 2al\cos 2\omega t}}$$

为求点的加速度，应将点的坐标对时间取二阶导数，得：

$$a_x = \dot{v}_x = \ddot{x} = -(l+a)\omega^2 \cos\omega t$$
$$a_y = \dot{v}_y = \ddot{y} = -(l-a)\omega^2 \sin\omega t$$

故点 M 的加速度大小为：

$$a = \sqrt{a_x^2 + a_y^2} = \sqrt{(l+a)^2\omega^4\cos^2\omega t + (l-a)^2\omega^4\sin^2\omega t} = \omega^2\sqrt{l^2 + a^2 + 2al\cos 2\omega t}$$

其方向余弦为：

$$\cos(\boldsymbol{a},\boldsymbol{i}) = \frac{a_x}{a} = \frac{-(l+a)\cos\omega t}{\sqrt{l^2+a^2+2al\cos 2\omega t}}$$
$$\cos(\boldsymbol{a},\boldsymbol{j}) = \frac{a_y}{a} = \frac{-(l-a)\sin\omega t}{\sqrt{l^2+a^2+2al\cos 2\omega t}}$$

例 4-3 如图 4-5 所示，当液压减震器工作时，它的活塞在套筒内作直线往复运动。设活塞的加速度 $\boldsymbol{a} = -kv$（v 为活塞的速度，k 为比例常数），初速为 v_0，求活塞的运动规律。

解：活塞做直线运动。取坐标轴 Ox 如图所示。

因

$$\dot{v} = a$$

代入已知条件，得：

$$\dot{v} = \frac{dv}{dt} = -kv$$

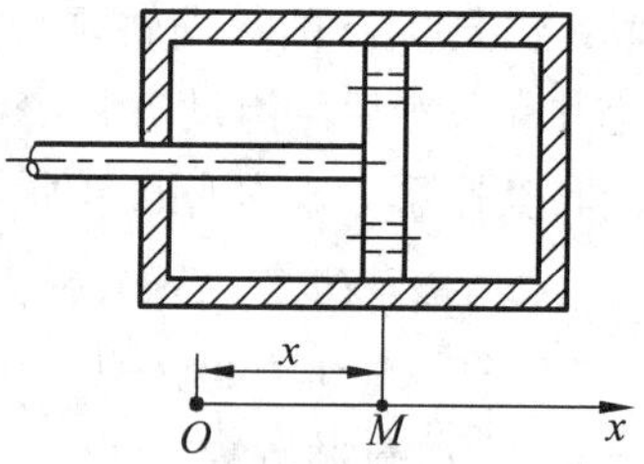

图 4-5

将变量分离后积分：

$$\int_{v_0}^{v}\frac{dv}{v} = -k\int_0^t dt$$

得：

$$\ln\frac{v}{v_0} = -kt$$

解得：

$$v = v_0 e^{-kt}$$

又因：

$$v = \dot{x} = v_0 e^{-kt}$$

对上式积分，即：

$$\int_{x_0}^{x} dx = v_0\int_0^t e^{-kt} dt$$

解得：

$$x = x_0 + \frac{v_0}{k}(1 - e^{-kt})$$

4.3 用自然法研究点的运动

4.3.1 弧坐标

确定点的运动轨迹除矢径法和直角坐标法外，在点的运动轨迹已知时使用自然法来研究点的运动更为方便。

利用点的轨迹建立弧坐标及自然轴系，并用它们来描述和分析点的运动的方法称为自然法。

如图 4-6 所示曲线为动点 M 的轨迹，则动点 M 在轨迹上的位置可以这样确定：在轨迹上任选一点 O 为参考点，并设点 O 的某一侧为正，则动点 M 在轨迹上的位置由弧长确定，视弧长 s 为代数量，称它为动点 M 在轨迹上的**弧坐标**。当动点 M 运动时，s 随时间变化，是时间的单值连续函数，即：

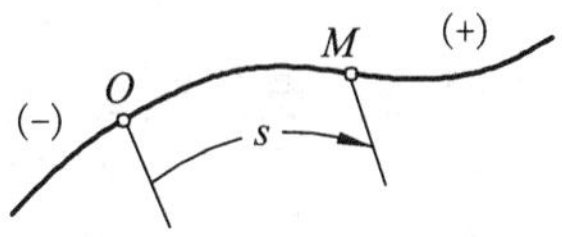

图 4-6

$$s = f(t) \qquad (4\text{-}13)$$

上式称为点沿轨迹的运动方程或以弧坐标表示的点的运动方程。如果已知点的运动方程（4-13），即可以确定任一瞬时的弧坐标 s 的值，也就确定了该瞬时动点在轨迹上的位置。

4.3.2 自然轴系

在点 M 的运动轨迹曲线上，以 M 点建立一个坐标系，其切线为 T，单位矢量为 $\boldsymbol{\tau}$；过 M 点且垂直于曲线切线平面内并过曲率中心的法线称为主法线，其单位矢量为 $\boldsymbol{n}$；切线和主法线所成的平面，称为密切面；过 M 点与密切面垂直的另一条法线称为副法线，其单位矢量为 $\boldsymbol{b}$，如图 4-7 所示。

以点 M 为原点，以切线、主法线和副法线为坐标轴组成的正交坐标系称为曲线在点 M 的自然坐标系，这三个轴称为自然轴，其单位矢量为 $\boldsymbol{b}$，指向由 $\boldsymbol{\tau}$，$\boldsymbol{n}$ 构成右手系，即：

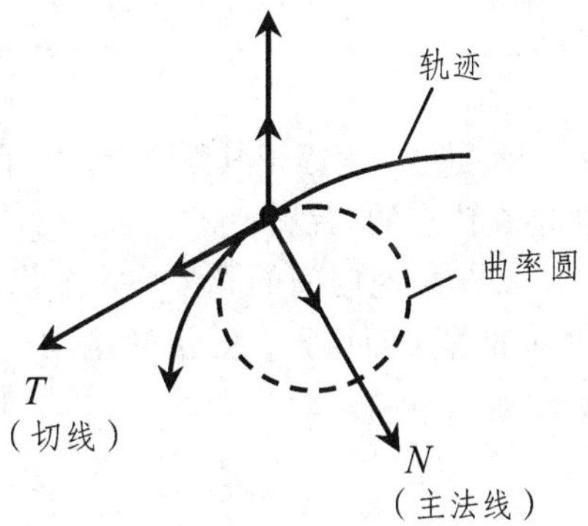

图 4–7

$$\boldsymbol{b} = \boldsymbol{\tau} \times \boldsymbol{n}$$

自然坐标系与动点的位置有关，每一瞬时动点都有其自然坐标系，各轴的方向均在不断改变，其单位矢量 $\boldsymbol{\tau}$，$\boldsymbol{n}$，$\boldsymbol{b}$ 均为变矢量，因此自然坐标系是沿曲线而变动的游动坐标系。

设动点 M 沿轨迹经过弧长 Δs 到达点 M'，如图 4-8 所示，其曲线的切向单位矢量经过 Δs 后转转动的角度为 $\Delta\varphi$，其单位矢量的增量为 $\Delta\boldsymbol{\tau}$，其曲线切线的转角对弧长一阶导数的绝对值称为曲线的曲率。曲率的倒数称为曲率半径 ρ，则：

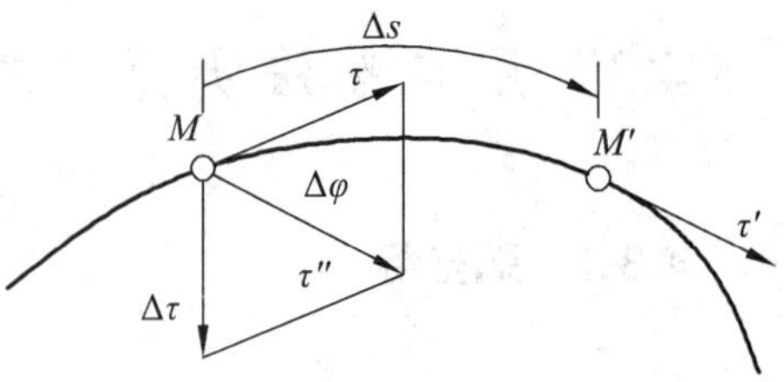

图 4-8

$$\frac{\mathrm{d}\tau}{\mathrm{d}s}=\lim_{\Delta s\to 0}\frac{\Delta\tau}{\Delta s}=\frac{1}{\rho} \tag{4-14}$$

式中，$\boldsymbol{n}$ 为法线方向的单位矢量，与切线方向的单位矢量垂直，位于 $\boldsymbol{\tau}$ 与 $\boldsymbol{n}$ 构成的平面内。

4.3.3　点的速度

点沿轨迹由 M 到 M'，经过 Δt 时间，其矢量有增量 $\Delta\boldsymbol{r}$，弧坐标增量 Δs，如图所 4-9 示，于是得：

$$\boldsymbol{v}=\lim_{\Delta t\to 0}\frac{\Delta\boldsymbol{r}}{\Delta t}=\lim_{\Delta t\to 0}\frac{\Delta\boldsymbol{r}}{\Delta t}\cdot\frac{\Delta s}{\Delta s}=\lim_{\Delta t\to 0}\frac{\Delta\boldsymbol{r}}{\Delta s}\cdot\lim_{\Delta t\to 0}\frac{\Delta s}{\Delta t}=\frac{\mathrm{d}s}{\mathrm{d}t}\lim_{\Delta t\to 0}\frac{\Delta\boldsymbol{r}}{\Delta s}$$

当 $\Delta t\to 0$ 时 $\Delta s\to 0$，Δs 与 $|\Delta\boldsymbol{r}|$ 的模趋于一致，即 $\lim\limits_{\Delta t\to 0}\frac{\Delta\boldsymbol{r}}{\Delta s}$ 的模等于 1，其方向则为 $\Delta\boldsymbol{r}$ 的极限方向，即轨迹上的点 M 处的切线方向，因此 $\lim\limits_{\Delta t\to 0}\frac{\Delta\boldsymbol{r}}{\Delta s}$ 就是轨迹上的动点 M 的切线方向，其单位矢量为 $\boldsymbol{\tau}$，因此：

$$\boldsymbol{v}=\frac{\mathrm{d}s}{\mathrm{d}t}\cdot\boldsymbol{\tau}=\dot{s}\boldsymbol{\tau}=v\boldsymbol{\tau} \tag{4-15}$$

即：动点的速度等于其弧坐标对时间的一阶导数，其方向沿轨迹在该点的切线。

弧坐标对时间的导数是一个代数量，如果 $\dot{s}>0$，则 $\dot{s}$ 随时间的增大而增大，点沿轨迹的正向运动，如果 $\dot{s}<0$ 则点沿轨迹的负向运动。

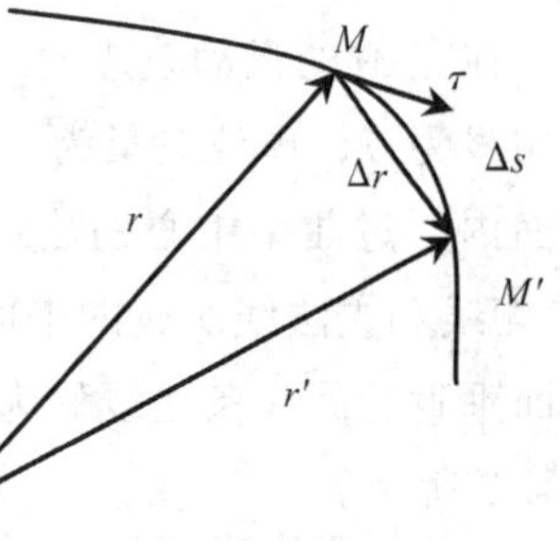

图 4–9

4.3.4　点的切向加速度和法向加速度

将式（4-15）对时间取一阶导数，注意到 $\boldsymbol{v}$，$\boldsymbol{\tau}$ 都是变量，得：

$$\boldsymbol{a}=\frac{\mathrm{d}\boldsymbol{v}}{\mathrm{d}t}=\frac{\mathrm{d}v}{\mathrm{d}t}\boldsymbol{\tau}+v\frac{\mathrm{d}\boldsymbol{\tau}}{\mathrm{d}t} \tag{4-16}$$

上式右端两项都是矢量，第一项反映速度大小变化的加速度 $\boldsymbol{a}_{\mathrm{t}}$，第二项是反映速度方向变化

的加速度 $\boldsymbol{a}_n$。

1. 反映速度大小变化的加速度 $\boldsymbol{a}_t$

因为：

$$\boldsymbol{a}_t = \dot{v}\boldsymbol{\tau} \tag{4-17}$$

显然 $\boldsymbol{a}_t$ 是一个沿轨迹切线的矢量，称为**切向加速度**。如果 $\dot{v} > 0$，$\boldsymbol{a}_t$ 指向轨迹的正向；$\dot{v} < 0$，$\boldsymbol{a}_t$ 指向轨迹的负向。

$$a_t = \dot{v} = \ddot{s} \tag{4-18}$$

因此，a_t 是一个代数量，是加速度 $\boldsymbol{a}$ 沿轨迹切向的投影，即切向加速度反映点的速度值对时间的变化率，它的代数值等于速度的代数值对时间的一阶导数或弧坐标对时间的二阶导数，它的方向沿轨迹切线。

2. 反映速度方向变化的加速度 $\boldsymbol{a}_n$

因为：

$$\boldsymbol{a}_n = v\frac{\mathrm{d}\boldsymbol{\tau}}{\mathrm{d}t} \tag{4-19}$$

上式可改写为：

$$\boldsymbol{a}_n = v\frac{\mathrm{d}\boldsymbol{\tau}}{\mathrm{d}s}\cdot\frac{\mathrm{d}s}{\mathrm{d}t}$$

根据式（4-15）、（4-16）可得：

$$\boldsymbol{a}_n = \frac{v^2}{\rho}\boldsymbol{n} \tag{4-20}$$

由此可见，$\boldsymbol{a}_n$ 的方向与主法线正向一致，称为**法向加速度**，即：法向加速度反映点的速度方向改变的快慢程度，它的大小等于点的速度平方除以曲率半径，它的方向沿着主法线，指向曲率中心。

3. 全加速度 $\boldsymbol{a}$

将式（4-19）和式（4-21）代入式（4-17）中得全加速度 $\boldsymbol{a}$ 的表达式：

$$\boldsymbol{a} = \boldsymbol{a}_t + \boldsymbol{a}_n = a_t\boldsymbol{\tau} + a_n\boldsymbol{n} \tag{4-21}$$

式中，$a_t = \dfrac{\mathrm{d}v}{\mathrm{d}t}$，$a_n = \dfrac{v^2}{\rho}$。

由于 $\boldsymbol{a}_t$，$\boldsymbol{a}_n$ 均在密切面内，因此全加速度 $\boldsymbol{a}$ 也必在密切面内。这表明加速度沿副法线的分量为零，即：

$$\boldsymbol{a}_b = 0 \tag{4-22}$$

全加速度的大小由下式求出：

$$a=\sqrt{a_t^2+a_n^2} \tag{4-23}$$

它与法线间的夹角的正切为：

$$\tan\theta=\frac{a_t}{a_n} \tag{4-24}$$

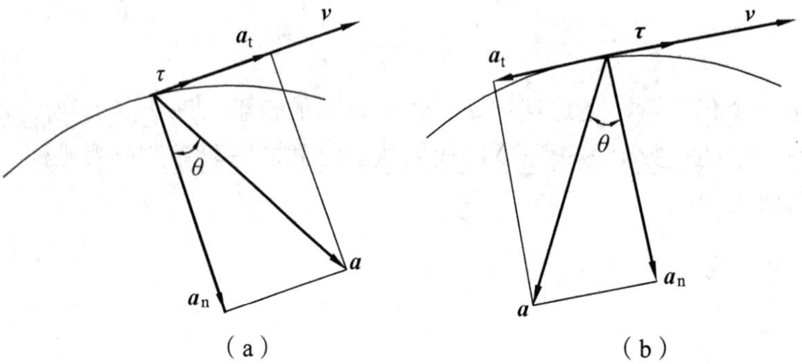

图 4-10

动点 M 在曲线运动中，当 $\boldsymbol{v}$ 与 $\boldsymbol{a}_t$ 同号时，点作加速运动，如图 4-10（a）所示；当 $\boldsymbol{v}$ 与 $\boldsymbol{a}_t$ 异号时，点作减速运动，如图 4-10（b）所示。

4. 匀速曲线运动

动点作匀速曲线运动时 $\boldsymbol{v}$ = 常数，$a_t=\dot{v}=0$，故：

$$\boldsymbol{a}=\boldsymbol{a}_n=\frac{v^2}{\rho}\boldsymbol{n} \tag{4-25}$$

可见动点在作匀速曲线运动时，其加速度并不等于零。

5. 匀变速曲线运动

动点作匀变速曲线运动时 $\boldsymbol{a}_t$ = 常数，$\boldsymbol{a}_n=\dfrac{v^2}{\rho}\boldsymbol{n}$，所以：

$$\boldsymbol{a}=\boldsymbol{a}_t+\boldsymbol{a}_n$$

应注意，在一般曲线运动中，除 $v=0$ 的瞬时及直线运动其曲率半径 $\rho\to\infty$ 外，任何瞬时点的法向加速度总不等于零。

例 4-4 列车沿半径 $R=800$ m 的圆弧轨道作匀加速运动。如初速度为零，经过 2 min 后，速度达到 54 km/h。求列车在起点和末点的加速度。

解：由于列车沿圆弧轨道作匀加速运动，切向加速度 a_t 等于恒量。于是有方程：

$$\frac{dv}{dt}=a_t=\text{常量}$$

积分一次，得：

$$v = a_t t$$

当 $t = 2\ \text{min} = 120\ \text{s}$ 时，$v = 54\ \text{km/h} = 15\ \text{m/s}$，代入上式，求得：

$$a_t = \frac{15\ \text{m/s}}{120\ \text{s}} = 0.125\ \text{m/s}^2$$

在起点，$v = 0$，因此法向加速度等于零，列车只有切向加速度：

$$a_t = 0.125\ \text{m/s}^2$$

在末点时速度不等于零，既有切向加速度，又有法向加速度，而

$$a_t = 0.125\ \text{m/s}^2,\quad a_n = \frac{v^2}{R} = \frac{(15\ \text{m/s})^2}{800\ \text{m}} = 0.281\ \text{m/s}^2$$

末点的全加速度大小为：

$$a = \sqrt{a_t^2 + a_n^2} = 0.308\ \text{m/s}^2$$

末点的全加速度与法向的夹角 θ 为：

$$\tan\theta = \frac{a_t}{a_n} = 0.443,\ \theta = 23°54'$$

例 4-5 半径为 r 的轮子沿直线轨道无滑动的滚动（称为纯滚动），设轮子转角 $\varphi = \omega t$（ω 为常值），如图 4-11 所示。求用直角坐标和弧坐标表示的轮缘上任一点 M 的运动方程，并求该点的速度、切向加速度及法向加速度。

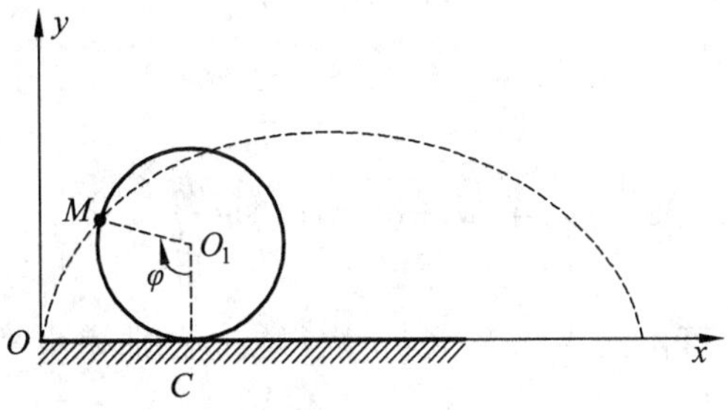

图 4-11

解：取点 M 与直线轨道的接触点 O 为原点，建立直角坐标系 Oxy（如图 4-11 所示）。当轮子转过 φ 角时，轮子与直线轨道的接触点为 C。由于是纯滚动，有：

$$OC = \overset{\frown}{MC} = r\varphi = r\omega t$$

用直角坐标表示的点 M 的运动方程为：

$$\begin{cases} x = OC - O_1M\sin\varphi = r(\omega t - \sin\omega t) \\ y = O_1C - O_1M\cos\varphi = r(1 - \cos\omega t) \end{cases} \tag{a}$$

对上式时间求导，即得点 M 的速度沿坐标轴的投影：

$$\begin{cases} v_x = \dot{x} = r\omega(1-\cos\omega t) \\ v_y = \dot{y} = r\omega\sin\omega t \end{cases} \tag{b}$$

M 点的速度为：

$$v = \sqrt{v_x^2 + v_y^2} = r\omega\sqrt{2-2\cos\omega t} = 2r\omega\sin\frac{\omega t}{2} \quad (0 \leqslant \omega t \leqslant 2\pi) \tag{c}$$

运动方程式（a）实际上也是点 M 运动轨迹的参数方程（以 t 为参变量）。这是一个摆线（或称旋轮线）方程，这表明点 M 的运动轨迹是摆线，如图 4-11 所示。

取点 M 的起始点 O 作为弧坐标原点，将式（c）的速度 v 积分，即得用弧坐标表示的运动方程：

$$s = \int_0^t 2r\omega\sin\frac{\omega t}{2}\mathrm{d}t = 4r\left(1-\cos\frac{\omega t}{2}\right) \quad (0 \leqslant \omega t \leqslant 2\pi)$$

将式（b）再对时间求导，即得加速度在直角坐标系上的投影：

$$\begin{cases} a_x = \ddot{x} = r\omega^2\sin\omega t \\ a_y = \ddot{y} = r\omega^2\cos\omega t \end{cases} \tag{d}$$

由此得到全加速度：

$$a = \sqrt{a_x^2 + a_y^2} = r\omega^2$$

将式（c）对时间求导，即得点 M 的切向加速度：

$$a_{\mathrm{t}} = \dot{v} = r\omega^2\cos\frac{\omega t}{2}$$

法向加速度为：

$$a_{\mathrm{n}} = \sqrt{a^2 - a_{\mathrm{t}}^2} = r\omega^2\sin\frac{\omega t}{2} \tag{e}$$

由于 $a_{\mathrm{n}} = \dfrac{v^2}{\rho}$，于是还可由式（c）及（e）求得轨迹的曲率半径：

$$\rho = \frac{v^2}{a_{\mathrm{n}}} = \frac{4r^2\omega^2\sin^2\dfrac{\omega t}{2}}{r^2\omega^2\sin\dfrac{\omega t}{2}} = 4r\sin\frac{\omega t}{2}$$

再讨论一个特殊情况。当 $t = 2\pi/\omega$ 时，$\varphi = 2\pi$，这时点 M 运动到与地面相接触的位置。由式（c）知，此时点 M 的速度为零，这表明沿地面作纯滚动的轮子与地面接触点的速度为零。另一方面，由于点 M 全加速度的大小恒为 $r\omega^2$，因此纯滚动的轮子与地面接触点的速度虽然为零，但加速度却不为零。将 $t = 2\pi/\omega$ 代入式（d），得：

$$a_x = 0, \quad a_y = r\omega^2$$

即接触点的加速度方向向上。

4.4 刚体的简单运动

4.4.1 刚体的平行移动

在工程实际中某些物体的运动，例如车床上刀架在导轨上的运动、汽车沿直线道路前进时车厢的运动、汽缸内活塞的运动、秋千的荡木的运动等，它们有一个共同的特点，即：在刚体的运动过程中，其上任意一条直线的方向始终保持不变，刚体的这种运动称为平行移动，简称**平移**。

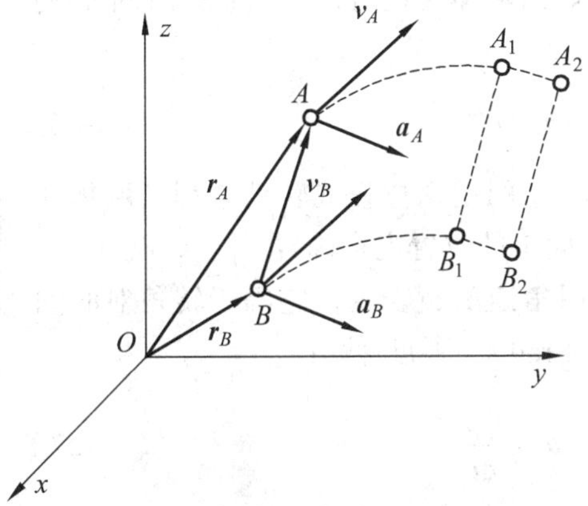

图 4-12

设刚体作平移，如图 4-12 所示，在刚体内任选两点 A 和 B，其矢径为 $\boldsymbol{r}_A$ 和 $\boldsymbol{r}_B$，则两条矢端曲线就是两点的轨迹，其矢量关系为：

$$\boldsymbol{r}_A = \boldsymbol{r}_B + \overrightarrow{BA}$$

当刚体平移时，线段 $\overrightarrow{BA}$ 的长度和方向都不改变，是恒矢量，因此只要把 B 的轨迹沿 $\overrightarrow{BA}$ 方向平行移动一段距离 BA，就能与点 A 的轨迹完全重合。刚体平移时，其上各点的轨迹不一定是直线，也可能是曲线，但它们的形状是完全相同的。

将上式对时间 t 连续取两次导数，因为恒矢量 $\overrightarrow{BA}$ 的导数等于零，于是得：

$$\boldsymbol{v}_A = \boldsymbol{v}_B, \quad \boldsymbol{a}_A = \boldsymbol{a}_B$$

其中，$\boldsymbol{v}_A$ 和 $\boldsymbol{v}_B$ 分别表示点 A 和点 B 的速度，$\boldsymbol{a}_A$ 和 $\boldsymbol{a}_B$ 分别表示它们的加速度。因为点 A 和点 B 是任意选择的，因此，可得结论：当刚体平行移动时，其上各点的轨迹相同；在每一瞬时，各点的速度相同，加速度也相同。

因此，研究刚体的平移，可以归结为研究刚体内任一点的运动，也可以归纳为 4.1 节所研究的点的运动学问题。

4.4.2 刚体的定轴转动

在工程实际中经常见到如齿轮、飞轮、皮带轮、机床主轴等大量的绕着某一条固定轴线转动的刚体，它们都有一个共同特点：刚体在运动时其上或扩大部分有两点始终保持不动，则这种运动称为刚体绕定轴的转动，简称刚体的转动。保持不动的那条直线称为刚体的转轴或轴线，简称轴。

（1）转角：为了确定转动刚体的位置，取其转轴为 z 轴，正向如图 4-13，通过轴线作一固定平面 A，转动平面 B 与刚体固结，随刚体一起转动。该平面的位置可代表刚体的位置，这个位置可用两个平面的夹角 φ 表示，称为刚体的**转角**。转角 φ 是一个代数量，它确定了刚体的位置，它的符号规定如下：自 z 轴的正端往负端看，从固定面起按逆时针转向计算 φ 角取正值；按顺时针转向计算 φ 角取负值。并用弧度（rad）表示。当刚体转动时，转角 φ 是时间 t 的单值连续函数，即：

$$\varphi = f(t) \tag{4-26}$$

这个方程称为刚体绕定轴转动的运动方程或转动方程。刚体在任意瞬时 t，相对于固定平面 I 的位置完全确定。

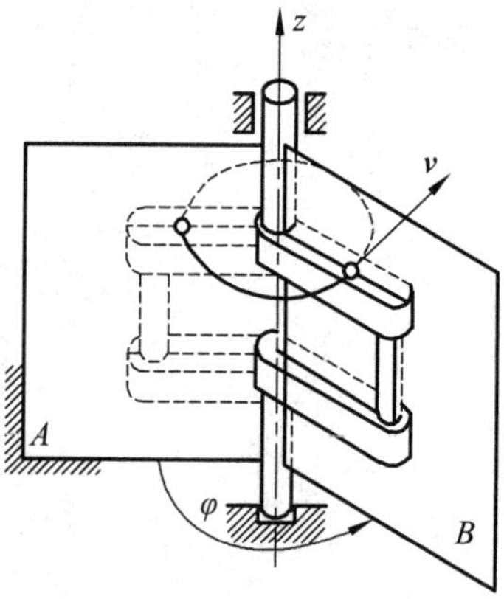

图 4-13

（2）刚体转动的快慢用**角速度** ω 表示，它等于转角对时间的一阶导数，其单位一般用 rad/s（弧度/秒）：

$$\omega = \frac{\mathrm{d}\varphi}{\mathrm{d}t} \tag{4-27}$$

角速度是代数量。从轴的正端向负端看，刚体逆时针转动时，角速度取正值，反之为负。

（3）角速度对时间的一阶导数，称为刚体的瞬时**角加速度**，用字母 α 表示，即：

$$\alpha = \frac{\mathrm{d}\omega}{\mathrm{d}t} = \frac{\mathrm{d}^2\varphi}{\mathrm{d}t^2} \tag{4-28}$$

角加速度也是代数量，它表征角速度变化的快慢，其单位一般用 rad/s^2（弧度/秒^2）。

如果 ω 与 α 同号，则刚体转动是加速的；如果 ω 与 α 异号，则刚体转动是减速的。

（4）匀速转动：如果刚体的角速度不变，即 ω = 常量，这种转动称为匀速转动。由式（4-27）积分可得：

$$\varphi = \varphi_0 + \omega t \tag{4-29}$$

其中，φ_0 是 $t = 0$ 时转角 φ 的值。

运转机械的转动部件或零件，一般都在匀速转动情况下工作。转动的快慢常用转速 n 表示，其单位为 r/min（转/分）。例如车床主轴的转速为 12.5 ~ 200 r/min，汽轮机转速约为 3 000 r/min，其角速度与转速 n 的关系为：

$$\omega = \frac{2\pi n}{60} = \frac{\pi n}{30} \tag{4-30}$$

（5）匀变速转动：如果刚体的角加速度不变，即 α = 常量，这种转动称为匀变速转动。由式（4-28）分离变量并积分，可得：

$$\omega = \omega_0 + \alpha t \tag{4-31}$$

$$\varphi = \varphi_0 + \omega_0 t + \frac{1}{2}\alpha t^2 \tag{4-32}$$

式（4-29）、（4-31）、（4-32）是匀速和匀变速转动刚体的常用公式。

4.4.3 定轴转动的刚体上各点的速度和加速度

当刚体绕定轴转动时，刚体上任意一点都在过该点且与转轴垂直的平面内作圆周运动。圆心为转轴与该平面的交点，由于轨迹已知，故宜用自然法研究各点的运动。

1. 速　度

设刚体上任一点由 M_0 运动到 M 如图 4-14 所示，其转角为 φ，按 φ 角的正向规定弧坐标 s 的正向，于是：

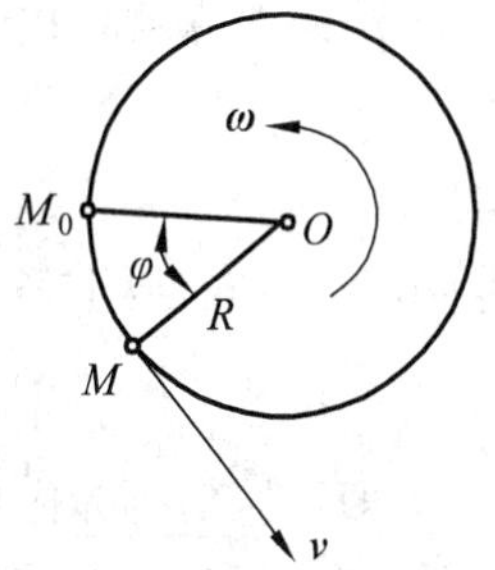

图 4-14

$$s = R\varphi$$

式中，R 为点 M 到轴心 O 的距离，将上式对 t 取一阶导数得：

$$\frac{\mathrm{d}s}{\mathrm{d}t} = R\frac{\mathrm{d}\varphi}{\mathrm{d}t}$$

由于 $\omega = \frac{\mathrm{d}\varphi}{\mathrm{d}t}$，$v = \frac{\mathrm{d}s}{\mathrm{d}t}$，因此上式可写成：

$$v = R\omega \tag{4-33}$$

即：转动刚体内任一点的速度大小等于刚体的角速度与该点到轴线的垂直距离的乘积，它的方向沿圆周的切线而指向转动的一方。

用一垂直于轴线的平面横截刚体，得一截面。根据上述结论，则在该截面上的任一条通过轴心的直线上，各点的速度按线性规律分布，如图 4-15（b）所示。将速度矢的端点连成直线，此直线通过轴心。在该截面上，不在一条直线上的各点的速度方向如图 4-15（a）所示。

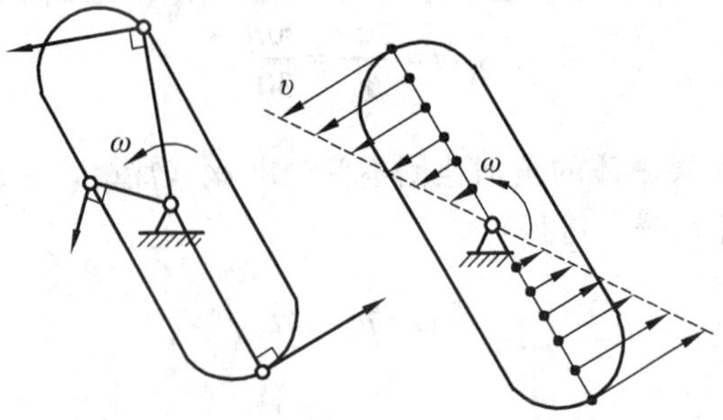

图 4-15

2. 加速度

由于点作圆周运动，因此应求切向加速度和法向加速度，由式（4-19）和弧长 s 与转角 φ 的关系得：

$$a_{\mathrm{t}} = \ddot{s} = R\ddot{\varphi} = R\alpha \tag{4-34}$$

即：转动刚体内任一点的切向加速度（又称转动加速度）的大小等于刚体的角加速度与该点到轴线垂直距离的乘积。它的方向由加速度的符号决定，当 α 是正值时，它沿圆周的切线，指向转角 φ 的正向，否则相反。

法向加速度为：

$$a_{\mathrm{n}} = \frac{v^2}{\rho} = \frac{(R\omega)^2}{\rho}$$

式中，ρ 是曲率半径，对于圆 $\rho = R$，因此：

$$a_{\mathrm{n}} = R\omega^2 \tag{4-35}$$

即：转动刚体内任一点的法向加速度（又称向心加速度）的大小，等于刚体角速度的平方与该点到轴线的垂直距离的乘积，它的方向与速度垂直并指向轴线。

如果 ω 与 α 同号，角速度的绝对值增加，刚体作加速转动，此时点的切向加速度 $\boldsymbol{a}_{\mathrm{t}}$ 与速度 $\boldsymbol{v}$ 的指向相同；如果 ω 与 α 异号，刚体作减速运动，$\boldsymbol{a}_{\mathrm{t}}$ 与 $\boldsymbol{v}$ 的指向相反。这两种情况分别如图 4-16（a），（b）所示。

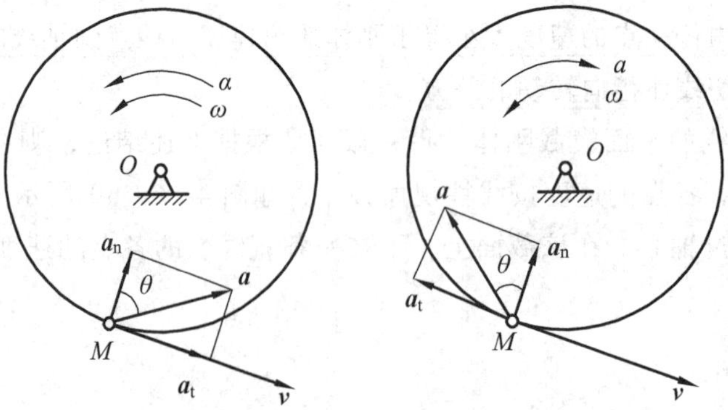

图 4-16

点的全加速度 $\boldsymbol{a}$ 的大小可从下式求出：

$$a=\sqrt{{a_t}^2+{a_n}^2}=\sqrt{R^2\alpha^2+R^2\omega^4}=R\sqrt{\alpha^2+\omega^4} \tag{4-36}$$

其全加速度与半径的夹角：

$$\tan\theta=\frac{a_t}{a_n}=\frac{R\alpha}{R\omega^2}=\frac{\alpha}{\omega^2} \tag{4-37}$$

由于在每一瞬时，刚体的 ω 和 α 都只有一个确定的数值，所以从式（4-33）、（4-36）、（4-37）可知：

（1）在每一瞬时，转动刚体内所有各点的速度和加速度的大小，分别与这些点到轴线的垂直距离成正比。

（2）在每一瞬时，刚体内所有各点的加速度与半径间的夹角 θ 都相同。

用一垂直于轴线的平面横截刚体得一截面。根据上述结论，可画出截面上各点的加速度，如图 4-17（a）所示。在通过轴心的直线上各点的加速度按线性分布，将加速度矢的端点连成直线，则此直线通过轴心。如图 4-17（b）所示。

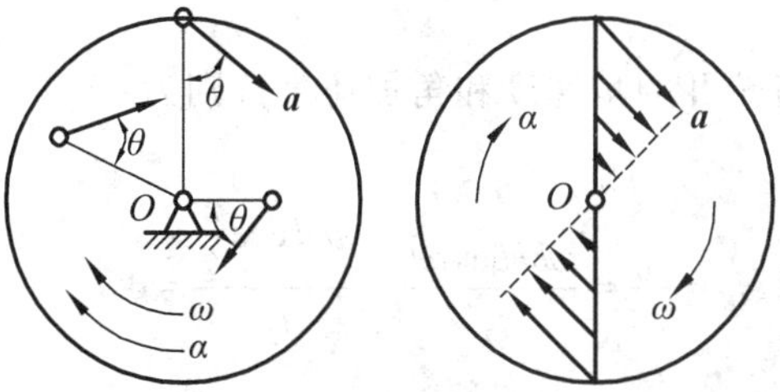

（a）（b）

图 4-17

例 4-6 机构如图 4-18 所示，假定杆 AB 以匀速 v 运动，开始时 $\varphi=0$。求当 $\varphi=\dfrac{\pi}{4}$ 时，摇杆 OC 的角速度和角加速度。

解：由图 4-18 所示的几何关系可得：$\tan\varphi=\dfrac{vt}{l}$。

将上式两边对时间 t 取一阶导数，得：

$$\frac{d\varphi}{dt}\sec^2\varphi=\frac{v}{l}$$

摇杆 OC 的转动角速度和角加速度分别：

$$\omega=\frac{d\varphi}{dt}=\frac{v}{l}\cos^2\varphi$$

$$\alpha=\frac{d\omega}{dt}=-2\frac{v}{l}\cdot\frac{d\varphi}{dt}\cos\varphi\sin\varphi=-\frac{v^2}{l^2}\sin 2\varphi\cos^2\varphi$$

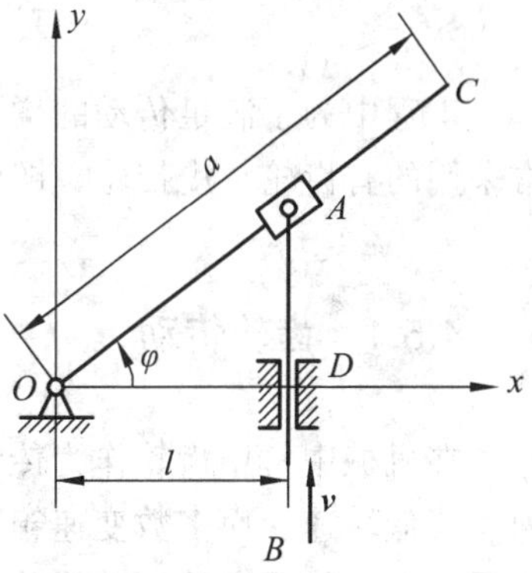

图 4-18

当 $\varphi=0$ 时，$\omega=\dfrac{v}{l}$，$\alpha=0$；

当 $\varphi=\dfrac{\pi}{4}$ 时，摇杆 OC 的角速度和角加速度分别为：

$$\omega=\frac{v}{l}\left(\frac{\sqrt{2}}{2}\right)^2,\quad \alpha=-\frac{v^2}{l^2}\sin\frac{\pi}{2}\cos^2\frac{\pi}{4}=-\frac{v^2}{2l^2}$$

例 4-7　图 4-19 所示机构中，齿轮 I 紧固在杆 AC 上，$\overline{AB}=\overline{O_1O_2}$，齿轮 I 和节圆半径为 r_2 的齿轮 II 啮合，齿轮 II 可绕 O_2 轴转动，且和曲柄 O_2B 没有联系。设 $\overline{O_1A}=\overline{O_2B}=l$，$\varphi=b\sin\omega t$，试确定 $t=\dfrac{\pi}{2\omega}$ s 时，齿轮 II 的角速度和角加速度。

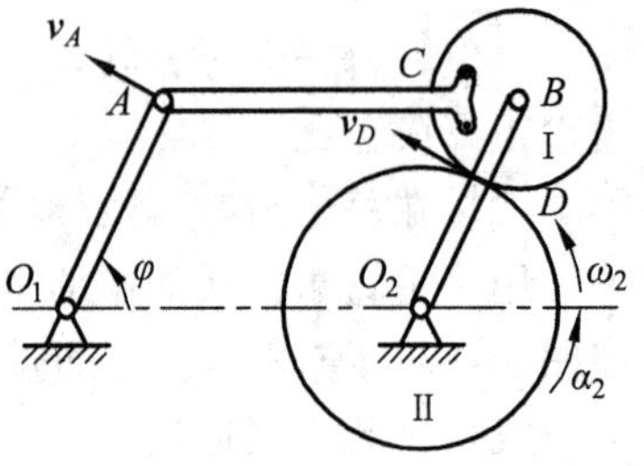

图 4-19

解：（1）杆 AC 和齿轮 I 是一个整体，作平动，故点 A 和啮合点 D 有相同速度：

$$v_D=v_A=\frac{\mathrm{d}\varphi}{\mathrm{d}t}l=\omega bl\cos\omega t$$

加速度：

$$a_D^{\mathrm{t}}=a_A^{\mathrm{t}}=\frac{\mathrm{d}^2\varphi}{\mathrm{d}t^2}l=-\omega^2 lb\sin\varphi$$

（2）当 $t=\dfrac{\pi}{2\omega}$ s 时，齿轮 II 的角速度和角加速度分别为：

$$\omega_2=\frac{v_D}{r_2}=\frac{\omega bl\cos\omega t}{r_2}=\frac{\omega bl\cos\frac{\pi}{2}}{r_2}=0$$

$$\alpha_2=\frac{a_D^{\mathrm{t}}}{r_2}=\frac{\omega^2 lb\sin\omega t}{r_2}=\frac{\omega^2 lb\sin\frac{\pi}{2}}{r_2}=-lb\frac{\omega^2}{r_2}$$

4.5　轮系的传动比

工程中为了满足传动的增速、减速或换向的要求，往往需要由一系列轮系来传递运动，常采用的有齿轮、皮带轮、链轮、摩擦轮等传动方式，最常见的为齿轮系和带轮系。

4.5.1　齿轮传动

在机械中常用齿轮作为传动零件。例如为了将电动机的转动传到机床的主轴，通常用变速箱降低转速，而多数变速箱由齿轮系组成。如果轮系中各轮的转轴都是固定的则称为定轴轮系，这是使用广泛而又简单的一种。

现以一对啮合的圆柱齿轮为例。圆柱齿轮传动分为外啮合（图 4-20）和内啮合（图 4-21）。

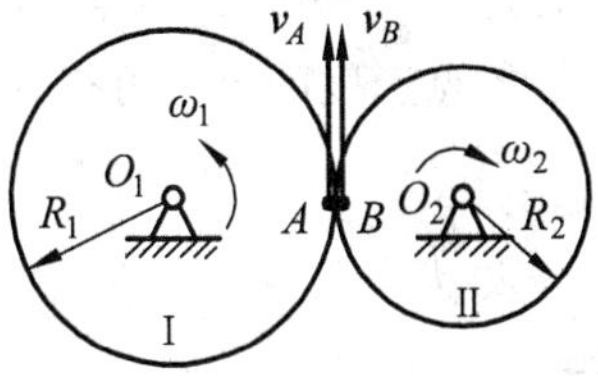

图 4-20

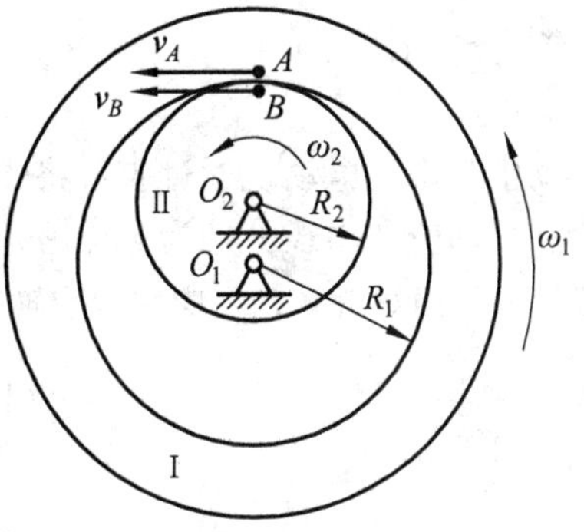

图 4-21

设两个齿轮各绕固定轴 O_1 和 O_2 转动，已知其节圆半径各为 R_1 和 R_2，齿数各为 z_1 和 z_2，角速度各为 ω_1 和 ω_2。令 A 和 B 分别是两啮合齿轮的节点，因齿面间无相对滑动，方向也相同，故：

$$v_A = v_B$$

而 $v_A = R_1\omega_1$， $v_B = R_2\omega_2$，因此：

$$R_1\omega_1 = R_2\omega_2$$

即：

$$\frac{\omega_1}{\omega_2} = \frac{R_2}{R_1}$$

由于齿轮的节圆半径与其齿数成正比并设齿轮的转速为 n，则：

$$\frac{\omega_1}{\omega_2} = \frac{n_1}{n_2} = \frac{R_2}{R_1} = \frac{z_2}{z_1}$$

即：处于啮合中的两个定轴传动齿轮的角速度与两齿轮的齿数成反比，其角速度比值也等于两个齿轮转速之比。

在机械工程中，常把主动轮和从动轮的两个角速度的比值称为**传动比**。用附有角标的符号表示的计算传动比的基本公式：

$$i_{12} = \frac{n_1}{n_2} = \frac{\omega_1}{\omega_2} = \frac{R_2}{R_1} = \frac{z_2}{z_1} \tag{4-38}$$

上式表明传动比是两个角速度大小的比值，与转动方向无关，因此其不仅适用于圆柱齿轮传动，也适用于传动轴成任意角度的圆锥齿轮传动，链轮、摩擦轮等传动系统。

考虑到轮系中各轮的转向，对各轮都规定了统一的转动正向，这时各轮的角速度可取代数值，传动比也取代数值：

$$i_{12} = \frac{\omega_1}{\omega_2} = \frac{n_1}{n_2} = \pm\frac{R_2}{R_1} = \pm\frac{z_2}{z_1}$$

式中，正号表示主动轮与从动轮转向相同（内啮合），如图 4-21 所示；负号表示转向相反（外啮合），如图 4-20 所示。

4.5.2　带轮传动

在机械传动中，常用电动机通过胶带将传动和动力输入传动轴。如图 4-22 所示的带轮传动，设主动轮和从动轮的半径分别为 r_1 和 r_2，角速度分别为 ω_1 和 ω_2。如不考虑胶带的厚度并假设胶带与带轮间无相对滑动，则应用绕定轴转动的刚体上各点速度的公式可得到下列关系式：

$$r_1\omega_1 = r_2\omega_2$$

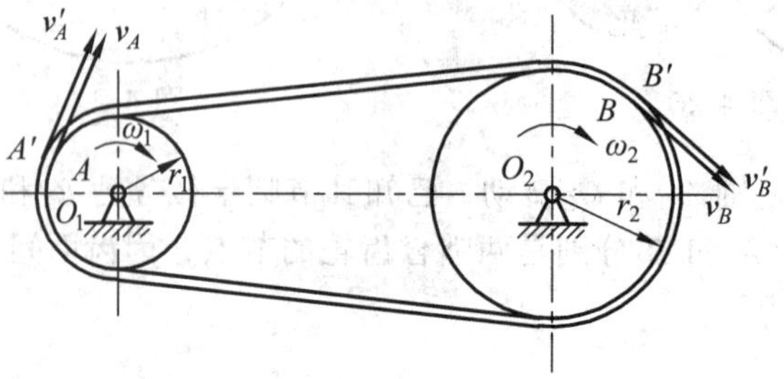

图 4-22

于是带轮的传动比公式为：

$$i_{12} = \frac{\omega_1}{\omega_2} = \frac{r_2}{r_1} \tag{4-39}$$

即：两轮的角速度与其半径成反比。

4.6　以矢量表示角速度和角加速度·以矢积表示点的速度和加速度

4.6.1　角速度矢量和角加速度矢量

为了便于用矢量分析方法研究刚体的运动和刚体内各点的运动，有必要用矢量表示角速度和角加速度。

（1）绕定轴转动刚体的角速度可以用一有向线段表示角速度矢 $\boldsymbol{\omega}$，其大小等于角速度的绝对值，即：

$$|\boldsymbol{\omega}| = |\omega| = \left|\frac{\mathrm{d}\varphi}{\mathrm{d}t}\right| \tag{4-40}$$

其指向按右手螺旋法则确定，即以右手的四指微微弯曲表示刚体转向，大拇指的指向表示 $\boldsymbol{\omega}$ 的指向，如图 4-23（a）。角速度矢量 $\boldsymbol{\omega}$ 在轴上的起点可以是任意位置，因此角速度矢是滑动矢量。

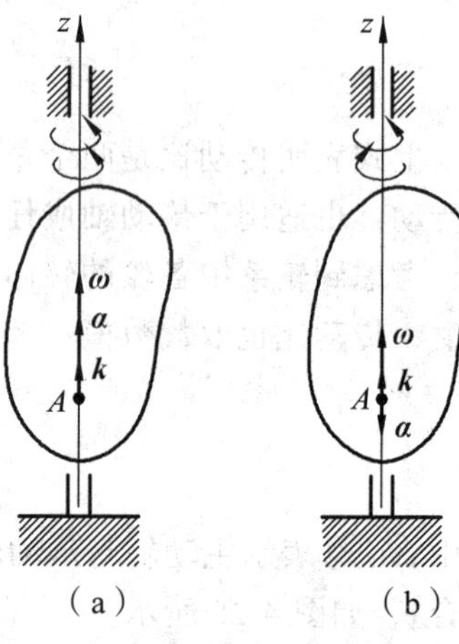

图 4-23

如取转轴为 z 轴，z 轴的正向用单位矢 $\boldsymbol{k}$ 的方向表示，如图 4-23（b）所示。于是刚体绕定轴转动的角速度矢可写成：

$$\boldsymbol{\omega} = \omega\boldsymbol{k} \tag{4-41}$$

式中，ω 是代数量，它等于 $\dfrac{\mathrm{d}\varphi}{\mathrm{d}t}$。

（2）角加速度矢也可以用一个沿轴线的滑动矢量表示：

$$\boldsymbol{\alpha} = \alpha\boldsymbol{k} \tag{4-42}$$

式中，α 是角加速度的代数量，它等于 $\dfrac{\mathrm{d}\omega}{\mathrm{d}t}$ 或 $\dfrac{\mathrm{d}^2\varphi}{\mathrm{d}t^2}$，于是：

$$\boldsymbol{\alpha} = \frac{\mathrm{d}\omega}{\mathrm{d}t}\boldsymbol{k} = \frac{\mathrm{d}}{\mathrm{d}t}(\omega\boldsymbol{k}) \quad \text{或} \quad \boldsymbol{\alpha} = \frac{\mathrm{d}\boldsymbol{\omega}}{\mathrm{d}t}$$

即：角加速度矢 $\boldsymbol{a}$ 为角速度矢 $\boldsymbol{\omega}$ 对时间的一阶导数。

4.6.2 速度和加速度用矢积表示

根据上述角速度和角加速度的矢量表示法，则刚体内任一点的速度和加速度可以用矢积表示，

（1）速度：设在转轴 z 上任选一点 O 为原点，点 M 的矢径以 $\boldsymbol{r}$ 表示，并用 θ 表示矢量 $\boldsymbol{\omega}$ 与 $\boldsymbol{r}$ 之间的夹角。如图 4-24 所示，则点 M 的速度可以用角速度矢与它的矢径的矢量积表示，即：

$$\boldsymbol{v} = \boldsymbol{\omega}\times\boldsymbol{r} \tag{4-43}$$

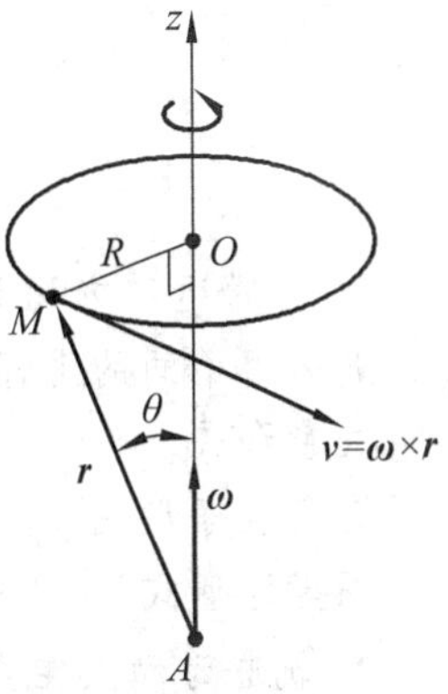

图 4-24

根据矢积的定义，$\boldsymbol{\omega}\times\boldsymbol{r}$ 仍是一个矢量，其大小是：

$$|\boldsymbol{\omega}\times\boldsymbol{r}| = |\boldsymbol{\omega}|\cdot|\boldsymbol{r}|\sin\theta = |\boldsymbol{\omega}|\cdot R = |\boldsymbol{v}|$$

矢积 $\boldsymbol{\omega}\times\boldsymbol{r}$ 的方向垂直于 $\boldsymbol{\omega}$ 和 $\boldsymbol{r}$ 所组成的平面（即图 4-24 中三角形 AMO 平面），从矢量 $\boldsymbol{v}$ 的末端向始端看，$\boldsymbol{\omega}$ 按逆时针转过 θ 与 $\boldsymbol{r}$ 重合，即矢积 $\boldsymbol{\omega}\times\boldsymbol{r}$ 的方向正好与点 M 的速度方向相同。这表明了矢积 $\boldsymbol{\omega}\times\boldsymbol{r}$ 确实表示了点 M 的速度矢的大小和方向。

即：绕定轴转动的刚体上任一点的速度矢等于刚体的角速度矢与该点矢径的矢积。

（2）加速度：因为点 M 的加速度为 $\boldsymbol{a} = \dfrac{\mathrm{d}\boldsymbol{v}}{\mathrm{d}t}$，将式（4-43）代入得：

$$\boldsymbol{a} = \frac{\mathrm{d}}{\mathrm{d}t}(\boldsymbol{\omega}\times\boldsymbol{r}) = \frac{\mathrm{d}\boldsymbol{\omega}}{\mathrm{d}t}\times\boldsymbol{r} + \boldsymbol{\omega}\times\frac{\mathrm{d}\boldsymbol{r}}{\mathrm{d}t}$$

已知 $\dfrac{\mathrm{d}\boldsymbol{\omega}}{\mathrm{d}t} = \boldsymbol{\alpha}$，$\dfrac{\mathrm{d}\boldsymbol{r}}{\mathrm{d}t} = \boldsymbol{v}$，于是得：

$$\boldsymbol{a} = \boldsymbol{\alpha}\times\boldsymbol{r} + \boldsymbol{\omega}\times\boldsymbol{v} \tag{4-44}$$

式中右端第一项的大小为：

$$|\boldsymbol{\alpha}\times\boldsymbol{r}| = |\boldsymbol{\alpha}|\cdot|\boldsymbol{r}|\sin\theta = |\boldsymbol{\alpha}|\cdot R$$

这结果恰等于点 M 的切向加速度的大小，而 $\boldsymbol{\alpha}\times\boldsymbol{r}$ 的方向垂直于 $\boldsymbol{\alpha}$ 和 $\boldsymbol{r}$ 所构成的平面，其指向如图 4-25 所示，这方向正好与点 M 的切向加速度的方向一致。因此矢积 $\boldsymbol{\alpha}\times\boldsymbol{r}$ 等于切向加速度，即：

$$\boldsymbol{a}_{\mathrm{t}}=\boldsymbol{\alpha}\times\boldsymbol{r} \tag{4-45}$$

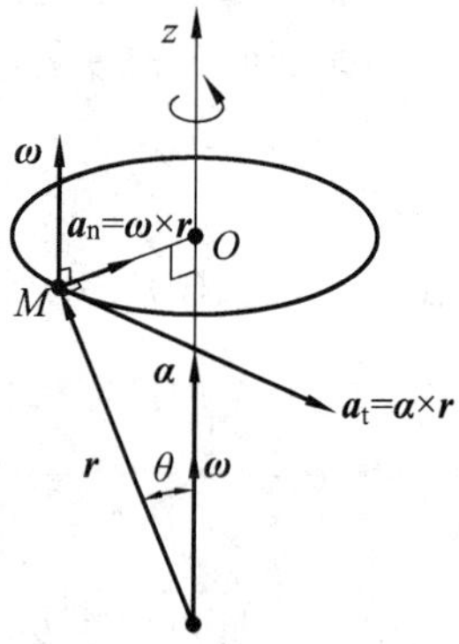

图 4-25

式中右端第二项的大小为：

$$\boldsymbol{a}_{\mathrm{n}} = |\boldsymbol{\omega}\times\boldsymbol{v}| = |\boldsymbol{\omega}|\cdot|R\boldsymbol{\omega}| = R\boldsymbol{\omega}^2$$

这结果恰等于点 M 的法向加速度，而矢积 $\boldsymbol{\omega}\times\boldsymbol{v}$ 的方向正好指向原点 O，如图 4-25 所示，这方向正好与点 M 的法向加速度的方向一致。因此矢积 $\boldsymbol{\omega}\times\boldsymbol{r}$ 等于法向加速度 $\boldsymbol{a}_{\mathrm{n}}$。

即：转动刚体内任一点的切向加速度等于刚体的角加速度矢与该点矢径的矢积；法向加速度等于刚体的角速度矢与该点的速度矢的矢积。

本章小结

1. 点的运动方程为动点在空间的几何位置随时间变化的规律。一个点相对于同一参考体，若采用不同的坐标系将有不同形式的运动方程，如：

矢量形式　　$\boldsymbol{r}=\boldsymbol{r}(t)$

直角坐标形式　　$x=f_1(t),\quad y=f_2(t),\quad z=f_3(t)$

弧坐标形式　　$s=f(t)$

2. 轨迹为动点在空间运动时所经过的一条连续曲线。轨迹方程可由运动方程消去时间 t 得到。

3. 点的速度和加速度都是矢量。

$$\boldsymbol{v}=\dot{\boldsymbol{r}},\quad \boldsymbol{a}=\dot{\boldsymbol{v}}=\ddot{\boldsymbol{r}}$$

（1）以直角坐标轴上的分量表示：

$$v_x=\dot{x},\quad v_y=\dot{y},\quad v_z=\dot{z}$$

$$a_x=\dot{v}_x=\ddot{x},\quad a_y=\dot{v}_y=\ddot{y},\quad a_z=\dot{v}_z=\ddot{z}$$

（2）以自然坐标轴的分量表示：

$$\boldsymbol{v}=v\boldsymbol{\tau}=\dot{s}\boldsymbol{\tau},\quad \boldsymbol{a}=\boldsymbol{a}_{\mathrm{t}}+\boldsymbol{a}_{\mathrm{n}}=a_{\mathrm{t}}\boldsymbol{\tau}+a_{\mathrm{n}}\boldsymbol{n}$$

$$a_{\mathrm{t}}=\dot{v}=\ddot{s},\quad a_{\mathrm{n}}=\frac{v^2}{\rho},\quad a=\sqrt{a_{\mathrm{t}}^2+a_{\mathrm{n}}^2}$$

4. 点的切向加速度反映速度大小的变化，法向加速度反映速度方向的变化。当点的速度与切向加速度方向相同时，点作加速运动；反之，点作减速运动。

5. 几种特殊运动的特点：

（1）直线运动：$\boldsymbol{a}_\mathrm{n}=0$，$\rho\to\infty$

（2）圆周运动：$\rho=$常数

（3）匀速运动：$v=$常数，$\boldsymbol{a}_\mathrm{t}=0$

（4）匀变速运动：$\boldsymbol{a}_\mathrm{t}=$常数，$v=v_0+a_\mathrm{t}t$，$s=s_0+v_0t+\frac{1}{2}a_\mathrm{t}t^2$

6. 刚体运动的最简单形式为平行移动和绕定轴转动。

7. 刚体平行移动：

（1）刚体内任一直线段在运动过程中，始终与它的最初位置平行，此种运动称为刚体平行移动，或平移。

（2）刚体作平移时，刚体内各点的轨迹完全相同，各点的轨迹可能是直线，也可能是曲线。

（3）刚体作平移时，在同一瞬时刚体内各点的速度和加速度大小、方向都相同。

8. 刚体绕定轴转动：

（1）刚体运动时，其上有两点保持不动，此种运动称为刚体绕定轴转动，或转动。

（2）刚体的转动方程 $\varphi=f(t)$ 表示刚体的位置随时间的变化规律。

（3）角速度 ω 表示刚体转动的快慢程度和转向，是代数量。

$$\omega=\dot{\varphi}$$

角速度也可用矢量表示：$\boldsymbol{\omega}=\omega\boldsymbol{k}$

（4）角加速度表示角速度对时间的变化率，是代数量。

$$\alpha=\dot{\omega}=\ddot{\varphi}$$

当 ω 与 α 同号时，刚体作加速转动；当 ω 与 α 异号时，刚体作减速运动。

角加速度也可用矢量表示：$\boldsymbol{\alpha}=\frac{\mathrm{d}\boldsymbol{\omega}}{\mathrm{d}t}=\alpha\boldsymbol{k}$

（5）绕定轴转动刚体上点的速度、加速度与角速度、角加速度的关系：

$$\boldsymbol{v}=\boldsymbol{\omega}\times\boldsymbol{r}\text{，}\quad \boldsymbol{a}_\mathrm{t}=\boldsymbol{\alpha}\times\boldsymbol{r}\text{，}\quad \boldsymbol{a}_\mathrm{n}=\boldsymbol{\omega}\times\boldsymbol{v}$$

式中 $\boldsymbol{r}$ 为点的矢径。速度、加速度的代数量：

$$v=R\omega\text{，}\quad a_\mathrm{t}=R\alpha\text{，}\quad a_\mathrm{n}=\mathrm{R}\omega^2$$

9. 传动比：

$$i_{12}=\frac{n_1}{n_2}=\frac{\omega_1}{\omega_2}=\frac{R_2}{R_1}=\frac{z_2}{z_1}$$

习 题

4-1 图示曲线规尺的各杆，长为 $OA = AB = 200$ mm，$CD = DE = AC = AE = 50$ mm。如杆 OA 以等角速度 $\omega = \frac{\pi}{5}$ rad/s 绕 O 轴转动，并且当运动开始时，杆 OA 水平向右。求尺上点 D 的运动方程和轨迹。

4-2 如图所示，杆 AB 长 l，以等角速度绕点 B 转动，其转动方程为 $\varphi = \omega t$。而与杆连接的滑块 B 按规律 $s = a + b\sin\omega t$ 沿水平线作平行移动，其中 a 和 b 均为常数。求点 A 的轨迹。

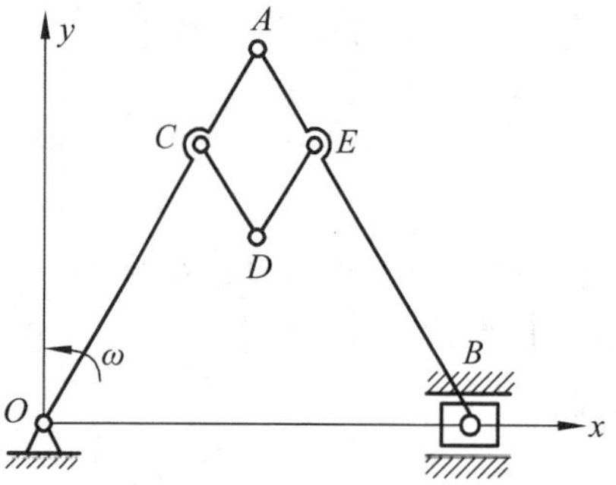

题 4-1 图

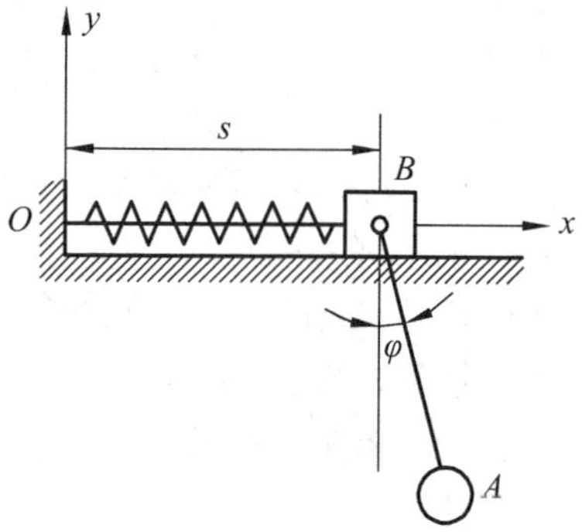

题 4-2 图

4-3 如图所示，半圆形凸轮以等速 $v_0 = 0.01$ m/s 沿水平方向向左运动，而使活塞杆 AB 沿铅直方向运动。当运动开始时，活塞杆 A 端在凸轮的最高点上。如凸轮的半径 $R = 80$ mm，求活塞 B 相对于地面和相对于凸轮的运动方程和速度。

4-4 图示雷达在距离火箭发射台为 l 的 O 处观察铅直上升的火箭发射，测得角 θ 的规律为 $\theta = kt$（k 为常数）。写出火箭的运动方程并计算当 $\theta = \frac{\pi}{6}$ 和 $\frac{\pi}{3}$ 时，火箭的速度和加速度。

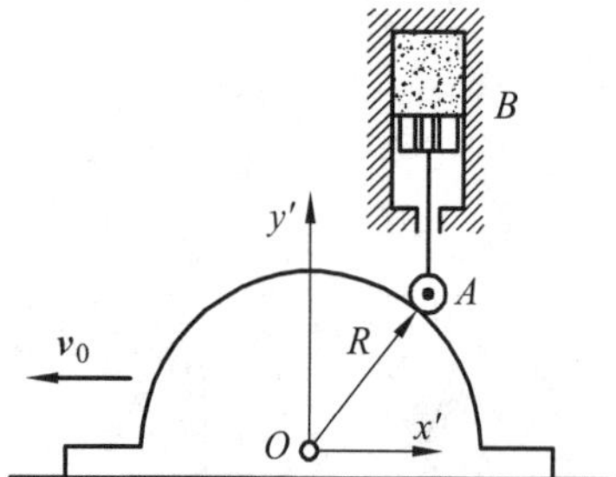

题 4-3 图

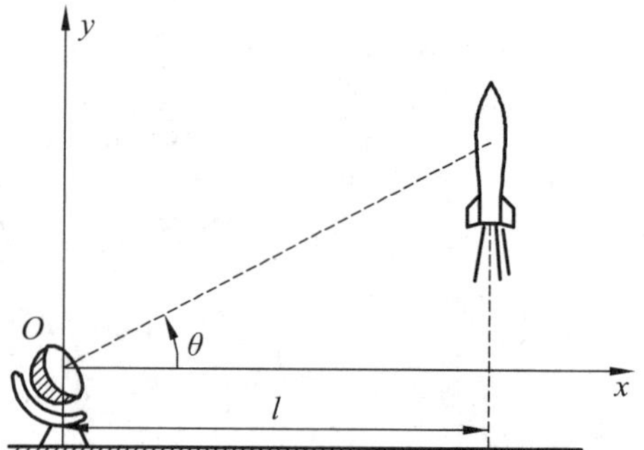

题 4-4 图

4-5 套管 A 由绕过定滑轮 B 的绳索牵引而沿导轨上升，滑轮中心到导轨的距离为 l，如图所示。设绳索以等速 $\boldsymbol{v}_0$ 拉下，忽略滑轮尺寸。求套管 A 的速度和加速度与距离 x 的关系式。

4-6　如图所示，偏心凸轮半径为 R 绕 O 轴转动，转角 $\varphi=\omega t$（ω 为常数），偏心距 $OC=e$，凸轮带动顶杆 AB 沿铅垂直线作往复运动。求顶杆的运动方程和速度。

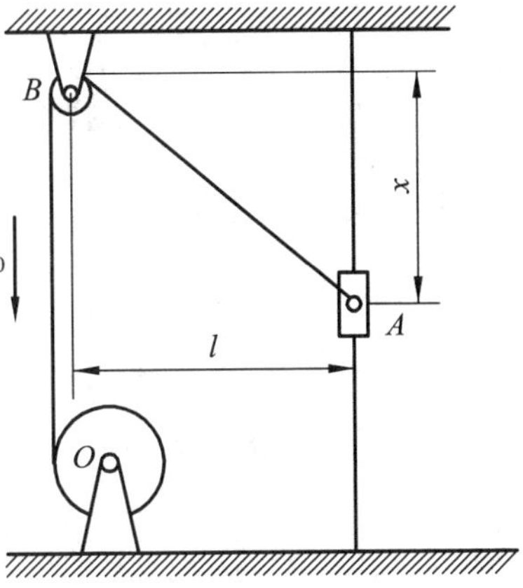

题 4-5 图

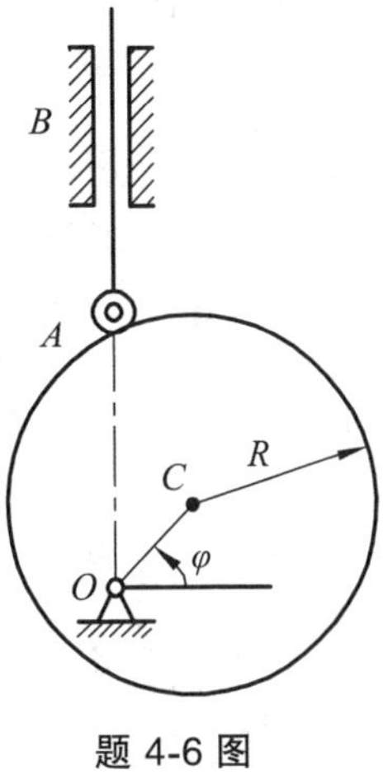

题 4-6 图

4-7　图示摇杆滑道机构中的滑块 M 同时在固定的圆弧槽 BC 和摇杆 OA 的滑道中滑动。如弧的半径为 R，摇杆 OA 的轴 O 在弧 BC 圆周上。摇杆绕 O 轴以等角速度 ω 转动，当运动开始时，摇杆在水平位置。分别用直角坐标法和自然法给出点 M 的运动方程，并求其速度和加速度。

4-8　如图所示，OA 和 O_1B 两杆分别绕 O 和 O_1 轴转动，用十字形滑块 D 将两杆连接。在运动过程中，两杆保持相交成直角。已知：$OO_1=a$；$\varphi=kt$，其中 k 为常数。求滑块 D 的速度和其相对于 OA 的速度。

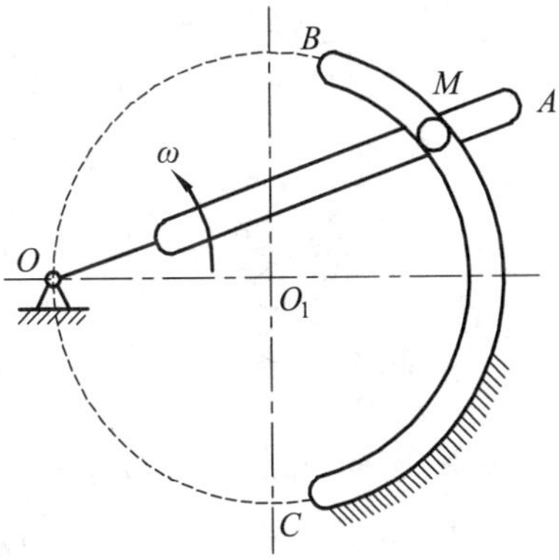

题 4-7 图

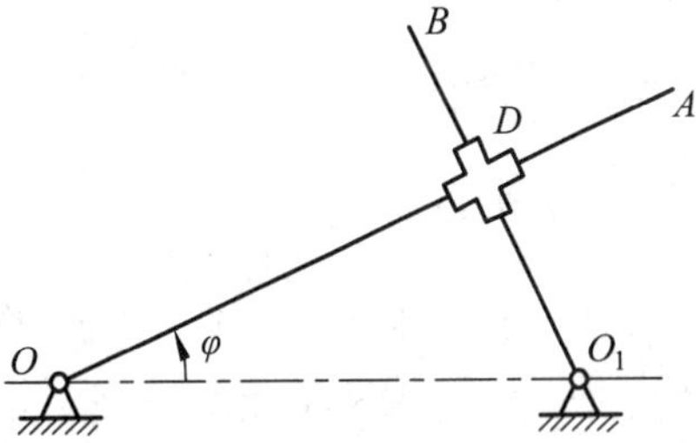

题 4-8 图

4-9　曲柄 OA 长 r，在平面内 O 轴转动，如图所示。杆 AB 通过固定于点 N 的套筒与曲柄 OA 铰接于点 A。设 $\varphi=\omega t$，杆 AB 长 $l=2r$，求点 B 的运动方程、速度和加速度。

4-10　点沿空间曲线运动，在点 M 处其速度为 $\boldsymbol{v}=4\boldsymbol{i}+3\boldsymbol{j}$，加速度 $\boldsymbol{a}$ 与速度 $\boldsymbol{v}$ 的夹角 $\beta=30°$，且 $a=10\ \mathrm{m/s^2}$。求轨迹在该点密切面内的曲率半径 ρ 和切向加速度 a_t。

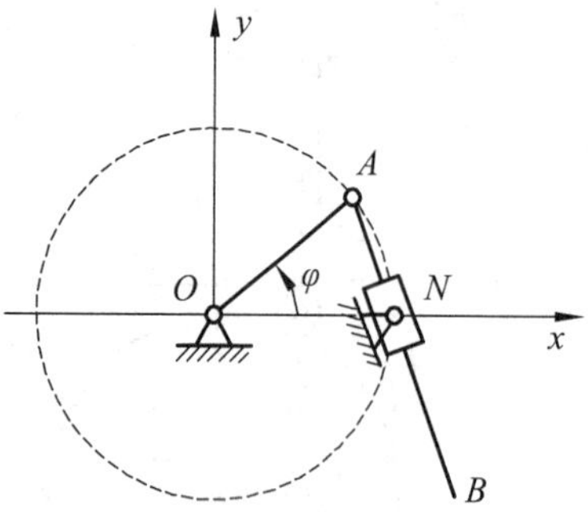

题 4-9 图

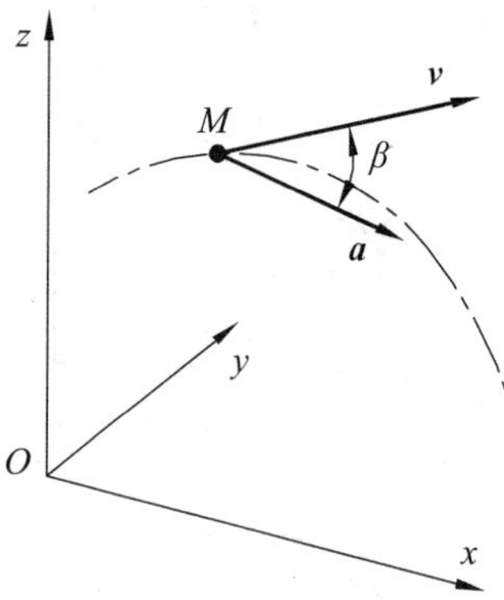

题 4-10 图

4-11 小环 M 由作平移的丁字形杆 ABC 带动，沿着图示曲线轨道运动。设杆 ABC 以速度 v = 常数向左运动，曲线方程为 $y^2=2px$。求环 M 的速度和加速度的大小（写成杆的位移 x 的函数）。

4-12 图示曲柄滑杆机构中，滑杆上有一圆弧形滑道，其半径 $R=100$ mm，圆心 O_1 在导杆 BC 上。曲柄 $OA=100$ mm，以等角速度 $\omega=4$ rad/s 绕 O 轴转动。求导杆 BC 的运动规律以及当曲柄与水平线间的交角 φ 为 30° 时，导杆 BC 的速度和加速度。

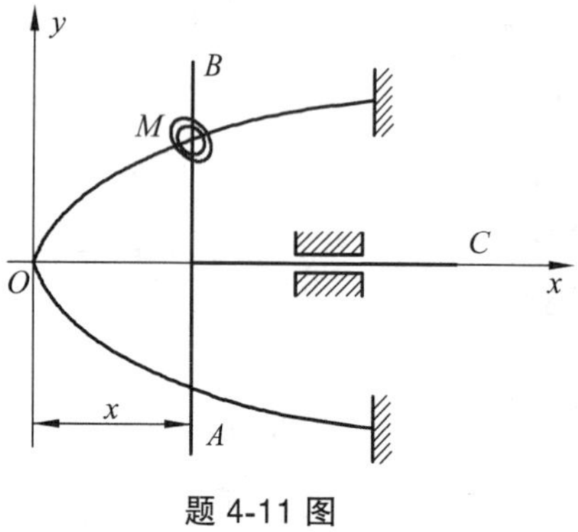

题 4-11 图

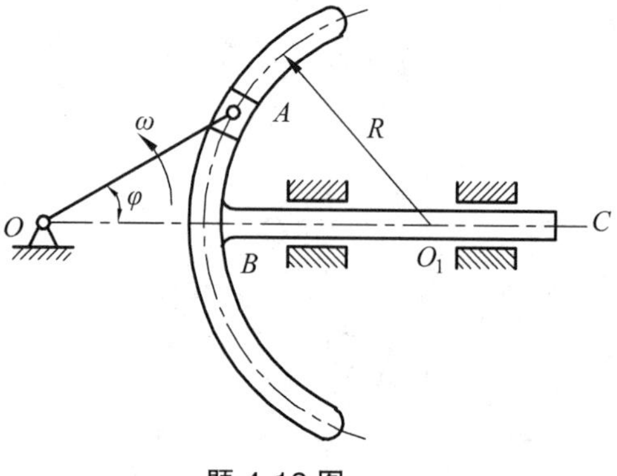

题 4-12 图

4-13 图示为把工件送入干燥炉内的机构，叉杆 $OA=1.5$ m 在铅垂面内转动，杆 $AB=0.8$ m，A 端为铰链，B 端有放置工件的框架。在机构运动时，工件的速度恒为 0.05 m/s，杆 AB 始终铅垂。设运动开始时，角 $\varphi=0$。求运动过程中角 φ 与时间的关系，以及点 B 的轨迹方程。

4-14 已知搅拌机的主动齿轮 O_1 以 $n=950$ r/min 的转速转动。搅杆 ABC 用销钉 A，B 与齿轮 O_2，O_3 相连，如图所示。且 $AB=O_2O_3$，$O_3A=O_2B=0.25$ m，各齿轮齿数为 $z_1=20$，$z_2=50$，$z_3=50$。求搅杆端点 C 的速度和轨迹。

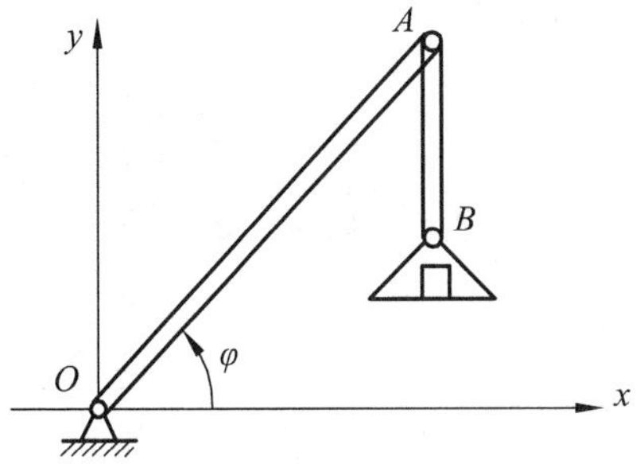

题 4-13 图

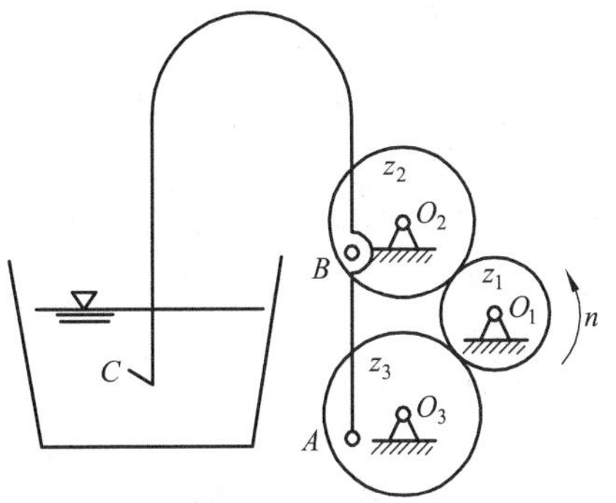

题 4-14 图

4-15　如图所示，曲柄 CB 以等角速度 ω_0 绕 C 轴转动，其运动方程为 $\varphi=\omega_0 t$。滑块 B 带动摇杆 OA 绕轴 O 转动。设 $OC=h$，$CB=r$。求摇杆的转动方程。

4-16　如图所示，摩擦传动机构的主动轮Ⅰ的转速为 $n=600$ r/min，轴Ⅰ的轮盘与轴Ⅱ的轮盘接触，该接触点按箭头 A 所示的方向移动。距离 d 的变化规律为 $d=100-5t$，其中 d 以 mm 计，t 以 s 计。已知 $r=50$ mm，$R=150$ mm。求：① 以距离 d 表示轴Ⅱ的角加速度；② 当 $d=r$ 时轮 B 边缘上一点的全加速度。

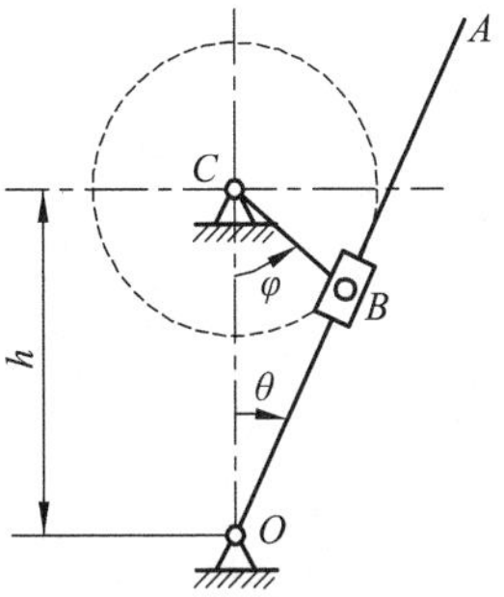

题 4-15 图

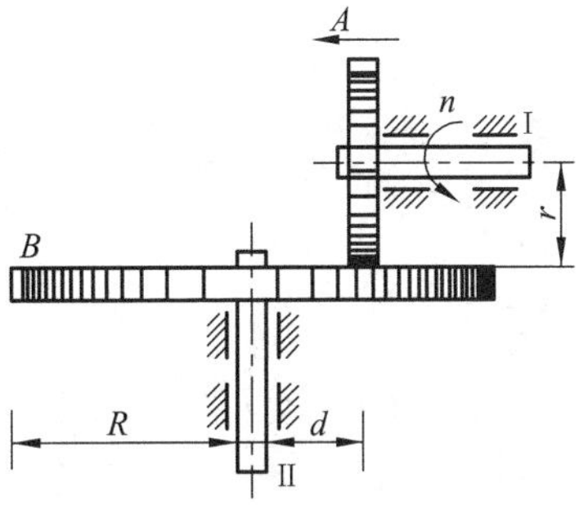

题 4-16 图

4-17　车床的传动装置如图所示。已知各齿轮的齿数分别为 $z_1=40$，$z_2=84$，$z_3=28$，$z_4=80$；带动刀具的丝杠的螺距为 $h_4=12$ mm。求车刀切削工件的螺距 h_1。

4-18　纸盘由厚度为 a 的纸条卷成，令纸盘的中心不动，而以等速 v 拉纸条。求纸盘的角加速度（以半径 r 的函数表示）。

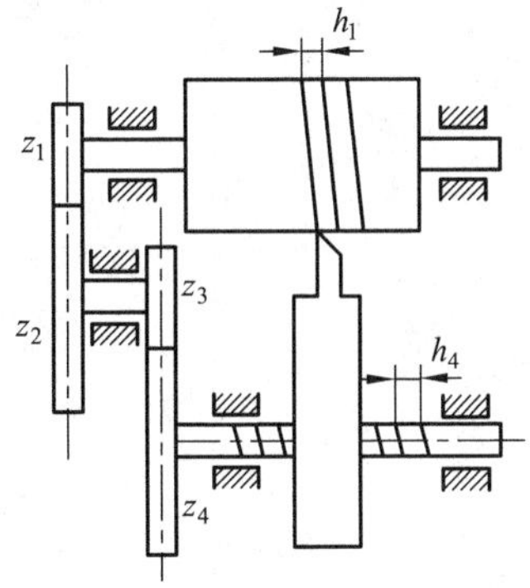

题 4-17 图

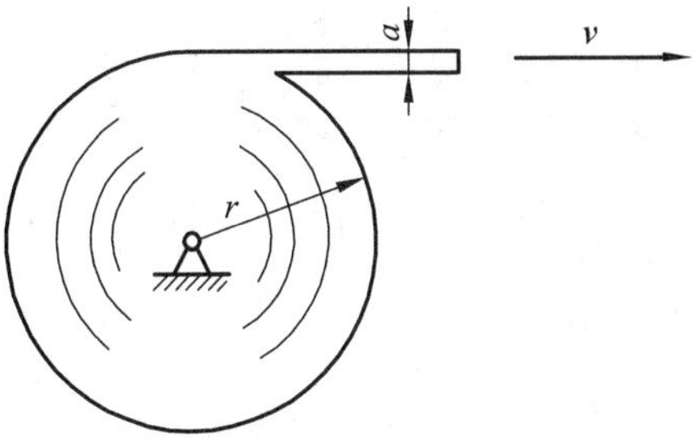

题 4-18 图

4-19　一飞轮绕固定轴 O 转动，其轮缘上任一点的全加速度在某段运动过程中与轮半径的交角恒为 60°。当运动开始时，其转角 φ_0 等于零，角速度为 ω_0。求飞轮的转动方程以及角速度与转角的关系。

4-20　半径 $R=100$ mm 的圆盘绕其圆心转动，图示瞬时，点 A 的速度为 $\boldsymbol{v}_A=200\boldsymbol{j}$ mm/s，点 B 的切向加速度 $\boldsymbol{a}_B^t=150\boldsymbol{i}$ mm/s^2。求角速度 $\boldsymbol{\omega}$ 和角加速度 $\boldsymbol{\alpha}$，并进一步写出点 C 的加速度的矢量表达式。

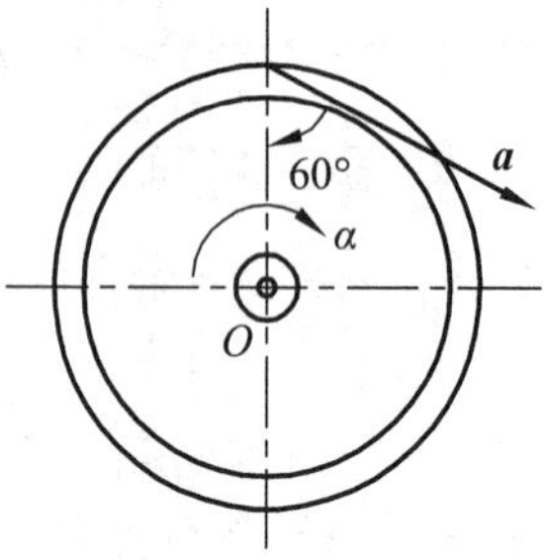

题 4-19 图

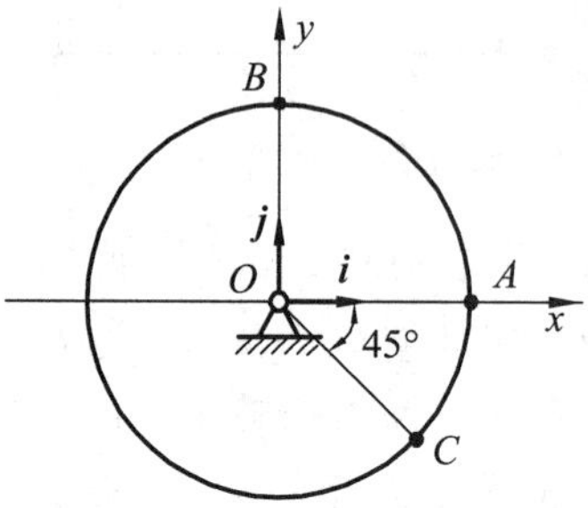

题 4-20 图

第 5 章　点的合成运动

前面我们研究物体的运动是相对于同一参考坐标系而言，当所研究的物体相对于不同参考坐标系运动时（即它们之间存在相对运动），就形成了运动的合成。

本章主要分析动点相对于不同参考坐标系的运动，分析物体相对于不同参考系运动之间的关系，分析运动中某一瞬时的速度合成和加速度合成的规律。

5.1　概　述

5.1.1　运动的合成与分解

物体相对于不同参考系的运动是不同的。研究物体相对于不同参考系的运动，分析物体相对于不同参考系运动之间的关系，可称为复杂运动或合成运动。

在工程和实际生活中物体相对于不同参考系运动的例子很多，如图 5-1 所示，沿直线滚动的车轮，若在地面上观察轮边缘上点 M 的运动轨迹是旋轮线，但在车厢上观察点的轨迹则是一个圆。又如图 5-2 所示，车床车削工件时，车刀刀尖 M 相对于地面作直线运动，而相对于旋转的工件却是沿圆柱面作螺旋运动，因此车刀在工件的表面切出螺旋线。

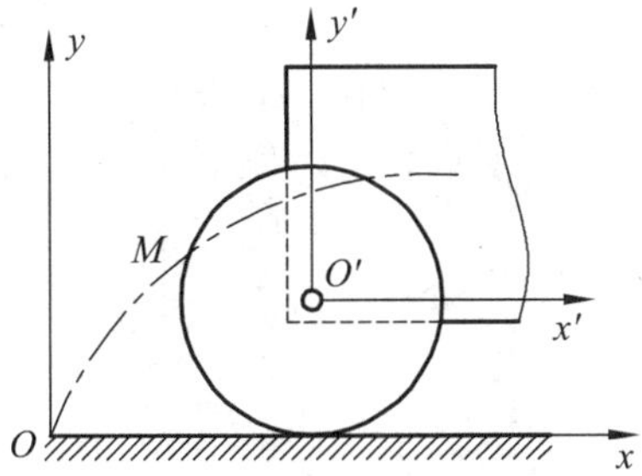

图 5-1

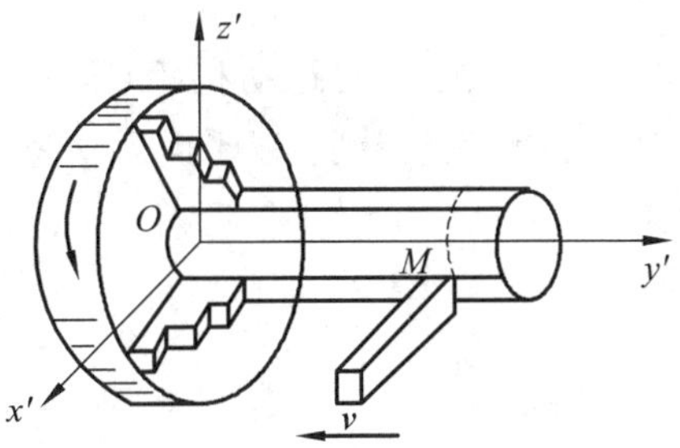

图 5-2

从上面的两个例子看出物体相对于不同参考系的运动是不同的，它们之间存在运动的合成和分解的关系。在上述例子中，车轮上的点 M 是沿旋轮线运动，若以车厢作为参考体，则点 M 相对于车厢的运动是简单的圆周运动，车厢相对于地面的运动是简单的平移。这样轮缘上一点的运动可以看成两个简单运动的合成，即点 M 相对于车厢作圆周运动，同时车厢相对于地面作平移运动。于是，相对于某一参考体的运动可由相对于其他参考体的几个运动组合而成，这种运动称为合成运动。

5.1.2 绝对运动、相对运动和牵连运动

一般情况下，将研究的物体看成是动点，动点相对于两个不同坐标系的运动，习惯上把固定在地球上的坐标系称为**定参考坐标系**（简称定系），以 $Oxyz$ 坐标系表示；另一个坐标系是建立在运动物体上的坐标系，称为**动参考坐标系**（简称动系），以 $O'x'y'z'$坐标系表示。如上面例子中的在车厢上、在行驶的汽车上观察动点的运动，动系均建立在运动的物体上。动点相对于定系的运动可以看成是动点相对于动系的运动和动系相对于定系的运动的合成。上面的例子中，定系建立在地面上，动点 M 的运动轨迹是旋轮线，动系建立在车厢上，点 M 相对于动系的运动轨迹是一个圆，而车厢是作平移的运动。即动点 M 的旋轮线可以看成是圆周运动和车厢平移运动的合成。

用点的合成运动理论，分析点的运动时必须要选定两个参考坐标系，区分以下三种运动：

（1）动点相对于定参考坐标系的运动，称为动点的**绝对运动**。所对应的轨迹、速度和加速度分别称为绝对运动轨迹、绝对速度 $\boldsymbol{v}_a$、绝对加速度 $\boldsymbol{a}_a$。

（2）动点相对于动参考坐标系的运动，称为动点的**相对运动**。所对应的轨迹、速度和加速度分别称为相对运动轨迹、相对速度 $\boldsymbol{v}_r$、相对加速度 $\boldsymbol{a}_r$。

（3）动系相对于定系的运动，称为动点的**牵连运动**。由于动系的运动是刚体的运动而不是一个点的运动，除非动系作平移，因而动系与动点直接相关的是动系与动点相重合的那一点，此点称为牵连点。牵连点所对应的轨迹、速度和加速度分别称为牵连运动轨迹、牵连速度 $\boldsymbol{v}_e$、牵连加速度 $\boldsymbol{a}_e$。

一般来讲，绝对运动看成是运动的合成，相对运动和牵连运动看成是运动的分解，合成与分解是研究点的合成运动的两个方面，切不可孤立看待，必须用联系的观点去学习。

5.1.3 利用坐标变换建立三种运动间的关系

动点的绝对运动、相对运动和牵连运动之间的关系可以通过动点在定参考坐标系和动参考坐标系中的坐标变换得到。以平面运动为例，设 Oxy 为定系，$O'x'y'$为动系，M 为动点，如图 5-3 所示。

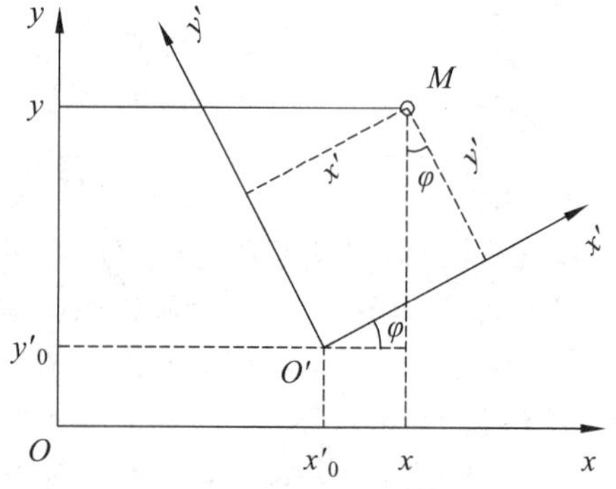

图 5-3

动点 M 的绝对运动方程：

$$x = x(t)\,,\quad y = y(t)$$

动点 M 的相对运动方程：

$$x' = x'(t)\,,\quad y' = y'(t)$$

牵连运动是动系 $O'x'y'$ 相对于定系 Oxy 的运动，其运动方程：

$$x_{o'} = x_{o'}(t)\,,\quad y_{o'} = y_{o'}(t)\,,\quad \varphi = \varphi(t)$$

由图 5-3 得动系与定系 Oxy 之间的坐标变换关系：

$$\begin{cases} x = x_{o'} + x'\cos\varphi - y'\sin\varphi \\ y = y_{o'} + x'\sin\varphi + y'\cos\varphi \end{cases} \tag{5-1}$$

在点的绝对运动方程中消去时间 t，即得点的绝对运动轨迹；在点的相对运动方程中消去时间 t，即得点的相对运动轨迹。

例 5-1 点 M 相对于动系 $Ox'y'$ 沿半径为 r 的圆周以速度 v 作匀速圆周运动（圆心为 O_1），动系 $Ox'y'$ 相对于定系 Oxy 以匀角速度 ω 绕点 O 作定轴转动，如图 5-4 所示。初始时 $Ox'y'$ 与 Oxy 重合，点 M 与点 O 重合。求点 M 的绝对运动方程。

解：连接 O_1M，由图 5-4 可知：

$$\psi = \frac{vt}{r}$$

于是得到点 M 的相对运动方程：

$$\begin{cases} x' = OO_1 - O_1M\cos\psi = r\left(1 - \cos\dfrac{vt}{r}\right) \\ y' = O_1M\sin\psi = r\sin\dfrac{vt}{r} \end{cases}$$

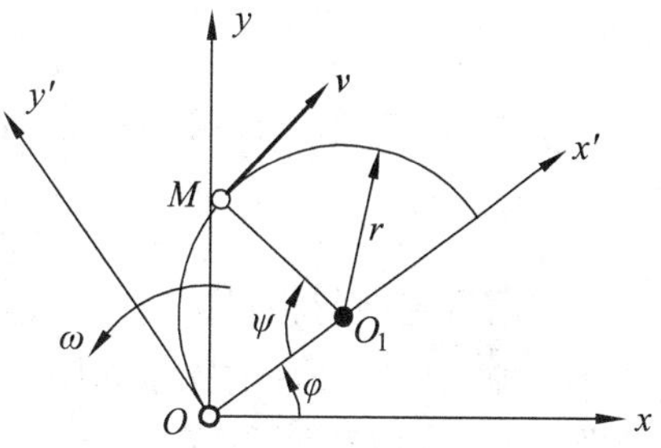

图 5-4

牵连运动方程：

$$x_{O'} = x_O = 0\,,\quad y_{O'} = y_O = 0\,,\quad \varphi = \omega t$$

利用坐标变换关系式（5-1），得点 M 的绝对运动方程：

$$\begin{cases} x = r\left(1 - \cos\dfrac{vt}{r}\right)\cos\omega t - r\sin\dfrac{vt}{r}\sin\omega t \\ y = r\left(1 - \cos\dfrac{vt}{r}\right)\sin\omega t + r\sin\dfrac{vt}{r}\cos\omega t \end{cases}$$

例 5-2 用车刀切削工件的直径端面，车刀刀尖 M 沿水平轴 x 作往复运动，如图 5-5 所示。设定系为 $Oxyz$，刀尖的运动方程为 $x = b\sin\omega t$，工件以匀角速度 ω 逆时针转向转动。求车刀刀尖在工件圆端面上切出的痕迹。

解：根据题意，需要求车刀刀尖 M 相对于工件的轨迹方程。

设刀尖 M 为动点，动参考系固定在工件上。则动点 M 在动坐标系 $Ox'y'$和定坐标系 Oxy 中的坐标关系：

$$\begin{cases} x' = x\cos\omega t \\ y' = -x\sin\omega t \end{cases}$$

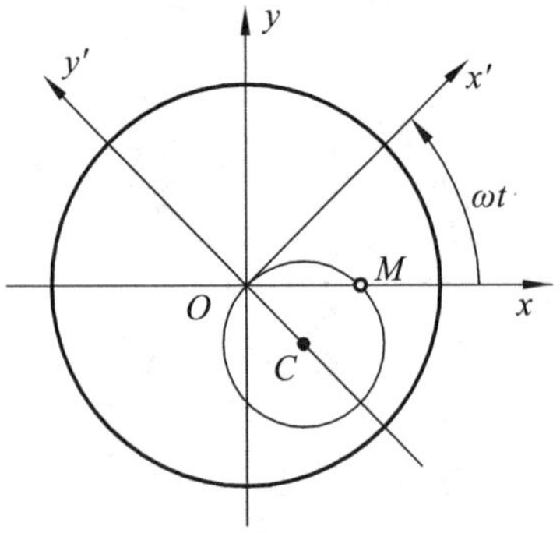

图 5-5

将点 M 的绝对运动方程代入上式中，得

$$\begin{cases} x' = b\sin\omega t\cos\omega t = \dfrac{b}{2}\sin 2\omega t \\ y' = -b\sin^2\omega t = -\dfrac{b}{2}(1-\cos 2\omega t) \end{cases}$$

上式就是车刀相对于工件的运动方程。

从上式中消去时间 t，得刀尖的相对轨迹方程：

$$x'^2 + \left(y' + \frac{b}{2}\right)^2 = \frac{b^2}{4}$$

可见，车刀在工件上切出的痕迹是一个半径为 $\dfrac{b}{2}$ 的圆，该圆的圆心 C 在动坐标轴 Oy'上，圆周通过工件的中心 O。

5.2 点的速度合成定理

下面研究点的相对速度、牵连速度、绝对速度三者之间的关系。

三种运动中矢径的关系如图 5-6 所示，设 $Oxyz$ 为定系，$O'x'y'z'$为动系，M 为动点。动系的坐标原点 O'在定系中的矢径为 $\boldsymbol{r}_{O'}$，动点 M 在定系中的矢径为 $\boldsymbol{r}_M$，动点 M 在动系中的矢径为 $\boldsymbol{r}'$，动系坐标的三个单位矢量为 $\boldsymbol{i}'$，$\boldsymbol{j}'$，$\boldsymbol{k}'$，牵连点为 M'（动系上与动点重合的点）在定系上的矢径为 $\boldsymbol{r}_{M'}$，有如下关系：

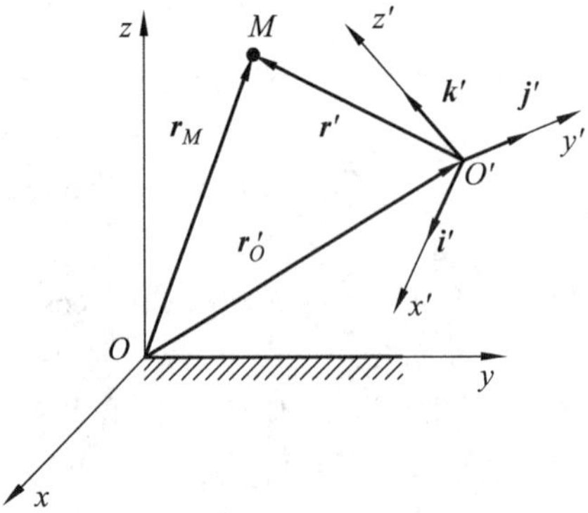

图 5-6

$$\boldsymbol{r}_M = \boldsymbol{r}_{O'} + \boldsymbol{r}'$$

$$\boldsymbol{r}' = x'\boldsymbol{i}' + y'\boldsymbol{j}' + z'\boldsymbol{k}'$$

在图示瞬时有：

$$\boldsymbol{r}_M = \boldsymbol{r}_{M'}$$

动点 M 的相对速度为：

$$\boldsymbol{v}_\mathrm{r} = \frac{\mathrm{d}\boldsymbol{r}'}{\mathrm{d}t} = \dot{x}'\boldsymbol{i}' + \dot{y}'\boldsymbol{j}' + \dot{z}'\boldsymbol{k}' \quad (5\text{-}2)$$

由于相对速度 v_r是动点相对于动系的运动，因此动系的三个单位矢量 $\boldsymbol{i}'$, $\boldsymbol{j}'$, $\boldsymbol{k}'$为常矢量。

动点 M 的牵连速度为：

$$\boldsymbol{v}_\mathrm{e} = \frac{\mathrm{d}\boldsymbol{r}_{M'}}{\mathrm{d}t} = \dot{\boldsymbol{r}}_{O'} + x'\dot{\boldsymbol{i}}' + y'\dot{\boldsymbol{j}}' + z'\dot{\boldsymbol{k}}' \quad (5\text{-}3)$$

牵连速度是牵连点 M'的速度，该点是动系上的点，因此它在动系上的坐标 x', y', z'是常量。

动点 M 的绝对速度为：

$$\boldsymbol{v}_\mathrm{a} = \frac{\mathrm{d}\boldsymbol{r}_M}{\mathrm{d}t} = \dot{\boldsymbol{r}}_{O'} + x'\dot{\boldsymbol{i}}' + y'\dot{\boldsymbol{j}}' + z'\dot{\boldsymbol{k}}' + \dot{x}'\boldsymbol{i}' + \dot{y}'\boldsymbol{j}' + \dot{z}'\boldsymbol{k}' \quad (5\text{-}4)$$

绝对速度是动点相对于定系的速度，动点在动系中的三个坐标 x', y', z'是时间的函数；同时由于动系在运动，动系的三个单位矢量的方向也在不断变化，因此 $\boldsymbol{i}'$, $\boldsymbol{j}'$, $\boldsymbol{k}'$也是时间的函数。

由于动点 M 与牵连点 M'仅在该瞬时重合，其他瞬时并不重合，因此 $\boldsymbol{r}_M$和 $\boldsymbol{r}_{M'}$对时间的导数是不同的。将式（5-2）、（5-3）代入式（5-4）得：

$$\boldsymbol{v}_\mathrm{a} = \boldsymbol{v}_\mathrm{e} + \boldsymbol{v}_\mathrm{r} \quad (5\text{-}5)$$

由此得相对速度、牵连速度和绝对速度三者之间的关系。

点的速度合成定理：在任一瞬时，动点的绝对速度等于在同一瞬时相对速度和牵连速度的矢量和。点的相对速度、牵连速度、绝对速度三者之间满足平行四边形合成法则，即绝对速度由相对速度和牵连速度所构成的平行四边形对角线确定，这个平行四边形称为速度平行四边形。

由于在推导速度合成定理时，并未限制动参考系作什么样的运动，因此这个定理适用于牵连运动是任何运动的情况，即动参考系可以作平移、转动或其他任何较复杂的运动。

应当注意：

（1）三种速度有三个大小和三个方向共六个要素，必须已知其中四个要素，才能求出剩余的两个要素。因此只要正确地画出上面三种速度的平行四边形，即可求出剩余的两个要素。

（2）动系的运动是任意的运动，可以是平移、转动或者是较为复杂的运动。

例 5-3　汽车以速度 v_1沿直线的道路行驶，雨滴以速度 v_2铅直下落，如图 5-7 所示，试求雨滴相对于汽车的速度。

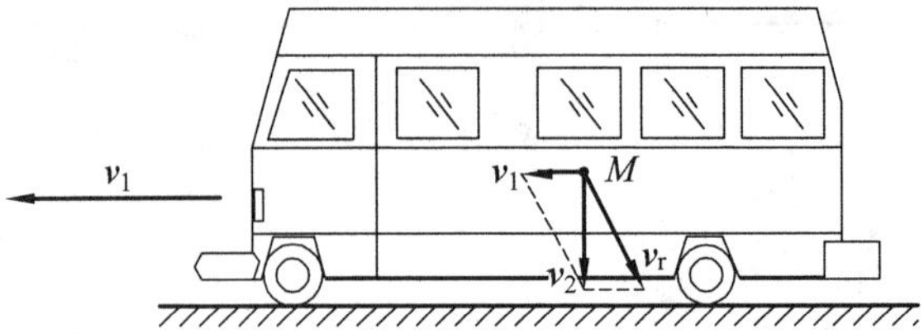

图 5-7

解：

（1）建立两种坐标系。

定系建立在地面上，动系建立在汽车上。

（2）分析三种运动。

雨滴为动点，其绝对速度为：

$$v_a = v_2$$

汽车的速度为牵连速度（牵连点的速度），因汽车作平移，各点的速度均相等。即：

$$v_e = v_1$$

（3）作速度的平行四边形。

由于绝对速度 v_a 和牵连速度 v_e 的大小和方向都是已知的，如图 5-7 所示，只需将速度 v_a 和 v_e 矢量的端点连线便可确定雨滴相对于汽车的速度 v_r。故：

$$v_r = \sqrt{v_a^2 + v_e^2} = \sqrt{v_2^2 + v_1^2}$$

雨滴相对于汽车的速度 v_r 与铅直线的夹角为：

$$\tan\alpha = \frac{v_1}{v_2}$$

例 5-4 如图 5-8 所示曲柄滑块机构，T 字形杆 BC 部分处于水平位置，DE 部分处于铅直位置并放在套筒 A 中。已知曲柄 OA 以匀角速度 $\omega = 20\ \text{rad/s}$ 绕 O 轴转动，$OA = r = 10\ \text{cm}$，试求当曲柄 OA 与水平线的夹角为 $\varphi = 0°$、30°、60°、90°时，T 形杆的速度。

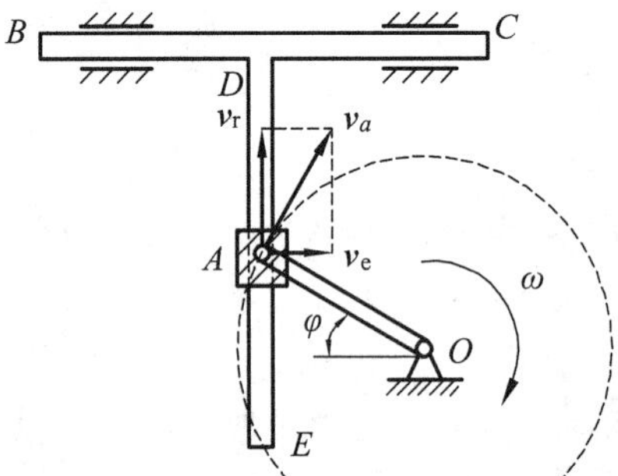

图 5-8

解：选套筒 A 为动点，T 字形杆为动系，地面为定系。动点的绝对运动为圆周运动，绝对速度的大小为：

$$v_a = r\omega = 10 \times 20 = 200 \quad (\text{cm/s})$$

绝对速度的方向垂直于曲柄 OA 沿角速度ω的方向。

由于 T 字形杆受水平约束，则牵连运动为水平方向；动点的相对速度为沿 BC 作直线运动，即为铅直向上，如图 5-8 所示，作速度的平行四边形。故 T 字形杆的速度为：

$$v_T = v_e = v_a \sin\varphi$$

将已知条件代入得：

$$\varphi = 0°：\ v_T = 200\sin 0 = 0$$

$$\varphi = 30°：\ v_T = 200\sin 30° = 100 \quad (\text{cm/s})$$

$$\varphi = 60°：\ v_T = 200\sin 60° = 173.2 \quad (\text{cm/s})$$

$$\varphi = 90°：\ v_T = 200\sin 90° = 200 \quad (\text{cm/s})$$

例 5-5 曲柄 OA 以匀角速度ω绕 O 轴转动，其上套有小环 M，而小环 M 又在固定的大圆环上运动，大圆环的半径为 R，如图 5-9 所示。试求当曲柄与水平线成的角 $\varphi = \omega t$ 时，小环 M 的绝对速度和相对曲柄 OA 的相对速度。

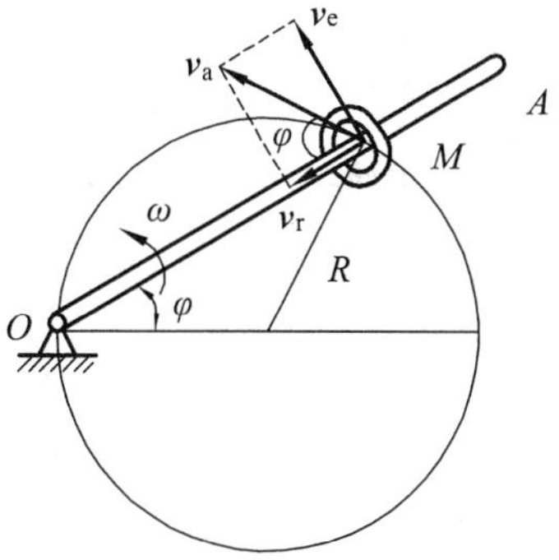

图 5-9

解：由题意，选小环 M 为动点，曲柄 OA 为动系，地面为定系。小环 M 的绝对运动是在大圆上的运动，因此小环 M 绝对速度垂直于大圆的半径 R；小环 M 的相对运动是在曲柄 OA 上的直线运动，因此小环 M 相对速度沿曲柄 OA 并指向 O 点，牵连运动为曲柄 OA 的定轴转动，小环 M 的牵连速度垂直于曲柄 OA。如图 5-9 所示，作速度的平行四边形。即：

小环 M 的牵连速度为：

$$v_e = OM\omega = 2R\omega\cos\varphi$$

小环 M 的绝对速度为：

$$v_a = \frac{v_e}{\cos\varphi} = 2R\omega$$

小环 M 的相对速度为：

$$v_r = v_e \cot\varphi = 2R\omega\sin\varphi = 2R\omega\sin\omega t$$

例 5-6 如图 5-10（a）所示，半径为 R、偏心距为 e 的凸轮，以匀角速度 ω 绕 O 轴转动，并使滑槽内的直杆 AB 上下移动，设 OAB 在一条直线上，轮心 C 与 O 轴在水平位置，试求在图示位置时杆 AB 的速度。

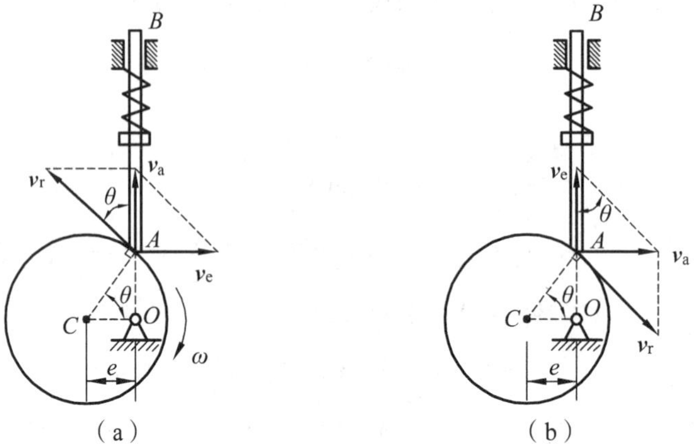

图 5-10

解： 由于杆 AB 作平移，所以研究杆 AB 的运动只需研究其上 A 点的运动即可。选杆 AB 上的点 A 为动点，凸轮为动系，地面为定系。

动点 A 的绝对运动是直杆 AB 的上下直线运动；相对运动为凸轮的轮廓线，即沿凸轮边缘的圆周运动；牵连运动为凸轮绕 O 轴的定轴转动。作速度的平行四边形如图 5-10（a）所示。

动点 A 的牵连速度为：

$$v_e = \omega OA$$

动点 A 的绝对速度为：

$$v_a = v_e \cot\theta = \omega OA \frac{e}{OA} = \omega e$$

动点和动系的选择可以是任意的。本题的另一种解法：选凸轮边缘上的点 A 为动点，杆 AB 为动系，地面为定系。

动点 A 的绝对运动是凸轮绕 O 轴的定轴转动，绝对速度的方向垂直于 OA，水平向右，绝对速度的大小为：

$$v_a = \omega OA$$

动点 A 的相对运动为沿凸轮边缘的曲线运动，相对速度的方向沿凸轮边缘的切线，牵连运动为直杆 AB 的直线运动，作速度的平行四边形如图 5-10（b）所示。杆 AB 的速度为动点 A 的牵连速度，即：

$$v_e = v_a \cot\theta = \omega OA \frac{e}{OA} = \omega e$$

应用点的速度合成定理解题步骤如下：

（1）选取动点、动参考系和定参考系。

其动点和动系的选取原则为：

① 动点和动系不能选在同一个物体上。

② 动点的相对轨迹越简单越直观越好（通常是直线或圆）。

③ 通常选择固定接触点为动点。

（2）分析三种运动和三种速度。各种运动的速度都有大小和方向两个要素，只有已知四个要素时才能画出速度平行四边形。

（3）应用速度合成定理，作出速度平行四边形。注意作图时要使绝对速度为速度平行四边形的对角线。

（4）利用速度平行四边形中的几何关系求解未知量。

5.3 点的加速度合成定理

5.3.1 牵连运动为平移时点的加速度合成定理

在图 5-11 中，设 $Oxyz$ 为定系，$O'x'y'z'$为动系且作平移，M 为动点。动点 M 的相对速度为：

$$\boldsymbol{v}_{\mathrm{r}}=\frac{\mathrm{d}\boldsymbol{r}'}{\mathrm{d}t}=\dot{x}'\boldsymbol{i}'+\dot{y}'\boldsymbol{j}'+\dot{z}'\boldsymbol{k}'$$

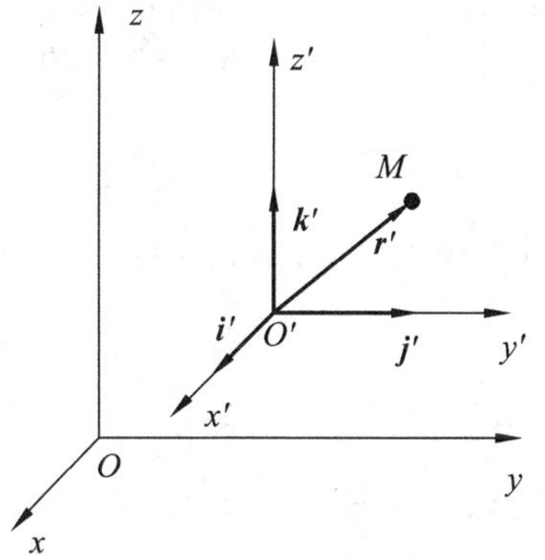

图 5-11

动点 M 的相对加速度为：

$$\boldsymbol{a}_{\mathrm{r}}=\frac{\mathrm{d}\boldsymbol{v}_{\mathrm{r}}}{\mathrm{d}t}=\ddot{x}'\boldsymbol{i}'+\ddot{y}'\boldsymbol{j}'+\ddot{z}'\boldsymbol{k}'$$

其中，$\boldsymbol{i}'$，$\boldsymbol{j}'$，$\boldsymbol{k}'$为动系坐标轴 x'，y'，z'的单位矢量，由于动系作平移，故 $\boldsymbol{i}'$，$\boldsymbol{j}'$，$\boldsymbol{k}'$为常矢量，对时间的导数均为零，$\boldsymbol{v}_{\mathrm{e}}=\boldsymbol{v}_{O'}$。将速度合成定理式（5-5）对时间求导得：

$$\begin{aligned}\frac{\mathrm{d}\boldsymbol{v}_{\mathrm{a}}}{\mathrm{d}t}&=\frac{\mathrm{d}\boldsymbol{v}_{\mathrm{e}}}{\mathrm{d}t}+\frac{\mathrm{d}\boldsymbol{v}_{\mathrm{r}}}{\mathrm{d}t}=\frac{\mathrm{d}\boldsymbol{v}_{O'}}{\mathrm{d}t}+\frac{\mathrm{d}}{\mathrm{d}t}(\dot{x}'\boldsymbol{i}'+\dot{y}'\boldsymbol{j}'+\dot{z}'\boldsymbol{k}')\\&=\boldsymbol{a}_{O'}+\ddot{x}'\boldsymbol{i}'+\ddot{y}'\boldsymbol{j}'+\ddot{z}'\boldsymbol{k}'=\boldsymbol{a}_{\mathrm{e}}+\boldsymbol{a}_{\mathrm{r}}\end{aligned}$$

动点 M 的绝对加速度为：

$$\boldsymbol{a}_a = \boldsymbol{a}_e + \boldsymbol{a}_r \tag{5-6}$$

牵连运动为平移时点的加速度合成定理：在任一瞬时，动点的绝对加速度等于在同一瞬时动点相对加速度和牵连加速度的矢量和。它与速度合成定理一样满足平行四边形合成法则，即绝对加速度位于相对加速度和牵连加速度所构成平行四边形对角线位置。在求解时也要画加速度平行四边形来确定三种加速度之间的关系。

例 5-7 如图 5-12（a）所示，曲柄 OA 以匀角速度 ω 绕定轴 O 转动，T 字形杆 BC 沿水平方向往复平动，滑块 A 在铅直槽 DE 内运动，$OA = r$，曲柄 OA 与水平线夹角为 $\varphi = \omega t$，试求图示瞬时，杆 BC 的速度及加速度。

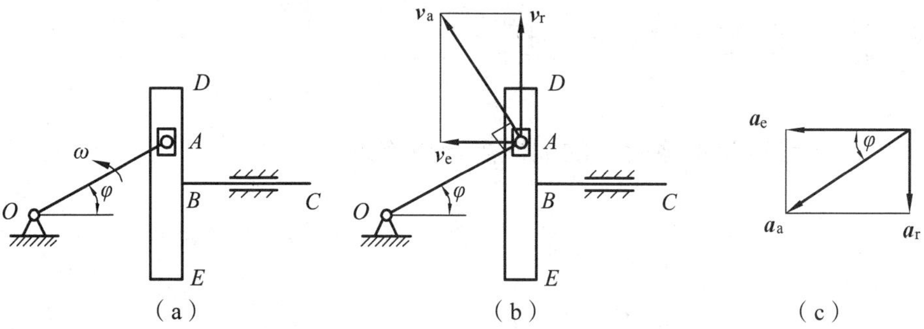

图 5-12

解：滑块 A 为动点，T 字形杆 BC 为动系，地面为定系。动点 A 的绝对运动是曲柄 OA 绕轴 O 的定轴转动；相对运动为滑块 A 在铅直槽 DE 内的直线运动；牵连速度为 T 字形杆 BC 沿水平方向的往复平移。

（1）求杆 BC 的速度。

作速度的平行四边形，如图 5-12（b）所示。动点 A 的绝对速度为：

$$v_a = r\omega$$

杆 BC 的速度为：

$$v_{BC} = v_e = v_a \sin\varphi = r\omega \sin\omega t$$

（2）求杆 BC 的加速度。

作加速度的平行四边形，如图 5-12（c）所示。动点 A 的绝对加速度为：

$$a_a = r\omega^2$$

杆 BC 的加速度为：

$$a_{BC} = a_e = a_a \cos\varphi = r\omega^2 \cos\omega t$$

例 5-8 如图 5-13（a）所示的铰接四边形机构中，$O_1A = O_2B = 100$ mm，又 $O_1O_2 = AB$，杆 O_1A 以等角速度 $\omega = 2$ rad/s 绕轴 O_1 转动。杆 AB 上有一套筒 C，此套筒与杆 CD 相铰接。机构的各部件都在同一铅直平面内，求当 $\varphi = 60°$ 时，杆 CD 的速度和加速度。

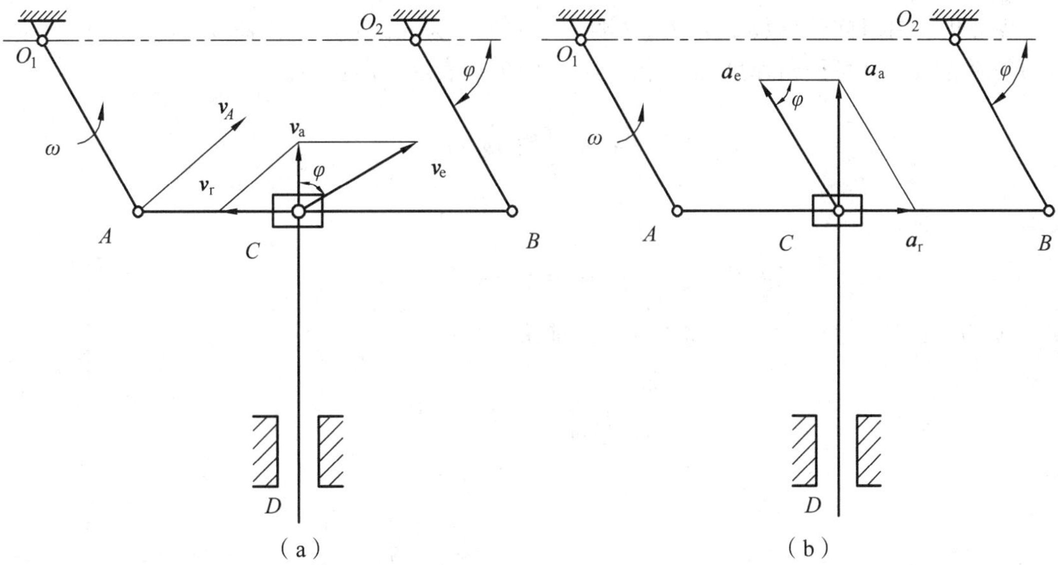

图 5-13

解： 根据题意，选取杆 *AB* 为动系，*C* 为动点。由于杆 *AB* 作平动，所以其上所有的点都和点 *AB* 有相同的运动规律。

（1）其速度合成关系见图 5-13（a）。

由图示几何关系：

$$v_a = v_A\cos\varphi = \omega O_1A\cos 60° = 2\times 100\times\cos 60° = 0.1 \ （\mathrm{m/s}）$$

（2）其加速度合成关系见图 5-13（b）。

$$\boldsymbol{a}_a = \boldsymbol{a}_e + \boldsymbol{a}_r$$

$$a_e = a_A = \omega^2 O_1A = 4\times 0.1 = 0.4\ \mathrm{m/s^2}$$

由几何关系得：

$$a_a = a_e\sin\varphi = 0.4\sin 60° = 0.2\sqrt{3}\ （\mathrm{m/s^2}）= 0.346\,4\ （\mathrm{m/s^2}）$$

所以，杆 *CD* 的速度为：

$$v_{CD} = v_a = 0.1\ \mathrm{m/s}$$

杆 *CD* 的加速度为：

$$a_{CD} = a_a = 0.346\,4\ \mathrm{m/s^2}$$

5.3.2　牵连运动为定轴转动时点的加速度合成定理

设动系 $O'x'y'z'$ 相对于定系 $Oxyz$ 作定轴转动，角速度矢量为 ω_e。如图 5-14 所示，不失一般性，可把定轴取为定坐标轴的 z 轴。

先分析 $\boldsymbol{k}'$对时间的导数。设 $\boldsymbol{k}'$的矢端点 A 的矢径为 $\boldsymbol{r}_A$，则点 A 的速度既等于矢径 $\boldsymbol{r}_A$ 对时间的一阶导数，又可用角速度矢 ω_e 和矢径 $\boldsymbol{r}_A$ 的矢积表示，即：

$$\boldsymbol{v}_A = \frac{\mathrm{d}\boldsymbol{r}_A}{\mathrm{d}t} = \boldsymbol{\omega}_e \times \boldsymbol{r}_A$$

由图 5-14，有：

$$\boldsymbol{r}_A = \boldsymbol{r}_{O'} + \boldsymbol{k}'$$

其中 $\boldsymbol{r}_{O'}$为动系原点 O'的矢径，将上式代入前式，得：

$$\frac{\mathrm{d}\boldsymbol{r}_{O'}}{\mathrm{d}t} + \frac{\mathrm{d}\boldsymbol{k}'}{\mathrm{d}t} = \boldsymbol{\omega}_e \times (\boldsymbol{r}_{O'} + \boldsymbol{k}')$$

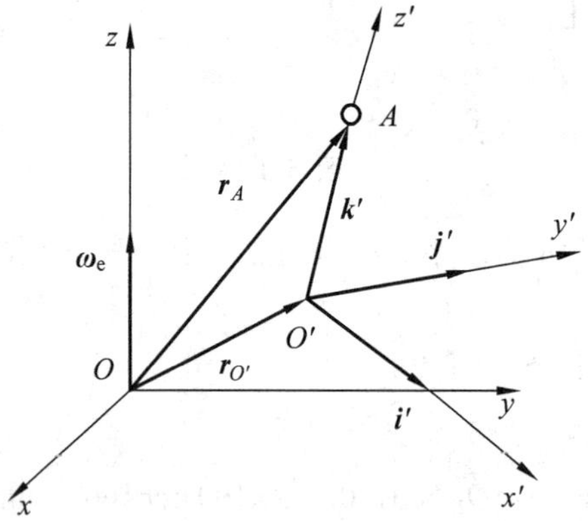

图 5-14

由于动系原点 O'的速度为：

$$\boldsymbol{v}_{O'} = \frac{\mathrm{d}\boldsymbol{r}_{O'}}{\mathrm{d}t} = \boldsymbol{\omega}_e \times \boldsymbol{r}_{O'}$$

代入前式，得：

$$\frac{\mathrm{d}\boldsymbol{k}'}{\mathrm{d}t} = \boldsymbol{\omega}_e \times \boldsymbol{k}'$$

$\boldsymbol{i}'$，$\boldsymbol{j}'$的导数与上式相似，合写为：

$$\dot{\boldsymbol{i}}' = \boldsymbol{\omega}_e \times \boldsymbol{i}' ,\quad \dot{\boldsymbol{j}}' = \boldsymbol{\omega}_e \times \boldsymbol{j}' ,\quad \dot{\boldsymbol{k}}' = \boldsymbol{\omega}_e \times \boldsymbol{k}' \tag{5-7}$$

动点的相对加速度为：

$$\boldsymbol{a}_r = \frac{\mathrm{d}^2\boldsymbol{r}'}{\mathrm{d}t^2} = \ddot{x}'\boldsymbol{i}' + \ddot{y}'\boldsymbol{j}' + \ddot{z}'\boldsymbol{k}' \tag{5-8}$$

由于相对加速度是动点相对于动系的加速度，即在动系上观察动点的加速度，因此，$\boldsymbol{i}'$，$\boldsymbol{j}'$，$\boldsymbol{k}'$为常量。

动点的牵连加速度为：

$$\boldsymbol{a}_{\mathrm{e}}=\frac{\mathrm{d}^2\boldsymbol{r}_{M'}}{\mathrm{d}t^2}=\ddot{\boldsymbol{r}}_{O'}+x'\ddot{\boldsymbol{i}}'+y'\ddot{\boldsymbol{j}}'+z'\ddot{\boldsymbol{k}}' \tag{5-9}$$

由于牵连加速度是动系上与动点重合那一点即牵连点 M'的加速度，该点是动系上的点，因此点 M'在动系上的坐标 x'，y'，z'是常量。

动点的绝对加速度为：

$$\boldsymbol{a}_{\mathrm{a}}=\frac{\mathrm{d}^2\boldsymbol{r}_{M}}{\mathrm{d}t^2}=\ddot{\boldsymbol{r}}_{O'}+x'\ddot{\boldsymbol{i}}'+y'\ddot{\boldsymbol{j}}'+z'\ddot{\boldsymbol{k}}'+\ddot{x}'\boldsymbol{i}'+\ddot{y}'\boldsymbol{j}'+\ddot{z}'\boldsymbol{k}'+2(\dot{x}'\dot{\boldsymbol{i}}'+\dot{y}'\dot{\boldsymbol{j}}'+\dot{z}'\dot{\boldsymbol{k}}') \tag{5-10}$$

绝对加速度是动点相对于定系的加速度，动点在动系中的坐标 x'，y'，z'是时间的函数；同时由于动系在运动，动系的三个单位矢量 $\boldsymbol{i}'$，$\boldsymbol{j}'$，$\boldsymbol{k}'$的方向也在不断变化，它们也是时间的函数，由式（5-10）整理

$$\begin{aligned}2(\dot{x}'\dot{\boldsymbol{i}}'+\dot{y}'\dot{\boldsymbol{j}}'+\dot{z}'\dot{\boldsymbol{k}}')&=2\left[\dot{x}'(\boldsymbol{\omega}_{\mathrm{e}}\times\boldsymbol{i}')+\dot{y}'(\boldsymbol{\omega}_{\mathrm{e}}\times\boldsymbol{j}')+\dot{z}'(\boldsymbol{\omega}_{\mathrm{e}}\times\boldsymbol{k}')\right]\\&=2\boldsymbol{\omega}_{\mathrm{e}}\times(\dot{x}'\boldsymbol{i}'+\dot{y}'\boldsymbol{j}'+\dot{z}'\boldsymbol{k}')\\&=2\boldsymbol{\omega}_{\mathrm{e}}\times\boldsymbol{v}_{\mathrm{r}}\end{aligned} \tag{5-11}$$

将式（5-8）、式（5-9）和式（5-11）代入式（5-10），得：

$$\boldsymbol{a}_{\mathrm{a}}=\boldsymbol{a}_{\mathrm{e}}+\boldsymbol{a}_{\mathrm{r}}+2\boldsymbol{\omega}_{\mathrm{e}}\times\boldsymbol{v}_{\mathrm{r}}$$

其中，令

$$\boldsymbol{a}_{\mathrm{C}}=2\boldsymbol{\omega}_{\mathrm{e}}\times\boldsymbol{v}_{\mathrm{r}} \tag{5-12}$$

式中，$\boldsymbol{a}_{\mathrm{C}}$ 称为科氏加速度，其等于动系角速度矢与点的相对速度矢的矢积的两倍。于是有：

$$\boldsymbol{a}_{\mathrm{a}}=\boldsymbol{a}_{\mathrm{e}}+\boldsymbol{a}_{\mathrm{r}}+\boldsymbol{a}_{\mathrm{C}} \tag{5-13}$$

式（5-13）为**牵连运动为定轴转动时点的加速度合成定理**：在任一瞬时，动点的绝对加速度等于在同一瞬时动点相对加速度、牵连加速度和科氏加速度的矢量和。

当牵连运动为任意运动时式（5-13）都成立，它是点的加速度合成定理的普遍形式。

根据矢积运算法则，$\boldsymbol{a}_{\mathrm{C}}$ 的大小为：

$$A_{\mathrm{C}}=2\omega_{\mathrm{e}}v_{\mathrm{r}}\sin\theta$$

其中，θ为 ω_{e} 与 $\boldsymbol{v}_{\mathrm{r}}$ 两矢量间的最小夹角。科氏加速度 $\boldsymbol{a}_{\mathrm{C}}$ 垂直于 ω_{e} 和 $\boldsymbol{v}_{\mathrm{r}}$ 构成的平面，它们之间的关系遵循右手螺旋法则，如图 5-15 所示，四指由 ω_{e} 指向 $\boldsymbol{v}_{\mathrm{r}}$，则拇指的指向即为 $\boldsymbol{a}_{\mathrm{C}}$ 方向。

当 ω_{e} 和 $\boldsymbol{v}_{\mathrm{r}}$ 平行时（$\theta=0°$或$\theta=180°$），$a_{\mathrm{C}}=0$；当 ω_{e} 和 $\boldsymbol{v}_{\mathrm{r}}$ 垂直时，$a_{\mathrm{C}}=2\omega_{\mathrm{e}}v_{\mathrm{r}}$。

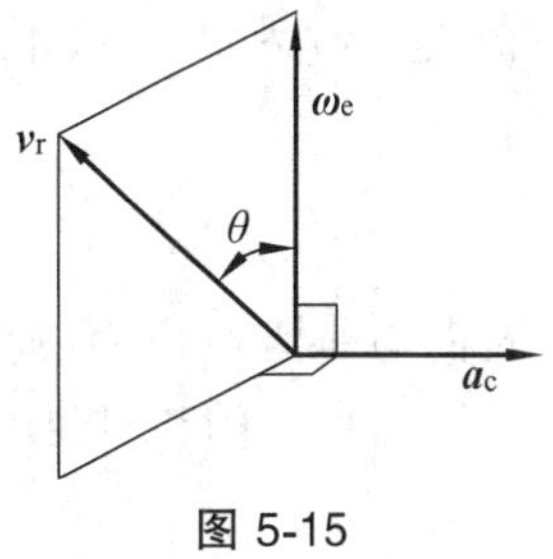

图 5-15

科氏加速度是法国工程师科里奥利（G. G. de Coriolis，1792—1834）于 1832 年在研究水轮机转动时提出的，由其表达式看，它是由于牵连运动和相对运动相互影响产生的。

牵连运动为定轴转动时点的加速度合成定理适合动系作任何运动的情况，此时动系的角速度矢 ω可以分解为定系三个轴方向的角速度矢 ω_x，ω_y，ω_z。

例 5-9 刨床的急回机构如图 5-16（a）所示。曲柄 OA 与滑块 A 用铰链连接，曲柄 OA 以匀角速度ω绕固定轴 O 转动，滑块 A 在摇杆 O_1B 上滑动，并带动摇杆 O_1B 绕固定轴 O_1 转动。设曲柄 $OA=r$，两个轴间的距离 $OO_1=l$，试求当曲柄 OA 在水平位置时，摇杆 O_1B 的角速度ω_1和角加速度α_1。

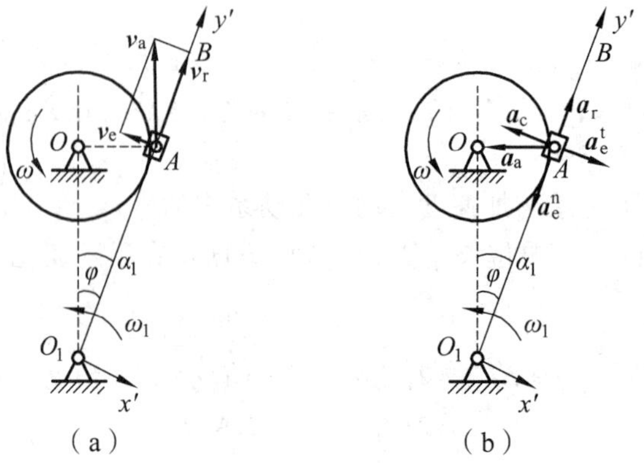

图 5-16

解：根据题意，选滑块 A 为动点，摇杆 O_1B 为动系，地面为定系。动点 A 绝对运动为曲柄 OA 的圆周运动，动点 A 相对运动为沿摇杆 O_1B 的直线运动，牵连运动为摇杆 O_1B 绕固定轴 O_1 的转动。

（1）求摇杆 O_1B 的角速度ω_1。

当曲柄 OA 在水平位置时，动点 A 的绝对速度 v_a 沿圆周的切线铅直向上，动点 A 的相对速度 v_r 沿摇杆 O_1B，牵连运动 v_e 垂直摇杆 O_1B，作速度的平行四边形，如图 5-16（a）所示。

动点 A 的绝对速度 v_a 为：

$$v_a = r\omega \tag{a}$$

动点 A 的牵连速度 v_e 为：

$$v_e = O_1A\omega_1 \tag{b}$$

利用速度的平行四边形的三角关系有：

$$v_e = v_a \sin\varphi \tag{c}$$

其中，$O_1A=\sqrt{r^2+l^2}$，$\sin\varphi=\dfrac{OA}{O_1A}=\dfrac{r}{\sqrt{r^2+l^2}}$，$\cos\varphi=\dfrac{O_1O}{O_1A}=\dfrac{l}{\sqrt{r^2+l^2}}$。

将式（a）和式（b）代入式（c）得摇杆 O_1B 绕固定轴 O_1 转动的角速度：

$$\omega_1 = \frac{r^2\omega}{l^2+r^2} \tag{d}$$

转向与曲柄 OA 的角速度ω相同。

动点 A 的相对速度 v_r 为：

$$v_r = v_a \cos\varphi \tag{e}$$

将式（a）代入式（e）得：

$$v_{\mathrm{r}} = v_{\mathrm{a}}\cos\varphi = r\omega\frac{l}{\sqrt{r^2+l^2}} \tag{f}$$

（2）求摇杆 O_1B 的角加速度 α_1。

由于动系作定轴转动，因此求摇杆 O_1B 的角加速度 α_1，应用牵连运动为定轴转动时点的加速度合成定理。即：

$$\boldsymbol{a}_{\mathrm{a}} = \boldsymbol{a}_{\mathrm{e}} + \boldsymbol{a}_{\mathrm{r}} + \boldsymbol{a}_{\mathrm{C}} \tag{g}$$

动点 A 的绝对加速度 a_a 分为切向加速度和法向加速度，但由于曲柄 OA 以匀角速度 ω 绕固定轴 O 转动，所以其角加速度 $\alpha = 0$，则有

$$a_{\mathrm{a}} = a_{\mathrm{a}}^{\mathrm{n}} = r\omega^2 \tag{h}$$

动点 A 的牵连加速度 a_{e} 为：

$$a_{\mathrm{e}}^{\mathrm{n}} = O_1A\omega_1^2 = \frac{r^4\omega^2}{(l^2+r^2)^{\frac{3}{2}}} \tag{i}$$

$$a_{\mathrm{e}}^{\tau} = O_1A\alpha_1 = \alpha_1\sqrt{r^2+l^2} \tag{j}$$

动点 A 的相对加速度 a_{r} 大小未知，方向沿摇杆 O_1B 是已知的。

动点 A 的科氏加速度用式（5-12）表示，由于 $\boldsymbol{\omega}_{\mathrm{e}}$ 和 $\boldsymbol{v}_{\mathrm{r}}$ 垂直，则：

$$a_{\mathrm{C}} = 2\omega_1 v_{\mathrm{r}} \tag{k}$$

将式（d）和式（f）代入式（k）得：

$$a_{\mathrm{C}} = 2\omega_1 v_{\mathrm{r}} = \frac{2\omega^2 r^3 l}{(l^2+r^2)^{\frac{3}{2}}} \tag{l}$$

方向按右手螺旋法则来确定，如图 5-16（b）所示。

式（g）的具体表达式为：

$$\boldsymbol{a}_{\mathrm{a}}^{\tau} + \boldsymbol{a}_{\mathrm{a}}^{\mathrm{n}} = \boldsymbol{a}_{\mathrm{e}}^{\tau} + \boldsymbol{a}_{\mathrm{e}}^{\mathrm{n}} + \boldsymbol{a}_{\mathrm{r}} + \boldsymbol{a}_{\mathrm{C}} \tag{m}$$

由图 5-16（b）所示，将式（m）向 O_1x' 轴投影，得：

$$-a_{\mathrm{a}}\cos\varphi = a_{\mathrm{e}}^{\tau} - a_{\mathrm{c}} \tag{n}$$

将式（h）、（j）和（k）代入式（n）得摇杆 O_1B 的角加速度 α_1，即：

$$\alpha_1 = -\frac{rl(l^2-r^2)}{(l^2+r^2)^2}\omega^2$$

负号说明实际方向与原假设方向相反，如图 5-16（b）所示，应为逆时针转向。

例 5-10 图 5-17 所示平面机构中，曲柄 $OA=r$，以匀角速度ω_O转动。套筒 A 可沿 BC 杆滑动。已知 $BC=DE$，且 $BD=CE=l$。求图示位置时，杆 BD 的角速度和角加速度。

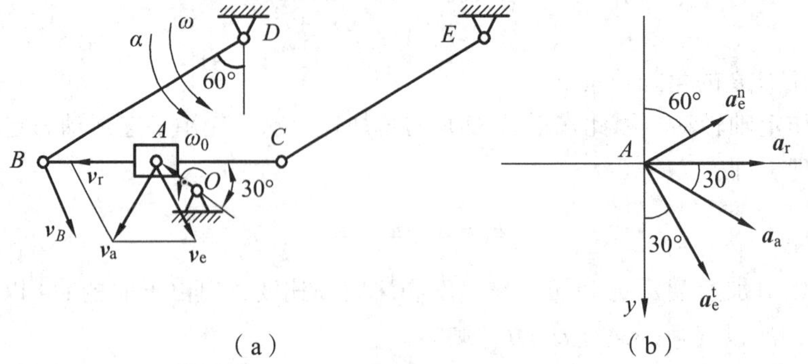

图 5-17

解：由于 $DBCE$ 为平行四边形，因而杆 BC 作平移。以套筒 A 为动点，绝对速度 $v_a=r\omega_O$。以杆 BC 为动系，牵连速度 v_e 等于点 B 的速度 v_B。其速度合成关系如图 5-17（a）所示。

由图示几何关系解出：

$$v_e=v_r=v_a=r\omega_O$$

因而杆 BD 的角速度 ω 方向如图，大小为：

$$\omega=\frac{v_B}{l}=\frac{v_e}{l}=\frac{r\omega_O}{l} \qquad \text{(a)}$$

动系 BC 为曲线平移，因此科氏加速度 $a_c=0$；牵连加速度与点 B 加速度相同，应分解为 $\boldsymbol{a}_e^t$ 和 $\boldsymbol{a}_e^n$ 两项。由加速度合成定理，有：

$$\boldsymbol{a}_a=\boldsymbol{a}_e+\boldsymbol{a}_r=\boldsymbol{a}_e^t+\boldsymbol{a}_e^n+\boldsymbol{a}_r \qquad \text{(b)}$$

其中

$$a_a=\omega_O^2 r\,,\quad a_e^n=\omega^2 l=\frac{\omega_O^2 r^2}{l}$$

而 a_e^t 和 a_r 为未知量，暂设 $\boldsymbol{a}_e^t$ 和 $\boldsymbol{a}_r$ 的指向如图 5-17（b）所示。

将式（b）两端向 y 轴投影，得：

$$a_a\sin 30°=a_e^t\cos 30°-a_e^n\sin 30°$$

解出：

$$a_e^t=\frac{(a_a+a_e^n)\sin 30°}{\cos 30°}=\frac{\sqrt{3}\omega_O^2 r(l+r)}{3l}$$

解得 a_e^t 为正，表明图示 $\boldsymbol{a}_e^t$ 所设指向正确。

动系平移，点 B 的加速度等于牵连加速度，因而杆 BD 的角速度方向如图，其值为：

$$\alpha = \frac{a_e^t}{l} = \frac{\sqrt{3}\omega_O^2 r(l+r)}{3l^2}$$

例 5-11 图 5-18 所示凸轮机构中，凸轮以匀角速度 ω 绕水平 O 轴转动，带动直杆 AB 沿铅直线上、下运动，且 O，A，B 共线。凸轮上与点 A 接触的点为 A'，图示瞬时凸轮上点 A' 的曲率半径为 ρ_A，点 A'的法线与 OA 夹角为 θ，$OA = l$。求该瞬时杆 AB 的速度及加速度。

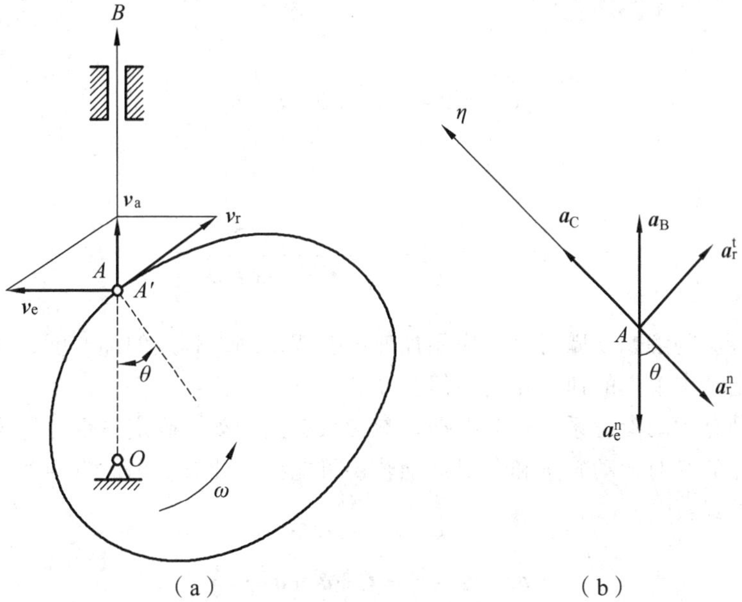

图 5-18

解： 如果取凸轮上点 A'作为动点，动系固结在杆 AB 上，所看到的相对运动轨迹是不清楚的。因此取杆 AB 上的点 A 为动点，动系固结在凸轮上。绝对运动是点 A 的直线运动，牵连运动是凸轮绕 O 轴的定轴转动，相对运动是点 A 沿凸轮轮缘的运动。各速度矢方向很容易画出，如图 5-18（a）。由点的速度合成定理：

$$\boldsymbol{v}_a = \boldsymbol{v}_e + \boldsymbol{v}_r$$

其中 $v_e = l\omega$，可求得：

$$v_a = l\omega\tan\theta\ ,\quad v_r = l\omega/\cos\theta$$

绝对运动是直线运动，因此 $\boldsymbol{a}_a$ 沿直线 AB 方向；牵连运动是匀速定轴运动，因此 $\boldsymbol{a}_e$ 指向点 O；相对加速度由切向加速度 $\boldsymbol{a}_r^t$ 及法向加速度 $\boldsymbol{a}_r^n$ 两项组成。其中：

$$a_e^n = l\omega^2\ ,\quad a_r^n = \frac{v_r^2}{\rho_A} = \frac{\omega^2 l^2}{\rho_A\cos^2\theta}$$

由于牵连运动为转动，因此有科氏加速度 $\boldsymbol{a}_C$：

$$\boldsymbol{a}_C = 2\boldsymbol{\omega}_e \times \boldsymbol{v}_r$$

由于 $\boldsymbol{\omega}_e$ 与 $\boldsymbol{v}_r$ 垂直，其大小为：

$$a_C = 2\omega v_r = 2\omega^2 l / \cos\theta$$

各加速度方向如图 5-18（b）所示。根据点的加速度合成定理有：

$$\boldsymbol{a}_a = \boldsymbol{a}_e + \boldsymbol{a}_r^t + \boldsymbol{a}_r^n + \boldsymbol{a}_C$$

在此矢量方程中，只有 $\boldsymbol{a}_a$ 的大小及 $\boldsymbol{a}_r^t$ 的大小未知。欲求 a_a，可将此矢量方程向垂直于 a_r^t 的 η 轴上投影：

$$a_a \cos\theta = -a_e^n \cos\theta - a_r^n + a_C$$

解得：

$$a_a = -\omega^2 l\left(1 + \frac{l}{\rho_A \cos^3\theta} - \frac{2}{\cos^2\theta}\right)$$

总结以上各例的解题步骤可见，应用加速度合成定理求解点的加速度，其步骤基本上与应用速度合成定理求解点的速度相同，但要注意以下几点：

（1）选取动点和动参考系后，应根据动参考系有无转动，确定是否有科氏加速度。

（2）因为点的绝对运动轨迹和相对运动轨迹可能都是曲线，因此点的加速度合成定理一般可写成如下形式：

$$\boldsymbol{a}_a^t + \boldsymbol{a}_a^n = \boldsymbol{a}_e^t + \boldsymbol{a}_e^n + \boldsymbol{a}_r^t + \boldsymbol{a}_r^n + \boldsymbol{a}_C$$

式中，每一项都有大小和方向两个要素，必须认真分析每一项，才可能正确地解决问题。在平面问题中，一个矢量方程相当于两个代数方程。因而可求解两个未知量。上式中各项法向加速度的方向总是指向相应的曲率中心，它们的大小总是可以根据相应的速度大小和曲率半径求出。因此在应用加速度合成定理时，一般先进行速度分析，这样各项法向加速度都是已知量。科氏加速度的大小和方向由牵连角速度和相对速度确定。这样，在加速度合成定理中只有三项切向加速度的六个要素可能是待求量，若知其中的四个要素，则余下的两个要素就完全可求了。

在根据加速度矢量方程列投影方程解题时，一定要注意绝对加速度在等号的左边，其他的加速度在等号的右边，一定要和等式 $\sum a = 0$ 区分开。

本章小结

1. 建立两种坐标系

定参考坐标系：建立在不动物体上的坐标系，简称定系。

动参考坐标系：建立在运动物体上的坐标系，简称动系。

2. 动点的三种运动

绝对运动：动点相对于定参考坐标系运动。

相对运动：动点相对于动参考坐标系运动。

牵连运动：动参考坐标系相对于定参考坐标系的运动。

3. 点的速度合成定理

在任一瞬时，动点的绝对速度等于在同一瞬时动点的相对速度和牵连速度的矢量和。即：

$$\boldsymbol{v}_{\mathrm{a}}=\boldsymbol{v}_{\mathrm{e}}+\boldsymbol{v}_{\mathrm{r}}$$

4. 点的加速度合成定理

（1）牵连运动为平移时点的加速度合成定理

在任一瞬时，动点的绝对加速度等于在同一瞬时动点相对加速度和牵连加速度的矢量和。即：

$$\boldsymbol{a}_{\mathrm{a}}=\boldsymbol{a}_{\mathrm{e}}+\boldsymbol{a}_{\mathrm{r}}$$

在应用速度合成定理和牵连运动为平移时点的加速度合成定理时，应画出速度合成和加速度合成的平行四边形，使绝对速度和绝对加速度位于平行四边形对角线的位置。只有画出平行四边形，才能确定三种运动的关系。

（2）牵连运动为定轴转动时点的加速度合成定理

在任一瞬时，动点的绝对加速度等于在同一瞬时动点的相对加速度、牵连加速度和科氏加速度的矢量和。即：

$$\boldsymbol{a}_{\mathrm{a}}=\boldsymbol{a}_{\mathrm{e}}+\boldsymbol{a}_{\mathrm{r}}+\boldsymbol{a}_{\mathrm{C}}$$

在应用牵连运动为定轴转动时点的加速度合成定理时，一般采用投影法求解。

习 题

5-1 如图所示点 M 在平面 $O'x'y'$ 中运动，运动方程为：

$$x'=40(1-\cos t)\,,\quad y'=40\sin t$$

式中，t 以 s 计，x' 和 y' 以 mm 计。平面 $O'x'y'$ 又绕垂直于该平面的 O 轴转动，转动方程为 $\varphi=t$ rad，其中，角 φ 为动坐标系的 x' 轴和定坐标系的 x 轴间的夹角。求点 M 的相对轨迹和绝对轨迹。

5-2 如图所示，瓦特离心调速器以角速度 ω 绕铅直轴转动。由于机器负荷的变化，调速器重球以角速度 ω_1 向外张开。如 $\omega=10$ rad/s，$\omega_1=1.2$ rad/s，球柄长 $l=500$ mm，悬挂球柄的支点到铅直轴的距离 $e=50$ mm，球柄与铅直轴间所成的交角为 $\beta=30°$。求此时重球的绝对速度。

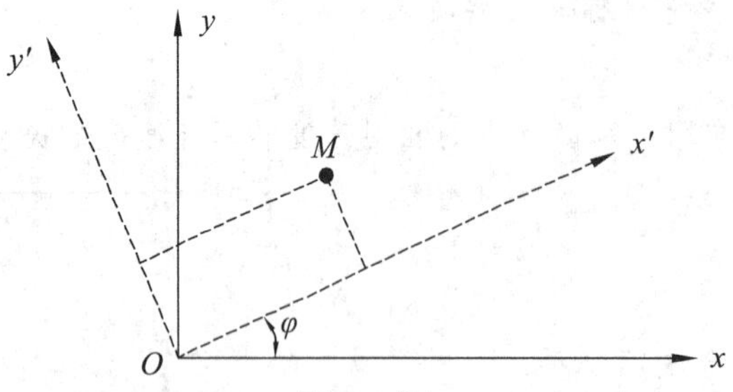

题 5-1 图

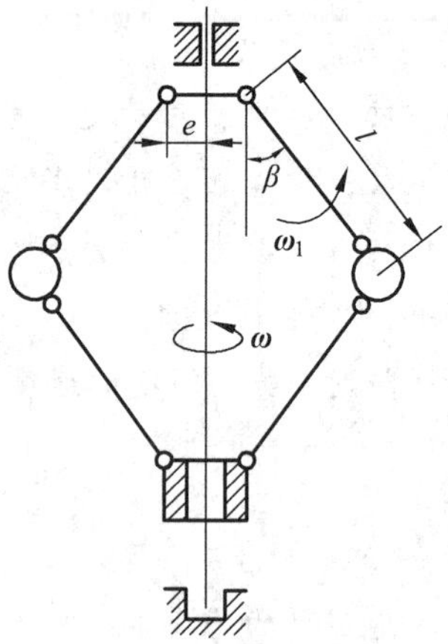

题 5-2 图

5-3　杆 OA 长为 L，由推杆推动而在图面内绕点 O 轴转动，如图所示。假定推杆的速度为 v，其弯头高为 a。求杆端 A 的速度的大小（表示为 x 的函数）。

5-4　车床主轴的转速 $n=30$ r/min，工件的直径 $d=40$ mm，如图所示，如车刀横向走刀速度为 $v=10$ mm/s，求车刀对工件的相对速度。

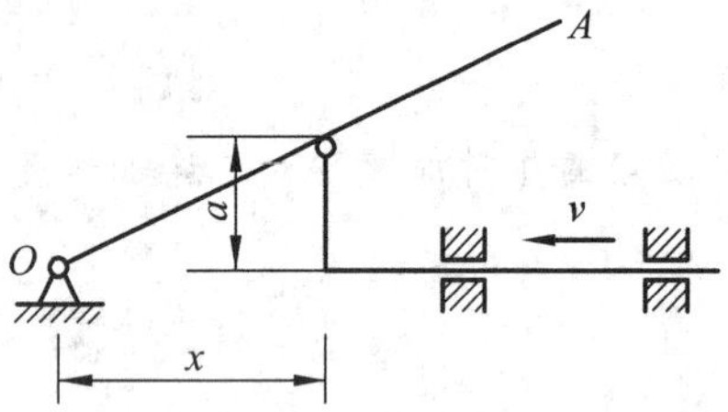

题 5-3 图

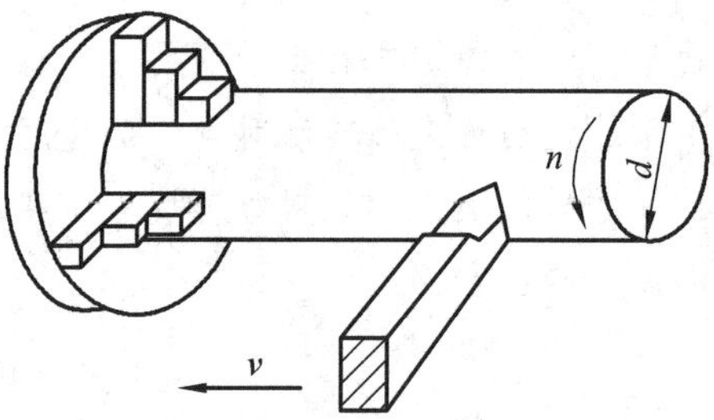

题 5-4 图

5-5　如图 5-5（a）和（b）所示的两种机构中，已知 $O_1O_2=a=200$ mm，$\omega_1=3$ rad/s。求图示位置时杆 O_2A 的角速度。

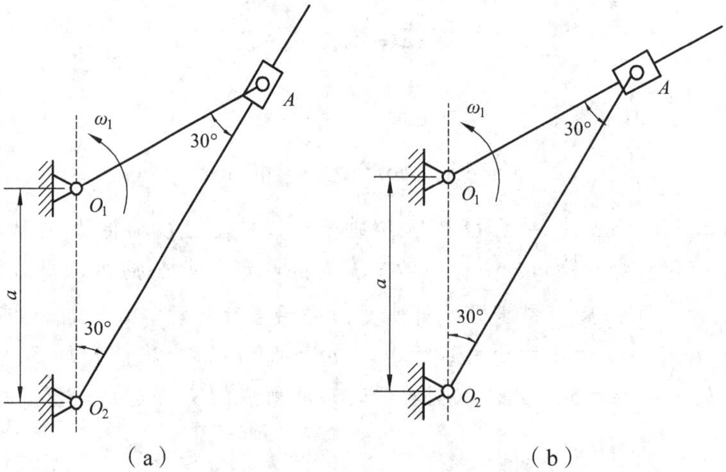

题 5-5 图

5-6　图示曲柄滑块机构中，曲柄长 $OA=r$，并以等角速度 ω 绕 O 轴转动。装在水平杆上的滑槽 DE 与水平线成 60°角。求当曲柄与水平线的交角分别为 $\varphi=0°, 30°, 60°$ 时，杆 BC 的速度。

5-7　平底顶杆凸轮机构如图所示，顶杆 AB 可沿导槽上下移动，偏心圆盘绕轴 O 转动，轴 O 位于顶杆轴线上。工作时顶杆的平底始终接触凸轮表面。该凸轮半径为 R，偏心距 $OC=e$，凸轮绕轴 O 转动的角速度为 ω，OC 与水平线成夹角 φ。求当 $\varphi=0°$ 时，顶杆的速度。

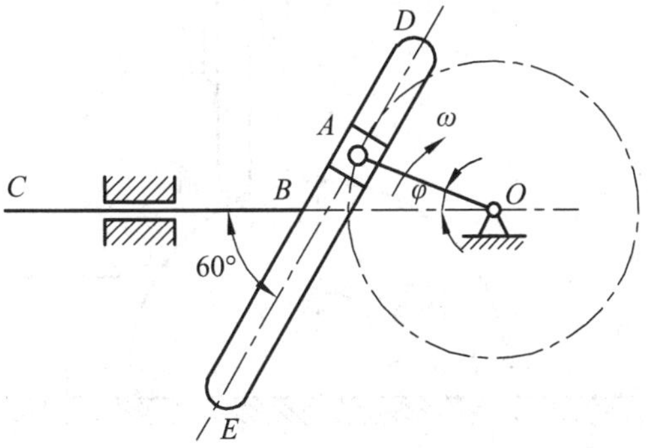

题 5-6 图

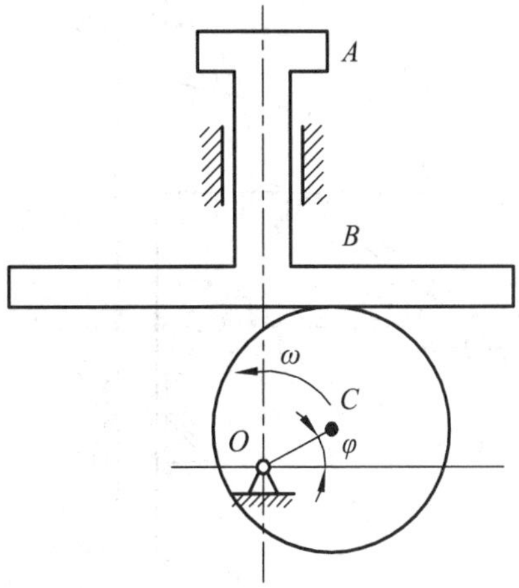

题 5-7 图

5-8　绕轴 O 转动的圆盘及直杆 OA 上均有一导槽，两导槽间有一活动销子 M，如图所示，$b=0.1\ \text{m}$，设在图示位置时，圆盘及直杆的角速度分别为 $\omega_1=9\ \text{rad/s}$ 和 $\omega_2=3\ \text{rad/s}$，求此瞬时销子 M 的速度。

5-9　直线 AB 以大小为 v_1 的速度沿垂直于 AB 的方向向上移动；直线 CD 以大小为 v_2 的速度沿垂直于 CD 的方向向左上方移动，如图所示。如两直线间的交角为 θ，求两直线交点 M 的速度。

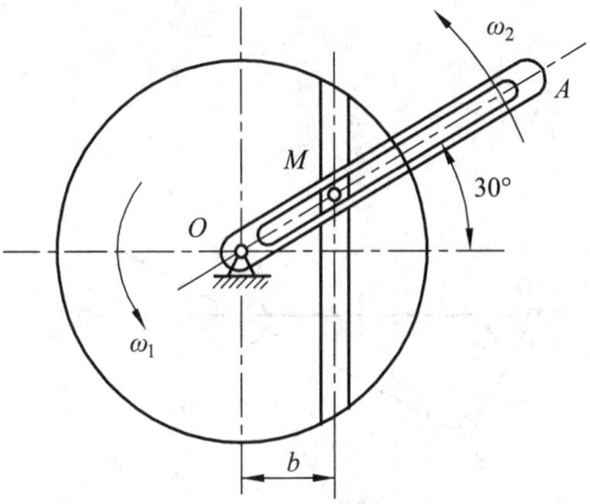

题 5-8 图

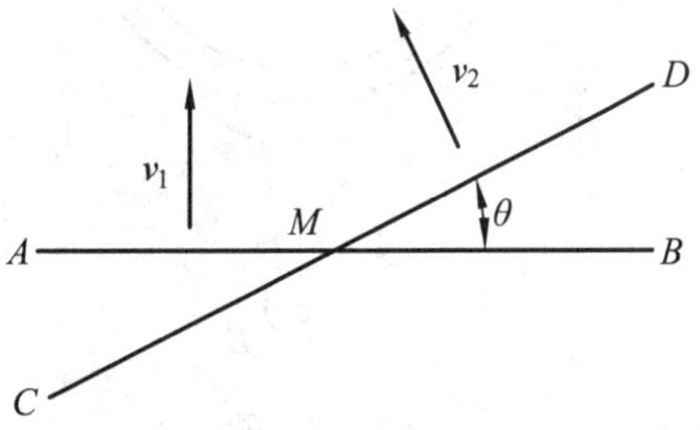

题 5-9 图

5-10　如图所示，曲柄 OA 长 0.4 m，以等角速度 $\omega = 0.5$ rad/s 绕 O 轴逆时针转动。由于曲柄的 A 端推动水平板 B，而使滑杆 C 沿铅直方向上升。求当曲柄与水平线间的夹角 $\theta = 30°$ 时，滑杆 C 的速度和加速度。

5-11　半径为 R 的半圆形凸轮 D 以等速 v_0 沿水平线向右运动，带动从动杆 AB 沿铅直方向上升，如图所示。求 $\varphi = 30°$ 时杆 AB 相对于凸轮的速度和加速度。

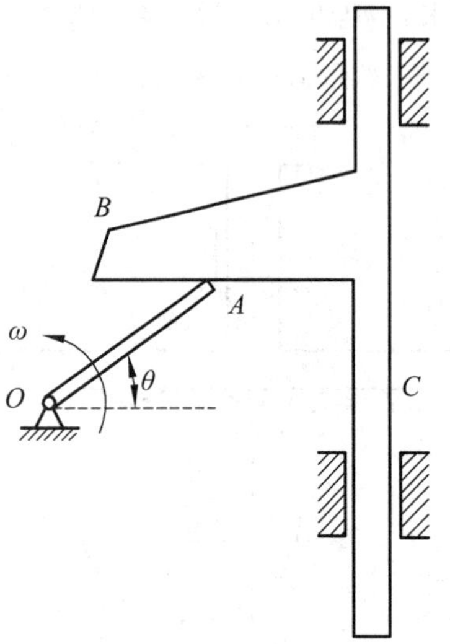

题 5-10 图

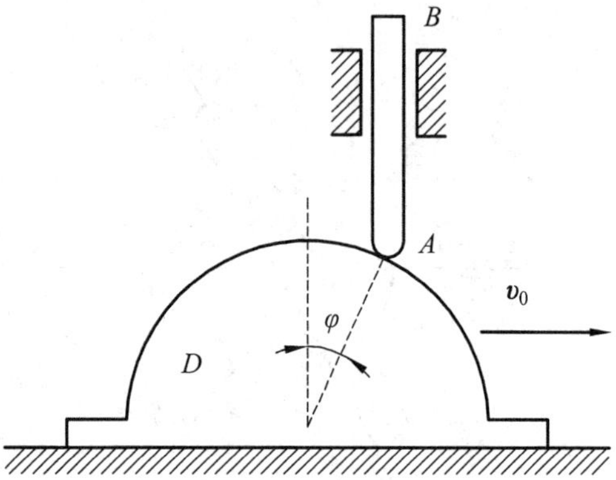

题 5-11 图

5-12　如图所示，半径为 r 的圆环内充满液体，液体按箭头方向以相对速度 v 在环内作匀速运动。如圆环以等角速度 ω 绕 O 轴转动，求在圆环内点 1 和点 2 处液体的绝对加速度的大小。

5-13　图示直角曲杆 OBC 绕 O 轴转动，使套在其上的小环 M 沿固定直杆 OA 滑动。已知：$OB = 0.1$ m，OB 与 BC 垂直，曲杆的角速度 $\omega = 0.5$ rad/s，角加速度为零。求当 $\varphi = 60°$ 时，小环 M 的速度和加速度。

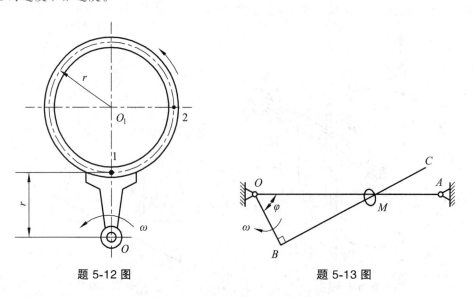

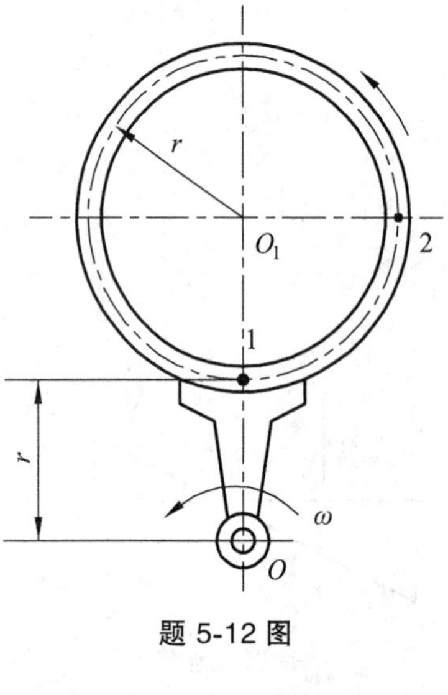

题 5-12 图

题 5-13 图

第 6 章　刚体的平面运动

前面我们学习了刚体的基本运动，即平行移动和定轴转动。在此基础上，在我们这一章要学习由这两个运动合成的运动——刚体的平面运动，并运用点的速度合成定理和牵连运动为平移时的加速度合成定理，建立刚体上各点的速度和加速度之间的关系。刚体的平面运动是机械中各种构件的常见运动形式。

6.1　刚体的平面运动及其分解

6.1.1　刚体平面运动的概念

机械结构中很多构件的运动，例如行星齿轮机构中动齿轮 A 的运动，如图 6-1 所示；曲柄连杆机构中连杆 AB 的运动，如图 6-2 所示；以及沿直线轨道滚动的车轮，它们运动的共同特点：在运动中，刚体上任一点与某固定平面始终保持相等的距离。

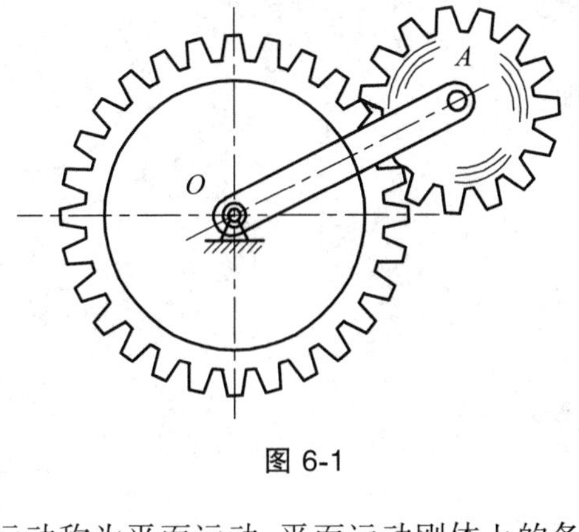

图 6-1

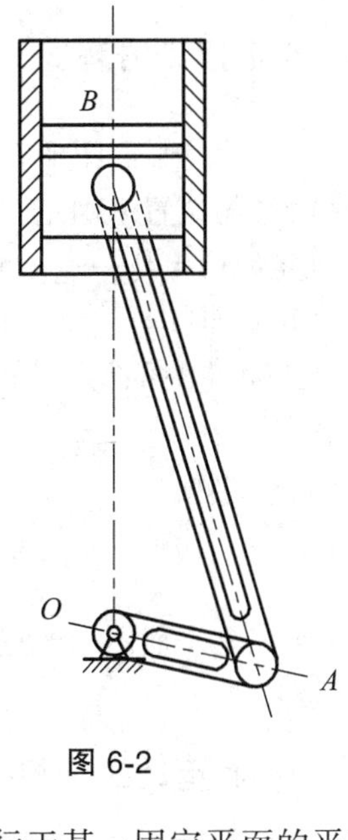

图 6-2

这种运动称为平面运动，平面运动刚体上的各点都在平行于某一固定平面的平面内运动。

6.1.2 刚体平面运动的简化

图 6-3（a）为一连杆的简图。用一个平行于固定平面的平面截割连杆，得截面 S，它是一个平面图形（图 6-3（b））。当连杆运动时，图形内任意一点始终在自身平面内运动。若通过图形上任一点作垂直于图形的直线，则当刚体作平面运动时，该直线作平移，因此平面图形上的这一点与直线上各点的运动完全相同。由此可知，平面图形上各点的运动可以代表刚体内所有点的运动。因此，刚体的平面运动可简化为平面图形在它自身平面内的运动。

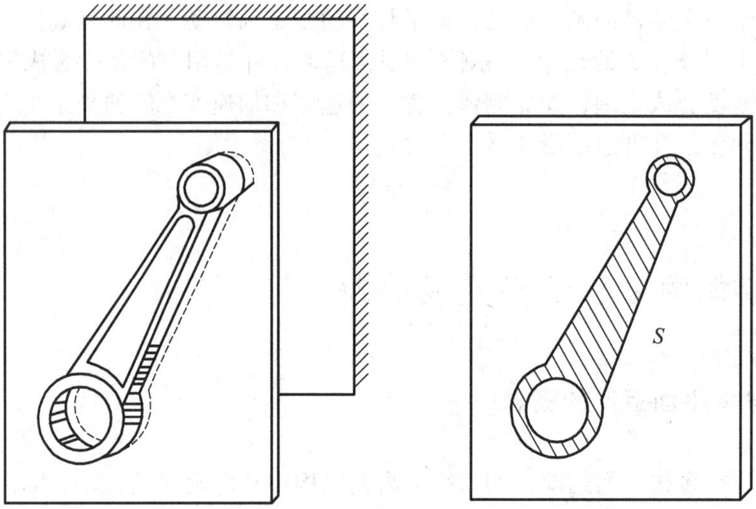

（a）　　（b）

图 6-3

6.1.3 平面运动方程

如图 6-4 所示，平面图形在其平面上的位置完全可由图形内任意线段 $O'M$ 的位置来确定，而要确定此线段在平面内的位置，只需要确定线段上任一点 O' 的位置和线段 $O'M$ 与固定坐标轴 Ox 间的夹角 φ 即可。

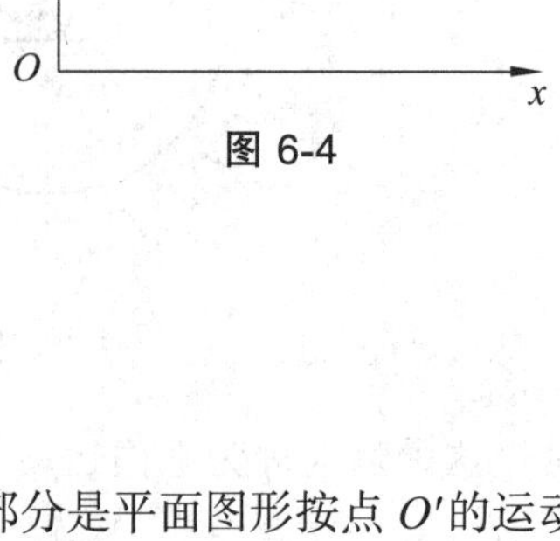

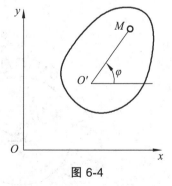

图 6-4

点 O' 的坐标和 φ 角都是时间的函数，即：

$$\begin{cases} x_{O'} = f_1(t) \\ y_{O'} = f_2(t) \\ \varphi = f_3(t) \end{cases} \tag{6-1}$$

式（6-1）就是平面图形的运动方程。

6.1.4 平面运动的分解

由式（6-1）可见，平面图形的运动方程可由两部分组成：一部分是平面图形按点 O' 的运动

方程 $x_{O'} = f_1(t)$ 、$y_{O'} = f_2(t)$ 的平移，没有转动；另一部分是平面图形绕点 O'转角为 $\varphi = f_3(t)$ 的转动。

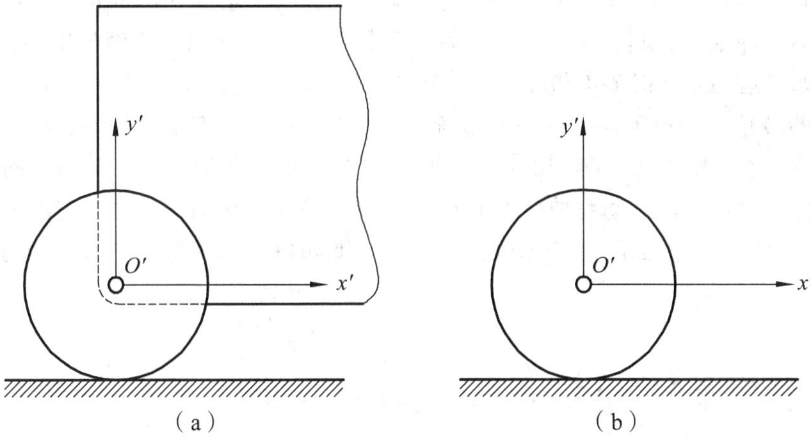

图 6-5

根据合成运动的观点来理解，以沿直线轨道滚动的车轮为例（图 6-5（a）)，取车厢为动参考体，以轮心点 O'为原点，取动参考系 $O'x'y'$，则车厢的平移是牵连运动，车轮绕平移参考系原点 O'的转动是相对运动，二者的合成就是车轮的平面运动（绝对运动）。单独轮子作平面运动时，可以轮心 O'为原点，建立一个平移参考系 $O'x'y'$（图 6-5（b）)，同样可把轮子这种较为复杂的平面运动分解为平移和转动两种简单的运动。

对于任意的平面运动，可在平面图形上任取一点 O'，称为基点。在这一点假想地安上一个平移参考系 $O'x'y'$；平面图形运动时，动坐标轴方向始终保持不变，可令其分别平行于定坐标轴 Ox 和 Oy，如图 6-6 所示。于是，平面图形的运动可看成随同基点的平移和绕基点转动两部分运动的组成。

图 6-7 所示的曲柄连杆机构中，曲柄 OA 为定轴转动，滑块 B 为直线平移，而连杆 AB 则作平面运动。如以 B 为基点，即在滑块 B 上建立一个平移参考系，以 $Bx'y'$表示，则杆 AB 的平面运动可分解为随同基点 B 的直线平移和在动系 $Bx'y'$内绕基点 B 的转动。同样，还可以以 A 为基点，在点 A 上建立一个平移参考系 $Ax''y''$，杆 AB 的平面运动又可分解为随同基点 A 的平移和绕基点 A 的转动。

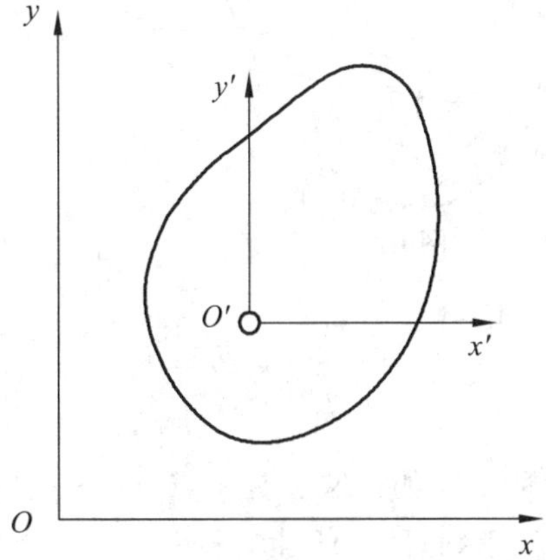

图 6-6

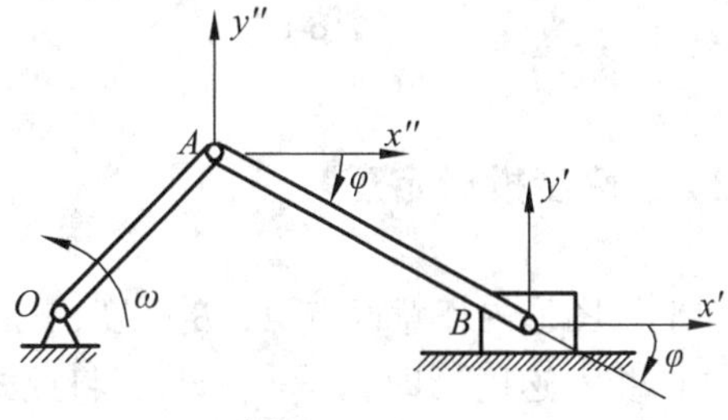

图 6-7

研究平面运动时，基点的选择是任意的。选择不同的基点，一般平面图形上各点的运动情况是不同的，例如图 6-7 所示连杆上的点 B 作直线运动，点 A 作圆周运动。因此，在平面图形上选取不同的基点，其动参考系的平移是不同的，其速度和加速度是不同的。由图 6-7 还可看出，如果运动起始时 OA 和 AB 都处于水平位置，在运动中的任一时刻，AB 连线绕点 A 或绕点 B 的转角，相对于各自的平移参考系 $Ax''y''$和 $Bx'y'$，都是一样的，都等于相对于固定参考系的转角 φ。由于任一时刻的转角相同，其角速度、角加速度也必然相同。

于是可得结论：平面运动可取任意基点而分解为平移和转动，其中平移的速度和加速度与基点的选择有关，而平面图形绕基点转动的角速度和角加速度与基点的选择无关。

6.2 求平面图形内各点速度的基点法

6.2.1 基点法

平面图形的运动可以看成是随着基点的平移和绕基点转动的合成。因此，可运用速度合成定理来求平面图形内各点的速度，这种方法称为基点法。

如图 6-8 所示，取任一点 A 为基点，求平面图形内 B 点的速度，设图示瞬时平面图形的角速度为ω，由速度合成定理知，牵连速度 $\boldsymbol{v}_e = \boldsymbol{v}_A$，相对速度 $\boldsymbol{v}_r = \boldsymbol{v}_{BA} = \omega AB$：

$$\boldsymbol{v}_B = \boldsymbol{v}_A + \boldsymbol{v}_{BA} \tag{6-2}$$

求平面图形 S 内任一点速度的基点法：在任一瞬时，平面图形内任一点的速度等于基点的速度和绕基点转动速度的矢量和。

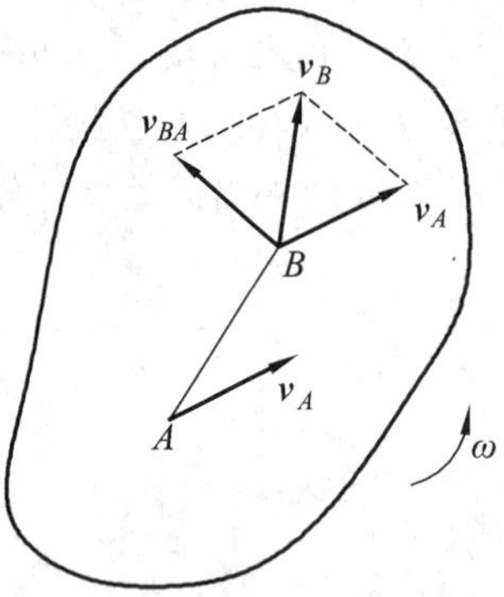

图 6-8

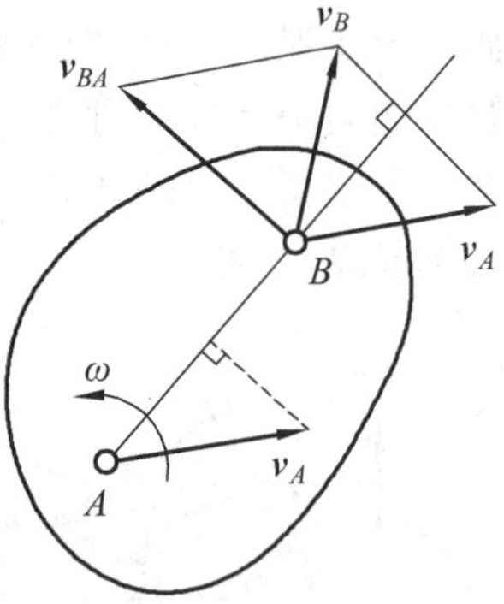

图 6-9

6.2.2 速度投影定理

已知平面图形内任意两点 A、B 速度，如图 6-9 所示，如选取 A 为基点，以 $\boldsymbol{v}_{BA}$ 表示点 B 相对点 A 的相对速度，即 $\boldsymbol{v}_B = \boldsymbol{v}_A + \boldsymbol{v}_{BA}$，将此式两端投影到直线 AB 上，则：

$$(\boldsymbol{v}_B)_{AB}=(\boldsymbol{v}_A)_{AB}+(\boldsymbol{v}_{BA})_{AB}$$

而 $\boldsymbol{v}_{BA}$ 垂直于线段 AB，于是得到：

$$(\boldsymbol{v}_A)_{AB}=(\boldsymbol{v}_B)_{AB} \qquad (6\text{-}3)$$

即速度投影定理：同一平面图形内任意两点的速度在此两点连线上的投影相等。

此定理可这样来说明：因为 A 和 B 是刚体上的两点，它们之间的距离应保持不变，所以两点的速度在 AB 方向的分量必须相同。否则，线段 AB 不是伸长，便是缩短。因此，此定理不仅适用于刚体作平面运动，也适合于刚体作其他形式的运动。

式（6-2）和式（6-3）反映刚体上各点的速度关系，一般情况下，刚体上各点的速度是不相等的，它们相差的是相对基点转动的速度，说明选不同的点作为基点时，平面图形随基点平动的速度与基点的选择是有关的。

例 6-1 如图 6-10（a）所示，滑块 A、B 分别在相互垂直的滑槽中滑动，连杆 AB 的长度为 $l=20$ cm，在图示瞬时，$\boldsymbol{v}_A=20$ cm/s，水平向左，连杆 AB 与水平线的夹角为 $\varphi=30°$，试求滑块 B 的速度和连杆 AB 的角速度。

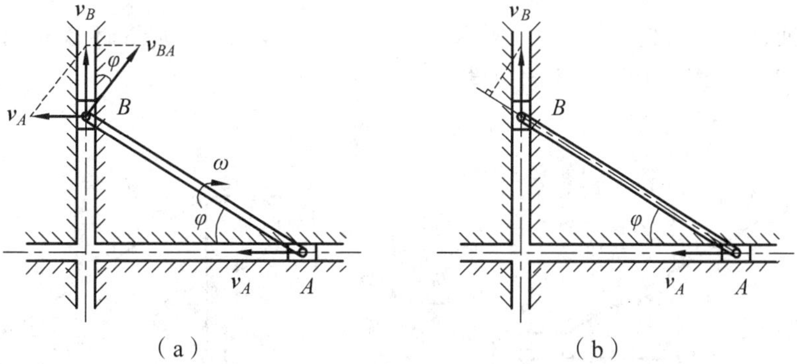

图 6-10

解： 连杆 AB 作平面运动，因滑块 A 的速度是已知的，故选点 A 为基点，由基点法式（6-2）得滑块 B 的速度为：

$$\boldsymbol{v}_B=\boldsymbol{v}_A+\boldsymbol{v}_{BA}$$

上式中有 3 个大小和 3 个方向，共 6 个要素，其中：$\boldsymbol{v}_B$ 的方位是已知的，$\boldsymbol{v}_B$ 的大小是未知的；$\boldsymbol{v}_A$ 的大小和方位是已知的；点 B 相对基点转动的速度 $\boldsymbol{v}_{BA}$ 的大小是未知的，$v_{BA}=\omega AB$，方位是已知的，垂直于连杆 AB。在点 B 处作速度的平行四边形，应使 $\boldsymbol{v}_B$ 位于平行四边形对角线的位置，如图 6-10（a）所示。由图中的几何关系得：

$$v_B=\frac{v_A}{\tan\varphi}=\frac{20}{\tan 30°}=34.6 \quad (\text{cm/s})$$

v_B 的方向铅直向上。

点 B 相对基点转动的速度为：

$$v_{BA}=\frac{v_A}{\sin\varphi}=\frac{20}{\sin 30°}=40 \quad (\text{cm/s})$$

则连杆 AB 的角速度为：

$$\omega = \frac{v_{BA}}{l} = \frac{40}{20} = 2 \quad (\text{rad/s})$$

转向为顺时针。

本题若采用速度投影法，可以很快速地求出滑块 B 的速度。如图 6-10（b）所示，由式（6-3）有：

$$(\boldsymbol{v}_A)_{AB} = (\boldsymbol{v}_B)_{AB}$$

即：

$$v_A \cos\varphi = v_B \sin\varphi$$

则：

$$v_B = \frac{\cos\varphi}{\sin\varphi} v_A = \frac{v_A}{\tan\varphi} = \frac{20}{\tan 30^\circ} = 34.6 \quad (\text{cm/s})$$

但此法不能求出连杆 AB 的角速度。

例 6-2 曲柄连杆机构如图 6-11 所示，$OA = r$，$AB = \sqrt{3}r$。如曲柄 OA 以匀角速度 ω 转动，求当 $\varphi = 60^\circ$，0°和 90°时点 B 的速度。

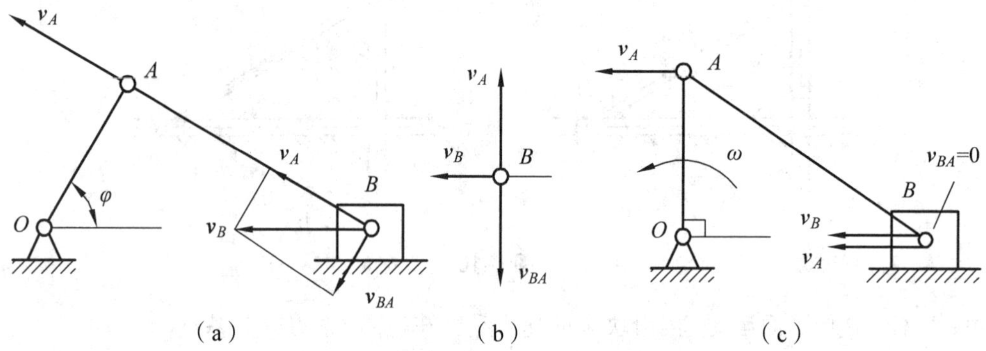

图 6-11

解：连杆 AB 作平面运动，以点 A 为基点，点 B 的速度为：

$$\boldsymbol{v}_B = \boldsymbol{v}_A + \boldsymbol{v}_{BA}$$

其中，$v_A = \omega r$，方向与 OA 垂直，v_B 沿 BO 方向，v_{BA} 与 AB 垂直。上式中四个要素是已知的，可以作出其速度平行四边形。

当 $\varphi = 60^\circ$ 时，由于 $AB = \sqrt{3}OA$，OA 恰与 AB 垂直，其速度平行四边形如图 6-11（a）所示，解出：

$$v_B = \frac{v_A}{\cos 30^\circ} = \frac{2\sqrt{3}}{3}\omega r$$

当 $\varphi = 0^\circ$ 时，$\boldsymbol{v}_A$ 与 $\boldsymbol{v}_{BA}$ 均垂直于 OB，也垂直于 $\boldsymbol{v}_B$，按速度平行四边形合成法则，应有 $v_B = 0$（图 6-11（b））。

当 $\varphi = 90°$ 时，$\boldsymbol{v}_A$ 与 $\boldsymbol{v}_B$ 方向一致，而 $\boldsymbol{v}_{BA}$ 又垂直于 AB，其速度平行四边形应为一直线段，如图 6-11（c），显然有：

$$v_B = v_A = \omega r$$

而 $v_{BA} = 0$。此时杆 AB 的角速度为零，A，B 两点的速度大小与方向都相同，连杆 AB 具有平移刚体的特征。但杆 AB 只在此瞬时有 $\boldsymbol{v}_B = \boldsymbol{v}_A$，其他时刻则不然，因而称此时的连杆作瞬时平移。

例 6-3 图 6-12 所示的平面机构中，曲柄 OA 长 100 mm，以角速度 $\omega = 2$ rad/s 转动。连杆 AB 带动摇杆 CD，并拖动轮 E 沿水平面滚动。已知 $CD = 3CB$，图示位置时 A，B，C 三点恰在一水平线上，且 $CD \perp ED$。求此瞬时点 E 的速度。

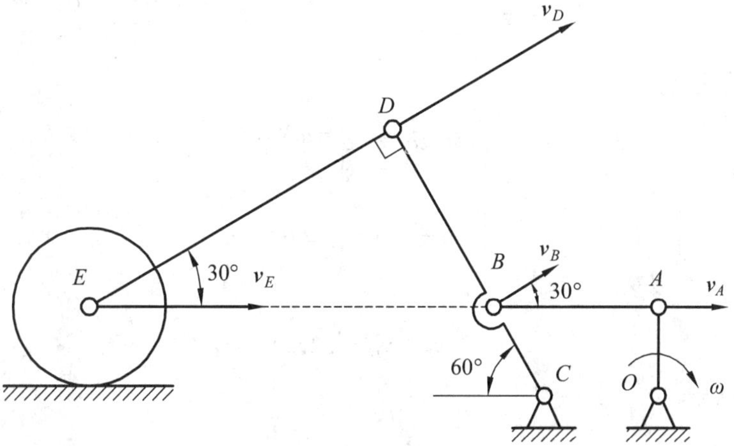

图 6-12

解： $v_A = \omega \cdot OA = 2\ \text{rad/s} \times 100\ \text{mm} = 0.2\ \text{m/s}$

由速度投影定理，杆 AB 上点 A，B 的速度在 AB 线上投影相等，即：

$$v_B \cos 30° = v_A$$

解出：

$$v_B = 0.239\ \text{m/s}$$

摇杆 CD 绕点 C 转动，有：

$$v_D = \frac{v_B}{CB} = 3v_B = 0.692\,8\ (\text{m/s})$$

轮 E 沿水平面滚动，轮心 E 的速度方向为水平，由速度投影定理，D，E 两点的速度关系为：

$$v_E \cos 30° = v_D$$

解出：

$$v_E = 0.8\ \text{m/s}$$

例 6-4 半径为 R 的圆轮，沿直线轨道作无滑动的滚动，如图 6-13 所示。已知轮心 O 以速度 v_O 运动，试求轮缘上水平位置和竖直位置处点 A、B、C、D 的速度。

解：选轮心 O 为基点，先研究点 C 的速度。由于圆轮沿直线轨道作无滑动的滚动，故点 C 的速度为：

$$v_C = 0$$

如图 6-13 所示，则有：

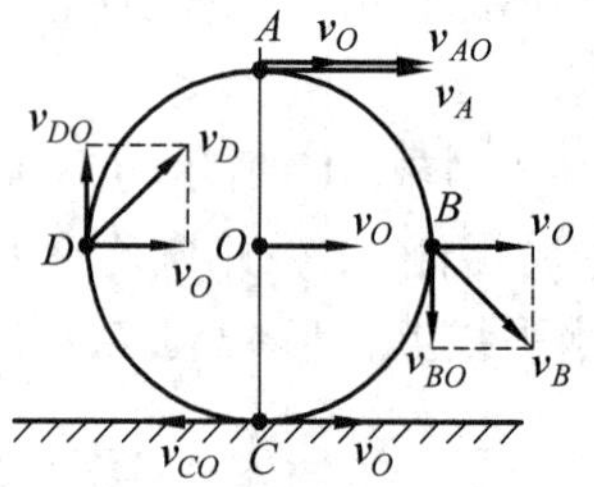

图 6-13

$$v_C = v_O - v_{CO} = 0$$

圆轮的角速度为：

$$\omega = \frac{v_{CO}}{R} = \frac{v_O}{R}$$

各点相对基点的速度为：

$$v_{AO} = v_{BO} = v_{DO} = \omega R = v_O$$

A 的速度为：

$$v_A = v_O + v_{AO} = 2v_O$$

B、D 的速度为：

$$v_B = v_D = \sqrt{2} v_O$$

方向如图 6-13 所示。

6.3 求平面图形内各点速度的瞬心法

研究平面图形上各点的速度，可以采用瞬心法。求解此类运动问题时，瞬心法更形象、更方便，是求解平面图形上各点速度的常用方法。

6.3.1 瞬时速度中心

由基点法知，若选择不同的点作为基点，相对于基点的速度是不相同的，因此在每一瞬时，平面图形上总可以找到速度为零的点。此点的速度是由基点的速度和相对于基点转动的速度合成得到的，即基点的速度和相对于基点转动的速度大小相等、方向相反。该瞬时速度为零的点称为瞬时速度转动中心，简称**速度瞬心**。

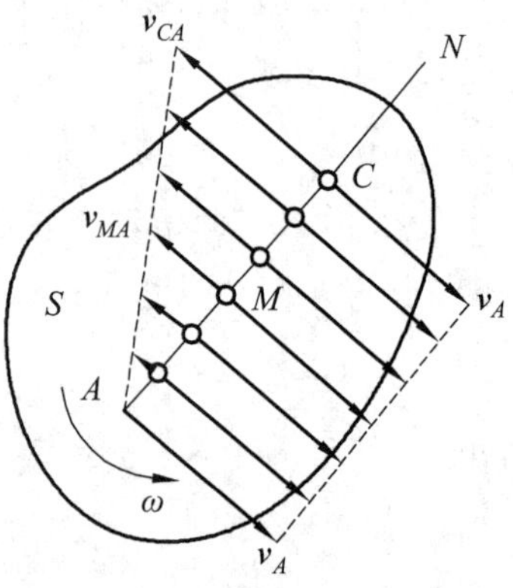

图 6-14

如图 6-14 所示，在速度矢的垂线 AN 上已知 A 点的速度 $\boldsymbol{v}_A$，图形的角速度的绝对值为 ω，根据基点法，图形上任意

一点 M 的速度可按下式计算：

$$\boldsymbol{v}_M = \boldsymbol{v}_A + \boldsymbol{v}_{MA}$$

由于点 M 在直线段 AN 上，则 $\boldsymbol{v}_A$ 和 $\boldsymbol{v}_{MA}$ 在同一直线上，而方向相反，故 $\boldsymbol{v}_M$ 的大小为：

$$v_M = v_A - \omega \cdot AM$$

由上式可知，随着点 M 在垂线 AN 上的位置不同，$\boldsymbol{v}_M$ 的大小也不同，因此，在直线段 AN 上可以找到一点 C，使

$$AC = \frac{v_A}{\omega}$$

则：

$$v_C = v_A - AC \cdot \omega = 0$$

于是，在每一瞬时，平面图形上都唯一地存在一个速度为零的点，称为**瞬时速度中心**或简称为**速度瞬心**。

6.3.2 平面图形内各点的速度及瞬心

根据以上分析，每一瞬时在平面图形上都存在速度为零的一点 C，即 $v_C = 0$。选取该点作为基点，图 6-15（a）中 A，B，D 等各点的速度为：

$$\boldsymbol{v}_A = \boldsymbol{v}_C + \boldsymbol{v}_{AC} = \boldsymbol{v}_{AC}$$
$$\boldsymbol{v}_B = \boldsymbol{v}_C + \boldsymbol{v}_{BC} = \boldsymbol{v}_{BC}$$
$$\boldsymbol{v}_D = \boldsymbol{v}_C + \boldsymbol{v}_{DC} = \boldsymbol{v}_{DC}$$

由此得出结论：平面图形内任一点的速度等于该点随图形绕瞬心转动的速度。

由于平面图形绕任意点转动的角速度都相等，因此图形绕速度瞬心 C 转动的角速度等于图形任一基点转动的角速度，以 ω 表示，则有：

$$v_A = v_{AC} = \omega \cdot AC\text{，}\quad v_B = v_{BC} = \omega \cdot BC\text{，}\quad v_D = v_{DC} = \omega \cdot DC$$

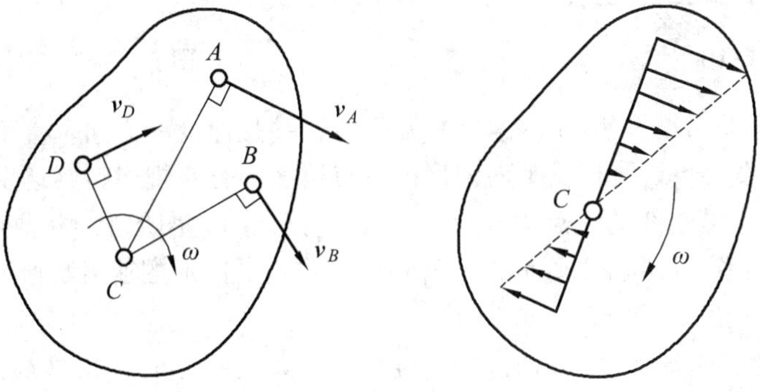

（a）　　　　　　　　（b）

图 6-15

由图 6-15（a）可见，图形内各点速度的大小与该点到速度瞬心的距离成正比。速度的方向垂直于该点到速度瞬心的连线，指向图形转动的一方。平面图形上各点速度在某瞬时呈线性分布，与图形绕定轴转动时各点速度的分布情况相类似（如图 6-15（b））。

结论：作平面运动的刚体，每一瞬时存在速度为零的点，此时平面图形相对于该点作瞬时转动，则求平面图形内各点的速度可以用定轴转动的知识来求解。这种求速度的方法称为速度瞬心法，简称**瞬心法**。

应当注意：由于速度瞬心的位置是随时间的变化而变化的，因此平面图形相对速度瞬心的转动具有瞬时性，也就是说，在不同的瞬时，速度瞬心在图形内的位置是不同的。

6.3.3 确定速度瞬心位置的方法

如果已知平面图形在某一瞬时的速度瞬心位置和角速度，则在该瞬时，可以根据瞬时定轴转动来求平面图形内任一点的速度。所以确定速度瞬心的位置尤为重要，根据机构的几何条件，确定速度瞬心的方法有以下几种：

（1）平面图形沿某一固定表面作无滑动地滚动，称为纯滚动，平面图形与固定表面接触的点 C 速度为零，故点 C 为平面图形在该瞬时的速度瞬心。例如在平直轨道作纯滚动的车轮，如图 6-16 所示的点 C 为速度瞬心点。

（2）若已知某一瞬时，平面图形上任意两点的速度矢量 $\boldsymbol{v}_A$、$\boldsymbol{v}_B$ 的方向，作 A、B 点速度矢量的垂线，其交点 C 即为平面图形在该瞬时的速度瞬心，如图 6-17 所示。

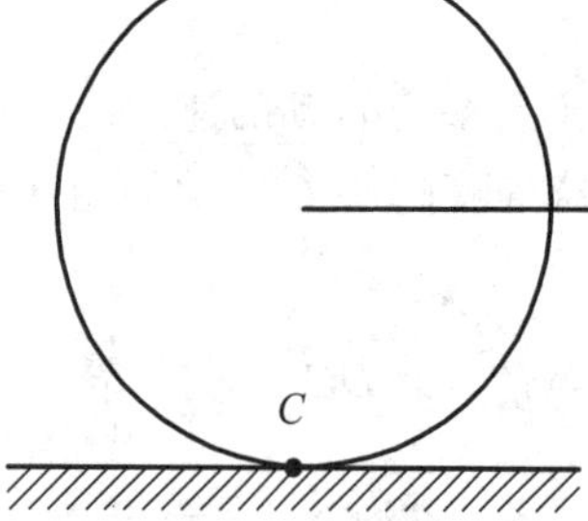

图 6-16

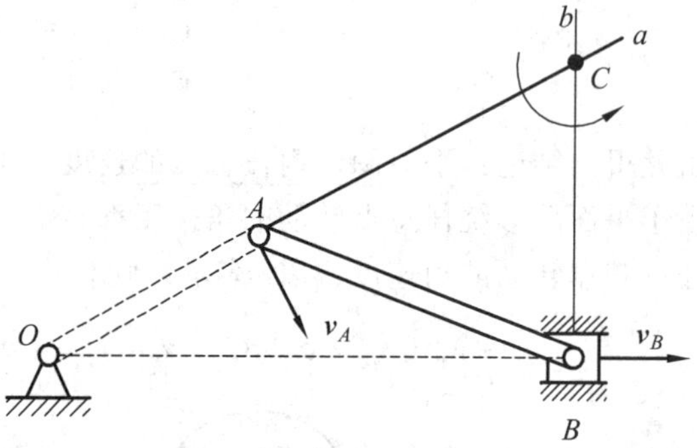

图 6-17

（3）已知图形上两点 A 和 B 的速度相互平行，并且速度的方向垂直于两点的连线 AB，如图 6-18 所示，设 $v_B > v_A$，根据平面图形内各点速度的分布规律，则速度瞬心必在连线 AB 与速度矢 $\boldsymbol{v}_A$ 和 $\boldsymbol{v}_B$ 末端连线的交点 C 上。当 v_B 和 v_A 同向时，图形上 AB 两点的速度瞬心 C 在 AB 的延长线上，如图 6-18（a）所示；当 v_B 和 v_A 反向时，图形的速度瞬心 C 在 AB 两点之间，如图 6-18（b）。

（4）某一瞬时，图形上 A，B 两点的速度相等，即 $\boldsymbol{v}_A = \boldsymbol{v}_B$ 时，如图 6-19 所示，图形的速度瞬心在无穷远处。在该瞬时，平面图形作平移，称为**瞬时平移**。但应注意，此瞬时各点的速度虽然相同，但加速度不同。

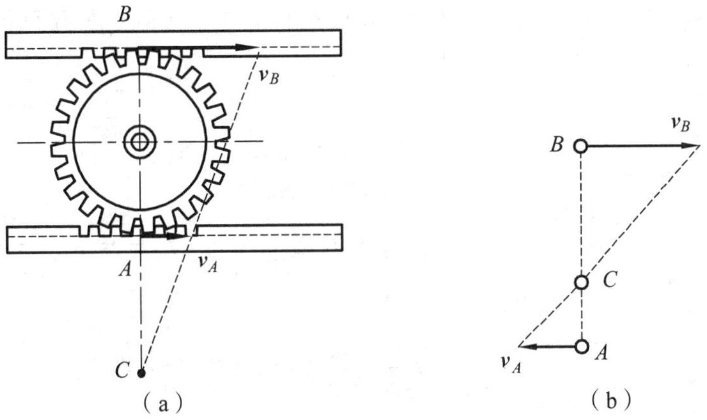

图 6-18

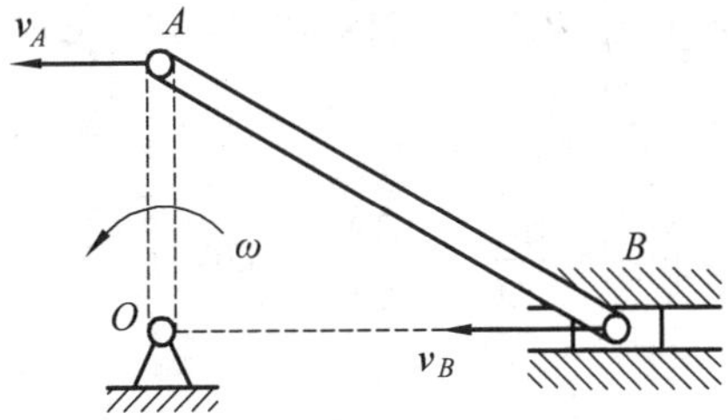

图 6-19

例 6-5 用速度瞬心法求例题 6-4 各点的速度。

解： 由于圆轮沿直线轨道作无滑动的滚动，圆轮与轨道接触点的速度为零，故点 C 为速度瞬心。圆轮的角速度为：

$$\omega = \frac{v_O}{R}$$

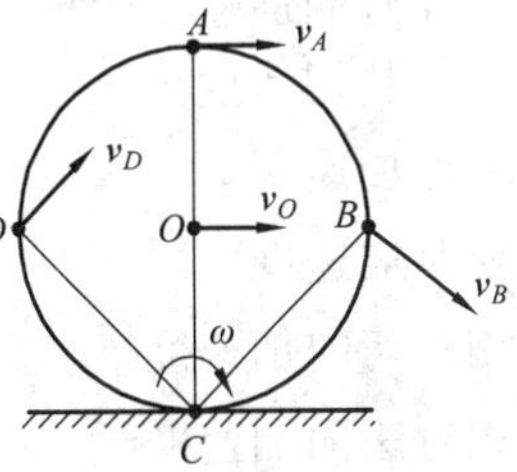

图 6-20

圆轮上各点速度为：

$$v_A = \omega AC = \frac{v_O}{R} 2R = 2v_O$$

$$v_B = v_D = \omega\sqrt{2}R = \sqrt{2}v_O$$

$$v_C = 0$$

各点速度的方向如图 6-20 所示。

例 6-6 平面机构如图 6-21 所示，曲柄 OA 以角速度 $\omega = 2$ rad/s 绕轴 O 转动，已知：$OA = CD = 10$ cm，$AB = 20$ cm，$BC = 30$ cm；在图示位置时，曲柄 OA 处于水平位置，曲柄 CD 与水平线夹角 $\varphi = 45°$。试求该瞬时连杆 AB、BC 和曲柄 CD 的角速度。

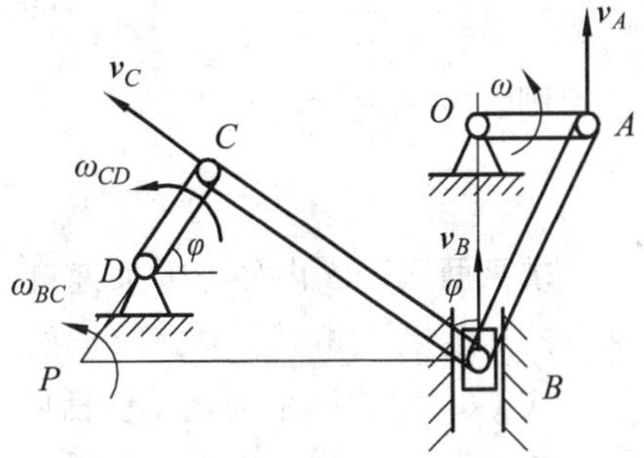

图 6-21

解： 速度分析如图 6-21 所示，点 A 的速度为：

$$v_A = \omega OA = 10 \times 2 = 20 \quad (\text{cm/s})$$

由于 B 点的速度为铅直方向，故连杆 AB 作瞬时平移，其角速度为：

$$\omega_{AB} = 0$$

则 B 点的速度为：

$$v_B = v_A = 20 \quad (\text{cm/s})$$

C 点的速度方向垂直于 CD，连杆 BC 的速度瞬心为 B、C 两点速度矢量垂线的交点 P。则连杆 BC 的角速度为：

$$\omega_{BC} = \frac{v_B}{PB} = \frac{v_B}{\sqrt{2}BC} = \frac{20}{30\sqrt{2}} = 0.471 \quad (\text{rad/s})$$

C 点的速度大小为：

$$v_C = \omega_{BC} PC = 0.471 \times 30 = 14.14 \quad (\text{cm/s})$$

曲柄 CD 的角速度为：

$$\omega_{CD} = \frac{v_C}{CD} = \frac{14.14}{10} = 1.414 \quad (\text{rad/s})$$

6.4 平面图形内各点的加速度——基点法

由于平面图形的运动可看成随着基点的平移和相对基点的转动的合成，因此根据牵连运动为平移时的加速度合成定理，便可求平面图形内各点的加速度。如图 6-22 所示，选点 A 作为基点，其加速度为 $\boldsymbol{a}_A$，某一瞬时平面图形的角速度和角加速度分别为 ω、α，此时：

牵连加速度 $\boldsymbol{a}_e = \boldsymbol{a}_A$

相对加速度 $\boldsymbol{a}_{BA} = \boldsymbol{a}_{BA}^{\tau} + \boldsymbol{a}_{BA}^{n}$

相对切向加速度 $\boldsymbol{a}_{BA}^{\tau} = \alpha AB$

相对法向加速度 $\boldsymbol{a}_{BA}^{n} = \omega^2 AB$

相对加速度的全加速度 $\boldsymbol{a}_{BA} = \sqrt{\boldsymbol{a}_{BA}^{\tau\,2} + \boldsymbol{a}_{BA}^{n\,2}} = AB\sqrt{\alpha^2 + \omega^4}$

$$\tan\theta = \frac{|\alpha|}{\omega^2}$$

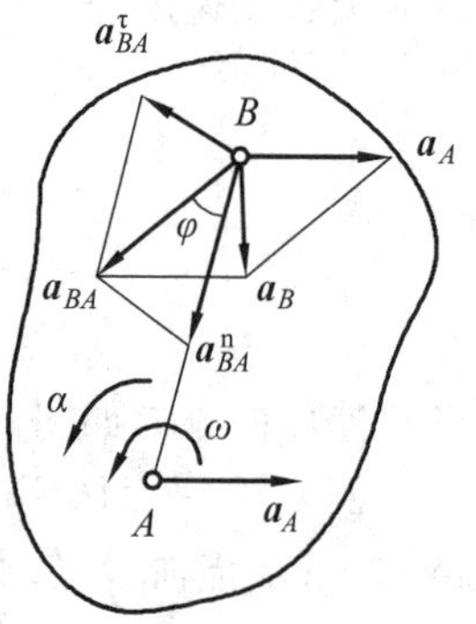

图 6-22

则 B 的加速度：

$$\boldsymbol{a}_B = \boldsymbol{a}_A + \boldsymbol{a}_{BA} = \boldsymbol{a}_A + \boldsymbol{a}_{BA}^{\tau} + \boldsymbol{a}_{BA}^{n} \qquad (6\text{-}4)$$

求平面图形 S 内各点的加速度的基点法：在任一瞬时，平面图形内任一点的加速度等于基点的加速度和相对于基点转动的加速度的矢量和。

式（6-4）为四个矢量（包括四个大小和四个方向）共八个要素，必须已知其中的六个要素，才可以求出剩余的两个要素，一般采用向坐标轴投影的方法进行求解。

例 6-7 如图 6-23 所示，在椭圆规的机构中，曲柄 OD 以匀角速度 ω 绕 O 轴转动，$OD = AD = BD = l$。求当 $\varphi = 60°$ 时，尺 AB 的角加速度和点 A 的加速度。

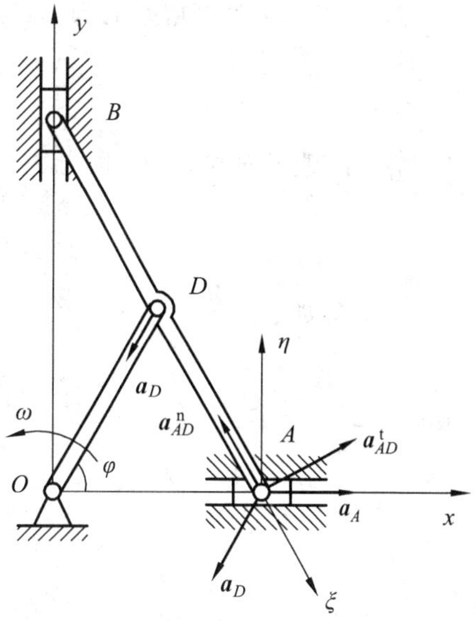

图 6-23

解：先分析机构各部分的运动：曲柄 OD 绕 O 轴转动，尺 AB 作平面运动。取尺 AB 上的点 D 为基点，其加速度 $a_D = l\omega^2$，它的方向沿 OD 指向点 O。

点 A 的加速度为：

$$\boldsymbol{a}_A = \boldsymbol{a}_D + \boldsymbol{a}_{AD}^{\mathrm{t}} + \boldsymbol{a}_{AD}^{\mathrm{n}}$$

其中，$\boldsymbol{a}_D$ 的大小和方向以及 $\boldsymbol{a}_{AD}^{\mathrm{n}}$ 的大小和方向都是已知的。因为点 A 作直线运动，可设 $\boldsymbol{a}_A$ 的方向如图所示；$\boldsymbol{a}_{AD}^{\mathrm{t}}$ 垂直于 AD，其方向暂设如图。$\boldsymbol{a}_{AD}^{\mathrm{n}}$ 沿 AD 指向点 D，它的大小为 $a_{AD}^{\mathrm{n}} = \omega_{AB}^2 \cdot AD$，其中 ω_{AB} 为尺 AB 的角速度，可用基点法或瞬心法求得 $\omega_{AB} = \omega$，则 $a_{AD}^{\mathrm{n}} = \omega^2 \cdot AD = l\omega^2$。

现在求两个未知量：$\boldsymbol{a}_A$ 和 $\boldsymbol{a}_{AD}^{\mathrm{t}}$ 的大小。取 ξ 轴垂直于 $\boldsymbol{a}_{AD}^{\mathrm{t}}$。取 η 轴垂直于 x 轴，η 和 ξ 的方向如图所示。将 $\boldsymbol{a}_A$ 的矢量合成式分别在 ξ 和 η 轴上投影，得：

$$a_A \cos\varphi = a_D \cos(\pi - 2\varphi) - a_{AD}^{\mathrm{n}}$$

$$0 = -a_D \sin\varphi + a_{AD}^{\mathrm{t}} \cos\varphi + a_{AD}^{\mathrm{n}} \sin\varphi$$

解得：

$$a_A = \frac{a_D \cos(\pi - 2\varphi) - a_{AD}^{\mathrm{n}}}{\cos\varphi} = \frac{\omega^2 l \cos 60° - \omega^2 l}{\cos 60°} = -\omega^2 l$$

$$a_{AD}^{\mathrm{t}} = \frac{a_D \sin\varphi - a_{AD}^{\mathrm{n}} \sin\varphi}{\cos\varphi} = \frac{(\omega^2 l - \omega^2 l)\sin\varphi}{\sin\varphi} = 0$$

于是有：

$$\omega_{AB} = \frac{a_{AD}^{\mathrm{t}}}{AD} = 0$$

例 6-8 在平直的轨道作纯滚动圆轮，已知轮心 O 的速度为 v_O，加速度为 a_O，轮的半径为 R，如图 6-24（a）所示，试求速度瞬心点的加速度。

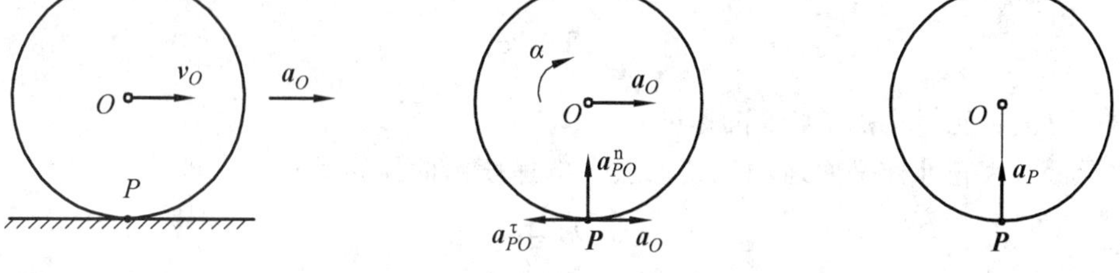

（a）　（b）　（c）

图 6-24

解：由于圆轮作纯滚动，则轮缘与地面接触的点 P 为速度瞬心点。圆轮的角速度为：

$$\omega = \frac{v_O}{R}$$

又圆轮的角速度对时间的一阶导数，得圆轮的角加速度。即：

$$\alpha = \dot{\omega} = \frac{\dot{v}_O}{R} = \frac{a_O}{R}$$

点 P 的加速度为：

$$\boldsymbol{a}_P = \boldsymbol{a}_O + \boldsymbol{a}_{PO} = \boldsymbol{a}_O + \boldsymbol{a}_{PO}^{\tau} + \boldsymbol{a}_{PO}^{n}$$

其中：

$$\boldsymbol{a}_{PO}^{\tau} = \alpha R = \boldsymbol{a}_O$$

$$\boldsymbol{a}_{PO}^{n} = R\omega^2 = \frac{v_O^2}{R}$$

如图 6-24（b）所示，点 P 的加速度为：

$$\boldsymbol{a}_P = \boldsymbol{a}_{PO}^{n} = \frac{v_O^2}{R}$$

方向恒指向轮心。

例 6-9 如图 6-25 所示行星轮系机构中，大齿轮Ⅰ固定不动，半径为 r_1，曲柄 OA 以匀角速度 ω_O 绕 O 轴转动，并带动行星齿轮Ⅱ沿轮Ⅰ只滚动而不滑动，齿轮Ⅱ的半径为 r_2，试求轮Ⅱ的角速度 $\omega_{\text{Ⅱ}}$，轮缘上点 C、B 的速度和加速度。（点 C 为曲柄 OA 延长线上的点，点 B 为与 OA 垂直的点。）

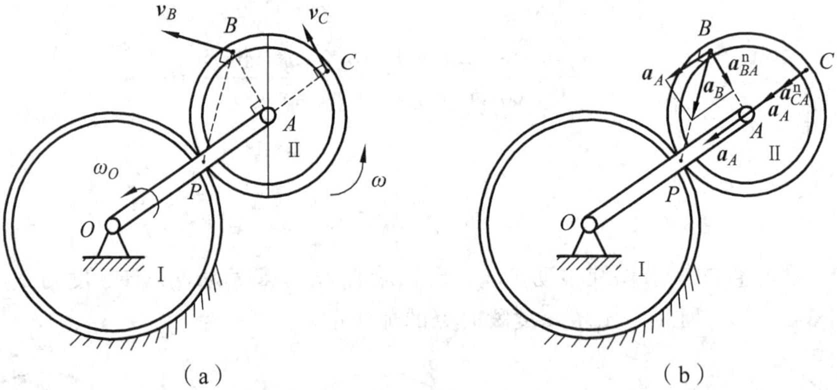

图 6-25

解：（1）求轮缘上点 C、B 的速度。

由于行星齿轮Ⅱ作平面运动，其上点 A 的速度由曲柄转动求得，即：

$$v_A = \omega_O OA = \omega_O (r_1 + r_2)$$

由于行星齿轮Ⅱ沿轮Ⅰ只滚动而不滑动，则两轮接触点 P 为速度瞬心，轮Ⅱ的角速度为：

$$\omega_{\text{II}} = \frac{v_A}{r_2} = \frac{\omega_O(r_1+r_2)}{r_2} \tag{1}$$

轮缘上点 C、B 的速度：

$$v_c = 2r_2\,\omega_{\text{II}} = 2\omega_O(r_1+r_2)$$

$$v_B = \sqrt{2}r_2\,\omega_{\text{II}} = \sqrt{2}\omega_O(r_1+r_2)$$

方向如图 6-25（a）所示。

（2）求轮缘上点 C、B 的加速度。

由于曲柄 OA 以匀角速度ω_O转动，则式（1）对时间求导，得轮Ⅱ的角加速度：

$$\alpha = 0$$

选点 A 为基点，轮缘上点 C、B 的加速度：

$$\boldsymbol{a}_B = \boldsymbol{a}_A + \boldsymbol{a}_{BA} = \boldsymbol{a}_A^{\tau} + \boldsymbol{a}_A^{\text{n}} + \boldsymbol{a}_{BA}^{\tau} + \boldsymbol{a}_{BA}^{\text{n}}$$

$$\boldsymbol{a}_C = \boldsymbol{a}_A + \boldsymbol{a}_{CA} = \boldsymbol{a}_A^{\tau} + \boldsymbol{a}_A^{\text{n}} + \boldsymbol{a}_{CA}^{\tau} + \boldsymbol{a}_{CA}^{\text{n}}$$

其中：

$$a_A^{\tau} = a_{BA}^{\tau} = a_{CA}^{\tau} = 0$$

$$a_A = a_A^{\text{n}} = \omega_O^2(r_1+r_2)$$

$$a_{BA}^{\text{n}} = a_{CA}^{\text{n}} = \omega_{\text{II}}^2 r_2 = \frac{\omega_O^2(r_1+r_2)^2}{r_2}$$

$$a_c = a_A + a_{CA}^{\text{n}} = \omega_O^2(r_1+r_2) + \frac{\omega_O^2(r_1+r_2)^2}{r_2}$$

$$a_B = \sqrt{a_A^2 + a_{BA}^{\text{n}\,2}} = \sqrt{\omega_O^4(r_1+r_2)^2 + \frac{\omega_O^4(r_1+r_2)^4}{r_2^2}}$$

a_B 与 AB 的夹角：

$$\theta = \arctan\frac{a_A}{a_{BA}^{\text{n}}} = \arctan\frac{r_2}{r_1+r_2}$$

方向如图 6-25（b）所示。

本章小结

1. 平面运动特征

由于刚体运动过程中，其上任意一点与某一固定平面的距离始终保持不变，因此刚体的平面运动转化为在其自身平面内平面图形的运动。

平面运动的分解：平面图形运动可以看成是随着基点的平移和绕基点转动的合成。

平面图形的运动方程：

$$\begin{cases} x_A = f_1(t) \\ y_A = f_2(t) \\ \varphi = f_3(t) \end{cases}$$

其中，x_A、y_A 为基点 A 的坐标，φ 为平面图形 S 上线段 AB 与 x 轴或者与 y 轴的夹角。

2. 求平面图形内各点速度的三种方法

（1）基点法。

在任一瞬时，平面图形内任一点的速度等于基点的速度和绕基点转动速度的矢量和。即：

$$\boldsymbol{v}_B = \boldsymbol{v}_A + \boldsymbol{v}_{BA}$$

其中，基点 A 的速度为 $\boldsymbol{v}_A$，相对基点转动的速度为 $v_{BA} = \omega AB$。

（2）速度投影法。

平面图形内任意两点的速度在此两点连线上的投影相等。

$$(\boldsymbol{v}_A)_{AB} = (\boldsymbol{v}_B)_{AB}$$

此法必须是已知两点速度的方向，才能使用。

（3）速度瞬心法。

作平面运动的刚体，每一瞬时存在速度为零的点，此时平面图形的运动可看成为绕速度瞬心作瞬时转动。因此，求平面图形内各点的速度可以用定轴转动的知识来求解。

应当注意：由于速度瞬心的位置是随时间的变化而变化的，因此平面图形相对速度瞬心的转动具有瞬时性。

（4）平面图形绕速度瞬心转动的角速度等于其绕任意基点转动的角速度。

3. 求平面图形各点加速度的基点法

在任一瞬时，平面图形内任一点的加速度等于基点的加速度和相对于基点转动的加速度的矢量和。即：

$$\boldsymbol{a}_B = \boldsymbol{a}_A + \boldsymbol{a}_{BA} = \boldsymbol{a}_A + \boldsymbol{a}_{BA}^{\tau} + \boldsymbol{a}_{BA}^{n}$$

当基点作曲线运动时，$\boldsymbol{a}_B = \boldsymbol{a}_A + \boldsymbol{a}_{BA} = \boldsymbol{a}_A^{\tau} + \boldsymbol{a}_A^{n} + \boldsymbol{a}_{BA}^{\tau} + \boldsymbol{a}_{BA}^{n}$

同时 B 点也可能作曲线运动，则：

$$\boldsymbol{a}_B^{\tau} + \boldsymbol{a}_B^{n} = \boldsymbol{a}_A + \boldsymbol{a}_{BA} = \boldsymbol{a}_A^{\tau} + \boldsymbol{a}_A^{n} + \boldsymbol{a}_{BA}^{\tau} + \boldsymbol{a}_{BA}^{n}$$

其中，A 为基点。求解时只能求两个要素，其余均为已知要素，常采用向坐标投影的方法。

习题

6-1　椭圆规尺 AB 由曲柄 OC 带动，曲柄以角速度 ω_0 绕 O 轴匀速转动，如图所示。如 $OC=BC=AC=r$，并取 C 为基点，求椭圆规尺 AB 的平面运动方程。

6-2　如图所示，圆柱 A 缠以细绳，绳的 B 端固定在天花板上。圆柱自静止下落，其轴心的速度为 $v=\frac{2}{3}\sqrt{3gh}$，其中 g 为常量，h 为圆柱轴心到初始位置的距离。如圆柱半径为 r，求圆柱的平面运动方程。

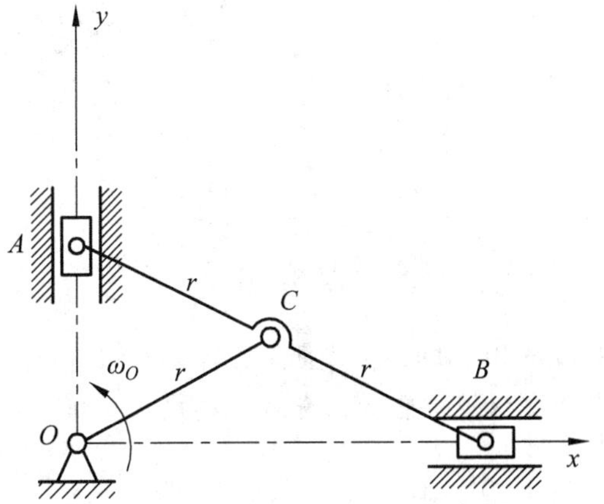

题 6-1 图

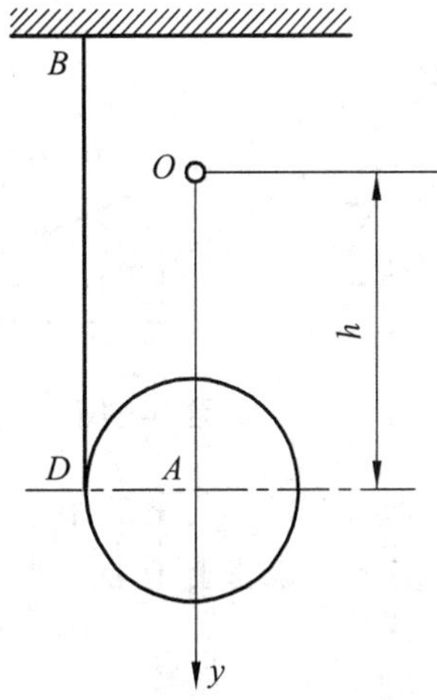

题 6-2 图

6-3　杆 AB 的 A 端沿水平线以等速 v 运动，运动时杆恒与一半圆周相切，半圆周的半径为 R，如图所示。如杆与水平线间的交角为 θ，试以角 θ 表示杆的速度。

6-4　如图所示，在筛动机构中，筛子的摆动是由曲柄连杆机构所带动。已知曲柄 OA 的转速 $n_{OA}=40$ r/min，$OA=0.3$ m。当筛子 BC 运动到与点 O 在同一水平线上时，$\angle BAO=90°$。求此瞬时筛子 BC 的速度。

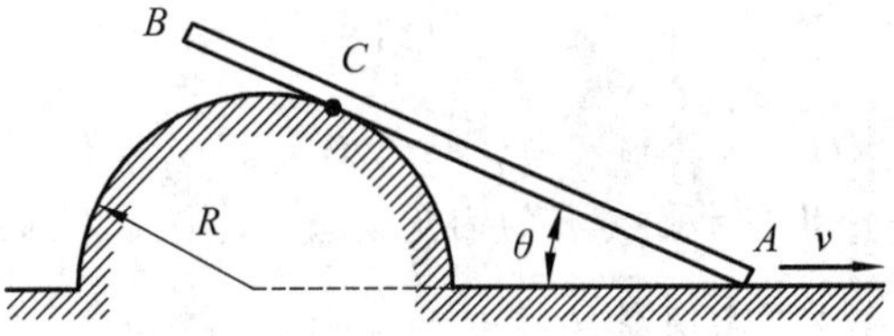

题 6-3 图

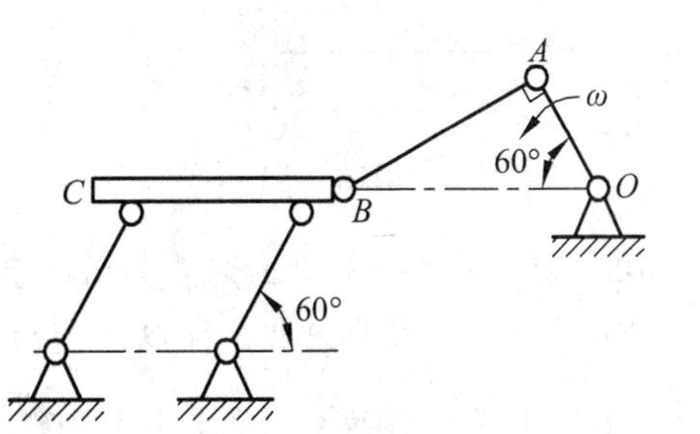

题 6-4 图

6-5　图示双曲柄连杆机构的滑块 B 和 E 用杆 BE 连接。主动曲柄 OA 和从动曲柄 OD 都绕 O 轴转动。主动曲柄 OA 以等角速度 $\omega_0 = 12$ rad/s 转动。已知机构的尺寸为：$OA = 0.1$ m，$OD = 0.12$ m，$AB = 0.26$ m，$BE = 0.12$ m，$DE = 0.12\sqrt{3}$ m。求当曲柄 OA 垂直于滑块的导轨方向时，从动曲柄 OD 和连杆 DE 的角速度。

6-6　图示机构中，已知：$OA = 0.1$ m，$BD = 0.1$ m，$DE = 0.1$ m，$EF = 0.1\sqrt{3}$ m；曲柄 OA 的角度度 $\omega = 4$ rad/s。在图示位置时，曲柄 OA 与水平线 OB 垂直；且 B，D 和 F 在同一铅直线上，又 DE 垂直于 EF。求杆 EF 的角速度和点 F 的速度。

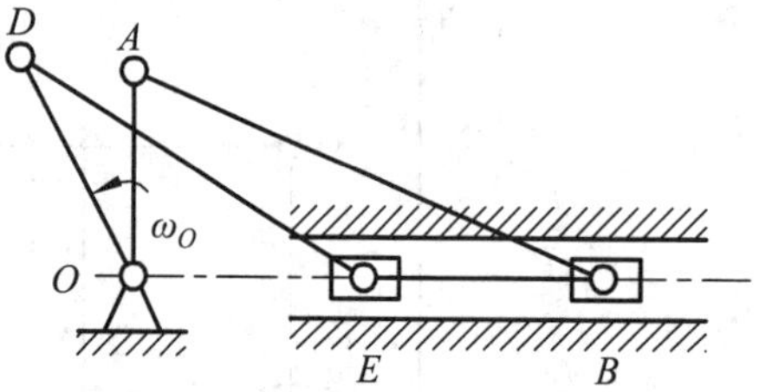

题 6-5 图

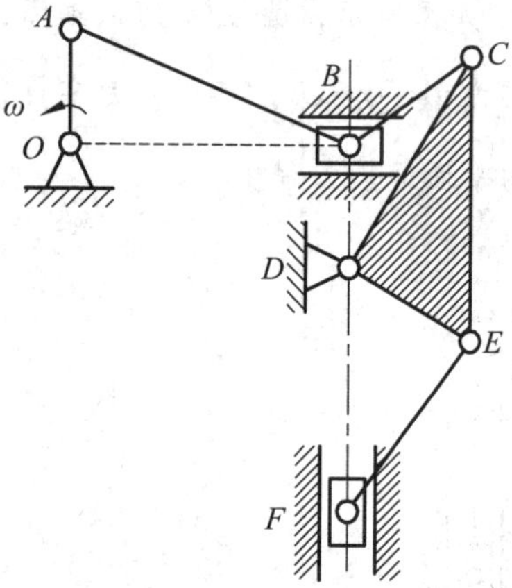

题 6-6 图

6-7　图示配汽机构中，曲柄 OA 的角速度 $\omega = 20$ rad/s，为常量。已知 $OA = 0.4$ m，$AC = BC = 0.2\sqrt{37}$ m。求当曲柄 OA 在两铅直线位置和两水平位置时，配汽机构中气阀推杆 DE 的速度。

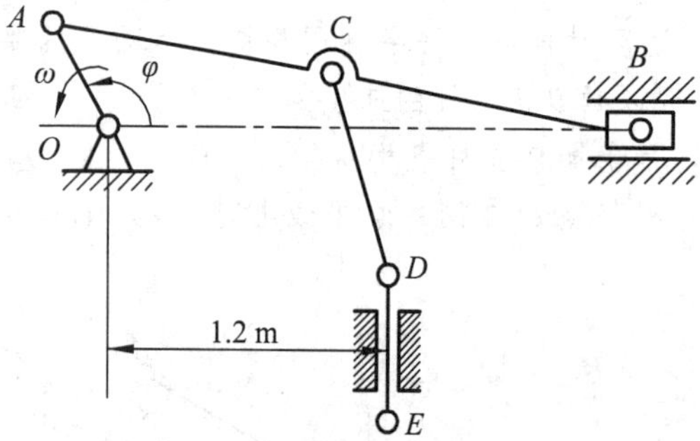

题 6-7 图

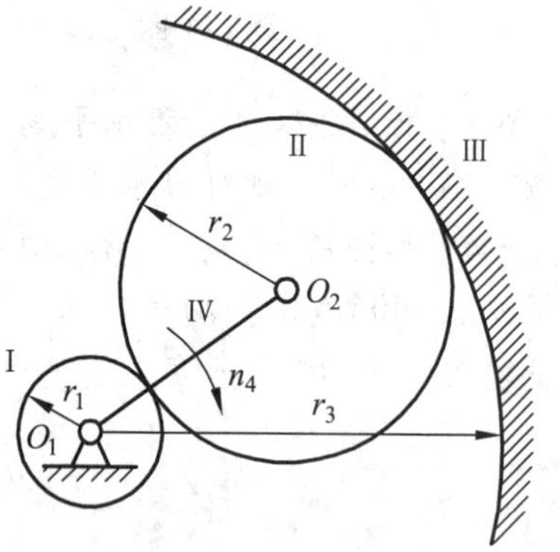

题 6-8 图

6-8　使砂轮高速转动的装置如图所示。杆 O_1O_2 绕 O_1 轴转动，转速为 n_4。O_2 处用铰链连接一半径为 r_2 的活动齿轮Ⅱ，杆 O_1O_2 转动时砂轮Ⅱ在半径为 r_3 的固定内齿轮上滚动，并使半径为 r_1 的轮Ⅰ绕 O_1 轴转动。轮Ⅰ上装有砂轮，随轮Ⅰ高速转动。已知 $\dfrac{r_3}{r_1} = 11$，$n_4 = 900$ r/min，求砂轮的转速。

6-9 齿轮Ⅰ在齿轮Ⅱ内滚动，其半径分别为 r 和 R，且 $R=2r$。曲柄 OO_1 绕 O 轴以等角速度 ω_0 转动，并带动行星齿轮Ⅰ。求该瞬时轮Ⅰ上瞬时速度中心 C 的加速度。

6-10 半径为 R 的轮子沿水平面滚动而不滑动，如图所示。在轮上有圆柱部分，其半径为 r。将线绕于圆柱上，线的 B 端以速度 $\boldsymbol{v}$ 和加速度 $\boldsymbol{a}$ 沿水平方向运动。求轮的轴心 O 的速度和加速度。

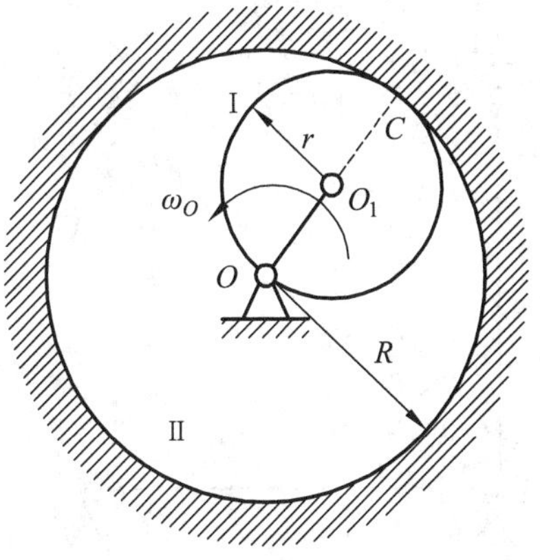

题 6-9 图

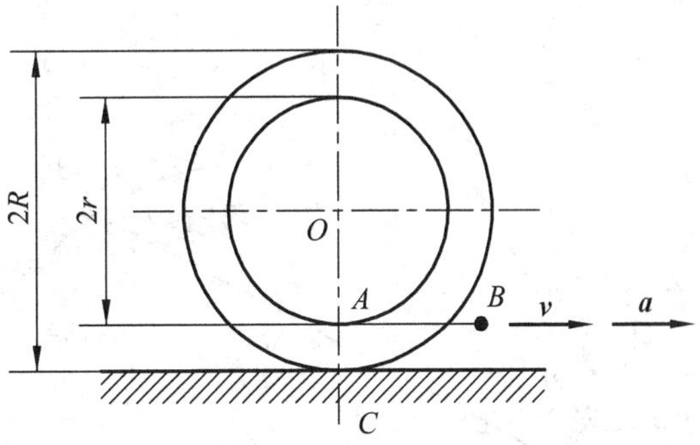

题 6-10 图

6-11 曲柄 OA 以恒定的角速度 $\omega=2\ \text{rad/s}$ 绕轴 O 转动，并借助连杆 AB 驱动半径为 r 的轮子在半径为 R 的圆弧槽中作无滑动的滚动。设 $OA=AB=R=2r=1\ \text{m}$，求图示瞬时点 B 和点 C 的速度和加速度。

6-12 在曲柄齿轮椭圆规中，齿轮 A 和曲柄 O_1A 固结为一体，齿轮 C 和齿轮 A 半径为 r 并互相啮合，如图所示。图中 $AB=O_1O_2$，$O_1A=O_2B=0.4\ \text{m}$。O_1A 以恒定的角速度 ω 绕轴 O_1 转动，$\omega=0.2\ \text{rad/s}$。M 为轮 C 上一点，$CM=0.1\ \text{m}$。在图示瞬时，CM 为铅垂方向，求此时 M 点的速度和加速度。

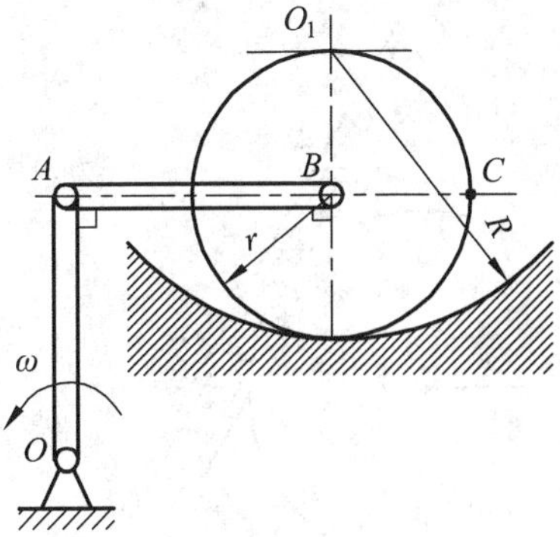

题 6-11 图

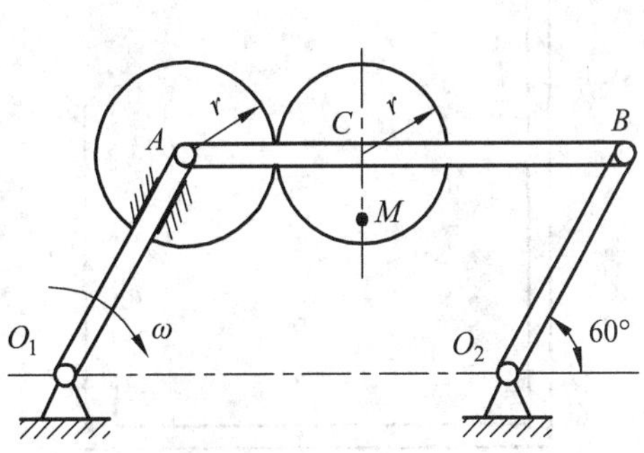

题 6-12 图

6-13　在图示曲柄连杆机构中，曲柄 OA 绕 O 轴转动，其角速度为 ω_0，角加速度为 a_0。在某瞬时曲柄与水平线间成60°角，而连杆 AB 与曲柄 OA 垂直。滑块 B 在圆形槽内滑动，此时半径 O_1B 与连杆 AB 间成30°角。如 $OA=r$，$AB=2\sqrt{3}r$，$O_1B=2r$，求在该瞬时，滑块 B 的切向和法向加速度。

6-14　在图示机构中，曲柄 OA 长为 r，绕 O 轴以等角速度 ω_0 转动，$AB=6r$，$BC=3\sqrt{3}r$。求图示位置时，滑块 C 的速度和加速度。

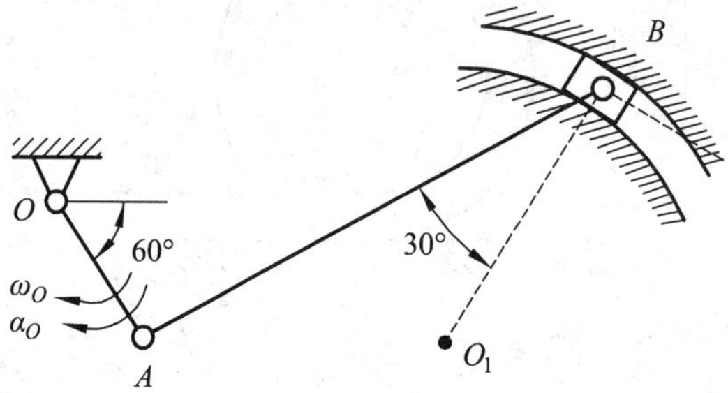

题 6-13 图

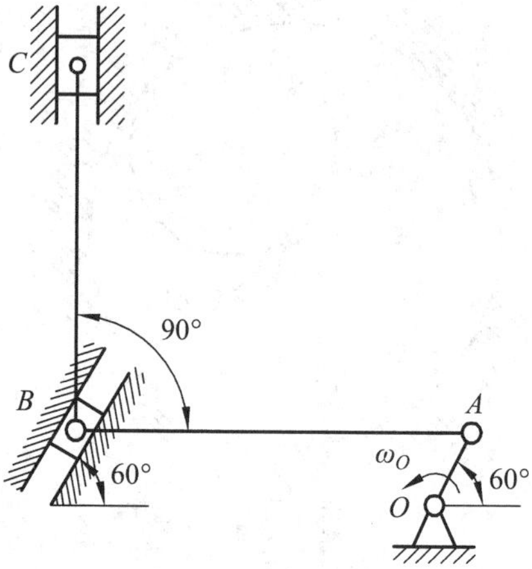

题 6-14 图

6-15　图示直角刚性杆，$AC=CB=0.5$ m。设在图示瞬时，两端滑块沿水平与铅垂轴的加速度如图，大小分别为 $a_A=1\ \text{m/s}^2$，$a_B=3\ \text{m/s}^2$。求此时直角杆的角速度和角加速度。

6-16　如图所示，轮 O 在水平面上滚动而不滑动，轮心以匀速 $v_0=0.2$ m/s 运动。轮缘上固连销钉 B，此销钉在摇杆 O_1A 的槽内滑动，并带动摇杆 O_1 轴转动。已知：轮的半径 $R=0.5$ m，在图示位置时，AO_1 是轮的切线，摇杆与水平面间的交角为 60°。求摇杆在该瞬时的角速度和角加速度。

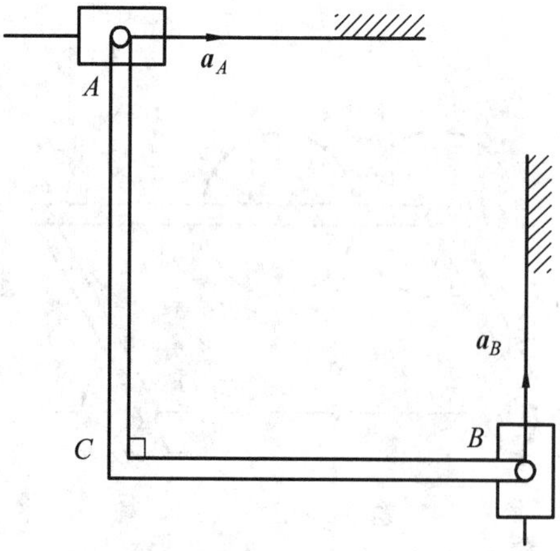

题 6-15 图

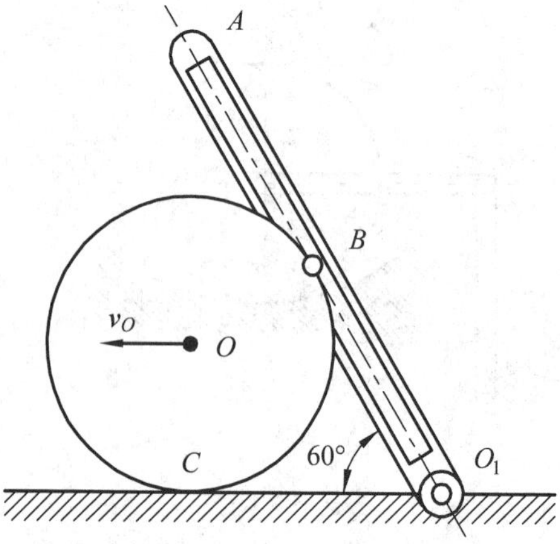

题 6-16 图

6-17　如图，平面机构的曲柄 OA 长为 $2l$，以匀角速度 ω_0 绕 O 轴转动。在图示位置时，$AB = BO$，并且 $\angle OAD = 90°$。求此时套筒 D 相对于杆 BC 的速度和加速度。

*6-18　已知图示机构中滑块 A 的速度为常值，$v_A = 0.2$ m/s，$AB = 0.4$ m。求当 $AC = CB$，$\theta = 30°$ 时杆 CD 的速度和加速度。

*6-19　图示放大机构中，杆Ⅰ和Ⅱ分别以速度 v_1 和 v_2 沿箭头方向运动，其位移分别以 x 和 y 表示。如杆Ⅱ与杆Ⅲ平行，其间距为 a，求杆Ⅲ的速度和滑道Ⅳ的角速度。

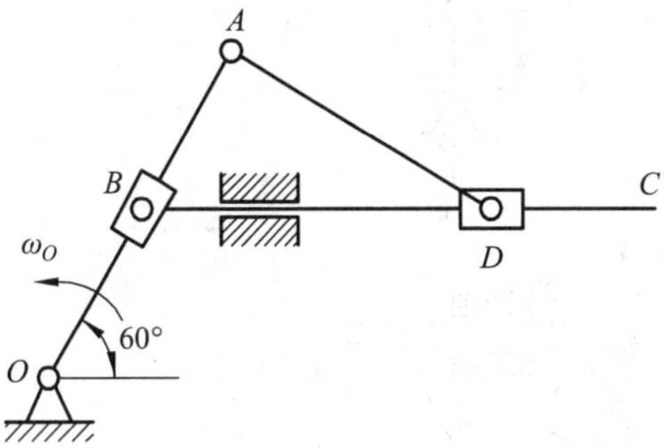

题 6-17 图

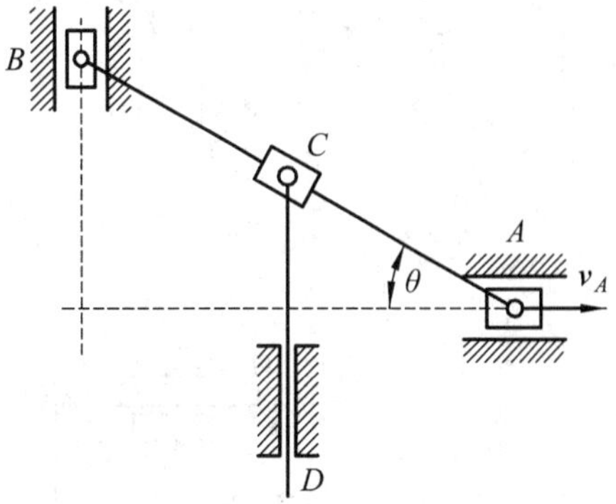

题 6-18 图

*6-20　半径 $R = 0.2$ m 的两个相同的大圆环沿地面向相反方向无滑动地滚动，环心的速度为常数；$v_A = 0.1$ m/s，$v_B = 0.4$ m/s。当 $\angle MAB = 30°$时，求套在这两个大圆环上的小圆环 M 相对于每个大圆环的速度和加速度，以及小圆环 M 的绝对速度和绝对加速度。

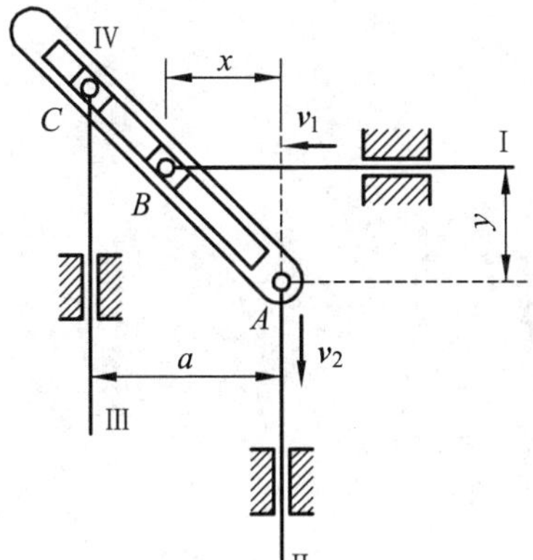

题 6-19 图

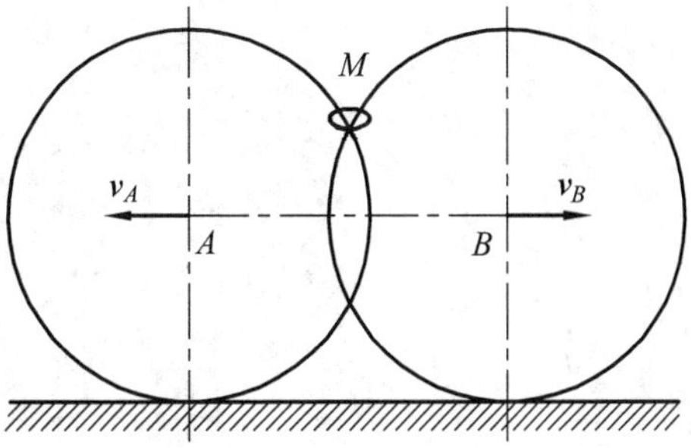

题 6-20 图

*6-21　图示四种刨床机构，已知 $O_1A = r$，以均角速度 ω 转动，$b = 4r$。求在图示位置时，滑枕 CD 平移的速度。

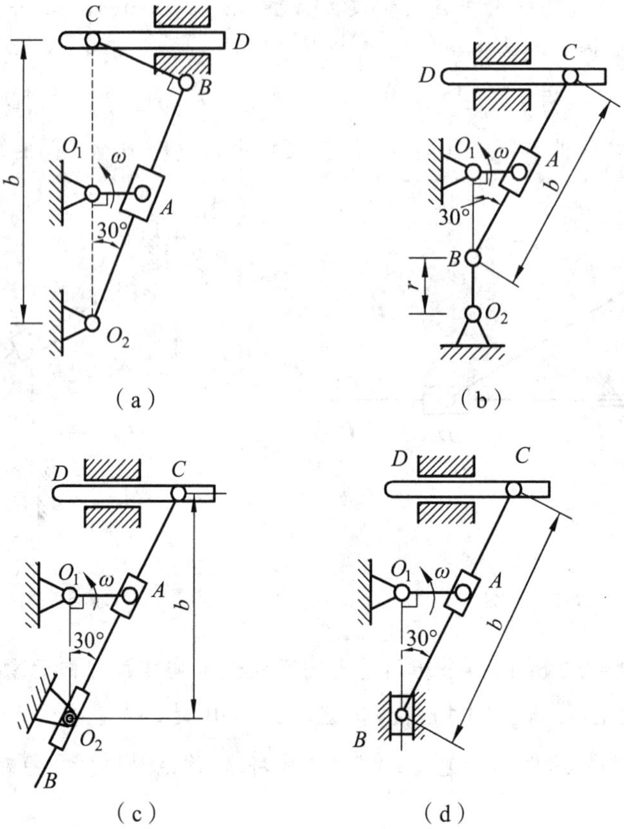

题 6-21 图

动力学

在静力学中，我们研究了物体在力系作用下的平衡条件，但未分析物体在不平衡力系的作用下将如何运动，而在运动学中，也仅从几何角度分析了物体的运动规律，而未涉及作用于物体上的力。动力学将对物体的机械运动进行全面的分析，研究物体上的力与物体运动状态变化之间的关系，并研究物体机械运动的普遍规律。

动力学的形成和发展与现代工业和科学技术的迅速发展有着密切的联系，并提出了更加复杂的新课题。例如振动理论、运动稳定性、飞行力学、变质量力学、多体动力学等都需要应用动力学的理论。

第 7 章　质点运动微分方程

7.1　概　述

7.1.1　动力学

动力学研究物体的机械运动与作用力之间的关系。

在静力学中，我们分析了作用于物体的力，并研究了物体在力系作用下的平衡问题。

在运动学中，我们仅从几何方面分析了物体的运动，而不涉及作用力。

动力学则是对物体的机械运动进行全面的分析，研究作用于物体的力与物体运动之间的关系，建立物体机械运动的普遍规律。

动力学的形成与发展是与生产的发展密切联系的。特别是现代工业和科学技术迅速发展的今天，对动力学提出了更加复杂的课题，例如高速运转机械的动力计算，高层结构受风载及地震的影响，宇宙飞行及火箭推进技术，以及机器人的动态特性等。

动力学中物体的抽象模型有质点和质点系。质点是具有一定质量而几何形状和尺寸大小可以忽略不计的物体。例如，在研究人造地球卫星的轨道时，卫星的形状和大小对所研究问题没有什么影响，可将卫星抽象为一个质量集中在质心的质点。而刚体作平移时，因刚体内各点的运动情况完全相同，也可以不考虑这个刚体的形状和大小，而将它抽象为一个质点来研究。

7.1.2　质点系

如果物体的形状和大小在所研究的问题中不可以忽略，则物体应该抽象为质点系。所谓质点系是几个或无限个相互有联系的质点所组成的系统。我们常见的固体、流体、由几个物体组成的机构，以及太阳系等都是质点系。刚体是质点系的一种特殊情形，其中任意两个质点间的距离保持不变，也称不变的质点系。

动力学可分为质点动力学和质点系动力学，而前者是后者的基础。

7.2　动力学基本定律

质点动力学的基础是三个基本定律，这些定律是牛顿（公元 1642 年—1727 年）在总结前人，特别是伽利略研究成果的基础上提出来的，称为牛顿三定律。

7.2.1　第一定律（惯性定律）

不受力作用的质点，将保持静止或作匀速直线运动。不受力作用的质点（包括受平衡力系作用的质点），不是处于静止状态，就是保持其原有的速度（包括大小和方向），这种性质称为惯性。

7.2.2　第二定律（力与加速度之间的关系定律）

第二定律可以表示为：

$$\frac{\mathrm{d}}{\mathrm{d}t}(m\boldsymbol{v})=\boldsymbol{F} \tag{7-1}$$

式中，m 为质点的质量，v 为质点的速度，$\boldsymbol{F}$ 为质点所受的力。在经典力学范围内，质点的质量是守恒的，上式可表示为：

$$m\boldsymbol{a}=\boldsymbol{F} \tag{7-2}$$

即：质点的质量与加速度之间的乘积，等于作用于质点的力的大小，加速度的方向与力的方向相同。

式（7-2）是第二定律的数学表达式，它是质点动力学的基本方程，建立了质点的加速度、质量与作用力之间的定量关系。当质点受到多个作用力时，式（7-2）中的 $\boldsymbol{F}$ 应为此汇交力系的合力。

式（7-2）表明，质点的质量越大，其运动状态越不容易改变，也就是质点的惯性越大。因此，质量是质点惯性的度量。

在地球表面，任何物体都受到重力 $\boldsymbol{P}$ 的作用。在重力作用下得到的加速度称为重力加速度，用 $\boldsymbol{g}$ 表示。根据第二定律有：

$$\boldsymbol{P}=m\boldsymbol{g}\quad \text{或} \quad m=\frac{\boldsymbol{P}}{\boldsymbol{g}}$$

根据国际计量委员会规定的标准，重力加速度的数值为 9.806 65 $\mathrm{m/s^2}$，一般取 9.80 $\mathrm{m/s^2}$。实际上不同的地区，$\boldsymbol{g}$ 的数值有微小的差别。

在国际单位制（SI）中，长度、时间和质量的单位是基本单位，分别取为 m（米）、s（秒）

和 kg（千克）；力的单位是导出单位。质量为 1 kg 的质点，获得 1 m/s^2 的加速度时，作用于该质点的力为 1 N（单位名称：牛顿），即：

$$1\ \text{N} = 1\ \text{kg} \times 1\ \text{m/s}^2$$

在精密仪器工业中，也用厘米克秒制（CGS）。在厘米克秒制中，长度、质量和时间是基本单位，分别取为 cm（厘米）、g（克）、s（秒）；力是导出单位。1 g 质量的质点，获得的加速度为 1 cm/s^2 时，作用于质点的力为 1 dyn（达因），即：

$$1\ \text{dyn} = 1\ \text{g} \times 1\ \text{cm/s}^2$$

牛顿和达因的换算关系为：

$$1\ \text{N} = 10^5\ \text{dyn}$$

7.2.3　第三定律（作用与反作用定律）

两个物体间的作用力与反作用力的大小总是大小相等，方向相反，沿着同一直线，且同时分别作用在这两个物体上。这一定律就是静力学公理四，它不仅适用于静止的物体，而且适用于任何运动的物体。

质点动力学的三个基本定律也是在观察天体运动和生产实践中的一般机械运动的基础上总结出来的，因此，只在一定范围内适用。三个定律适用的参考系称为惯性参考系。在一般工程问题中，把固定于地面的坐标系或相对于地面作匀速直线平移的坐标系作为惯性参考系，可以得到相当精确的结果。在研究人造地球卫星的轨道、洲际导弹的弹道等问题时，地球自转影响不可忽略，应选取以地心为原点，三轴指向三个恒星的坐标系作为惯性参考系。在研究天体运动时，地心运动的影响也不可忽略，又需取太阳为中心，三轴指向三个恒星的坐标系作为惯性参考系。在本书中，如无特别说明，我们均取固定在地球表面的坐标系作为惯性参考系。

以牛顿三定律为基础的力学，称为古典力学（又称经典力学）。在古典力学范畴内，认为质量是不变的量，空间和时间是“绝对的”，与物体的运动无关。近代物理已证明，质量、时间和空间都与物体的运动速度有关，但当物体的运动速度远远小于光速时，物体的运动对于质量、时间和空间的影响是微不足道的。对于一般工程中的机械运动问题，应用古典力学都可以得到足够精确的结果。

7.3　质点运动微分方程

7.3.1　矢量微分方程

质点受到 n 个力 $\boldsymbol{F}_1$，$\boldsymbol{F}_2$，$\boldsymbol{F}_3$，$\boldsymbol{F}_4$，$\boldsymbol{F}_5$，…，$\boldsymbol{F}_n$ 作用时，由质点动力学第二定律，有：

$$ma = \sum_{i=1}^{n} \boldsymbol{F}_i \tag{7-3a}$$

或

$$m\frac{\mathrm{d}^2\boldsymbol{r}}{\mathrm{d}t^2} = \sum_{i=1}^{n} \boldsymbol{F}_i \tag{7-3b}$$

式（7-3）是矢量形式的微分方程，在计算实际问题时，需应用它的投影形式。

7.3.2 质点运动微分方程在直角坐标轴上投影

设径矢 $\boldsymbol{r}$ 在直角坐标轴上投影分别为 x，y，z，$\boldsymbol{F}_i$ 在轴上的投影分别为 $\boldsymbol{F}_{xi}$，$\boldsymbol{F}_{yi}$，$\boldsymbol{F}_{zi}$，则式（7-3）在直角坐标轴上投影形式为

$$\begin{cases} m\dfrac{\mathrm{d}^2x}{\mathrm{d}t^2} = \sum\limits_{i=1}^{n} F_{xi} \\ m\dfrac{\mathrm{d}^2y}{\mathrm{d}t^2} = \sum\limits_{i=1}^{n} F_{yi} \\ m\dfrac{\mathrm{d}^2z}{\mathrm{d}t^2} = \sum\limits_{i=1}^{n} F_{zi} \end{cases} \tag{7-4}$$

7.3.3 质点运动微分方程在自然轴上投影

由点运动学知，点的全加速度 $\boldsymbol{a}$ 在切线与主法线构成的密切面内，点的加速度在副法线上的投影等于零，即：

$$\boldsymbol{a} = a_\tau\boldsymbol{\tau} + a_\mathrm{n}\boldsymbol{n}\text{，}\quad a_\mathrm{b} = 0$$

式中 $\boldsymbol{\tau}$ 和 $\boldsymbol{n}$ 为沿轨迹切线和主法线的单位矢量，如图 7-1 所示。式（7-3）在自然轴系上的投影式为：

$$\begin{cases} m\dfrac{\mathrm{d}v}{\mathrm{d}t} = \sum\limits_{i=1}^{n} F_{\mathrm{t}i} \\ m\dfrac{v^2}{\rho} = \sum\limits_{i=1}^{n} F_{\mathrm{n}i} \\ 0 = \sum\limits_{i=1}^{n} F_{\mathrm{b}i} \end{cases} \tag{7-5}$$

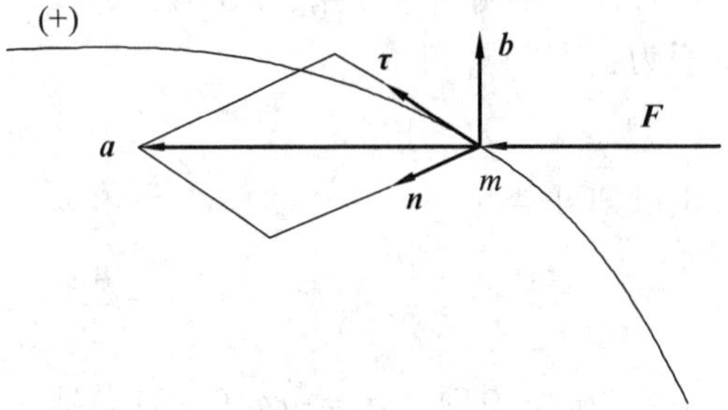

图 7-1

式中，$\boldsymbol{F}_{\mathrm{t}i}$，$\boldsymbol{F}_{\mathrm{n}i}$ 和 $\boldsymbol{F}_{\mathrm{b}i}$ 分别为作用于质点的各力在切线、主法线和副法线上的投影，而 ρ 为轨迹的曲率半径。

式（7-4）和（7-5）是两种常用的质点运动微分方程。

7.4 质点动力学的两类基本问题

质点动力学的问题可分为两类：第一类是已知质点的运动，求作用于质点的力；第二类是已知质点的力，求质点的运动。此称为质点动力学的两类基本问题。第一类问题比较简单，例如已知质点的运动方程，只需求导两次便得到质点的加速度，代入质点的运动微分方程中，即可求解。第二类基本问题，从数学的角度看，是解微分方程或求积分的问题。对此，需按作用力的函数规律进行积分，并根据具体问题的运动条件确定积分常数。

例 7-1 曲柄连杆机构如图 7-2（a）所示。曲柄 OA 以角速度 ω 转动，$OA = r$，$AB = 1$。当$\lambda = r/1$ 比较小时，以 O为坐标原点，滑块 B的运动方程可近似写为

$$x = l\left(1 - \frac{\lambda^2}{4}\right) + r\left(\cos\omega t + \frac{\lambda}{4}\cos 2\omega t\right)$$

设滑块的质量为 m，忽略摩擦及连杆 AB 的质量，试求当$\varphi = \omega t = 0$ 和 $\pi/2$ 时，连杆 AB 所受的力。

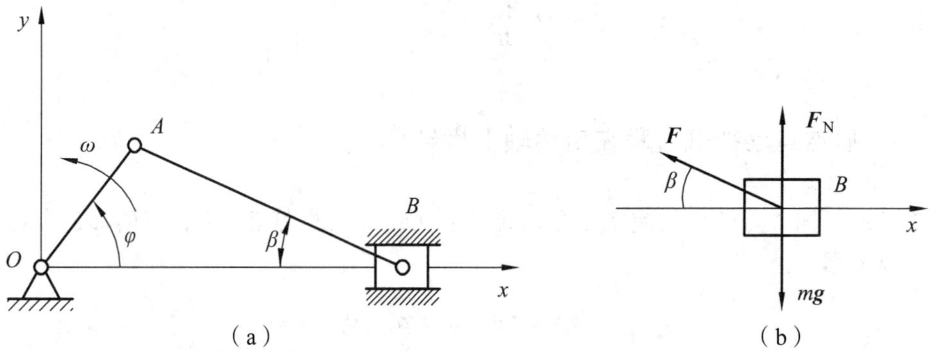

图 7-2

解：以滑块 B 为研究对象，由已知可得其受力如图 7-2（b）所示。由于不计连杆质量，连杆应受平衡力系作用，AB 为二力杆，它对滑块的力 $\boldsymbol{F}$ 沿 AB 方向，则滑块的运动微分方程为：

$$ma_x = -F\cos\beta$$

由已知可得：

$$a_x = \frac{d^2x}{dt^2} = -r\omega^2(\cos\omega t + \lambda\cos 2\omega t)$$

当$\omega t = 0$ 时，$a_x = -r\omega^2(1+\lambda)$，且 $\beta = 0$，得：

$$F = mr\omega^2(1+\lambda)$$

AB 杆受拉力。

当 $\omega t=\pi/2$ 时， $a_x=r\omega^2\lambda$ ，而 $\cos\beta=\sqrt{l^2-r^2}/l$ ，得：

$$mr\omega^2\lambda=-F\sqrt{l^2-r^2}/l$$

即：

$$F=-mr^2\omega^2/\sqrt{l^2-r^2}$$

AB 杆受压力。

上例属于动力学第一类基本问题。

例 7-2 质量为 m 的质点带有电荷 e，以速度 $\boldsymbol{v}_0$ 进入强度按 $E=A\cos kt$ 变化的均匀电场中，初速度方向与电场强度垂直，如图 7-3 所示。质点在电场中受力 $\boldsymbol{F}=-e\boldsymbol{E}$ 作用。已知常数 A，k，忽略质点的重力，试求质点的运动轨迹。

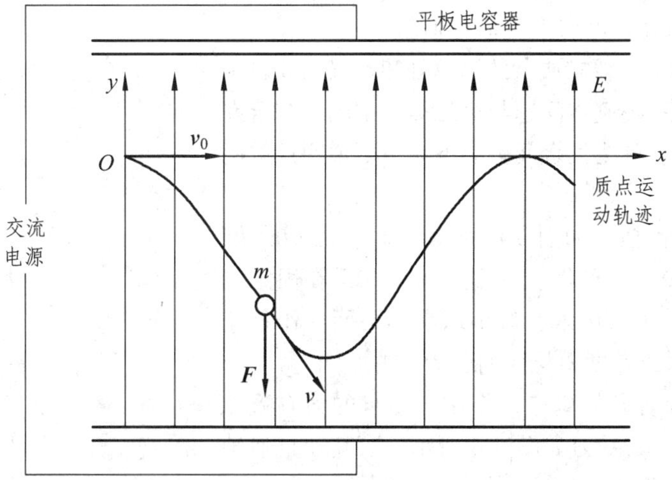

图 7-3

解： 取 O 为原点，取坐标轴如图 7-3 所示。因为力和初速度在 z 轴上投影均等于零，质点的轨迹必定在 Oxy 平面内，则质点的运动微分方程在 x 轴和 y 轴上的投影为：

$$m\frac{\mathrm{d}^2x}{\mathrm{d}t^2}=m\frac{\mathrm{d}v_x}{\mathrm{d}t}=0,\quad m\frac{\mathrm{d}^2y}{\mathrm{d}t^2}=m\frac{\mathrm{d}v_y}{\mathrm{d}t}=-eA\cos kt$$

按题意，当 $t=0$ 时， $v_x=v_0$ ， $v_y=0$ ，上式定积分为：

$$\int_{v_0}^{v_x}\mathrm{d}v_x=0,\quad \int_0^{v_y}\mathrm{d}v_y=-\frac{eA}{m}\int_0^t\cos kt\mathrm{d}t$$

解得：

$$v_x=\frac{\mathrm{d}x}{\mathrm{d}t}=v_0,v_y=\frac{\mathrm{d}y}{\mathrm{d}t}=-\frac{eA}{mk}\sin kt$$

以上两式以 $t=0$ 时，$x=y=0$ 为下限，故：

$$\int_0^x\mathrm{d}x=\int_0^t v_0\mathrm{d}t,\quad \int_0^y\mathrm{d}y=-\frac{eA}{mk}\int_0^t\sin kt\mathrm{d}t$$

得质点的运动方程为：

$$x = v_0 t,\ \ y = \frac{eA}{mk^2}(\cos kt - 1)$$

从以上两式消去时间 t 得质点的轨迹方程：

$$y = \frac{eA}{mk^2}\left[\cos\left(\frac{k}{v_0}x\right) - 1\right]$$

其轨迹为余弦曲线，如图 7-3 所示。

上例为质点动力学的第二类基本问题。此类问题求解过程一般需要积分，还要分析题意，合理应用运动初始条件确定积分常数，使问题得到确定的解。当质点受力复杂，特别是几个质点相互作用时，质点的运动微分方程难以通过积分求得解析解。使用计算机，选用适当的计算程序，逐步积分，可求其数值近似解。

有的工程问题既需要求质点的运动规律，又需要求未知的约束力，是第一类基本问题与第二类基本问题综合在一起的动力学问题，称为混合问题。下面举例说明这类问题的求解方法。

例 7-3 一圆锥摆，如图 7-4 所示。质量 $m = 0.1$ kg 的小球系于长 $l = 0.3$ m 的绳上，绳的另一端系在固定点 O，并与铅垂线成 $\theta = 60°$角。如小球在水平面内作匀速圆周运动，求小球的速度 $\boldsymbol{v}$ 与绳的张力 $\boldsymbol{F}$ 的大小。

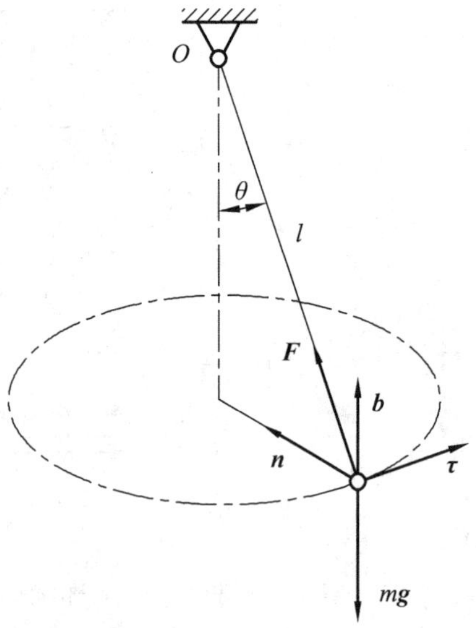

图 7-4

解：以小球为研究的质点，作用于质点的力有重力 $m\boldsymbol{g}$ 和绳的拉力 $\boldsymbol{F}$，其受力如图 7-4 所示。取其在自然轴上的投影的运动微分方程为：

$$m\frac{v^2}{\rho} = F\sin\theta,\ \ 0 = F\cos\theta - mg$$

由于$\rho = l\sin\theta$，则：

$$F = \frac{mg}{\cos\theta} = \frac{0.1\ \text{kg} \times 9.8\ \text{m/s}^2}{\frac{1}{2}} = 1.96\ \text{N}$$

$$v = \sqrt{\frac{Fl\sin^2\theta}{m}} = \sqrt{\frac{1.96\ \text{N} \times 0.3\ \text{m} \times \left(\frac{\sqrt{3}}{2}\right)^2}{0.1\ \text{kg}}} = 2.1\ \text{m/s}$$

绳的张力与拉力 $\boldsymbol{F}$ 的大小相等。

此例表明：对某些混合问题，向自然轴投影，可使动力学两类基本问题分开求解。

例 7-4 质量为 m 的物块 A 置于光滑斜面上，如图 7-5 所示，设斜面以加速度 $\boldsymbol{a}_e$ 运动，求：此时物块沿斜面滑下的加速度及物块与斜面间的作用力。

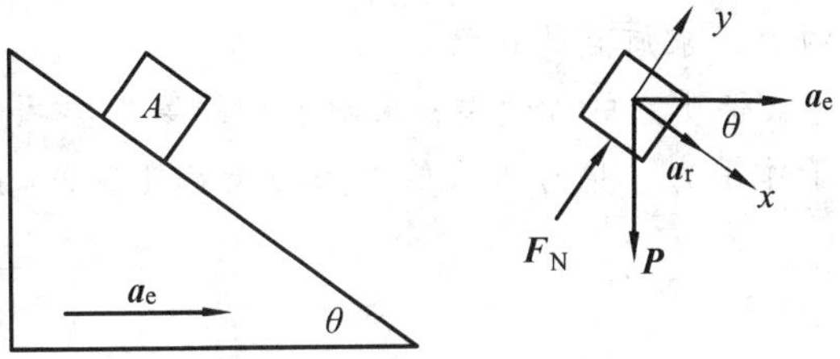

图 7-5

解： 取物体 A 为研究对象。由于物块 A 作平动，故可看为一质点。物块的受力如图 7-5 所示，其绝对加速度 $\boldsymbol{a}_a=\boldsymbol{a}_e+\boldsymbol{a}_r$。于是：

$$m(\boldsymbol{a}_e+\boldsymbol{a}_r)=P+F_N$$

上式向 x、y 轴投影，且 $P=mg$，得：

$$m(\boldsymbol{a}_r+\boldsymbol{a}_e\cos\theta)=mg\sin\theta$$
$$m\boldsymbol{a}_e\sin\theta=-mg\cos\theta+F_N$$

联立两式，解得：

$$a_r=g\sin\theta-a_e\cos\theta$$
$$F_N=mg\left(\cos\theta+\frac{a_e}{g}\sin\theta\right)$$

由以上结果可得出：

（1）当 $a_e=g\tan\theta$ 时，$a_r=0$。如物块初速度等于零，它可一直静止在斜面上。此时 $F_N=m\dfrac{g}{\cos\theta}$。

（2）当 $a_e>g\tan\theta$ 时，$a_r<0$。如物块初速度等于零，它将沿斜面向上滑动。

（3）当斜面的加速度与题设方向相反时，其 $a_e\geqslant g\cot\theta$，亦即当 $a_e=-g\cot\theta$ 时，$a_r=\dfrac{g}{\sin\theta}$ 且 $F_N=0$。此时物块的绝对加速度大小为 g，方向向下，物块的运动与自由落体运动一样。

本章小结

1. 牛顿三定律适用于惯性参考系。

质点具有惯性，以其质量度量。

作用于质点的力与其加速度成比例。

作用力与反作用力等值、反向、共线，分别作用于两物体上。

2. 质点动力学的基本方程为 $m\boldsymbol{a}=\sum\boldsymbol{F}$，应用时应取投影形式。

3. 质点动力学可分为两类基本问题：

（1）已知质点的运动，求作用于质点的力。

（2）已知作用于质点的力，求质点的运动。

求解第一类问题，需先求得质点的加速度；求解质点的第二类问题，一般是积分的过程。质点的运动规律不仅决定于作用力，也与质点的运动初始条件有关。这两类问题的综合称为混合问题。

习题

7-1　一质量为 m 的物体放在匀速运动的水平台上，它与转轴的距离为 r，如图所示。设物体与转台表面的摩擦因数为 f，求物体不至因转台旋转而滑出时水平台的最大转速。

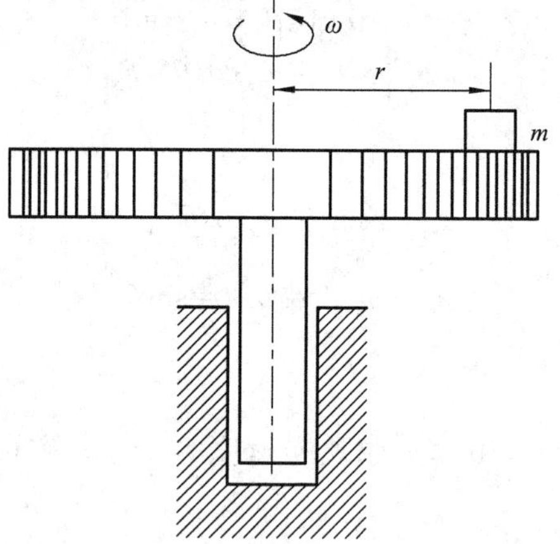

题 7-1 图

7-2　图示 A、B 两物体的质量分别为 m_1 与 m_2，二者间用一绳子连接，此绳跨过一滑轮，滑轮半径为 r。如在开始时两物体的高度差为 h，而且 $m_1>m_2$，不计滑轮质量。求静止释放后，两物体达到相同高度时所需要的时间。

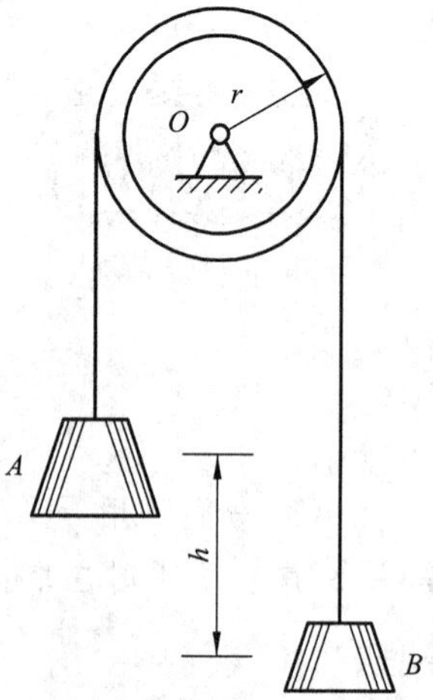

题 7-2 图

7-3　半径为 R 的偏心轮绕轴 O 以角速度 ω 转动，推动导板沿铅直轨道运动，如图所示。导板顶部放有一质量为 m 的物块 A，设偏心距 $OC=e$，开始时 OC 沿水平线。求：① 物块对导板的最大压力；② 使物块不离开导板的 ω 最大值。

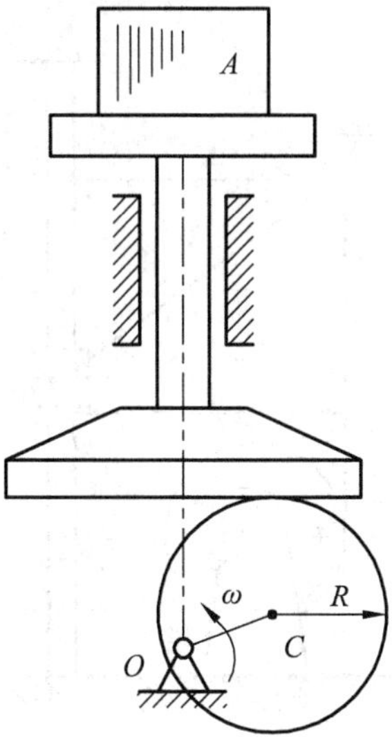

题 7-3 图

7-4　在图示离心浇注装置中，电动机带动支承轮 A，B 做同向转动，管模放在两轮上靠摩擦传动而旋转。使铁水浇入后均匀地紧贴管膜的内壁而自动成型，从而得到质量密实的管型铸件。如已知管模内径 $D=400$ mm，试求管膜的最低转速 n。

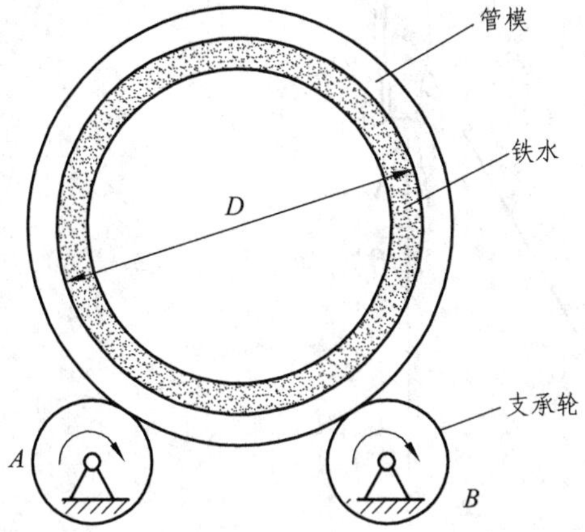

题 7-4 图

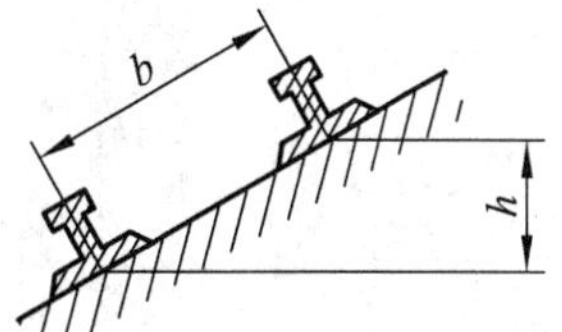

题 7-5 图

7-5　为了使列车对轨道的压力垂直于路基，在铁轨弯曲部分，外轨要比内轨提高一些。试就以下数据求外轨对内轨的相对高度 h：轨道的曲率半径为 $\rho=300$ mm，列车的速度为 $v=12$ m/s，内、外轨道间的距离为 $b=1.6$ m。

7-6　图 7-6 所示套管 A 的质量为 m，受绳子牵引沿铅直杆向上滑动。绳子的另一端绕过离杆距离为 l 的滑车 B 而缠在鼓轮上。当鼓轮转动时，其边缘上各点的速度大小为 v_0。求绳子的拉力与距离 x 之间的关系。

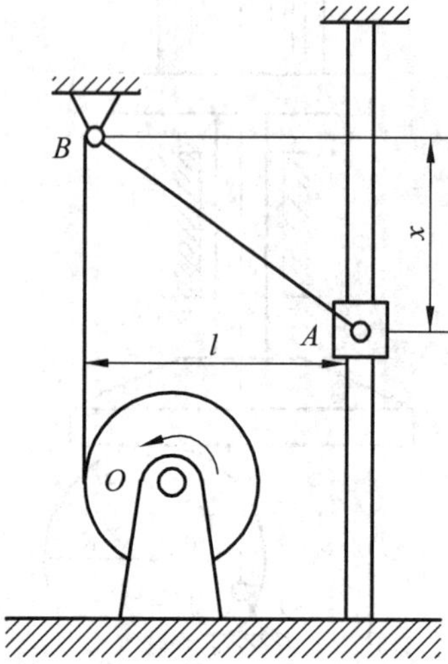

题 7-6 图

7-7　铅垂发射的火箭，发射后开始由一雷达跟踪，如图 7-7 所示。当 $r = 10\,000$ m，$\theta = 60°$，$\dot{\theta} = 0.02$ rad/s，$\ddot{\theta} = 0.003$ rad/s 时，火箭的质量为 5 000 kg。求此时的喷射反推力 $\boldsymbol{F}$。

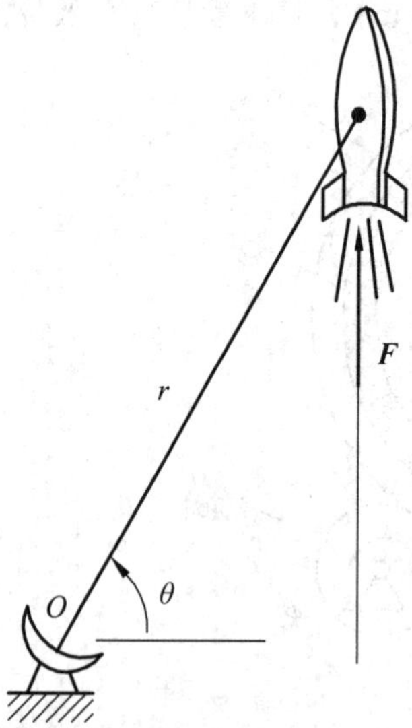

题 7-7 图

7-8　一物体质量为 $m = 10$ kg，在变力 $F = 100(1-t)$ N 作用下运动。设物体的初速度为 $v_0 = 0.2$ m/s，开始时力的方向与速度方向相同。问经过多少时间后物体的速度为零，此前走了多少路程？

7-9　图示质点的质量为 m，受指向原点 O 的力 $F=kr$ 的作用，力与质点到点 O 的距离成正比。如初瞬时质点的坐标为 $x=x_0$，$y=0$，而速度的分量为 $v_x=0$，$v_y=v_0$。求质点的轨迹。

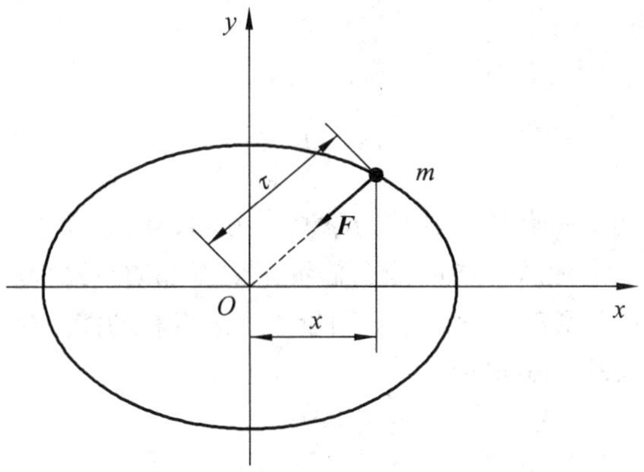

题 7-9 图

7-10　物体由高度 h 处以速度 v_0 水平抛出，如图所示。空气阻力可视为与速度的一次方成正比，即 $\boldsymbol{F}=-km\boldsymbol{v}$。其中 m 为物体的质量，v 为物体的速度，k 为常系数。求物体的运动方程和轨迹。

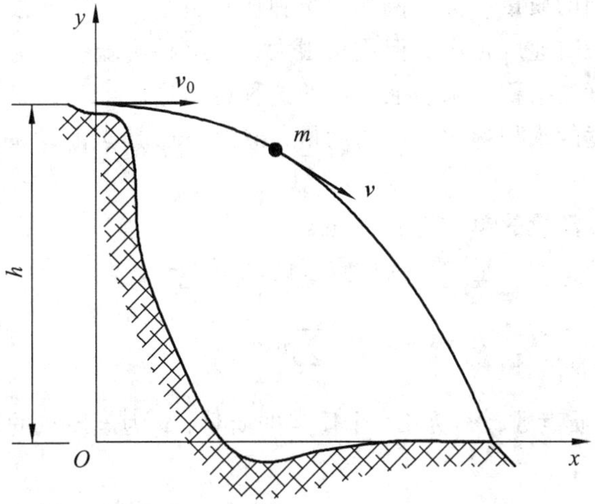

题 7-10 图

7-11　一质点带有负电荷 e，其质量为 m，以速度 v_0 进入强度为 H 的均匀磁场中，该速度方向与磁场强度方向垂直。设已知作用于质点的力为：

$$\boldsymbol{F}=-e(\boldsymbol{v}\times\boldsymbol{H})$$

求质点的运动轨迹。

提示：解题时宜采用在自然轴上投影的运动微分方程。

第 8 章　动量与动量矩定理

对于质点系，可以逐个质点列出其动力学基本方程，但联立求解很复杂。

动量、动量矩和动能定理从不同的侧面揭示了质点和质点系总体的运动变化与其受力之间的关系，可用以求解质点系动力学问题。动量、动量矩和动能定理统称为动力学普遍定理。本章将阐明及应用动量与动量矩定理。

8.1　动　量

物体之间往往有机械运动的传递，在传递机械运动时产生相互作用力不仅与物体的速度变化有关，而且与它们的质量有关。例如，枪弹质量虽小，但速度很大，击中目标时产生很大的冲击力；轮船靠岸时速度很小，但质量很大，操纵稍有疏忽，足以将船撞坏。据此，可以用质点的质量与速度的乘积，来表征质点的这种运动量。

质点的质量与速度的乘积称为质点的动量，记为 $m\boldsymbol{v}$。质点的动量是矢量，它的方向与质点的速度方向一致。

在国际单位制中，动量的单位为 kg · m/s。

质点系内各质点动量的矢量和称为质点系的动量（$\boldsymbol{p}$），即：

$$\boldsymbol{p}=\sum_{i=1}^{n}m_i\boldsymbol{v}_i \tag{8-1}$$

式中，n 为质点系内的质点数，m_i 为第 i 个质点的质量，$\boldsymbol{v}_i$ 为该质点的速度。质点系的动量是矢量。

如质点系中任一质点 i 的矢径为 $\boldsymbol{r}_i$，则其速度为 $\boldsymbol{v}_i=\dfrac{\mathrm{d}\boldsymbol{r}_i}{\mathrm{d}t}$，代入式（8-1）中注意到质量 m_i 是不变的，则有：

$$\boldsymbol{p}=\sum m_i\boldsymbol{v}_i=\sum m_i\frac{\mathrm{d}\boldsymbol{r}_i}{\mathrm{d}t}=\frac{\mathrm{d}}{\mathrm{d}t}\sum m_i\boldsymbol{r}_i$$

令 $m=\sum m_i$ 为质点系的总质量；与重心坐标相似，定义为质点系质量中心（简称质心）C 的矢径为：

$$\boldsymbol{r}_C=\frac{\sum m_i\boldsymbol{r}_i}{m} \tag{8-2}$$

代入前式，得：

$$p = \frac{\mathrm{d}}{\mathrm{d}t}\sum m\boldsymbol{r}_i = \frac{\mathrm{d}}{\mathrm{d}t}(m\boldsymbol{r}_C) = m\boldsymbol{v}_C \tag{8-3}$$

其中，$v_C = \frac{\mathrm{d}\boldsymbol{r}_C}{\mathrm{d}t}$ 为质点系质心 C 的速度。上式表明，质点系的动量等于质心速度与其全部质量的乘积。

刚体是无限多个质点组成的不变质点系，质心是刚体内某一确定点。对于质量均匀分布的规则刚体，质心也就是几何中心，用式（8-3）计算刚体的动量是非常方便的。例如，长为 l、质量为 m 的均质细杆，在平面内绕 O 点转动，角速度为ω，如图 8-1（a）所示。细杆质心的速度 $v_C = \frac{l}{2}\omega$，则细杆的动量为 $m\boldsymbol{v}_C$，方向与 $\boldsymbol{v}_C$ 相同。又如图 8-1（b）所示的均质滚轮，质量为 m，轮心速度为 $\boldsymbol{v}_C$，则其动量为 $m\boldsymbol{v}_C$。而如图 8-1（c）所示的绕中心转动的均质轮，无论有多大的角速度和质量，由于其质心不动，其动量总是零。

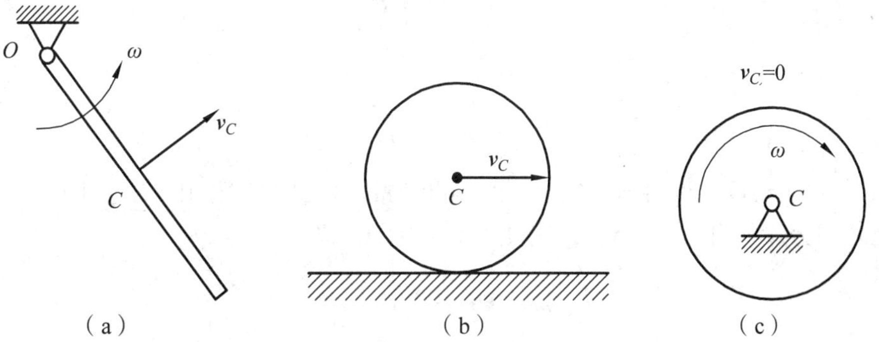

图 8-1

8.2 冲　量

物体在力的作用下引起的运动变化，不仅与力的大小和方向有关，还与力作用时间的长短有关。例如人力推动车厢沿铁轨运动，经过一段时间，可使车厢得到一定的速度；如改用机车牵引车厢，只需很短的时间便能达到相同的速度。如果作用力是常量，我们用力与作用时间的乘积来衡量力在这段时间内积累的作用。作用力与作用时间的乘积称为常力的冲量。以 $\boldsymbol{F}$ 表示此常力，作用的时间为 t，则此常力的冲量为：

$$\boldsymbol{I} = \boldsymbol{F}t \tag{8-4}$$

冲量是矢量，它的方向与常力的方向一致。

如果作用力 $\boldsymbol{F}$ 是变量，在微小的时间间隔 $\mathrm{d}t$ 内，力 $\boldsymbol{F}$ 的冲量称为元冲量，即：

$$\mathrm{d}\boldsymbol{I} = \boldsymbol{F}\mathrm{d}t$$

而力 $\boldsymbol{F}$ 在作用时间 t 内的冲量是矢量积分：

$$\boldsymbol{I}=\int_0^t \boldsymbol{F}\mathrm{d}t \tag{8-5}$$

在国际单位制中，冲量的单位是 N · s。

8.3 动量定理

8.3.1 质点的动量定理

由前一章的式（7-1）有：

$$\frac{\mathrm{d}}{\mathrm{d}t}(m\boldsymbol{v})=\boldsymbol{F}$$

或

$$\mathrm{d}(m\boldsymbol{v})=\boldsymbol{F}\mathrm{d}t \tag{8-6}$$

式（8-6）是质点动量定量的微分形式，即质点动量的增量等于作用于质点上的力的元冲量。

对上式积分，如时间由 0 到 t，速度由 $\boldsymbol{v}_0$ 变为 $\boldsymbol{v}$，得：

$$m\boldsymbol{v}-m\boldsymbol{v}_0=\int_0^t \boldsymbol{F}\mathrm{d}t=\boldsymbol{I} \tag{8-7}$$

式（8-7）是质点动量定理的积分形式，即在某一时间间隔内，质点的动量变化等于作用于质点的力在此段时间内的冲量。

8.3.2 质点系的动量定理

设质点系有 n 个质点，第 i 个质点的质量为 m_i，速度为 $\boldsymbol{v}_i$。外界物体对该质点作用的力为 $\boldsymbol{F}_i^{(\mathrm{e})}$，称为外力；质点系内其他质点对该质点作用的力为 $\boldsymbol{F}_i^{(\mathrm{i})}$，称为内力。根据质点的动量定理有：

$$\mathrm{d}(m_i\boldsymbol{v}_i)=(\boldsymbol{F}_i^{(\mathrm{e})}+\boldsymbol{F}_i^{(\mathrm{i})})\mathrm{d}t=\boldsymbol{F}_i^{(\mathrm{e})}\mathrm{d}t+\boldsymbol{F}_i^{(\mathrm{i})}\mathrm{d}t$$

这样的方程共有 n 个。将 n 个方程两端分别相加，得：

$$\sum_{i=1}^{n}\mathrm{d}(m_i\boldsymbol{v}_i)=\sum_{i=1}^{n}\boldsymbol{F}_i^{(\mathrm{e})}\mathrm{d}t+\sum_{i=1}^{n}\boldsymbol{F}_i^{(\mathrm{i})}\mathrm{d}t$$

因为该质点系内质点相互作用的内力总是大小相等、方向相反地成对出现，相互抵消，因此内力冲量的矢量和等于零，即：

$$\sum_{i=1}^{n}\boldsymbol{F}_i^{(\mathrm{i})}\mathrm{d}t=0$$

又因 $\sum\mathrm{d}(m_i\boldsymbol{v}_i)=\mathrm{d}\sum(m_i\boldsymbol{v}_i)=\mathrm{d}\boldsymbol{p}$，是质点系的动量增量，于是得质点系动量定理的微分形式：

$$\mathrm{d}\boldsymbol{p}=\sum_{i=1}^{n}\boldsymbol{F}_i^{(\mathrm{e})}\mathrm{d}t=\sum_{\mathrm{i}=1}^{n}\mathrm{d}\boldsymbol{I}_i^{(\mathrm{e})} \tag{8-8}$$

即质点系动量的增量等于作用于质点系的外力元冲量的矢量和。

式（8-8）也可写为

$$\frac{\mathrm{d}}{\mathrm{d}t}\boldsymbol{p}=\sum_{i=1}^{n}\boldsymbol{F}_i^{(\mathrm{e})} \tag{8-9}$$

即质点系的动量对时间的导数等于作用于质点系的外力的矢量和（或外力的主矢）。

设：$t=0$ 时，质点系的动量为 $\boldsymbol{p}_0$；在时刻 t，动量为 $\boldsymbol{p}$。将式（8-8）积分，得：

$$\int_0^p\mathrm{d}\boldsymbol{p}=\int_0^t\sum_{i=1}^{n}\boldsymbol{F}_i^{(\mathrm{e})}\mathrm{d}t$$

或

$$\boldsymbol{p}-\boldsymbol{p}_0=\sum_{i=1}^{n}\boldsymbol{I}_i^{(\mathrm{e})} \tag{8-10}$$

式（8-10）为质点动量定量的积分形式，即在某一时间间隔内，质点系动量的改变量等于在此段时间作用于质点系外力冲量的矢量和。

由质点系动量定理可见，质点系的内力不改变质点系的动量。

动量定理是矢量式，在应用时应取投影形式，如式（8-9）和式（8-10）在直角坐标系的投影式为：

$$\begin{cases}\dfrac{\mathrm{d}p_x}{\mathrm{d}t}=\sum F_x^{(\mathrm{e})}\\\dfrac{\mathrm{d}p_y}{\mathrm{d}t}=\sum F_y^{(\mathrm{e})}\\\dfrac{\mathrm{d}p_z}{\mathrm{d}t}=\sum F_z^{(\mathrm{e})}\end{cases} \tag{8-11}$$

和

$$\begin{cases}p_x-p_{0x}=\sum I_x^{(\mathrm{e})}\\p_y-p_{0y}=\sum I_y^{(\mathrm{e})}\\p_z-p_{0z}=\sum I_z^{(\mathrm{e})}\end{cases} \tag{8-12}$$

例 8-1 电动机外壳固定在水平基础上，定子和机壳的质量为 m_1，转子的质量为 m_2，如图 8-2 所示。设定子的质心位于转轴的中心 O_1，但由于制造误差，转子的质心 O_2 到 O_1 的距离为 e，已知转子匀速运动，角速度为ω。求基础的水平及铅直约束力。

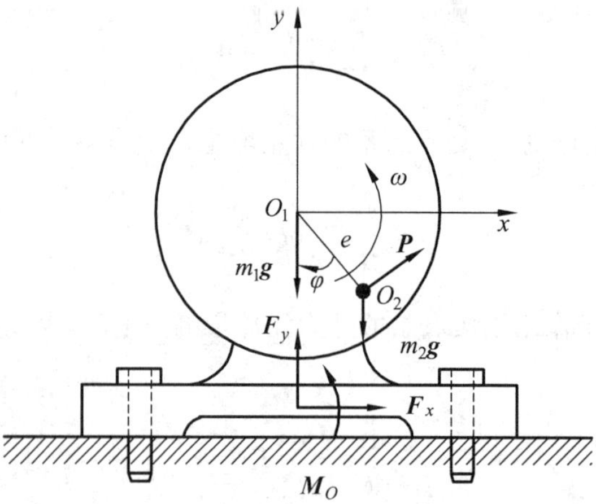

图 8-2

解：取电动机外壳与转子组成质点系，外力有重力 m_1g，m_2g，基础的约束力 $\boldsymbol{F}_x$，$\boldsymbol{F}_y$ 和约束力偶 M_0。机壳不动，质点系的动量就是转子的动量，由式（8-3），其大小为：

$$p = m_2 \omega e$$

方向如图所示。设 $t = 0$ 时，O_1O_2 铅垂，有 $\varphi = \omega t$。由动量定理的投影式（8-11），得：

$$\frac{\mathrm{d}p_x}{\mathrm{d}t} = F_x，\quad \frac{\mathrm{d}p_y}{\mathrm{d}t} = F_y - m_1 g - m_2 g$$

而 p 在 x、y 轴上投影：

$$p_x = m_2 \omega e \cos \omega t，\quad p_y = m_2 \omega e \sin \omega t$$

代入上式解得基础的约束力：

$$F_x = -m_2 e \omega^2 \sin \omega t，\ F_y = (m_1 + m_2) g + m_2 e \omega^2 \cos \omega t$$

电机不转时，基础只有向上的约束力 $(m_1 + m_2)g$，可称为静约束力；电机转动时的基础约束力可称为动约束力。动约束力与静约束力的差值是由于系统运动而产生的，可称为附加动约束力。此例中，由于转子偏心而引起的在 x 方向附加动约束力 $-m_2 e\omega^2 \sin \omega t$ 和 y 方向附加动约束力 $m_2 e\omega^2 \cos \omega t$ 都是谐变力，将会引起电机和基础的振动。

关于力偶 M_0，可利用后几章将要学到的动量矩定理或达朗贝尔原理进行求解。

8.3.3 质点系动量守恒定律

如果作用于质点系的外力的主矢恒等于零，根据式（8-9）和式（8-10），质点系的动量保持不变，即：

$$\boldsymbol{p} = \boldsymbol{p}_0 = \text{恒矢量}$$

如果作用于质点系外力主矢在某一坐标轴上的投影恒等于零，则根据式（8-11）和式（8-12），质点系的动量在该坐标轴上的投影保持不变。例如 $\sum F_{ix}^{(e)}=0$ ，则：

$$p_x-p_{0x}=\text{恒量}$$

以上结论称为质点系动量守恒定律。

例 8-2 物块 A 可沿光滑水平面自由滑动，其质量为 m_A；小球 B 的质量为 m_B，以细杆与物块交接，如图 8-3 所示。设杆长为 l，初始时系统静止，并有初始摆角 φ_0；释放后，细杆近似以 $\varphi=\varphi_0\cos\omega t$ 规律摆动（ω为已知常数），求物块 A 的最大速度。

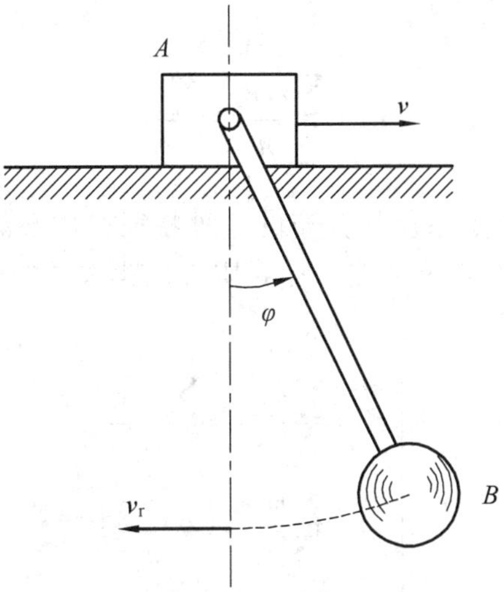

图 8-3

解：取物块和小球为研究对象，此系统水平方向不受外力作用，则沿水平方向动量守恒。

细杆角速度为 $\dot{\varphi}=-\omega\varphi_0\sin\omega t$ ，当 $\sin\omega t=1$ 时，其绝对值最大，此时应有 $\cos\omega t=0$ ，即 $\varphi=0$ 。由此，当细杆铅垂时小球相对于物块有最大的水平速度。其值为：

$$v_{\mathrm{r}}=l\dot{\varphi}_{\max}=l\omega\varphi_0$$

当此速度 $\boldsymbol{v}_{\mathrm{r}}$ 向左时，物块应有向右的绝对速度，设为 $\boldsymbol{v}$，而小球向左的绝对速度值为 $v_{\mathrm{a}}=v_{\mathrm{r}}-v$ 。根据动量守恒条件。有：

$$m_A v-m_B(v_{\mathrm{r}}-v)=0$$

解出物块的最大速度为：

$$v=\frac{m_B v_{\mathrm{r}}}{m_A+m_B}=\frac{m_B l\omega\varphi_0}{m_A+m_B}$$

当 $\sin\omega t=-1$ 时，也有 $\varphi=0$ 。此时物块有向左的最大速度 $\dfrac{m_B l\omega\varphi_0}{m_A+m_B}$ 。

8.4　质心运动定理

8.4.1　质量中心

质点系在力的作用下，其运动状态与各质点的质量及其相互的位置都有关系，即与质点系的质量分布状况有关。由式（8-2），即：

$$\boldsymbol{r}_C = \frac{\sum m_i \boldsymbol{r}_i}{\sum m_i} = \frac{\sum m_i \boldsymbol{r}_i}{m}$$

所定义的质心位置反映出质点系质量分布的一种特征。质心的概念及质心运动在质点系（特别是刚体）动力学中具有重要地位。计算质心位置时，常用上式在直角坐标系的投影形式，即：

$$\begin{cases} x_C = \dfrac{\sum m_i x_i}{\sum m_i} = \dfrac{\sum m_i x_i}{m} \\ y_C = \dfrac{\sum m_i y_i}{\sum m_i} = \dfrac{\sum m_i y_i}{m} \\ z_C = \dfrac{\sum m_i z_i}{\sum m_i} = \dfrac{\sum m_i z_i}{m} \end{cases} \tag{8-13}$$

例 8-3　图 8-4 所示的曲柄滑块机构中，设曲柄 OA 受力偶作用以匀角速度ω转动，滑块 B 沿 x 轴滑动。若 $OA = AB = l$，OA 及 AB 皆为均质杆，质量皆为 m_1，滑块 B 的质量为 m_2，求此系统的质心运动方程、轨迹及此系统动量。

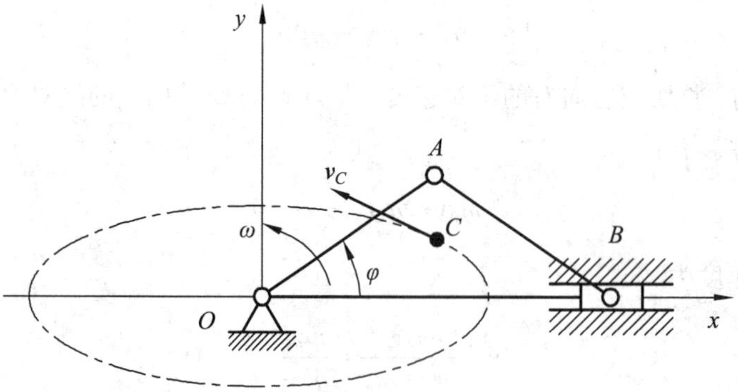

图 8-4

解：设 $t = 0$ 时杆 OA 水平，则有 $\varphi = \omega t$ 。由式（8-13），质心 C 的坐标为：

$$\begin{cases} x_C = \dfrac{m_1\dfrac{l}{2} + m_1\dfrac{3l}{2} + 2m_2 l}{2m_1 + m_2}\cos\omega t = \dfrac{2(m_1 + m_2)}{2m_1 + m_2} l\cos\omega t \\ y_C = \dfrac{2m_1\dfrac{l}{2}}{2m_1 + m_2}\sin\omega t = \dfrac{m_1}{2m_1 + m_2} l\sin\omega t \end{cases}$$

上式也就是此系统质心 C 的运动方程。由上两式消去时间 t，得：

$$\left[\dfrac{x_C}{\dfrac{2(m_1 + m_2)l}{2m_1 + m_2}}\right]^2 + \left[\dfrac{y_C}{\dfrac{m_1 l}{2m_1 + m_2}}\right]^2 = 1$$

即质心 C 的运动轨迹为一椭圆，如图中点画线所示。应该指出，系统的质心一般不在其中某一物体上，而是空间的某一特定点。

为求系统的动量，可将式（8-3）沿 x，y 轴投影，即：

$$p_x = mv_{Cx}，\ p_y = mv_{Cy}$$

此例中 $m = \sum m = 2m_1 + m_2$。因此：

$$v_{Cx} = \dot{x}_C = \frac{-2(m_1 + m_2)}{2m_1 + m_2} l\omega\sin\omega t, v_{Cy} = \dot{y}_C = \frac{m_1}{2m_1 + m_2} l\omega\cos\omega t$$

则得系统动量沿坐标轴的投影：

$$p_x = -2(m_1 + m_2)l\omega\sin\omega t, p_y = m_1 l\omega\cos\omega t$$

系统动量的大小为：

$$p = \sqrt{p_x^2 + p_y^2} = l\omega\sqrt{4(m_1 + m_2)^2\sin^2\omega t + m_1^2\cos^2\omega t}$$

动量的方向沿质心轨迹的切线方向，可用其方向余弦表示。

8.4.2 质心运动定理

由于质点系的动量等于质点系的质量与质心速度的乘积，因此动量定理的微分形式可写为

$$\frac{\mathrm{d}}{\mathrm{d}t}(m\boldsymbol{v}_C) = \sum_{i=1}^{n} \boldsymbol{F}_i^{(\mathrm{e})}$$

对于质量不变的质点系，上式可改写为：

$$m\frac{\mathrm{d}\boldsymbol{v}_C}{\mathrm{d}t} = \sum_{i=1}^{n} \boldsymbol{F}_i^{(\mathrm{e})}$$

或

$$m\boldsymbol{a}_C = \sum_{i=1}^{n} \boldsymbol{F}_i^{(\mathrm{e})} \tag{8-14}$$

式中，$\boldsymbol{a}_C$为质心的加速度。上式表明，质点系的质量与质心加速度的乘积等于作用于质点系外力的矢量和（即等于外力的主矢）。这种规律称为质心运动定理。

式（8-14）与质点动力学基本方程 $m\boldsymbol{a}=\sum \boldsymbol{F}$ 相似，因此质心运动定理也可叙述如下：质点系质心的运动，可看成为一个质点的运动，设想此质点集中了质点系的全部质量及所受的外力。

例如在爆破山石时，土石碎块向各处飞落，如图 8-5 所示。在尚无碎石落地前全部土石碎块的质心运动与一个抛射质点的运动一样，设想这个质点的质量等于质点系的全部质量，作用在这个质点上的力是质点系中各质点的重力总和。根据质心运动轨迹，可以在定向爆破时，预先估计大部分土石块堆落的地方。

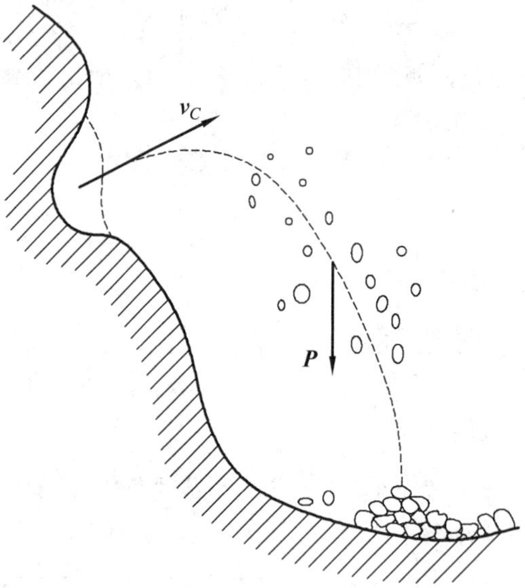

图 8-5

由质心运动定理可知，质点系的内力不影响质心的运动，只有外力才能改变质心的运动。例如，在汽车发动机中，气体的压力是内力，虽然这个力是汽车运动的原动力，但是不能使汽车的质心运动。这种气体压力推动汽缸内的活塞，经过一套机构转动主动轮（图 8-6 中的后轮），靠轮与地面的摩擦力 $\boldsymbol{F}_A$ 推动汽车向前进。如果地面光滑，或 $\boldsymbol{F}_A$ 克服不了汽车前进的阻力 $\boldsymbol{F}_B$，那么后轮将在原处打转，汽车不能前进。

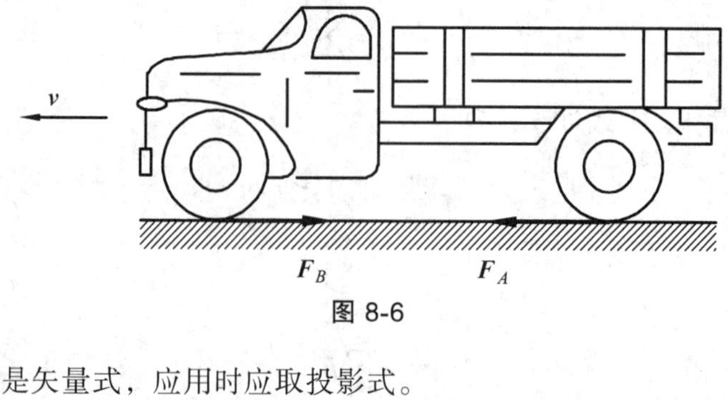

图 8-6

质心动量定理是矢量式，应用时应取投影式。

直角坐标轴上的投影式为：

$$\begin{cases} ma_{Cx} = \sum F_x^{(e)} \\ ma_{Cy} = \sum F_y^{(e)} \\ ma_{Cz} = \sum F_z^{(e)} \end{cases} \tag{8-15}$$

自然轴上的投影式为：

$$\begin{cases} m\dfrac{dv_C}{d\tau} = \sum F_\tau^{(e)} \\ m\dfrac{v_C^2}{\rho} = \sum F_n^{(e)} \\ \sum F_b^{(e)} = 0 \end{cases} \tag{8-16}$$

下面举例说明质心运动定理的应用。

例 8-4 均质曲柄 AB 长为 r，质量为 m_1，假设受力偶作用以不变的角速度ω转动，并带动滑槽连杆以及与它固定的活塞 D，如图 8-7 所示。滑槽、连杆、活塞总质量为 m_2，质心在点 C。在活塞上作用恒力 $\boldsymbol{F}$。不计摩擦及滑块 B 的质量，求作用在曲柄轴 A 处的最大水平约束力 $\boldsymbol{F}_x$。

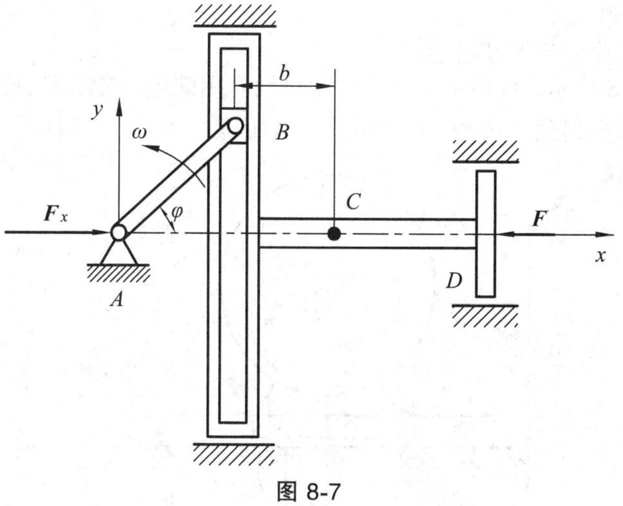

图 8-7

解： 选取整个机构为研究的质点系。作用在水平方向的外力有 $\boldsymbol{F}$ 和 $\boldsymbol{F}_x$，且力偶不影响质心运动。

列出质心运动定理在 x 轴上的投影式：

$$(m_1 + m_2)a_{Cx} = F_x - F$$

为求质心的加速度在 x 轴上的投影，先计算质心的坐标，然后把它对时间取二阶导数，即：

$$x_C=\left[m_1\frac{r}{2}\cos\varphi+m_2(r\cos\varphi+b)\right]\cdot\frac{1}{m_1+m_2}$$

$$a_{Cx}=\frac{\mathrm{d}^2x}{\mathrm{d}t^2}=\frac{-r\omega^2}{m_1+m_2}\left(\frac{m_1}{2}+m_2\right)\cos\omega t$$

应用质心运动定理，解得：

$$F_x=F-r\omega^2\left(\frac{m_1}{2}+m_2\right)\cos\omega t$$

显然，最大水平约束力为：

$$F_{x\max}=F+r\omega^2\left(\frac{m_1}{2}+m_2\right)$$

8.4.3 质心运动守恒定律

由质心运动定理知：如果作用于质点系的外力主矢恒等于零，则质心作匀速直线运动；若开始静止，则质心位置始终保持不变。如果作用于质点系的所有外力在某轴上投影的代数和恒等于零，则质心速度在该轴上的投影保持不变；如开始时速度投影等于零，则质心在该轴上的坐标保持不变。

以上结论，称为质心运动守恒定律。

例 8-5 如图 8-8 所示，设例 8-1 中的电动机没有用螺栓固定，各处摩擦不计，初始时电动机静止，求转子以角速度ω转动时电动机外壳的运动。

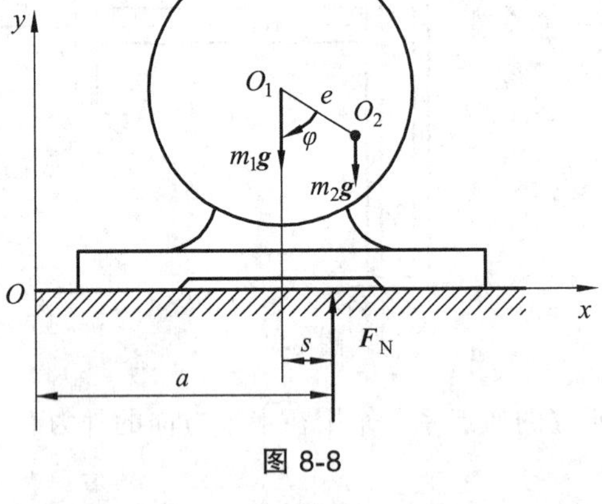

图 8-8

解： 电动机在水平方向没有受到外力，且初始状态为静止，因此系统质心的坐标 x_C 保持不变。

取坐标轴如图所示。转子在静止时转子的质心 O_2 在最低点，设 $x_{C1}=a$。当转子转过角度 φ，定子应向左移动，设移动距离为 s，则质心坐标为：

$$x_{C2}=\frac{m_1(a-s)+m_2(a+e\sin\varphi-s)}{m_1+m_2}$$

因为在水平方向质心守恒，所以有 $x_{C1}=x_{C2}$，解得：

$$s=\frac{m_2}{m_1+m_2}e\sin\varphi$$

电机在水平面上往复运动。

顺便指出，支承面的法向约束力的最小值已由例 8-1 求得：

$$F_{y\min}=(m_1+m_2)g-m_2e\omega^2$$

当 $\omega>\sqrt{\frac{m_1+m_2}{m_2e}g}$ 时，有 $F_{y\min}<0$，如果电动机未用螺栓固定，将会离地跳起来。

综合以上各例可知，应用质心运动定理解题的步骤如下：

（1）分析质点系所受的全部外力，包括主动力和约束力。

（2）为求未知力，可计算质心坐标，求质心的加速度，然后运用质心运动定理求解。

（3）在外力已知的条件下，欲求质心的运动规律，其解法与质点动力学第二类问题相同。

（4）如果外力主矢为零，且初始时质点静止，则质心坐标保持不变。分别列出两个时刻质心的坐标，令其相等，即可求得所求质点的位移，如例 8-5。

8.5 动量矩定理

8.5.1 质点的动量矩

设质点 Q 某瞬时的动量为 mv，质点相对点 O 的位置用矢径 $\boldsymbol{r}$ 表示，如图 8-9 所示。质点 Q 的动量对于点 O 的矩，定义为质点对于点 O 的动量矩，即：

$$\boldsymbol{M}_O(m\boldsymbol{v})=\boldsymbol{r}\times m\boldsymbol{v} \tag{8-17}$$

质点对于点 O 的动量矩是矢量，如图 8-9 所示。

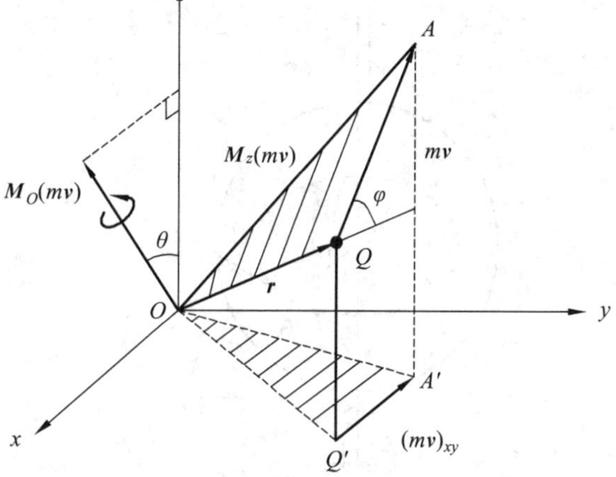

图 8-9

质点动量 $m\boldsymbol{v}$ 在 Oxy 平面内的投影 $(m\boldsymbol{v})_{xy}$ 对于点 O 的矩，定义为质点动量对于 z 轴的矩，简称对于 z 轴的动量矩。对轴的动量矩是代数量，由图 8-11 可见质点对点 O 的动量矩与对 z 轴的动量矩和力对点与对轴的矩相似，有质点对点 O 的动量矩矢在 z 轴上的投影，等于对 z 轴的动量矩，即：

$$[\boldsymbol{M}_O(m\boldsymbol{v})]_z = M_z(m\boldsymbol{v}) \tag{8-18}$$

在国际单位制中动量矩的单位为 $\mathrm{kg \cdot m^2/s}$。

8.5.2 质点系的动量矩

质点系对某点 O 的动量矩等于各质点对同一点 O 的动量矩的矢量和，或称为质点系动量对点 O 的主矩，即：

$$\boldsymbol{L}_O = \sum_{i=1}^{n} \boldsymbol{M}_O(m_i \boldsymbol{v}_i) \tag{8-19a}$$

质点系对某轴 z 的动量矩等于各质点对同一 z 轴动量矩的代数和，即：

$$L_z = \sum_{i=1}^{n} M_z(m_i \boldsymbol{v}_i) \tag{8-19b}$$

利用式（8-18），得：

$$[\boldsymbol{L}_O]_z = L_z \tag{8-20}$$

即质点系对某点 O 的动量矩矢在通过该点 z 轴上的投影等于质点系对于该轴的动量矩。

刚体平移时，可将全部质量集中于质心，作为一个质点计算其动量矩。

刚体绕定轴转动是工程中最常见的一种运动情况。绕 z 轴转动的刚体如图 8-10 所示，它对转轴的动量矩为：

$$L_z = \sum_{i=1}^{n} M_z(m\boldsymbol{v}_i) = \sum_{i=1}^{n} m v_i r_i = \sum_{i=1}^{n} m\omega r_i r_i = \omega \sum_{i=1}^{n} m r_i^2$$

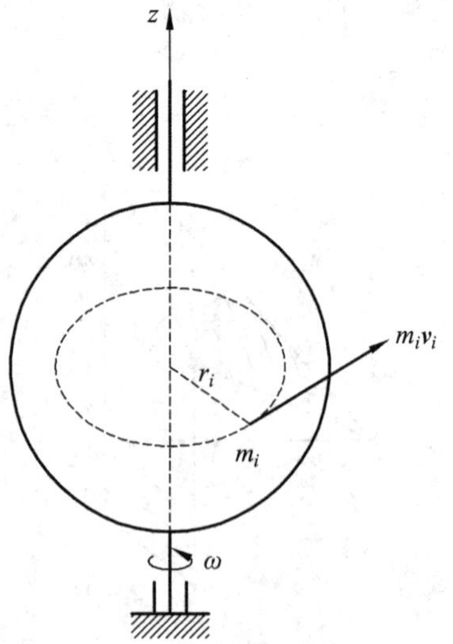

图 8-10

令 $\sum_{i=1}^{n} mr_i^2 = J_z$，称为刚体对于 z 轴的转动惯量。于是得：

$$L_z = J_z\omega \tag{8-21}$$

即：绕定轴转动刚体对其转轴的动量矩等于刚体对转轴的转动惯量与转动角速度的乘积。

8.5.3 动量矩定理

1. 质点的动量矩定理

设质点对定点 O 的动量矩为 $\boldsymbol{M}_O$（$m\boldsymbol{v}$），作用力 $\boldsymbol{F}$ 对同一点的矩为 $\boldsymbol{M}_O$（$\boldsymbol{F}$），如图 8-11 所示。

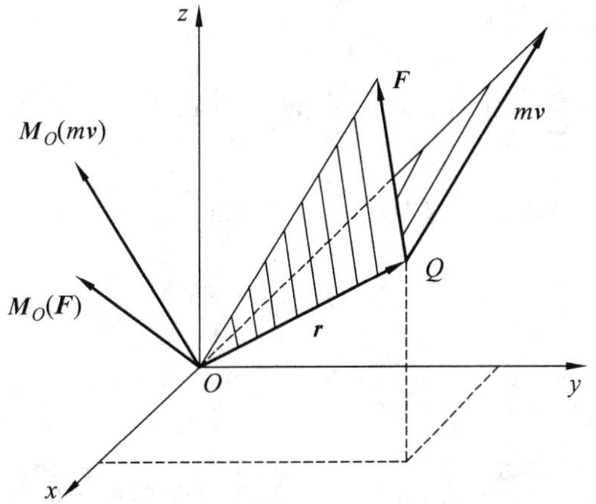

图 8-11

将动量矩对时间取一次导数，得：

$$\frac{\mathrm{d}}{\mathrm{d}t}\boldsymbol{M}_O(m\boldsymbol{v}) = \frac{\mathrm{d}}{\mathrm{d}t}(\boldsymbol{r}\times m\boldsymbol{v}) = \frac{\mathrm{d}\boldsymbol{r}}{\mathrm{d}t}m\boldsymbol{v} + \boldsymbol{r}\times\frac{\mathrm{d}}{\mathrm{d}t}(m\boldsymbol{v})$$

根据质点动量定理 $\frac{\mathrm{d}}{\mathrm{d}t}(m\boldsymbol{v}) = \boldsymbol{F}$，且 O 为定点，有 $\frac{\mathrm{d}\boldsymbol{r}}{\mathrm{d}t} = \boldsymbol{v}$，则上式可改写为

$$\frac{\mathrm{d}}{\mathrm{d}t}\boldsymbol{M}_O(m\boldsymbol{v}) = \boldsymbol{v}\times m\boldsymbol{v} + \boldsymbol{r}\times\boldsymbol{F}$$

因为 $\boldsymbol{v}\times m\boldsymbol{v} = 0,\ \boldsymbol{r}\times\boldsymbol{F} = \boldsymbol{M}_O(\boldsymbol{F})$，于是得：

$$\frac{\mathrm{d}}{\mathrm{d}t}\boldsymbol{M}_O(m\boldsymbol{v}) = \boldsymbol{M}_O(\boldsymbol{F}) \tag{8-22}$$

式（8-22）为质点动量矩定理：质点对某点的动量矩对时间的一阶导数，等于作用力对同一点的矩。

取式（8-22）在直角坐标系上的投影式，并将对点的动量矩与对轴的动量矩的关系式（8-18）代入，得：

$$\begin{cases}\dfrac{\mathrm{d}}{\mathrm{d}t}M_x(m\boldsymbol{v})=M_x(\boldsymbol{F})\\ \dfrac{\mathrm{d}}{\mathrm{d}t}M_y(m\boldsymbol{v})=M_y(\boldsymbol{F})\\ \dfrac{\mathrm{d}}{\mathrm{d}t}M_z(m\boldsymbol{v})=M_z(\boldsymbol{F})\end{cases}\tag{8-23}$$

2. 质点系的动量定理

设质点系内有 n 个质点，作用于每个质点的力分为内力 $\boldsymbol{F}_i^{(\mathrm{i})}$ 和外力 $\boldsymbol{F}_i^{(\mathrm{e})}$。根据质点的动量矩定理有：

$$\frac{\mathrm{d}}{\mathrm{d}t}\boldsymbol{M}_O(m_i\boldsymbol{v}_i)=\boldsymbol{M}_O(\boldsymbol{F}_i^{(\mathrm{i})})+\boldsymbol{M}_O(\boldsymbol{F}_i^{(\mathrm{e})})$$

这样的方程共有 n 个，相加后得：

$$\sum_{i=1}^{n}\frac{\mathrm{d}}{\mathrm{d}t}\boldsymbol{M}_O(m_i\boldsymbol{v}_i)=\sum_{i=1}^{n}\boldsymbol{M}_O(\boldsymbol{F}_i^{(\mathrm{i})})+\sum_{i=1}^{n}\boldsymbol{M}_O(\boldsymbol{F}_i^{(\mathrm{e})})$$

由于内力总是大小相等方向相反地成对出现，因此上式右端的第一项：

$$\sum_{i=1}^{n}\boldsymbol{M}_O(\boldsymbol{F}_i^{(\mathrm{i})})=0$$

上式左端为：

$$\sum_{i=1}^{n}\frac{\mathrm{d}}{\mathrm{d}t}\boldsymbol{M}_O(m_i\boldsymbol{v}_i)=\frac{\mathrm{d}}{\mathrm{d}t}\sum_{i=1}^{n}\boldsymbol{M}_O(m_i\boldsymbol{v}_i)=\frac{\mathrm{d}}{\mathrm{d}t}\boldsymbol{L}_O$$

于是得：

$$\frac{\mathrm{d}}{\mathrm{d}t}\boldsymbol{L}_O=\sum_{i=1}^{n}\boldsymbol{M}_O(\boldsymbol{F}_i^{(\mathrm{e})})\tag{8-24}$$

式（8-24）为质点系动量矩定理：质点系对于某定点 O 的动量矩对时间的导数，等于作用于质点系的外力对于同一点的矩的矢量和（外力对点 O 的主矩）。应用时，取投影式：

$$\begin{cases}\dfrac{\mathrm{d}}{\mathrm{d}t}L_x=\sum\limits_{i=1}^{n}M_x(\boldsymbol{F}_i^{(\mathrm{e})})\\ \dfrac{\mathrm{d}}{\mathrm{d}t}L_y=\sum\limits_{i=1}^{n}M_y(\boldsymbol{F}_i^{(\mathrm{e})})\\ \dfrac{\mathrm{d}}{\mathrm{d}t}L_z=\sum\limits_{i=1}^{n}M_z(\boldsymbol{F}_i^{(\mathrm{e})})\end{cases}\tag{8-25}$$

必须指出，上述动量矩定理的表达式只适用于对固定点或固定轴。对于一般的动点或动轴，其动量矩定理具有较复杂的表达式。

例 8-6 高炉运送矿石使用的卷扬机如图 8-12 所示。已知鼓轮的半径为 R，转动惯量为 J，作用在鼓轮上的力偶为 M。小车和矿石总质量为 m，轨道的倾角为 θ。设绳子的质量和各处的摩擦均忽略不计，求小车的加速度 $\boldsymbol{a}$。

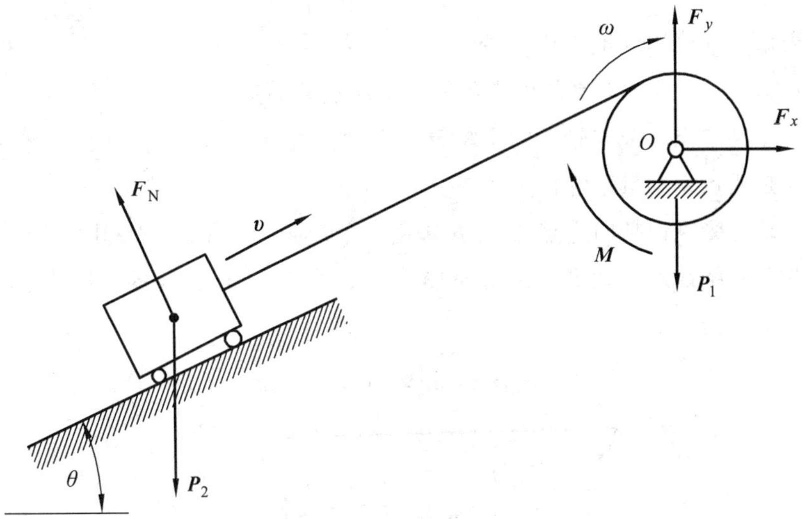

图 8-12

解：取小车与鼓轮组成质点系，视小车为质点。以顺时针为正，此质点系对轴 O 的动量矩为：

$$L_O = J\omega + mvR$$

作用于质点系的外力除力偶 M、重力 $\boldsymbol{P}_1$ 和 $\boldsymbol{P}_2$ 外，尚有轴承 O 的约束力 $\boldsymbol{F}_x$，$\boldsymbol{F}_y$ 和轨道对小车的约束力 $\boldsymbol{F}_{\mathrm{N}}$。其中 $\boldsymbol{P}_1$，$\boldsymbol{F}_x$，$\boldsymbol{F}_y$ 对轴 O 力矩为零。系统外力对轴 O 的矩为：

$$M^{(\mathrm{e})} = M - mg\sin\theta \cdot R$$

由质点系对轴 O 的动量矩定理，得：

$$\frac{\mathrm{d}}{\mathrm{d}t}[J\omega + mvR] = M - ma\sin\theta \cdot R$$

因 $\omega = \dfrac{v}{R}$，$\dfrac{\mathrm{d}v}{\mathrm{d}t} = a$，于是得：

$$a = \frac{MR - mgR^2\sin\theta}{J + mR^2}$$

3. 动量矩守恒定律

如果作用于质点的力对于某定点 O 的矩恒等于零，则由式（8-22）知，质点对该点的动量矩保持不变，即：

$$\boldsymbol{M}_O(m\boldsymbol{v}) = 恒矢量$$

如果作用于质点的力对于某定轴的矩恒等于零，则由式（8-23）知，质点对该轴的动量矩保持不变。例如 $M_z(\boldsymbol{F}) = 0$，则：

$$M_z(m\boldsymbol{v}) = \text{恒量}$$

以上结论称为质点动量矩守恒定律。

由式（8-24）可知，质点系的内力不能改变质点系的动量矩。

当外力对于某定点（或定轴）的主矩等于零时，质点系对于该点（或该轴）的动量矩保持不变。这就是质点系动量矩守恒定律。

质点在运动中受到恒指向定点 O 的 $\boldsymbol{F}$ 作用，称该质点在有心力作用下运动，如行星绕太阳运动，人造卫星绕地球运动等。如图 8-13 所示，力 $\boldsymbol{F}$ 对于点 O 的矩恒等于零，于是质点对于点 O 的动量矩守恒，即：

$$\boldsymbol{M}_O(m\boldsymbol{v}) = \boldsymbol{r} \times m\boldsymbol{v} = \text{恒矢量}$$

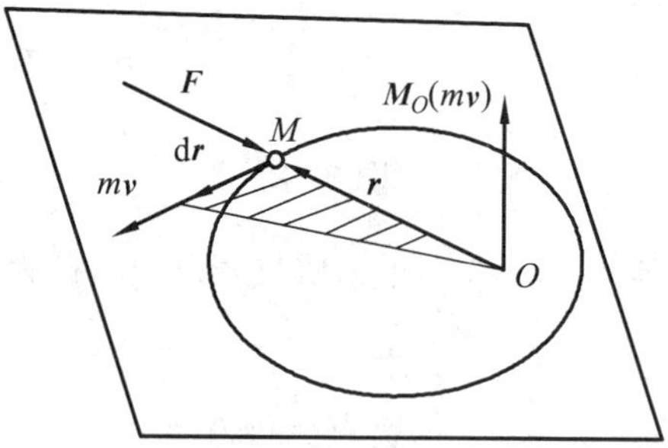

图 8-13

由上式可知：

（1）矢量积 $\boldsymbol{r} \times m\boldsymbol{v}$ 方向不变，即矢径 $\boldsymbol{r}$ 和速度 $\boldsymbol{v}$ 位于一固定平面，因此，质点在有心力作用下运动的轨迹是平面曲线。

（2）由 $\boldsymbol{r} \times m\boldsymbol{v} = \boldsymbol{r} \times m\dfrac{\mathrm{d}\boldsymbol{r}}{\mathrm{d}t} = \text{恒矢量}$，可得 $\boldsymbol{r} \times \dfrac{\mathrm{d}\boldsymbol{r}}{\mathrm{d}t} = \text{恒量}$。由图 8-13 可见，$\boldsymbol{r} \times \mathrm{d}\boldsymbol{r}$ = 图中阴影三角形面积 dA 的 2 倍，因而有：

$$\frac{\mathrm{d}A}{\mathrm{d}t} = \text{常量}$$

A 是质点矢径 $\boldsymbol{r}$ 所扫过的面积，$\dfrac{\mathrm{d}A}{\mathrm{d}t}$ 称为面积速度，上述结论称为面积速度定理。

由此定理可知，人造卫星绕地球运动时，当离地心近时速度大，当离地心远时速度小。

例 8-7 图 8-14（a）中，小球 A、B 与细绳相连质量皆为 m，其余构件质量不计。忽略摩擦，系统绕铅垂轴 z 自由转动，初始时系统的角速度为 ω_0。当细绳拉断后，求各杆与铅垂线成 θ 角时系统的角速度 ω 如图 8-14（b）所示。

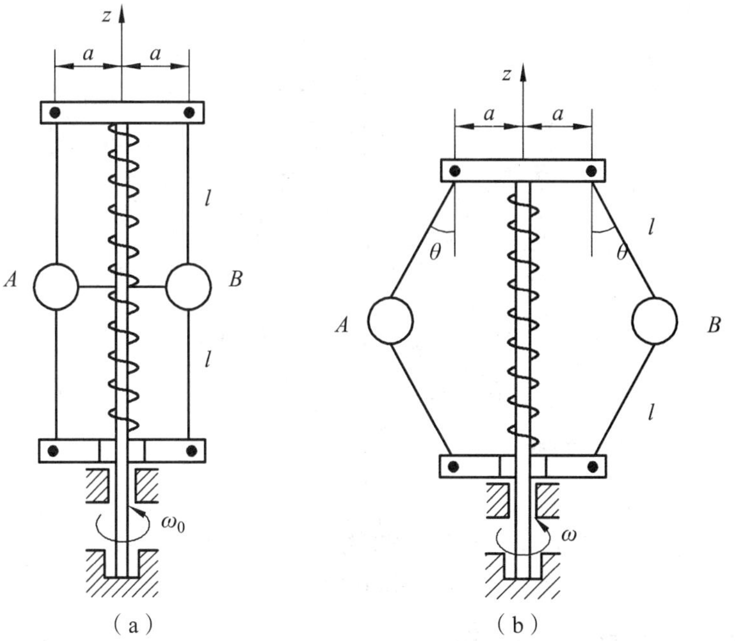

图 8-14

解：此系统所受的重力和轴承的约束力对于转轴的矩都等于零，因此系统对于转轴的动量矩守恒。

当$\theta = 0$时，动量矩：

$$L_{z1} = 2ma\omega_0 a = 2ma^2\omega_0$$

当θ不为零时，动量矩：

$$L_{z2} = 2m(a + l\sin\theta)^2\omega$$

因为 $L_{z1} = L_{z2}$，得：

$$\omega = \frac{a^2}{(a + l\sin\theta)^2}\omega_0$$

8.6 绕定轴转动刚体对转轴的动量矩

8.6.1 刚体绕定轴转动的微分方程

设定轴转动刚体上作用有主动力 $\boldsymbol{F}_1$，$\boldsymbol{F}_2$，$\boldsymbol{F}_3$，…，$\boldsymbol{F}_n$ 和轴承约束力 $\boldsymbol{F}_{N1}$，$\boldsymbol{F}_{N2}$，如图 8-15 所示，这些力都是外力。刚体对于 z 轴的转动惯量为 J_z，角速度为 ω，对于 z 轴的动量矩为 $J_z\omega$。

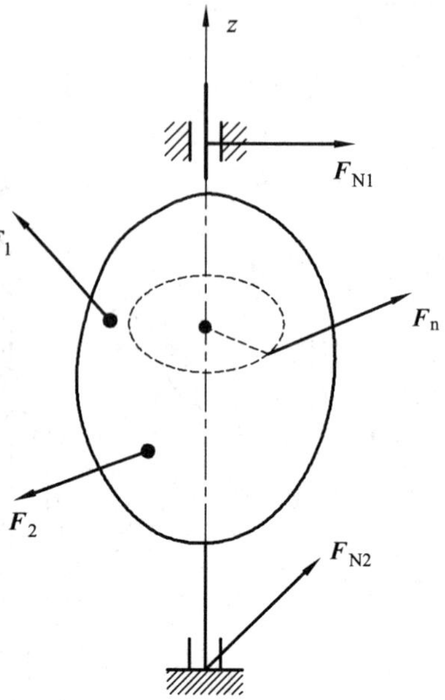

图 8-15

如果不计轴承中的摩擦，轴承约束力对于 z 轴的力矩等于零，根据质点系对于 z 轴的动量矩定理有：

$$\frac{\mathrm{d}}{\mathrm{d}t}(J_z\omega)=\sum_{i=1}^{n}M_z(\boldsymbol{F}_i)$$

或

$$J_z\frac{\mathrm{d}\omega}{\mathrm{d}t}=\sum_{i=1}^{n}M_z(\boldsymbol{F}_i) \tag{8-26a}$$

上式可写成：

$$J_z\alpha=\sum M_z(\boldsymbol{F}) \tag{8-26b}$$

或

$$J_z\frac{\mathrm{d}^2\varphi}{\mathrm{d}t}=\sum M_z(\boldsymbol{F}) \tag{8-26c}$$

以上各式均称为刚体绕定轴转动微分方程。

由式（8-26）可见，刚体绕定轴转动时，其主动力对转轴的矩使刚体转动状态发生变化。力矩大，转动角加速度大；如力矩相同，刚体转动惯量大，则角加速度小，反之，角加速度大。可见刚体转动惯量的大小表现了刚体转动状态改变的难易程度，即：转动惯量是刚体转动惯性的度量。

刚体转动微分方程 $J_z\alpha=\sum M_z(\boldsymbol{F})$ 与质点的运动微分方程 $m\boldsymbol{a}=\sum\boldsymbol{F}$ 有相似的形式，因而，其解法也是相似的。

例 8-8 如图 8-16 所示，已知滑轮的半径为 R，转动惯量为 J，带动滑轮的胶带拉力为 $\boldsymbol{F}_1$ 和 $\boldsymbol{F}_2$。求滑轮的角加速度 α。

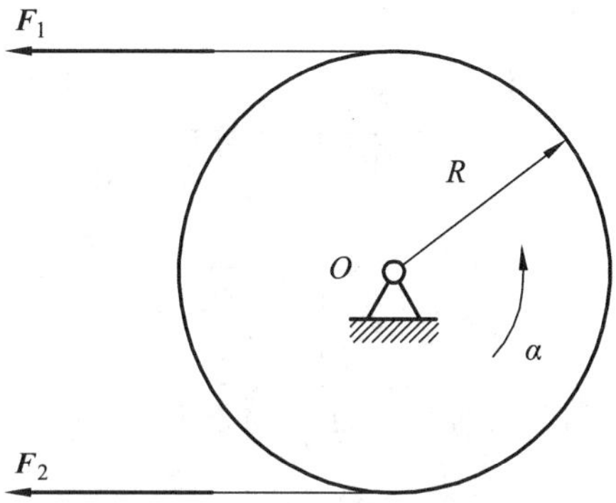

图 8-16

解：根据刚体绕定轴的转动微分方程有：

$$J\alpha = (F_1 - F_2)R$$

于是得：

$$\alpha = \frac{(F_1 - F_2)R}{J}$$

由上式可见，只有当定滑轮为匀速转动（包括静止）或虽非匀速转动但可忽略滑轮的转动惯量时，跨过定滑轮的胶带拉力才是相等的。

例 8-9 图 8-17 中的物理摆（或称为复摆）的质量为 m，C 为其质心，摆对悬挂点的转动惯量为 J_O。求微小摆动的周期。

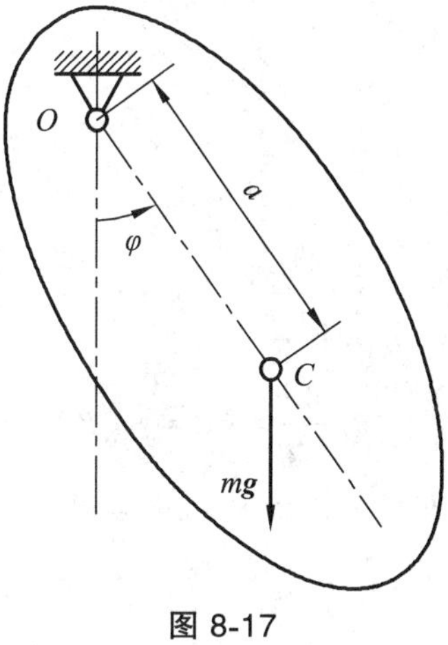

图 8-17

解：设 φ 角以逆时针方向为正。当 φ 角较小而且为正时，重力对点 O 之矩为负。由此，摆的转动微分方程为：

$$J_O \frac{\mathrm{d}^2\varphi}{\mathrm{d}t^2} = -mga\sin\varphi$$

刚体作微小摆动，有 $\sin\varphi \approx \varphi$，于是转动微分方程可写为

$$J_O \frac{\mathrm{d}^2\varphi}{\mathrm{d}t^2} = -mga\varphi$$

或

$$J_O\frac{\mathrm{d}^2\varphi}{\mathrm{d}t^2}+mga\varphi=0$$

此方程的通解：

$$\varphi=\varphi_0\sin\left(\sqrt{\frac{mga}{J_O}}t+\theta\right)$$

φ_0称为角振幅，θ是初相位，它们都由运动初始条件确定。

摆动周期：

$$T=2\pi\sqrt{\frac{J_O}{mga}}$$

工程中可用上式，通过测定零件（如曲柄、连杆等）的摆动周期，以计算其转动惯量。

例 8-10 飞轮对轴 O 的转动惯量为 J_O，以角速度ω_0绕轴 O 转动，如图 8-18 所示。制动时，闸块给以轮以正压力 $\boldsymbol{F}_\mathrm{N}$。已知闸块与轮间的滑动摩擦因数为 f，轮的半径为 R，轴承的摩擦忽略不计。求制动所需的时间 t。

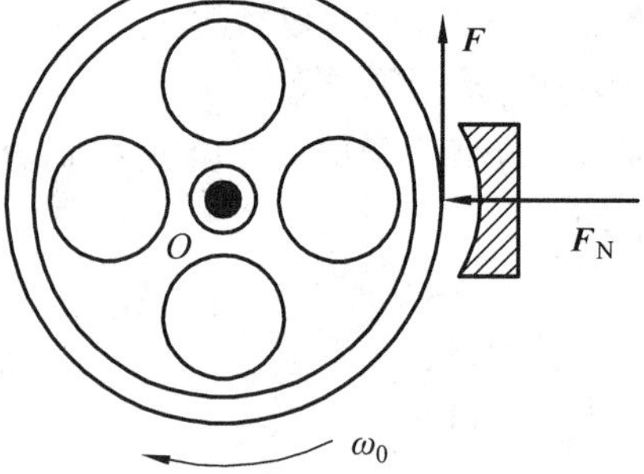

图 8-18

解：以轮为研究对象。作用于轮上的力除 $\boldsymbol{F}_\mathrm{N}$ 外，还有摩擦力 $\boldsymbol{F}$ 和重力、轴承的约束力。取逆时针方向为正，刚体的转动微分方程：

$$J_O\frac{\mathrm{d}\omega}{\mathrm{d}t}=FR=fF_\mathrm{N}R$$

将上式积分，并根据已知条件确定积分上下限，有：

$$\int_{-\omega_0}^{0}J_O\mathrm{d}\omega=\int_{o}^{t}fF_\mathrm{N}R\mathrm{d}t$$

由上式得：

$$t=\frac{J_O\omega_0}{fF_\mathrm{N}R}$$

例 8-11 传动系统如图 8-19（a）所示。设轴Ⅰ和轴Ⅱ的转动惯量分别为 J_1 和 J_2，传动比为 $i_{12}=\dfrac{R_2}{R_1}$，R_1 和 R_2 分别为轮Ⅰ和轮Ⅱ的半径。若在轴Ⅰ上作用主动力矩 M_1，轴Ⅱ上有阻力矩 M_2，转向如图所示。设各处摩擦忽略不计，求轴Ⅰ的角加速度。

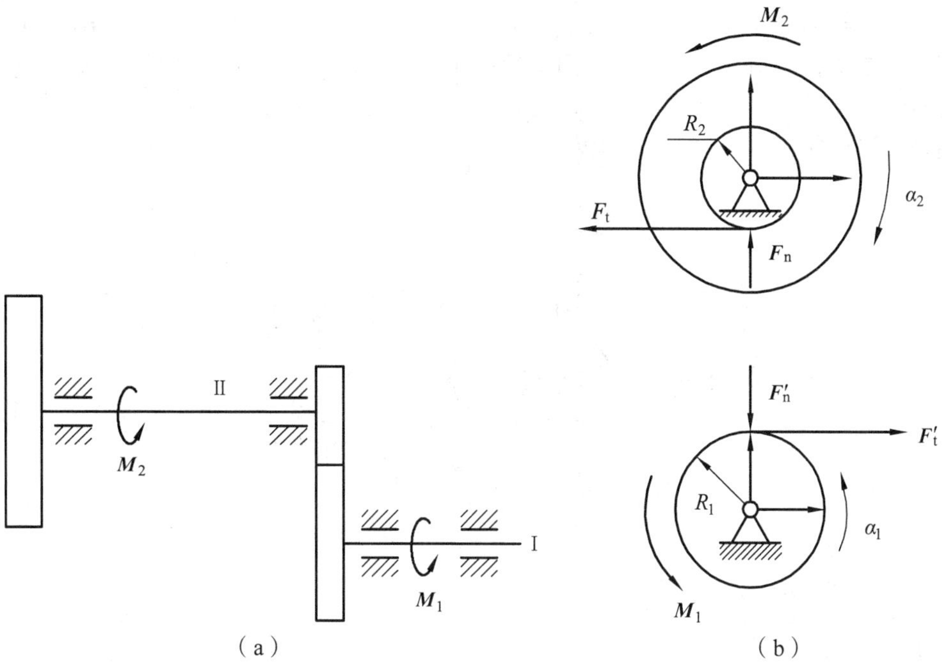

图 8-19

解：轴Ⅰ和轴Ⅱ为两个转动刚体，应分别取为两个研究对象，受力情况如图 8-19（b）所示。

两轴对轴心的转动微分方程分别为：

$$J_1\alpha_1 = M_1 - F_t'R_1,\quad J_2\alpha_2 = F_tR_2 - M_2$$

由于 $F_t' = F_t$，$\dfrac{\alpha_1}{\alpha_2} = i_{12} = \dfrac{R_2}{R_1}$，于是得：

$$\alpha_1 = \frac{M_1 - \dfrac{M_2}{i_{12}}}{J_1 + \dfrac{J_2}{i_{12}}}$$

8.6.2 简单形状物体的转动惯量

刚体的转动惯量是刚体转动时惯性的度量，刚体对任意轴 z 的转动惯量定义为：

$$J_z = \sum_{i=1}^{n} m_i r_i^2 \tag{8-27}$$

由上式可见，转动惯量的大小不仅与质量的大小有关，而且与质量的分布情况有关。在国际单位制中其单位为 $kg \cdot m^2$。

工程中，常常根据工作需要来选定转动惯量的大小。例如往复式活塞发动机、冲床和剪床等机器常在转轴上安装一个大飞轮，并使飞轮的质量大部分分布在轮缘，如图 8-20 所示飞轮的转动惯量大，机器受到冲击时，角加速度小，可以保持比较平稳的状态。又如，仪表中的某些零件必须具有较高的灵敏度，因此这些零件的转动惯量必须尽可能地小。为此，这些零件用轻金属制成，并且尽量减小体积。

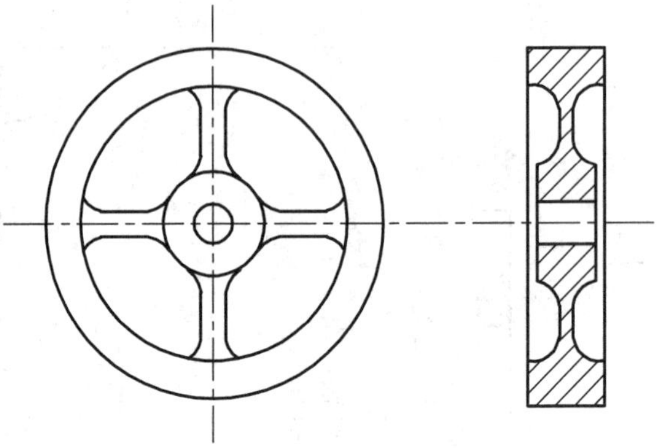

图 8-20

1. 均质细直杆

求均质细杆（图 8-21）对于 z 轴的转动惯量。

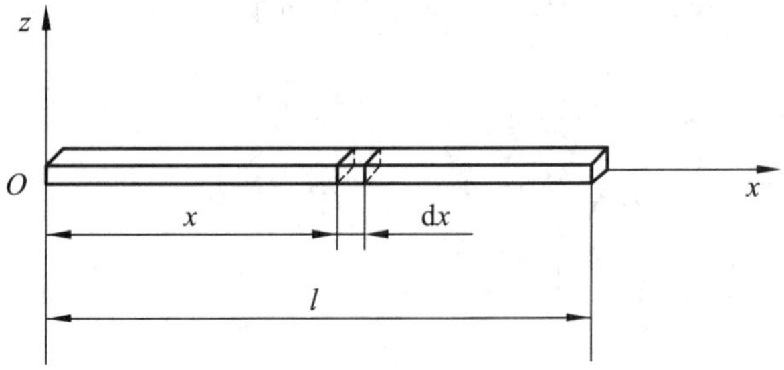

图 8-21

设杆长为 l，单位长度的质量为ρ_l，取杆上一微段 dx，其质量 $m=\rho_l\,\mathrm{d}x$，则此杆对于 z 轴的转动惯量为：

$$J_z=\int_0^l(\rho_l\mathrm{d}x\cdot x^2)=\rho_l\cdot\frac{l^3}{3}$$

杆的质量 $m=\rho_l l$，于是：

$$J_z=\frac{1}{3}ml^2 \qquad (8\text{-}28)$$

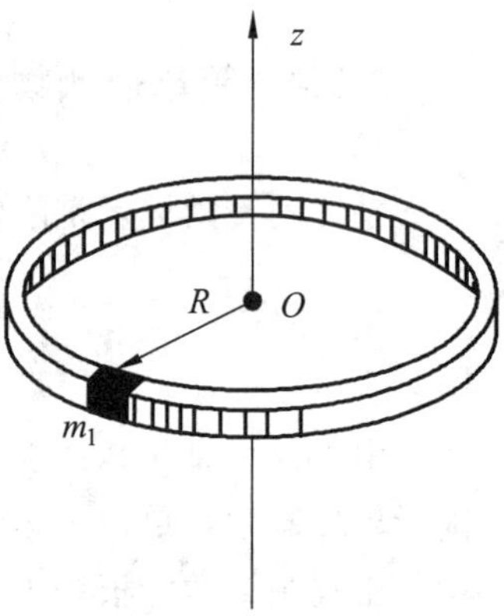

图 8-22

2. 均质薄圆环

求均质薄圆环（图 8-22）对于中心轴的转动惯量。

设圆环质量为 m，质量 m_i 到中心轴的距离都等于半径 R，所以圆环对于中心轴 z 的转动惯量为：

$$J_z = \sum m_i R^2 = R^2 \sum m_i = mR^2 \tag{8-29}$$

3. 均质圆板

求均质圆板（图 8-23）对于中心轴的转动惯量。

设圆板的半径为 R，质量为 m。将圆板分化为无数同心的薄圆环，任一圆环的半径为 r_i，宽度为 $\mathrm{d}r_i$，则薄圆环的质量为：

$$m_i = 2\pi r_i \mathrm{d}r_i \cdot \rho_A$$

式中，$\rho_A = \dfrac{m}{\pi R^2}$，是均质圆板单位面积的质量。因此圆板对于中心轴的转动惯量为：

$$J_O = \int_0^R 2\pi r_i \rho_A \mathrm{d}r_i \cdot r_i^2 = 2\pi\rho_A \frac{R^4}{4}$$

或

$$J_O = \frac{1}{2} mR^2 \tag{8-30}$$

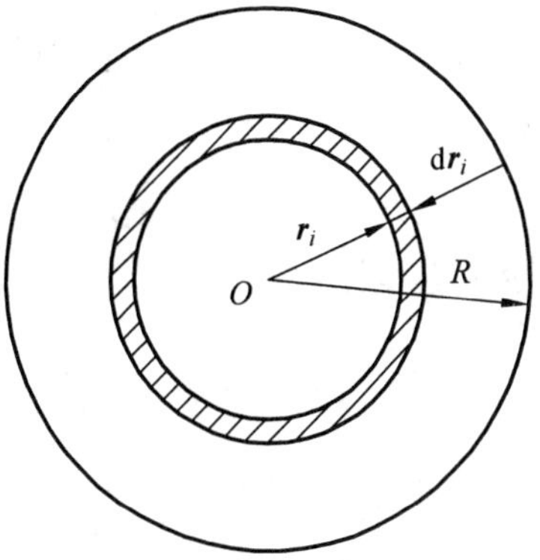

图 8-23

4. 惯性半径（或回转半径）

惯性半径（或回转半径）定义为：

$$\rho_z = \sqrt{\frac{J_z}{m}} \tag{8-31}$$

对于几何形状相同的均质物体，其回转半径的公式是相同的，例如：

细直杆 $\rho_z = \dfrac{\sqrt{3}}{3} l$，均质圆环 $\rho_z = R$，均质圆板 $\rho_z = \dfrac{\sqrt{2}}{2} R$

由式（8-31），有：

$$J_z = m\rho_z^2 \tag{8-32}$$

即物体的转动惯量等于该物体的质量与回转半径平方的乘积。

在机械工程手册中，列出了简单几何形状或几何形状已标准化的零件的回转半径，以供工程技术人员查阅。

8.6.3 平行轴定理

定理 刚体对于任一轴的转动惯量，等于刚体对于通过质心并与该轴平行的轴的转动惯量，加上刚体的质量与两轴间距离平方的乘积，即：

$$J_z = J_{zC} + md^2 \tag{8-33}$$

证明：如图 8-24 所示，设点 C 为刚体的质心，刚体对于通过质心的 z_1 轴的转动惯量为 J_{zc}，刚体对于平行于该轴的另一轴 z 的转动惯量为 J_z，两轴间距离为 d。分别以 C，O 两点为原点，作直角坐标系 $Cx_1y_1z_1$ 和 $Oxyz$，不失一般性，可令轴 y 和 y_1 轴重合。由图易见：

$$J_{zC}=\sum m_i r_1^2=\sum m_i(x_1^2+y_1^2)\text{，}\quad J_z=\sum m_i r^2=\sum m_i(x^2+y^2)$$

因为 $x=x_1$，$y=y_1+d$，于是：

$$J_z=\sum m_i[x_1^2+(y_1+d)^2]=\sum m_i(x_1^2+y_1^2)+2d\sum m_i y_1+d^2\sum m_i$$

由质心坐标公式：

$$y_C=\frac{\sum m_i y_i}{\sum m_i}$$

当坐标原点取在质心 C 时，$y_C=0$，$\sum m_i y_i=0$，又有 $\sum m_i=m$，于是得：

$$J_z=J_{zC}+md^2$$

定理证毕。

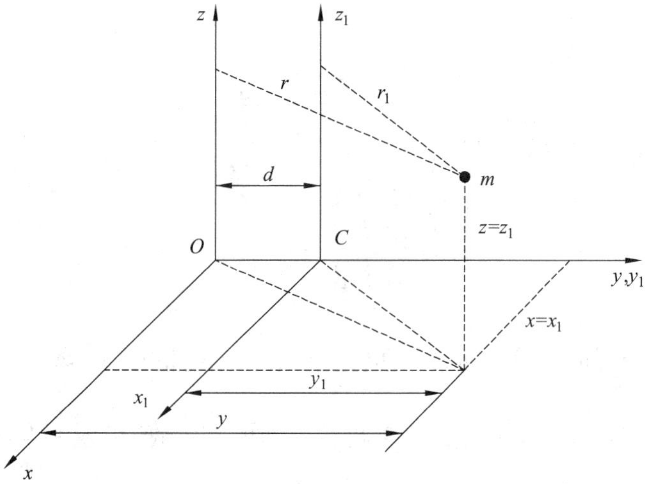

图 8-24

由平行轴定理可知，刚体对于诸平行轴，以通过质心的轴的转动惯量为最小。

例 8-12 质量为 m，长为 l 的均质细杆如图 8-25 所示，求此杆对于垂直于杆轴且通过质心 C 的轴 z_C 的转动惯量。

解： 由式（8-28）知，均质细直杆对于通过杆端点 A 且与杆垂直的 z 轴的转动惯量为：

$$J_z=\frac{1}{3}ml^2$$

应用平行轴定理，对于 z_C 轴的转动惯量为：

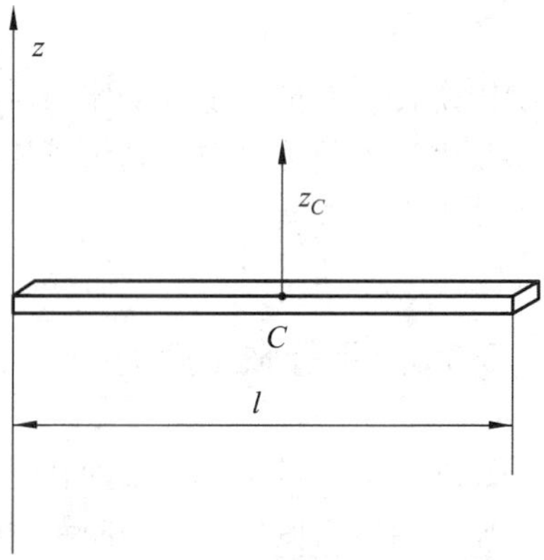

图 8-25

$$J_{zC}=J_z-m\left(\frac{l}{2}\right)^2=\frac{1}{12}ml^2$$

例 8-13　钟摆简化如图 8-26 所示。已知均质细杆和均质圆盘的质量分别为 m_1 和 m_2，杆长为 l，圆盘直径为 d。求摆对于通过悬点 O 的水平轴的转动惯量。

解： 摆对于水平轴 O 的转动惯量：

$$J_O=J_{O1}+J_{O2}$$

其中：

$$J_{O杆}=J_{O1}，\ J_{O盘}=J_{O2}$$

$$J_{O1}=\frac{1}{3}m_1l^2$$

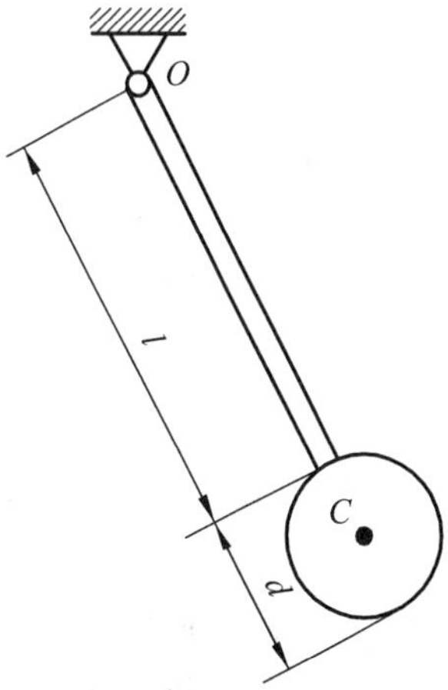

图 8-26

设 J_C 为圆盘对于中心 C 的转动惯量，则：

$$\begin{aligned}\boldsymbol{J}_{O2}&=J_C+m_2\left(l+\frac{d}{2}\right)^2\\&=\frac{1}{2}m_2\left(\frac{d}{2}\right)^2+m_2\left(l+\frac{d}{2}\right)^2\\&=m_2\left(\frac{3}{8}d^2+l^2+ld\right)\end{aligned}$$

于是得：

$$J_O=\frac{1}{3}m_1l^2+m_2\left(\frac{3}{8}d^2+l^2+ld\right)$$

例 8-14　如图 8-27 所示，质量为 m 的均质空心圆柱体外径为 R_1，内径为 R_2，求对于中心轴 z 的转动惯量。

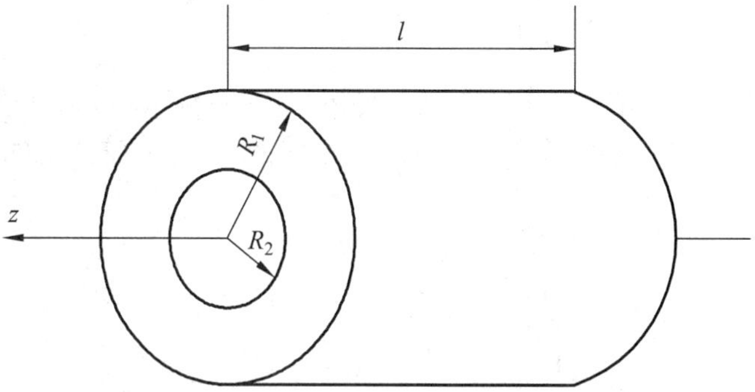

图 8-27

解： 空心圆柱可看成由两个实心圆柱体组成，外圆柱体的转动惯量为 J_1，内圆柱体的转动惯量 J_2 取负值，即：

$$J_z=J_1-J_2$$

设 m_1 和 m_2 分别为外圆体和内圆体的质量，则：

$$J_1 = \frac{1}{2}m_1R_1^2,\ J_2 = \frac{1}{2}m_2R_2^2$$

于是：

$$J_z = \frac{1}{2}m_1R_1^2 - \frac{1}{2}m_2R_2^2$$

设单位体积的质量为ρ，则：

$$m_1 = \rho\pi R_1^2 l,\ m_2 = \rho\pi R_2^2 l$$

代入前式，得：

$$J_z = \frac{1}{2}\rho\pi l(R_1^4 - R_2^4) = \frac{1}{2}\rho\pi l(R_1^2 - R_2^2)(R_1^2 + R_2^2)$$

注意到 $\rho\pi l(R_1^2 - R_2^2) = m$，则得：

$$J_z = \frac{1}{2}m(R_1^2 + R_2^2)$$

工程中，对于几何形状复杂的物体，常用实验方法测定其转动惯量。

例如，欲求曲柄对于轴 O 的转动惯量，可将曲柄在轴 O 悬挂起来，并使其作微幅摆动，如图 8-28 所示。由例 8-9 有：

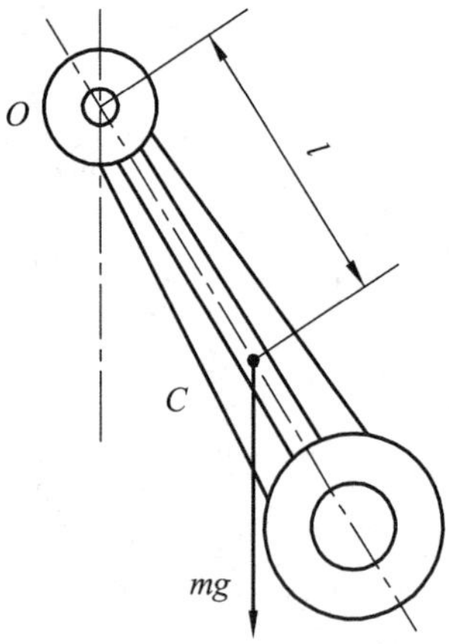

图 8-28

$$T = 2\pi\sqrt{\frac{J}{mgl}}$$

其中 mg 为曲柄重量，l 为重心 C 到轴心 O 的距离。测定 mg，l 和摆动周期 T，则曲柄对于轴 O 的转动惯量可按照下式计算：

$$J = \frac{T^2 mgl}{4\pi^2}$$

又如，欲求圆轮对于中心轴的转动惯量，可用简单轴扭振 8-29（a）三线悬挂扭振图 8-29（b）等方法测定扭振周期，根据周期与转动惯量之间的关系计算转动惯量。

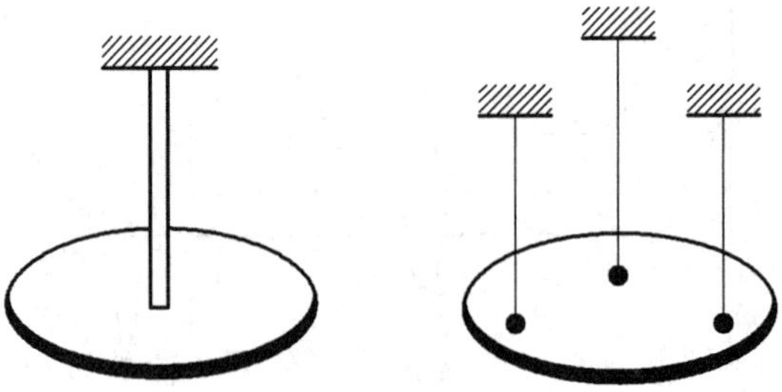

（a）　　　　（b）

图 8-29

表 8-1 列出一些常见均质物体的转动惯量和惯性半径，供应用。

表 8-1　均质物体的转动惯量

物体的形状	简图	转动惯量	惯性半径	体积
细直杆	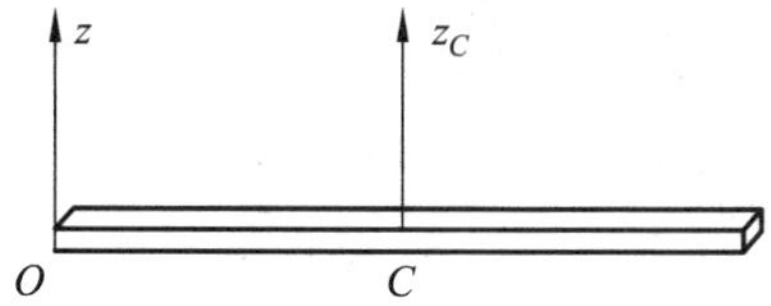	$J_{zC}=\frac{m}{12}l^2$ $J_z=\frac{m}{3}l^2$	$\rho_{zC}=\frac{1}{2\sqrt{3}}$ $\rho_z=\frac{1}{\sqrt{3}}$	
薄壁圆筒	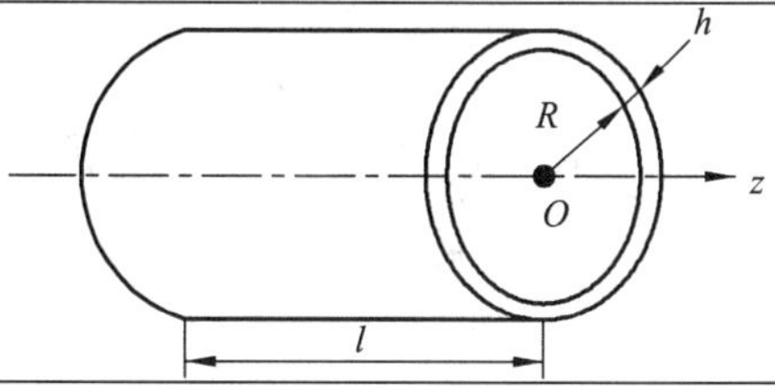	$J_z=mR^2$	$\rho_z=R$	$2\pi Rlh$
圆柱	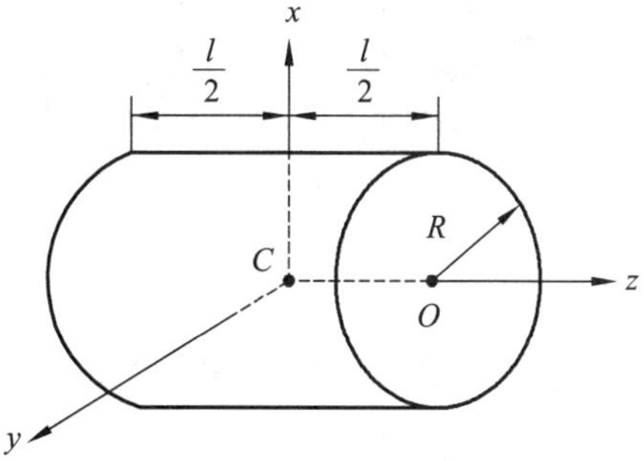	$J_z=\frac{1}{2}mR^2$ $J_x=J_y$ $=\frac{m}{12}(3R^2+l^2)$	$\rho_z=\frac{R}{\sqrt{2}}$ $\rho_x=\rho_y$ $=\sqrt{\frac{1}{12}(3R^2+l^2)}$	$\pi R^2 l$
空心圆柱	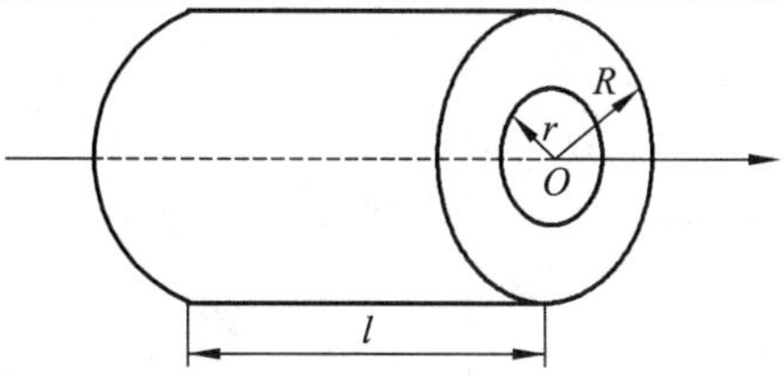	$J_z=\frac{m}{2}(R^2+r^2)$	$\rho_z=\sqrt{\frac{1}{2}(R^2+r^2)}$	$\pi l(R^2-r^2)$
薄壁空心球	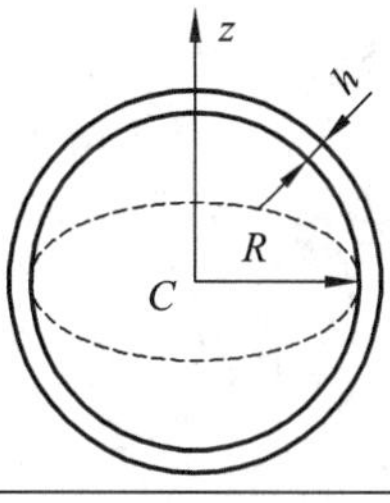	$J_z=\frac{2}{3}mR^2$	$\rho_z=\sqrt{\frac{2}{3}}R$	$\frac{2}{3}\pi Rh$
实心球	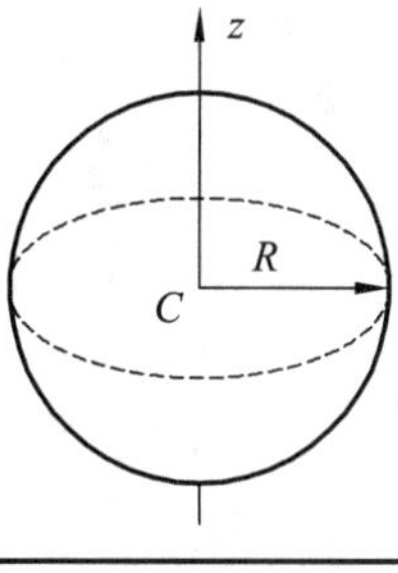	$J_z=\frac{2}{5}mR^2$	$\rho_z=\sqrt{\frac{2}{5}}R$	$\frac{3}{4}\pi R^3$

续表 8-1

物体的形状	简图	转动惯量	惯性半径	体积
圆锥体	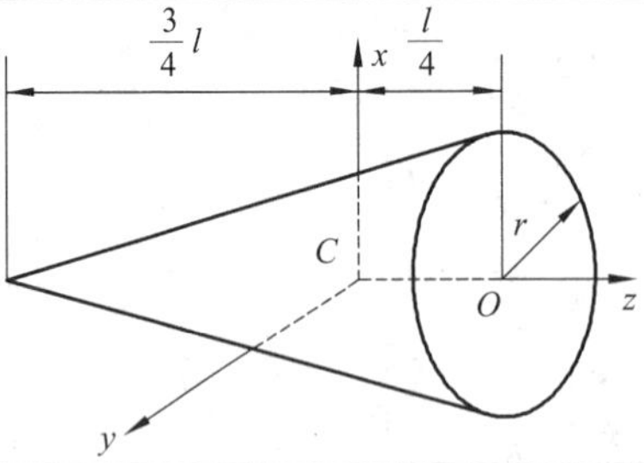	$J_z=\frac{3}{10}mr^2$ $J_x=J_y$ $=\frac{3}{80}m(4r^2+l^2)$	$\rho_z=\sqrt{\frac{3}{10}}r$ $\rho_x=\rho_y$ $=\sqrt{\frac{3}{80}(4r^2+l^2)}$	$\frac{\pi}{3}r^2l$
圆环	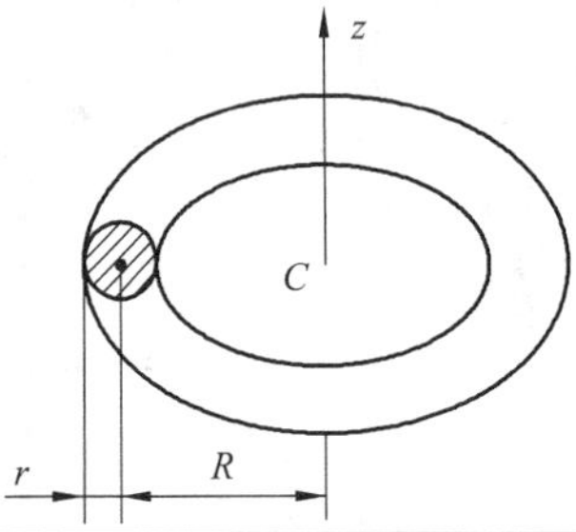	$J_z=m\left(R^2+\frac{3}{4}r^2\right)$	$\rho_z=\sqrt{R^2+\frac{3}{4}r^2}$	$2\pi r^2R$
椭圆形薄板	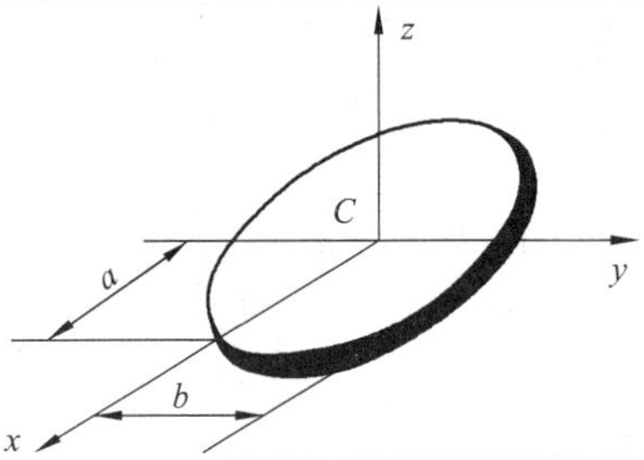	$J_z=\frac{m}{4}(a^2+b^2)$ $J_y=\frac{m}{4}a^2$ $J_x=\frac{m}{4}b^2$	$\rho_z=\frac{1}{2}\sqrt{a^2+b^2}$ $\rho_y=\frac{a}{2}$ $\rho_x=\frac{b}{2}$	πabh
长方体	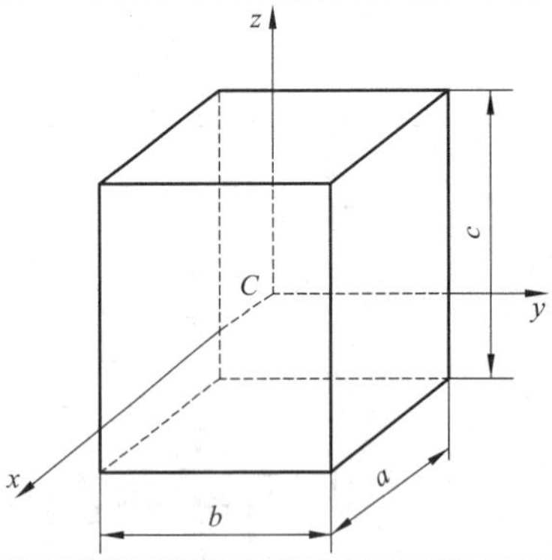	$J_z=\frac{m}{12}(a^2+b^2)$ $J_y=\frac{m}{12}(a^2+c^2)$ $J_x=\frac{m}{12}(b^2+c^2)$	$\rho_z=\sqrt{\frac{1}{12}(a^2+b^2)}$ $\rho_y=\sqrt{\frac{1}{12}(a^2+c^2)}$ $\rho_x=\sqrt{\frac{1}{12}(b^2+c^2)}$	abc
矩形薄板	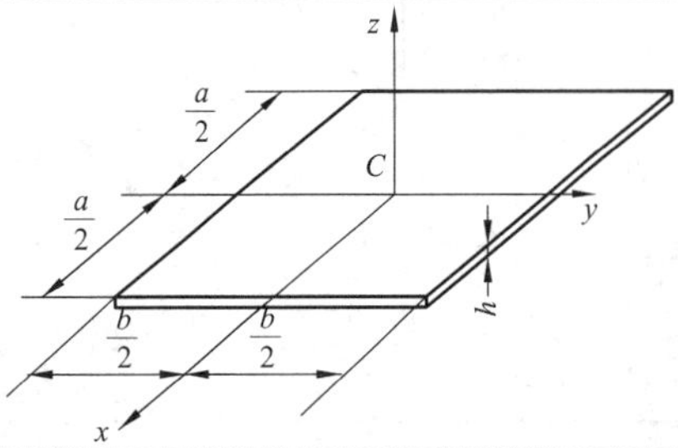	$J_z=\frac{m}{12}(a^2+b^2)$ $J_y=\frac{m}{12}a^2$ $J_x=\frac{m}{12}b^2$	$\rho_z=\sqrt{\frac{1}{12}(a^2+b^2)}$ $\rho_y=0.289a$ $\rho_x=0.289b$	abh

8.7　质点系相对于质心的动量矩定理

8.7.1　质点系相对于质心的动量矩

前面阐述的动量矩定理只适用于相对惯性参考系为固定的点或轴，对于一般的点或轴，动量矩定理形式具有更复杂的形式，但相对于质点系的质心或通过质心的转轴，动量矩定理仍将保持其简单形式。

如图 8-30 所示，O 为任取的固定点，质点系质心 C 相对于 O 的位置矢径为 $\boldsymbol{r}_C$，质点系中任一质点 m_i 相对于点 O 的位置矢径为 $\boldsymbol{r}_i$，相对于质心 C 的位置矢径为 $\boldsymbol{r}_i'$，则：

$$\boldsymbol{r}_i = \boldsymbol{r}_C + \boldsymbol{r}_i'$$

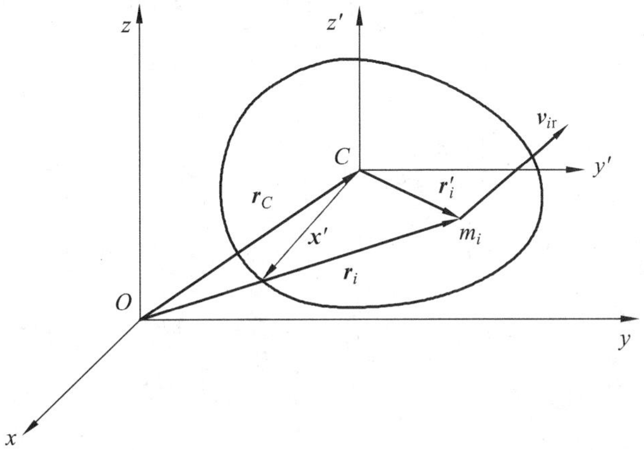

图 8-30

通过点 O 建立固定坐标系 $Oxyz$，以 C 点为原点建立平动坐标系 $Cx'y'z'$，随同质心作平动，则质点系的运动可以看作随质心 C 的平动与相对于质心 C 的运动所合成。设质点 m_i 的绝对速度为 $\boldsymbol{v}_i$，相对于动坐标系的速度为 $\boldsymbol{v}_{ri}$，牵连速度 $\boldsymbol{v}_{ei}$ 就是质心的速度 $\boldsymbol{v}_C$，由速度合成定理有：

$$\boldsymbol{v}_i = \boldsymbol{v}_C + \boldsymbol{v}_{ri}'$$

质点系对固定点 O 的动量矩为：

$$\boldsymbol{L}_O = \sum \boldsymbol{M}_O(m_i\boldsymbol{v}_i) = \sum \boldsymbol{r}_i \times m_i\boldsymbol{v}_i \quad (8\text{-}34)$$

将 $\boldsymbol{r}_i = \boldsymbol{r}_C + \boldsymbol{r}_i'$ 代入上式，则：

$$\boldsymbol{L}_O = \sum(\boldsymbol{r}_C + \boldsymbol{r}_i')\times m_i\boldsymbol{v}_i = \boldsymbol{r}_C \times \sum m_i\boldsymbol{v}_i + \boldsymbol{r}_i' \times \sum m_i\boldsymbol{v}_i$$

上式右端第一项由公式（8-1）和（8-3）有：

$$\boldsymbol{r}_C \times \sum m_i \boldsymbol{v}_i = \boldsymbol{r}_C \times \sum m_i \boldsymbol{v}_C$$

称为集中于质心的系统动量对固定点 O 的动量矩。

上式右端第二项：$\sum \boldsymbol{r}_i' \times m_i \boldsymbol{v}_i = \boldsymbol{L}_C$，此为质点系在相对于固定坐标系 $Oxyz$ 的运动中对质心的动量矩，即：

$$\boldsymbol{L}_O = \boldsymbol{r}_C \times m\boldsymbol{v}_C + \boldsymbol{L}_C \tag{8-35}$$

式（8-35）表明，质点系对于任一点 O 的动量矩，等于集中于系统质心的动量 $m\boldsymbol{v}_c$ 对于点 O 的动量矩再加上此系统对于质心 C 的动量矩 $\boldsymbol{L}_C$ 的矢量和。

8.7.2 质点系相对于质心的动量矩定理

质点系对于定点 O 的动量矩定理（8-24）有：

$$\frac{\mathrm{d}}{\mathrm{d}t}\boldsymbol{L}_O = \sum \boldsymbol{M}_O(\boldsymbol{F}_i) = \sum \boldsymbol{r}_i \times \boldsymbol{F}_i^{(\mathrm{e})}$$

即：

$$\frac{\mathrm{d}\boldsymbol{L}_O}{\mathrm{d}t} = \frac{\mathrm{d}}{\mathrm{d}t}(\boldsymbol{r}_C \times m\boldsymbol{v}_C + \boldsymbol{L}_C) = \sum_{i=1}^{n} \boldsymbol{r}_i \times \boldsymbol{F}_i^{(\mathrm{e})}$$

展开上式括弧，注意右端项中 $\boldsymbol{r}_i = \boldsymbol{r}_C + \boldsymbol{r}_i'$，于是上式化为：

$$\frac{\mathrm{d}\boldsymbol{r}_C}{\mathrm{d}t} \times m\boldsymbol{v}_C + \boldsymbol{r}_C \times \frac{\mathrm{d}}{\mathrm{d}t} m\boldsymbol{v}_C + \frac{\mathrm{d}\boldsymbol{L}_C}{\mathrm{d}t} = \sum_{i=1}^{n} \boldsymbol{r}_C \times \boldsymbol{F}_i^{(\mathrm{e})} + \sum_{i=1}^{n} \boldsymbol{r}_i' \times \boldsymbol{F}_i^{(\mathrm{e})}$$

因为

$$\frac{\mathrm{d}\boldsymbol{r}_C}{\mathrm{d}t} \times m\boldsymbol{v}_C = \boldsymbol{v}_C \times m\boldsymbol{v}_C = 0, \quad \boldsymbol{r}_C \times \frac{\mathrm{d}(m\boldsymbol{v}_C)}{\mathrm{d}t} = \boldsymbol{r}_C \times \sum \boldsymbol{F}_i^{(\mathrm{e})}$$

$$\sum \boldsymbol{r}_i' \times \boldsymbol{F}_i^{(\mathrm{e})} = M_C(\boldsymbol{F}_i^{(\mathrm{e})})$$

代入上式得：

$$\frac{\mathrm{d}\boldsymbol{L}_C}{\mathrm{d}t} = \sum_{i=1}^{n} \boldsymbol{r}_i' \times \boldsymbol{F}_i^{(\mathrm{e})}$$

上式右端是外力对于质心的主矩，于是得：

$$\frac{\mathrm{d}\boldsymbol{L}_C}{\mathrm{d}t} = \sum_{i=1}^{n} \boldsymbol{M}_C(\boldsymbol{F}_i^{(\mathrm{e})}) \tag{8-36}$$

即质点系相对于质心的动量矩对时间的导数，等于作用于质点系的外力对质心的主矩。这个结论称为质点系对于质心的动量矩定理。该定理在形式上与质点系对于固定点的动量矩定理完全一样。

将上式投影到随质心 C 平动的直角坐标轴 x，y，z 上，即：

$$\frac{\mathrm{d}L_{Cx}}{\mathrm{d}t}=\sum_{i=1}^{n}M_{xC}(\boldsymbol{F}),\quad \frac{\mathrm{d}\boldsymbol{L}_{y}}{\mathrm{d}t}=\sum_{i=1}^{n}M_{yC}(\boldsymbol{F}),\quad \frac{\mathrm{d}L_{Cz}}{\mathrm{d}t}=\sum_{i=1}^{n}M_{zC}(\boldsymbol{F})$$

上式为质点系对于质心的动量矩投影形式。

8.8 碰　撞

碰撞是指物体在突然受到冲击或遇到障碍时，在极短的时间内，物体的运动状态发生急剧变化，同时产生巨大的碰撞力的一种物理现象。例如：打桩、锤击、锻造等。它是工程中一种常见的且较复杂的动力学问题。本节将应用动力学基本定理研究碰撞现象及其规律。

8.8.1 基本概念

在碰撞过程中，由于碰撞的时间极短（千分之一甚至万分之一秒），因此所产生的力的数值非常巨大。将这种产生在碰撞中，作用时间极短，数值巨大的力称为碰撞力或瞬时力。其冲量称为碰撞冲量。

碰撞是十分复杂的物理现象。为了便于研究，根据碰撞的特征提出以下两点假设：

（1）在碰撞过程中，由于碰撞力极大，因此略去非碰撞力（重力、弹性力、摩擦力等）的作用。

（2）在碰撞过程中，由于碰撞时间极短，物体的位移非常小，其改变可以忽略不计，即认为碰撞过程中，物体的位置不变。

当两个物体碰撞时，过接触点的物体表面的公法线称为碰撞法线。根据碰撞的不同情况，可将其分类研究。

若两个碰撞物体的质心是位于碰撞法线上，将这种碰撞称为对心碰撞；否则，称为偏心碰撞。

若两个碰撞物体在碰撞前的相对速度沿碰撞法线，将这种碰撞称为正碰撞；否则，称为斜碰撞。

若按碰撞后物体变形的恢复程度或动能的损失情况，可将碰撞分为：完全弹性碰撞、弹性碰撞和完全塑性碰撞。

8.8.2 用于碰撞的动力学基本定理

由于碰撞的瞬时性，根据碰撞力的变化规律来描述碰撞过程中的运动是很困难的。因此，各种微分形式的动力学基本定理是不能直接被应用的。又由于碰撞力的复杂性，其元功无法直接计算。因此，动能定理也不能直接被应用。基于上面的分析，在研究碰撞问题时，一般用积分形式的动量定理和动量矩定理。

1. 冲量定理

设质点的质量为 m，碰撞开始时的速度为 $\boldsymbol{v}_1$，碰撞结束时的速度为 $\boldsymbol{v}_2$，忽略非碰撞力的冲量，则由动量定理得

$$m\boldsymbol{v}_2 - m\boldsymbol{v}_1 = \int \boldsymbol{F}\mathrm{d}t = \boldsymbol{I} \tag{8-37}$$

式（8-37）中 $\boldsymbol{I}$ 称为碰撞冲量。

对于由 n 个质点组成的质点系，其中第 i 个质点受到的碰撞冲量为外力的碰撞冲量 $\boldsymbol{I}_i^{(\mathrm{e})}$ 和内力的碰撞冲量 $\boldsymbol{I}_i^{(\mathrm{i})}$，则对质点系有：

$$\sum m_i \boldsymbol{v}_{i2} - \sum m\boldsymbol{v}_{i1} = \sum \boldsymbol{I}_i^{(\mathrm{e})} + \sum \boldsymbol{I}_i^{(\mathrm{i})}$$

又因为对于质点系来说 $\boldsymbol{I}_i^{(\mathrm{i})} = 0$，于是得：

$$\sum m_i \boldsymbol{v}_{i2} - \sum m\boldsymbol{v}_{i1} = \sum \boldsymbol{I}_i^{(\mathrm{e})} \tag{8-38}$$

式（8-38）即为应用于碰撞问题的动量定理，称为冲量定理。它表明质点系在碰撞过程中动量的改变等于作用于质点系的外力的碰撞冲量的矢量和。

若质点系的质心为 C，则式（8-38）可写为

$$m\boldsymbol{v}_{C2} - m\boldsymbol{v}_{C1} = \sum \boldsymbol{I}_i^{(\mathrm{e})} \tag{8-39}$$

其中，m 为质点系的质量，$\boldsymbol{v}_{C1}$ 和 $\boldsymbol{v}_{C2}$ 为质心碰撞前后的速度。

2. 冲量矩定理

质点系对固定点的动量矩定理的微分形式在不计非碰撞力时可写为

$$\mathrm{d}\boldsymbol{L}_O = \sum_{i=1}^{n} \boldsymbol{r}_i \times \boldsymbol{F}_i^{(\mathrm{e})}\mathrm{d}t = \sum_{i=1}^{n} \boldsymbol{r}_i \times \boldsymbol{I}_i^{(\mathrm{e})}$$

两端积分得：

$$\boldsymbol{L}_{O2} - \boldsymbol{L}_{O1} = \sum \int \boldsymbol{r}_i \times \boldsymbol{I}_i^{(\mathrm{e})}$$

上式为 $\boldsymbol{r}_i$ 质点系中第 i 个质点对固定点 O 的矢径，根据碰撞的基本假设，碰撞中物体的位置不变，因此 $\boldsymbol{r}_i$ 为恒矢量，于是得：

$$\boldsymbol{L}_{O2} - \boldsymbol{L}_{O1} = \sum \boldsymbol{r}_i \times \int_0^i \boldsymbol{F}_i^{(\mathrm{e})}\mathrm{d}t$$

而且

$$\sum \boldsymbol{r}_i \times \int_0^i \boldsymbol{F}_i^{(e)} \mathrm{d}t = \sum \boldsymbol{r}_i \times \int_0^i \mathrm{d}\boldsymbol{I}_i^{(e)} = \sum \boldsymbol{r}_i \times \boldsymbol{I}_i^{(e)} = \sum \boldsymbol{M}_O(\boldsymbol{I}_i^{(e)})$$

$$\boldsymbol{L}_{O2} - \boldsymbol{L}_{O1} = \sum \boldsymbol{M}_O(\boldsymbol{I}_i^{(e)}) \tag{8-40}$$

式（8-40）为用于碰撞中的动量矩定理，称为冲量矩定理。它表明质点系在碰撞过程中对于固定点 O 的动量矩的改变等于作用于质点系对 O 点的外力的碰撞冲量矩的矢量和。

按照相同的推证，可以得到质点系相对于质心的冲量矩定理：

$$\boldsymbol{L}_{C2} - \boldsymbol{L}_{C1} = \sum \boldsymbol{M}_C(\boldsymbol{I}_i^{(e)}) \tag{8-41}$$

式（8-41）表明，质点系对质心的动量矩的改变等于外力碰撞冲量对质心矩的矢量和。

对于定轴转动或平面运动刚体的碰撞问题，可应用质点系相对于定轴或质心的冲量矩定理来描述转动。即对于定轴转动的刚体有：

$$J_z\omega_2 - J_z\omega_1 = \sum M_z(\boldsymbol{I}_i^{(e)}) \tag{8-42a}$$

对于平面运动的刚体有：

$$J_C\omega_2 - J_C\omega_1 = \sum M_C(\boldsymbol{I}_i^{(e)}) \tag{8-42b}$$

8.8.3 恢复系数及质点对固定面的碰撞

一小球对固定平面的碰撞如图 8-31 所示。设一小球自某一高度落到固定水平面上。此碰撞开始时，小球的速度为 $\boldsymbol{v}_1$，由于受到固定面碰撞冲量的作用，小球的速度逐渐减小，而小球的变形逐渐增大，直到小球速度为零。然后，小球的弹性变形逐渐恢复而获得反向的速度 $\boldsymbol{v}_2$。

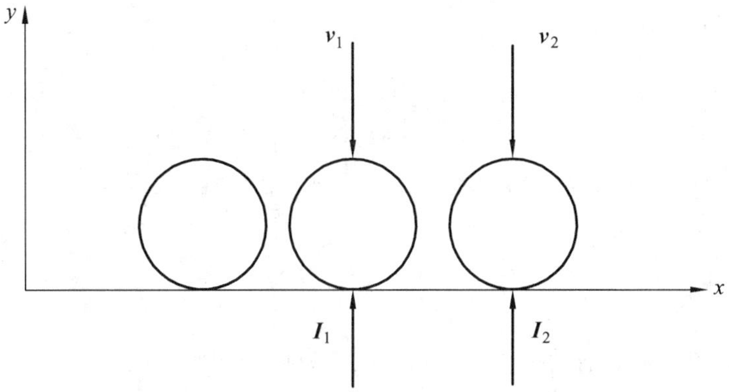

图 8-31

碰撞过程可分为两个阶段：第一阶段，从碰撞开始到物体的速度为零的过程，称为变形阶段。其碰撞冲量为 $\boldsymbol{I}_1$，则有：

$$0 - (mv_1) = I_1$$

第二阶段，从物体的弹性变形恢复到碰撞结束的过程，称为变形恢复阶段。其碰撞冲量为 $\boldsymbol{I}_2$，则有：

$$mv_2 - 0 = I_2$$

许多材料在碰撞后残留有不同程度的残余变形，碰撞过程中产生的变形不能完全恢复，并且碰撞中有能量的损失现象。因此物体碰撞后的速度总是小于碰撞前的速度。

研究表明，对于材料一定的物体发生碰撞后，无论碰撞前后的速度如何，其前后速度之比几乎不变。也就是说，恢复阶段与变形阶段冲量大小之比为一常数，称为恢复系数，记为 e，即：

$$e = \frac{I_2}{I_1} \tag{8-43}$$

或

$$e = \frac{v_2}{v_1} \tag{8-44}$$

恢复系数表示物体在碰撞前后速度的恢复程度和物体变形的恢复程度，也反映了物体在碰撞中机械能的损失程度。因此一般情况下，恢复系数小于 1。

对于实际材料来说，有 $0<e<1$。这些材料构成的物体发生的碰撞称为弹性碰撞。其在碰撞结束时变形不能完全恢复，有动能的损失。

另有两种极端情况：当 $e = 1$ 时，称为完全弹性碰撞。此碰撞结束时，物体的变形完全恢复，动能没有损失。当 $e = 0$ 时，称为完全塑性碰撞。此碰撞结束时，物体的变形完全不恢复，动能完全损失。

碰撞恢复系数由实验方法测得。最简易的方法是：将所测材料制成小球和水平固定平面。将小球自高度 h_1 处自由落下，小球与固定面碰撞后向上反弹，达到最高点的高度为 h_2，则此材料的恢复系数为：

$$e = \frac{v_2}{v_1} = \sqrt{\frac{h_1}{h_2}} \tag{8-45}$$

对于碰撞前后物体都有运动的情况，材料的恢复系数为：

$$e = \left|\frac{v_{r2}^n}{v_{r1}^n}\right| \tag{8-46}$$

其中，v_{r2}^n 和 v_{r1}^n 分别为碰撞前后物体接触点沿法线方向的相对速度。

工程材料的恢复系数可以从工程手册中查到。表 8-2 为几种常见材料的恢复系数。

表 8-2　常见材料的恢复系数

碰撞物体的材料	铁对铅	木对胶木	木对木	钢对钢	玻璃对玻璃
恢复系数	0.14	0.26	0.50	0.56	0.94

8.8.4 正碰撞时系统的动能损失

1. 两物体正碰撞后的速度

设两物体沿 X 轴方向作平动，A 物体速度为 $\boldsymbol{v}_1$，B 物体速度为 $\boldsymbol{v}_2$，如图 8-32 所示。且有 $|\boldsymbol{v}_1|>|\boldsymbol{v}_2|$，即两物体必将碰撞，且为对心正碰撞。

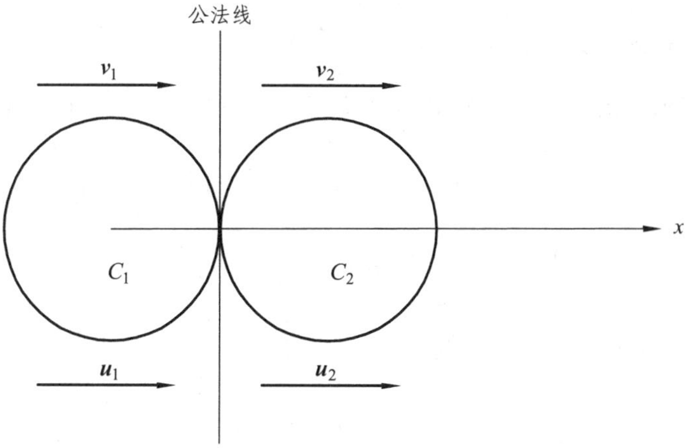

图 8-32

为求物体 A 和 B 碰撞后的速度 $\boldsymbol{u}_1$ 和 $\boldsymbol{u}_2$，以两物体为研究对象，则由系统动量在 C_1，C_2 连线上守恒的条件可得：

$$m_1v_1+m_2v_2=m_1u_1+m_2u_2 \tag{8-47}$$

由恢复系数的定义得：

$$e=\frac{u_2-u_1}{v_1-v_2} \tag{8-48}$$

上式中，v_2-v_1 和 u_2-u_1 分别为两物体碰撞前后的相对速度。

由式（8-47）和式（8-48）解得两物体碰撞后的速度为：

$$\begin{cases} u_1=v_1-(1+e)\dfrac{m_2}{m_1+m_2}(v_1-v_2) \\ u_2=v_2+(1+e)\dfrac{m_1}{m_1+m_2}(v_1-v_2) \end{cases} \tag{8-49}$$

当 $v_1>v_2$ 时，$u_1<v_1,u_2<v_2$，表明碰撞后 A 物体速度减小而 B 物体速度增加。

对于两物体正碰撞理想状态下（$e=1$），两物体碰撞后的速度为：

$$\begin{cases} u_1=v_1-\dfrac{2m_2}{m_1+m_2}(v_1-v_2) \\ u_2=v_2+\dfrac{2m_1}{m_1+m_2}(v_1-v_2) \end{cases} \tag{8-50}$$

如果上式中 $m_1 = m_2$，则 $u_1 = v_2$，$u_2 = v_1$，即两物体碰撞后速度相互交换。

当两物体为塑性碰撞时（$e = 0$），则有：

$$u_1 = u_2 = \frac{m_1 v_1 + m_2 v_2}{m_1 + m_2} \tag{8-51}$$

上式表明两物体碰撞后以相同的速度一起运动。

2. 正碰撞时系统的动能损失

设两物体碰撞前后的动能分别为 T_1 和 T_2，则碰撞过程中，系统的动能损失为：

$$\begin{aligned}\Delta T = T_1 - T_2 &= \left(\frac{1}{2}m_1 v_1^2 + \frac{1}{2}m_2 v_2^2\right) - \left(\frac{1}{2}m_1 u_1^2 + \frac{1}{2}m_2 u_2^2\right) \\ &= \frac{1}{2}m_1(v_1 - u_1)(v_1 + u_1) + \frac{1}{2}m_2(v_2 - u_2)(v_2 + u_2)\end{aligned}$$

将式（8-49）和式（8-48）代入上式得：

$$\Delta T = \frac{1}{2}\frac{m_1 m_2}{m_1 + m_2}(1 - e^2)(v_1 - v_2)^2 \tag{8-52}$$

上式表明，动能损失与物体碰撞开始时的相对速度和材料的恢复系数有关。当恢复系数越小，动能的损失越大。反之，动能损失越小。

对于塑性碰撞时（$e = 0$），动能损失为：

$$\Delta T = \frac{1}{2}\frac{m_1 m_2}{m_1 + m_2}(v_1 - v_2)^2$$

为最大，即动能全部损失在碰撞过程中。

对于完全弹性碰撞（$e = 1$），动能损失为零。

若物体塑性碰撞开始时被碰物体处于静止状态，即 $v_2 = 0$，则由式（8-52）其动能损失为：

$$\Delta T = \frac{1 - e^2}{m_1 / m_2 + 1}T_1 \tag{8-53}$$

上式表明，恢复系数一定时，动能损失取决于两物体的质量之比。当 $m_2 \gg m_1$ 时，$\Delta T \approx T_1$，动能几乎全部损失在碰撞过程中。这种情况是锻造工件的理想状况。在工程中，为了提高锻造加工的效率，一方面将金属毛坯加热使得恢复系数减小从而提高塑性，另一方面采用比毛坯质量大许多倍的砧座，即 $m_2 \gg m_1$。这样可使动能尽可能多地转换为使锻件变形的功。当 $m_2 \ll m_1$ 时，动能损失几乎为零。这种情况是打桩的理想状态。锤和桩发生碰撞时，锤的动能几乎全部传递给桩，碰撞结束后桩可以获得较大的动能。因此，工程中常采用重锤打桩，以减少动能损失，提高效率。

例 8-15 设小球与固定面作斜碰撞，入射角为θ，碰撞后反射角为β，如图 8-33 所示。若不计摩擦，试计算其恢复系数。

解： 由于不计摩擦，碰撞只在法线方向发生。设小球质量为 m，在碰撞的第一阶段，由碰撞定理在法向的投影得：

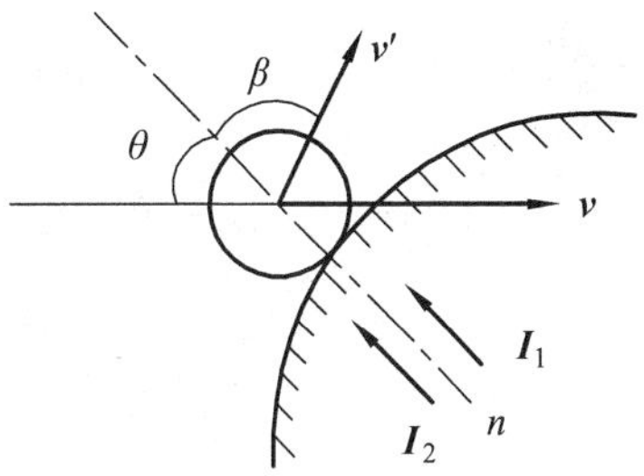

图 8-33

$$0 - mv\cos\theta = -I_1$$

在碰撞的第二阶段，在法向的投影为：

$$0 - mu\cos\theta = -I_2$$

又在切线方向动量守恒：

$$u\sin\beta \cdot m - v\sin\theta \cdot m = 0$$

由前三式可得：

$$e = \left|\frac{I_2}{I_1}\right| = \left|\frac{u\cos\beta}{u\cos\theta}\right| = \left|\frac{\sin\theta \cdot \cos\beta}{\sin\beta \cdot \cos\theta}\right| = \left|\frac{\tan\theta}{\tan\beta}\right|$$

对于一般材料，$e<1$。所以当碰撞表面光滑时有 $\beta>\theta$。恢复系数也可写为：

$$e = \left|\frac{u_n}{v_n}\right|$$

式中，u_n 和 v_n 分别为 $\boldsymbol{u}$ 和 $\boldsymbol{v}$ 在法向上的投影。

例 8-16 如图 8-34 所示，物体 A 自重为 $\boldsymbol{P}$，自高 h 处自由落下，与安装在弹簧上的自重为 $\boldsymbol{Q}$ 的物体 B 相碰撞。已知弹簧刚度为 k，且碰撞为塑性碰撞。求碰撞后弹簧的最大压缩量。

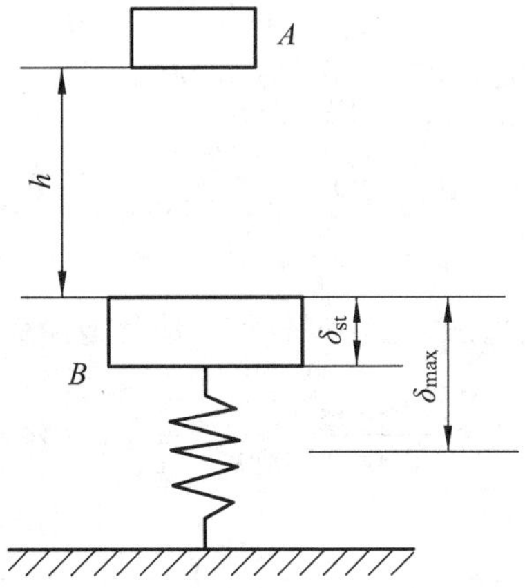

图 8-34

解： 物体 A 的整个运动过程分为三个阶段。A 自 h 处落下与 B 接触为第一阶段，为非碰撞阶段。A 与 B 碰撞为第二阶段，为碰撞阶段。碰撞后 B 获得速度并与 A 一起运动直到速度为零是第三阶段，为非碰撞阶段。

在第一阶段，碰撞前 A 的速度为：

$$v_1 = \sqrt{2gh}$$

在第二阶段，由于碰撞为塑性（$e=0$），且 $v_2=0$，有：

$$u = u_1 = u_2 = \frac{m_1 v_1 + m_2 v_2}{m_1 + m_2} = \frac{P v_1}{P + Q} = \frac{P\sqrt{2gh}}{P + Q}$$

在第三阶段，设弹簧的最大伸长量为 $\delta_{\max}$，由动能定理有：

$$0 - \frac{1}{2}\left(\frac{P}{g} + \frac{Q}{g}\right)u^2 = \frac{k}{2}\left[\delta_{st}^2 - (\delta_{\max} - \delta_{st})^2\right] + \left(\frac{P}{g} + \frac{Q}{g}\right)(\delta_{\max} - \delta_{st})$$

又有：

$$\delta_{st} = \frac{Q}{k}$$

联立以上各式得：

$$\delta_{\max} = \frac{P+Q}{k} \pm \sqrt{\left(\frac{P+Q}{k}\right)^2 + \delta_{st} - \frac{2(P+Q)}{k}\delta_{st} + \frac{2hP^2}{(P+Q)k}}$$

例 8-17 汽锤的质量为 $m_1 = 1\ 000$ kg，锻件和砧座的质量为 $m_2 = 15\ 000$ kg。设恢复系数为 0.6，求汽锤的效率。

解： 锻锤与锻件碰撞时消耗与锻件变形的动能损失 ΔT 是有用的，因此汽锤的效率为：

$$\eta = \frac{\Delta T}{T_1} \times 100\%$$

由式（8-53），有：

$$\begin{aligned}\eta &= (1 - e^2)\frac{m_2}{m_1 + m_2} \times 100\% \\ &= (1 - 0.6^2)\frac{15\ 000}{1\ 000 + 15\ 000} \times 100\% \\ &= 60\%\end{aligned}$$

由此可知，η 随 e 的减小而增加，若将锻件加热使其塑性增加，即 $e \approx 0$，则汽锤的效率为：

$$\eta = \frac{15\ 000}{1\ 000 + 15\ 000} \times 100\% = 94\%$$

很明显，此时汽锤效率大大提高。

本章小结

1. 动量定理

质点的动量定理：

$$\mathrm{d}(m\boldsymbol{v}) = \boldsymbol{F}\mathrm{d}t$$

$$mv - mv_0 = \int_0^t F\mathrm{d}t = I$$

质点系的动量：

$$p = \sum m_i v_i = mv_C$$

质点系的动量定理：

$$\frac{\mathrm{d}}{\mathrm{d}t} p = \sum_{i=1}^{n} F_i^{(\mathrm{e})}$$

$$p - p_0 = \int_0^t \sum_{i=1}^{n} I_i^{(\mathrm{e})} \mathrm{d}t$$

质点系的动量守恒定律：当 $\sum F^{(\mathrm{e})} = 0$ 时，p = 常矢量。当 $\sum F_x^{(\mathrm{e})} = 0$，$p_x$ = 常矢量。

2. 质心运动定理

$$ma_C = \sum_{i=1}^{n} F_i^{(\mathrm{e})}$$

质点系的质心：

$$r_C = \frac{\sum m_i r_i}{m}$$

质心运动守恒定律：当 $\sum F^{(\mathrm{e})} = 0$ 时，v_c = 常矢量；同时质心位置不变。当 $\sum F_x^{(\mathrm{e})} = 0$，$v_{Cx}$ = 常矢量；同时质心的 x 坐标不变。

3. 动量矩

质点对点 O 的动量矩是矢量：

$$M_O(mv) = r \times mv$$

质点系对于点 O 的动量矩也是矢量：

$$L_O = \sum_{i=1}^{n} M_O(m_i v_i) = \sum_{i=1}^{n} r_i \times m_i v_i$$

若 z 轴通过点 O，则质点系对于 z 轴的动量矩为：

$$L_x = \sum_{i=1}^{n} M_x(m_i v_i) = [L_x]$$

若 C 为质点系的质心，对于任一点 O 有：

$$L_O = L_C + r_C \times mv_C$$

4. 动量矩定理

对于定点 O 和定轴 z 有：

$$\frac{\mathrm{d}\boldsymbol{L}_O}{\mathrm{d}t}=\sum \boldsymbol{M}_O(\boldsymbol{F}_i^{(\mathrm{e})}),\quad \frac{\mathrm{d}L_z}{\mathrm{d}t}=\sum M_z(\boldsymbol{F}_i^{(\mathrm{e})})$$

若 C 为质心，C_z 轴通过质心，也有：

$$\frac{\mathrm{d}\boldsymbol{L}_C}{\mathrm{d}t}=\sum \boldsymbol{M}_C(\boldsymbol{F}_i^{(\mathrm{e})}),\quad \frac{\mathrm{d}L_{Cz}}{\mathrm{d}t}=\sum M_{Cz}(\boldsymbol{F}_i^{(\mathrm{e})})$$

转动惯量：

$$J_z=\sum m_i r_i^2$$

若 z_c 与 z 轴平行，有：

$$J_z=J_{zC}+md^2$$

5. 刚体绕 z 轴转动的动量矩

$$L_z=J_z\omega$$

若 z 轴为定轴或通过质心，有：

$$J_z\alpha=\sum M_z(\boldsymbol{F}_i^{\mathrm{e}})$$

6. 冲量定理
对于质点：

$$m\boldsymbol{v}_2-m\boldsymbol{v}_1=\int \boldsymbol{F}\mathrm{d}t=\boldsymbol{I}$$

对于质点系：

$$\sum m_i\boldsymbol{v}_{i2}-\sum m\boldsymbol{v}_{i1}=\sum \boldsymbol{I}_i^{(\mathrm{e})}$$

若质点系的质心为 C：

$$m\boldsymbol{v}_{C2}-m\boldsymbol{v}_{C1}=\sum \boldsymbol{I}_i^{(\mathrm{e})}$$

7. 冲量矩定理
对于质点系：

$$\boldsymbol{L}_{O2}-\boldsymbol{L}_{O1}=\sum \boldsymbol{M}_O(\boldsymbol{I}_i^{(\mathrm{e})})$$

若质点系的质心为 C：

$$\boldsymbol{L}_{C2}-\boldsymbol{L}_{C1}=\sum \boldsymbol{M}_C(\boldsymbol{I}_i^{(\mathrm{e})})$$

8. 恢复系数

$$e=\frac{v_2}{v_1}$$

9. 两物体正碰撞后的速度

$$\begin{cases} u_1=v_1-(1+e)\dfrac{m_2}{m_1+m_2}(v_1-v_2) \\ u_2=v_2+(1+e)\dfrac{m_1}{m_1+m_2}(v_1-v_2) \end{cases}$$

10. 正碰撞时系统的动能损失

$$\Delta T=\frac{1}{2}\frac{m_1m_2}{m_1+m_2}(1-e^2)(v_1-v_2)^2$$

习 题

8-1 汽车以 36 km/h 的速度在水平直道上行驶。设车轮在制动后即停止转动。问车轮对地面的动摩擦因数 f 应为多大方能使汽车在制动后 6 s 停止。

8-2 跳伞者质量为 60 kg，自停留在高空中的直升机中跳出，落下 100 m 后，将降落伞打开。设开伞前的空气阻力略去不计，伞重不计，开伞后所受的阻力不变，经 5 s 后跳伞者的速度减为 4.3 m/s。求阻力大小。

8-3 图示浮动起重机举起质量为 $m_1=2\,000$ kg 的重物。设起重机的质量 $m_2=2\,000$ kg，杆长为 $OA=8$ m；开始时杆与铅直位置成 60°角，水的阻力和杆重略去不计。当起重杆 OA 转到与铅直位置成 30°角时，求起重机的位移。

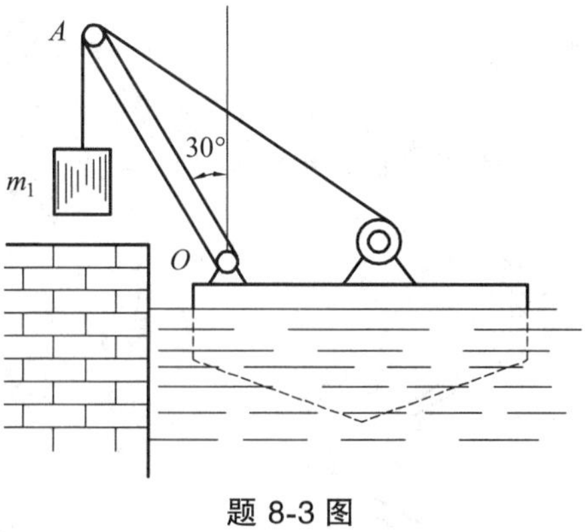

题 8-3 图

8-4 图示水平面上放一均质三棱柱 A，在其斜面上又放一均质三棱柱 B。两三棱柱的横截面均为直角三角形。且有 $m_A=3m_B$，其尺寸如图所示。设各处摩擦不计，初始时系统静止。求三棱柱 B 沿三棱柱 A 滑下接触到水平面时，三棱柱 A 移动的距离。

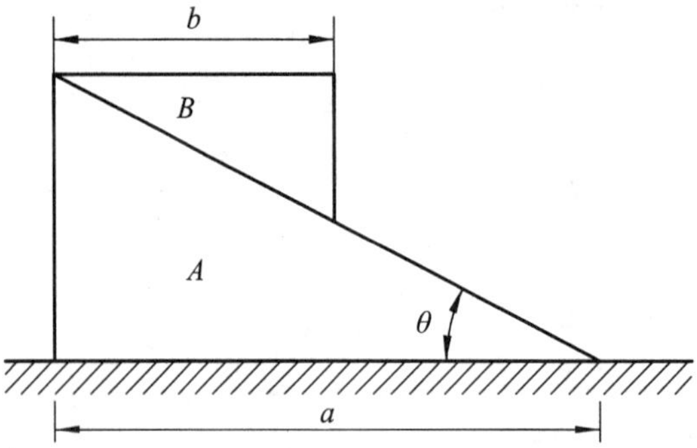

题 8-4 图

8-5　平台车质量为 $m_1 = 500$ kg，可沿水平轨道运动。平台车上站有一人，质量 $m_2 = 70$ kg，车与人以共同速度 $\boldsymbol{v}_0$ 向右方运动。当人相对平台车以速度 $v_r = 2$ m/s 向左方跳出时，不计平台车水平方向的阻力及摩擦，问平台车增加的速度为多少？

8-6　如图所示，均质杆 AB，长为 l，直立在光滑水平面上。求它从铅直位置无初速度倒下时，端点 A 相对图示坐标系的轨迹。

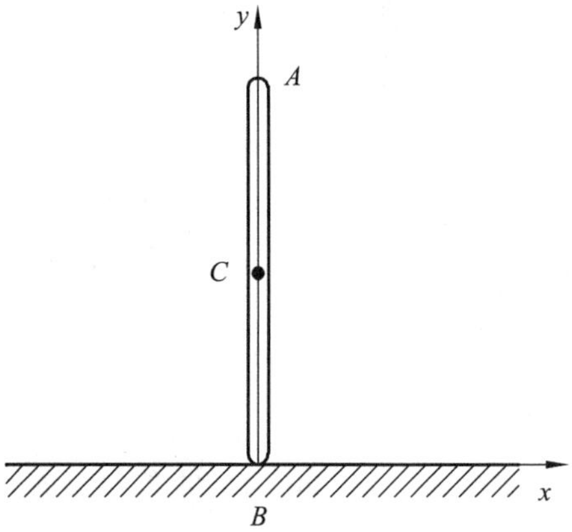

题 8-6 图

8-7　图示椭圆规尺 AB 的质量为 $2m_1$，曲柄 OC 的质量为 m_1，而滑块 A 和 B 的质量均为 m_2。已知：$OC = AC = BC = l$；曲柄和尺的质心分别在其中点上；曲柄绕 O 轴转动的角速度 ω 为常量。当开始时，曲柄水平向右，求此时质点系的动量。

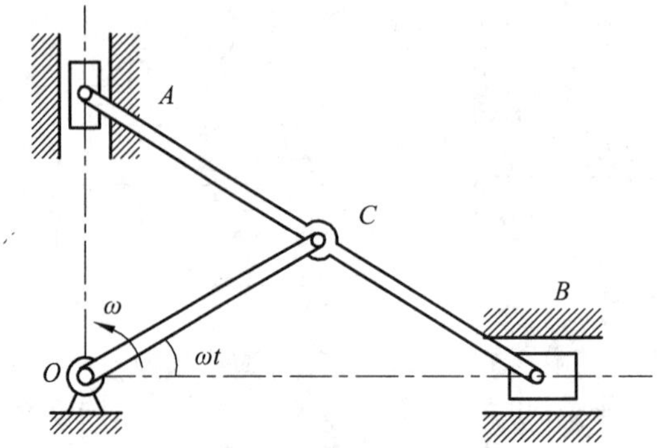

题 8-7 图

8-8　质量为 m_1 的平台 AB，放于水平面上，平台与水平面间的动滑动摩擦因数为 f。质量为 m_2 的小车 D，由绞车拖动，相对于平台的运动规律为 $s=\dfrac{1}{2}bt^2$，其中 b 为已知常数。不计绞车的质量，求平台的加速度。

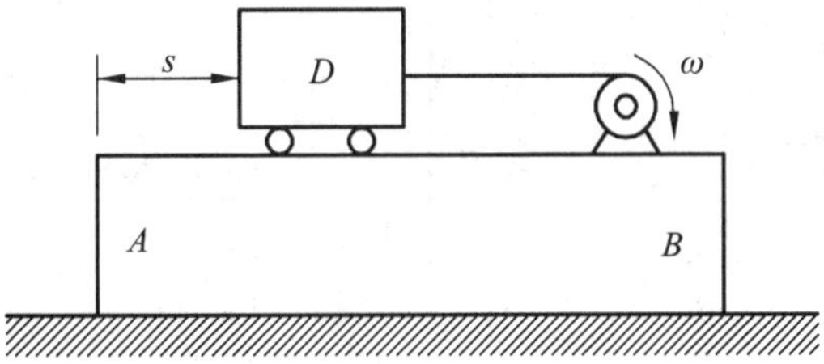

题 8-8 图

8-9　如图所示，质量为 m 的滑块 A，可以在水平光滑槽中运动，具有刚性系数为 k 的弹簧一端与滑块相连，另一端固定。杆 AB 长度为 l，质量忽略不计，A 端与滑块 A 铰接，B 端装有质量 m_1，在铅直平面内可绕点 A 旋转。设在力偶 M 的作用下转动角速度 ω 为常数。求滑块 A 的运动微分方程。

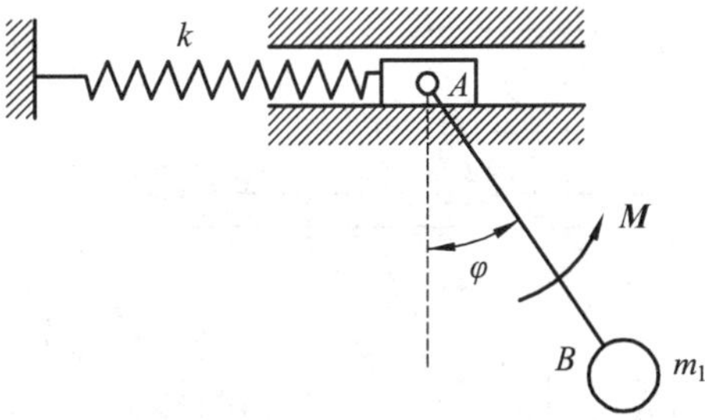

题 8-9 图

8-10　在图示曲柄滑杆机构中，曲柄以等角速度 ω 绕 O 轴转动。开始时曲柄 OA 水平向右。已知：曲柄的质量为 m_1，滑块 A 的质量为 m_2，滑杆的质量为 m_3，曲柄的质心在 OA 的中点，$OA=l$；滑杆的质心在点 C。求：① 机构质量中心的运动方程；② 作用在轴 O 的最大水平约束力。

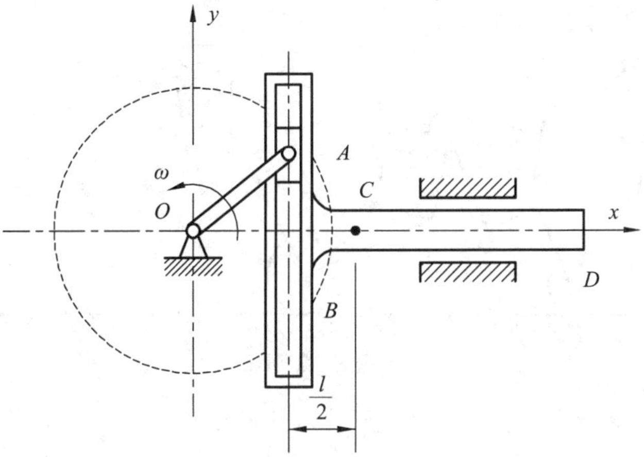

题 8-10 图

8-11　图示凸轮机构中，凸轮以等角速度ω绕定轴转动。质量为m_1的滑杆Ⅰ借右端弹簧的拉力而顶在凸轮上，当凸轮转动时，滑杆作往复运动。设凸轮为一均质圆盘，质量为m_2，半径为r，偏心距为e。求在任一瞬时机座螺钉的总附加动约束力。

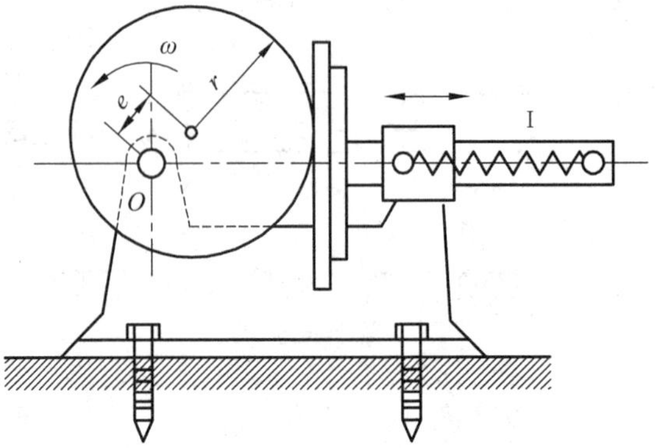

题 8-11 图

8-12　图示传送带的运煤量恒为20 kg/s，胶带速度恒为1.5 m/s。求胶带对煤块作用的水平总推力。

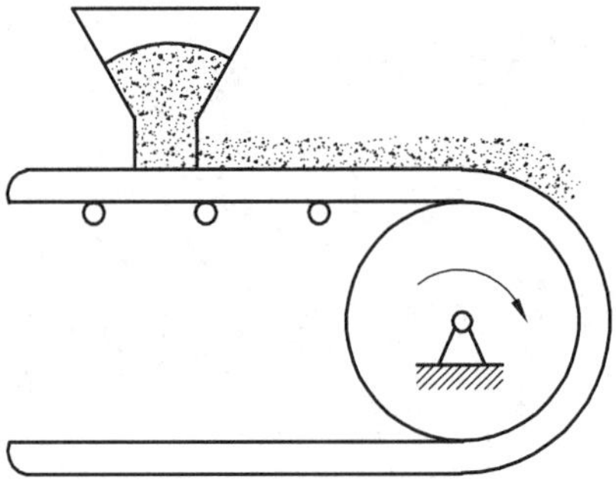

题 8-12 图

8-13　图示移动式胶带传送机，每小时传送109 m^3沙子。沙子的密度为1 400 kg/m^3，传送带速度为1.6 m/s，设沙子在入口处的速度为$\boldsymbol{v}_1$，方向垂直向下，在出口处的速度为$\boldsymbol{v}_2$，方向水平向右。如传送机不动，试问此时地面沿水平方向的总的约束力有多大？

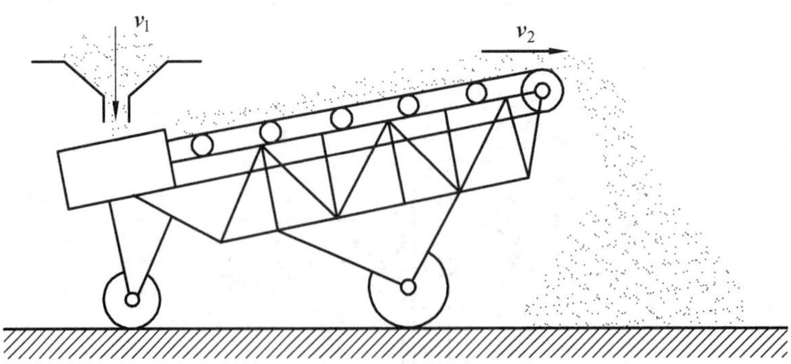

题 8-13 图

8-14　质量为m的点在平面Oxy内运动，其运动方程：

$$x = a\cos\omega t,\ \ y = b\sin 2\omega t$$

其中 a，b 和 ω 为常量。求质点对原点 O 的动量矩。

8-15　无重杆 OA 以角速度 ω_0 绕轴 O 转动，质量 $m=25$ kg，半径 $R=200$ mm 的均质圆盘以三种方式安装于杆 OA 的点 A，如图所示。在图（a）中，圆盘与杆 OA 焊接在一起；在图（b）中，圆盘与杆 OA 铰接于 A 点，且相对 OA 杆以角速度 ω_r 逆时针向转动；在图（c）中，圆盘相对杆 OA 以角速度 ω_r 顺时针向转动。已知 $\omega_0=\omega_r=4$ rad/s，分别计算在此三种情况下，圆盘对轴 O 的动量矩。

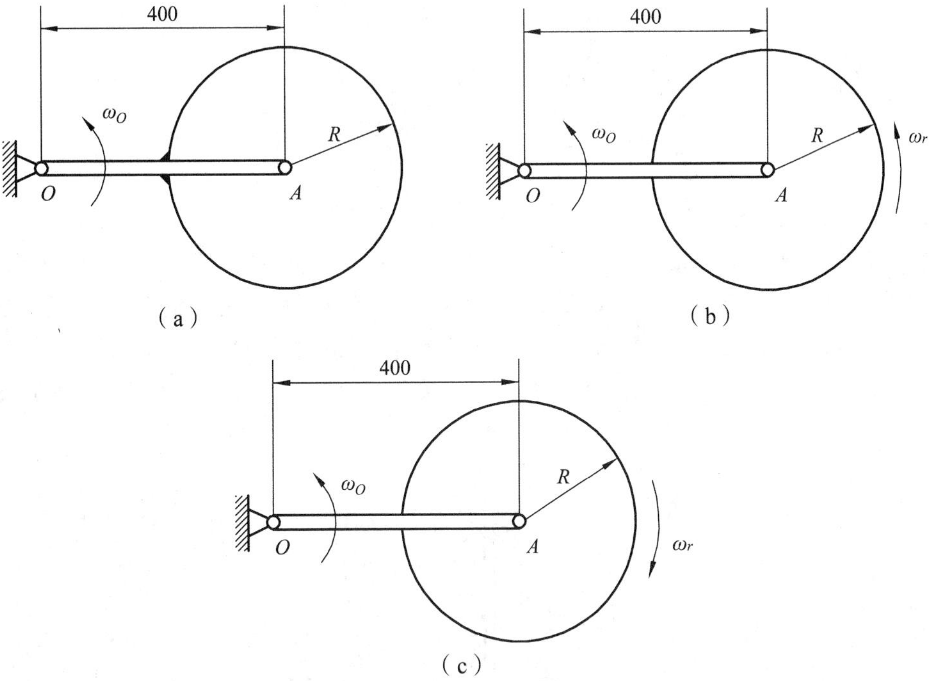

题 8-15 图

8-16　如图所示，质量为 m 的偏心轮在水平面上作平面运动。轮子轴心为 A，质心为 C，$AC=e$；轮子半径为 R，对轴心 A 的转动惯量为 J_A；C，A，B 三点在同一直线上。① 当轮子只滚不滑时，若 $\boldsymbol{v}_A$ 已知，求轮子的动量和对地面上 B 点的动量矩。② 当轮子又滚又滑时，若 $\boldsymbol{v}_A$，ω 已知，求轮子的动量和对地面上 B 点的动量矩。

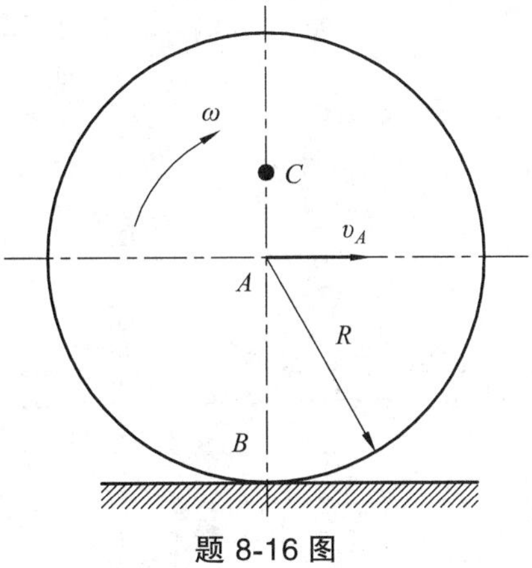

题 8-16 图

8-17　一半径为 R 质量为 m_1 的均质圆盘，可绕其中心 O 的铅直轴无摩擦地旋转，如图所示。一质量为 m_2 的人在盘上由 B 点按规律 $s=\dfrac{1}{2}at^2$ 沿半径为 r 的圆周行走。开始时，圆盘和人静止。求圆盘的角速度和角加速度。

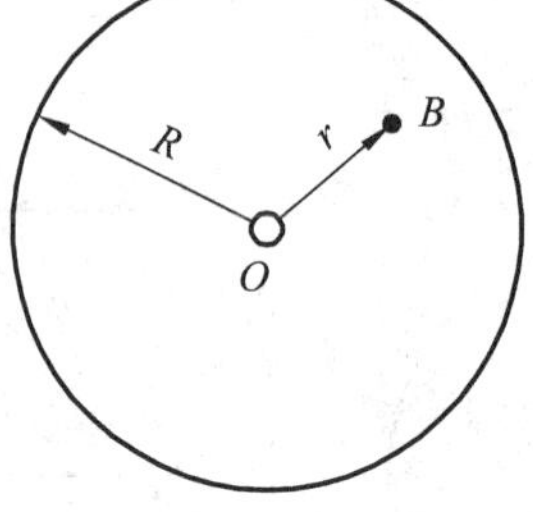

题 8-17 图

8-18　图示水平圆板可绕 z 轴转动。在圆盘上有一个质点 M 作圆周运动，已知其速度的大小为常量，等于 v_0，质点 M 的质量为 m，圆的半径为 r，圆心到 z 轴的距离为 l，点 M 在圆点上的位置由角 φ 来确定，如图所示。如圆板的转动惯量为 J，并且当点 M 离 z 轴最远在点 M_0 时，圆板的角速度为零。轴的摩擦和空气的摩擦阻力不计，求圆板的角速度与 φ 角的关系。

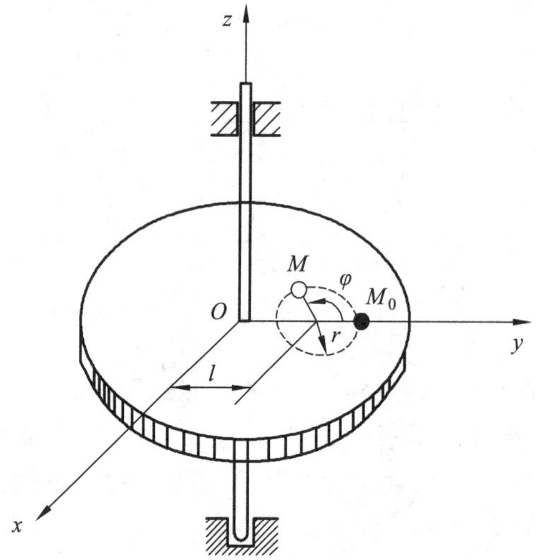

题 8-18 图

8-19　图示 A 为离合器，开始时轮 2 静止，轮 1 具有角速度 ω_0。当离合器结合后，依靠摩擦使轮 2 启动。已知轮 1 和轮 2 的转动惯量为 J_1 和 J_2。求：① 当轮结合后两轮共同转动的角速度；② 若经 t 秒后两轮的转速相同，求离合器应有多大的摩擦力矩。

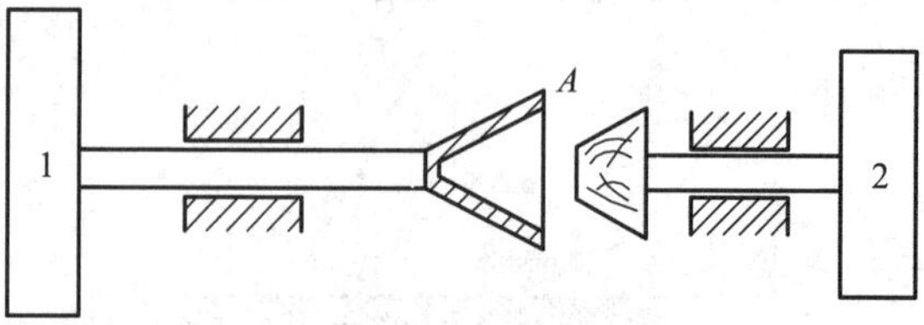

题 8-19 图

8-20　图示两轮的半径各为 R_1 和 R_2，其质量各为 m_1 和 m_2，两轮以胶带相互连接，各绕两平行的固定轴转动。如在第一个带轮上作用矩为 M 的主动力偶，在第二个带轮上作用矩为 M' 的阻力偶。带轮可视为均质圆盘，胶带与轮之间无滑动，胶带质量略去不计。求第一个带轮的角加速度。

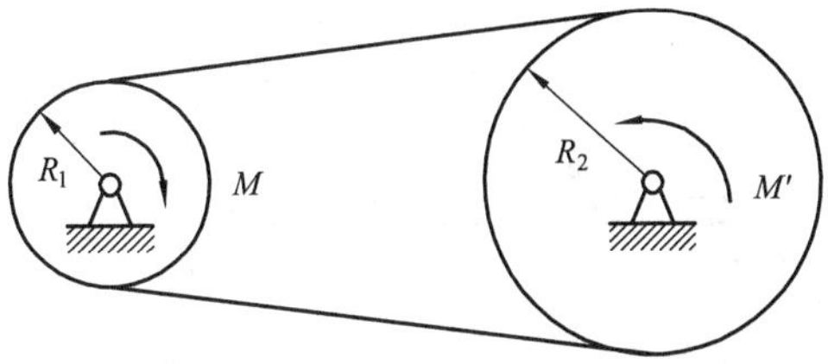

题 8-20 图

8-21　如图所示，为求半径 $R=0.5$ m 的飞轮对于通过其重心轴 A 的转动惯量，在飞轮上绕以细线，绳的另一端系一质量为 $m_1=8$ kg 的重锤，重锤自高度 $h=2$ m 处落下，测得落下时间 $t_1=16$ s。为消去轴承摩擦的影响，再用质量 $m_2=4$ kg 的重锤作第二次试验，此重锤自同一高度落下的时间为 $t_2=25$ s。假定摩擦力矩为一常数，且与重锤的重量无关，求飞轮的转动惯量和轴承的摩擦力力矩。

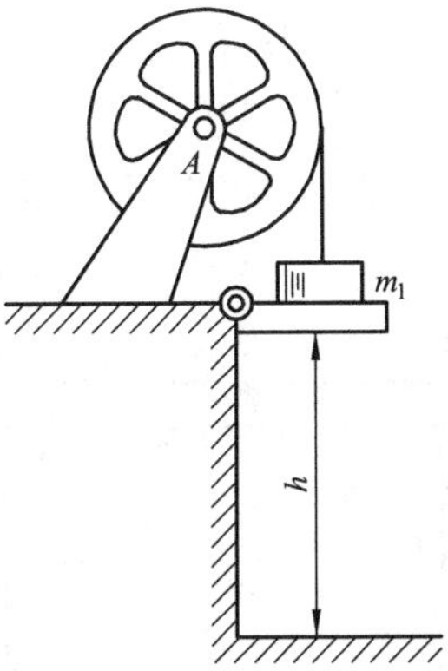

题 8-21 图

8-22　图示通风机的转动部分以初速度 ω_0 绕中心轴转动，空气的阻力矩与角速度成正比，即 $M=k\omega$，其中 k 为常数。如转动部分对其轴的转动惯量为 J，问经过多少时间其转动角速度减少为初角速度的一半？又在此时间内共转多少转？

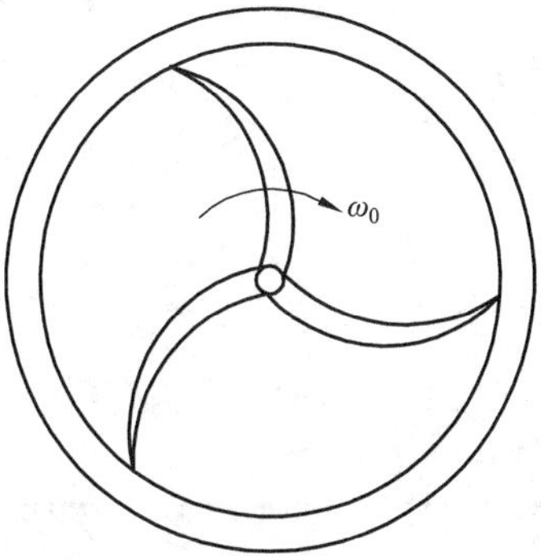

题 8-22 图

8-23　均质圆轮 A 质量为 m_1，半径为 r_1，以角速度为 ω 绕杆 OA 的 A 端转动，此时将轮放置在质量为 m_2 的另一均质圆轮 B 上，其半径为 r_2，如图所示。轮 B 原为静止，但可绕其中心轴自由转动。放置后轮 A 的重量由轮 B 支持。略去轴承的摩擦和杆 OA 的重量，并设两轮间的摩擦因数为 f。问自轮 A 放置在轮 B 上两轮间没有相对滑动为止，经过多少时间？

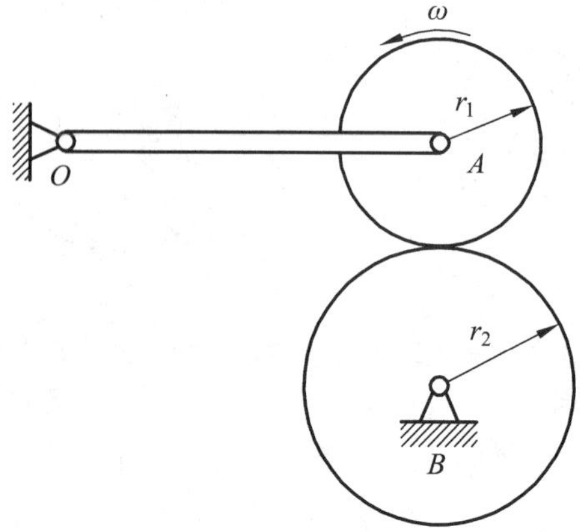

题 8-23 图

8-24　为求刚体对于通过重心 G 的轴 AB 的转动惯量，用两杆 AD，BE 与刚体牢固连接，并借两杆将刚体活动地挂在水平轴 DE 上，如图所示。轴 AB 平行于 DE，然后使刚体绕轴 DE 作微小的摆动，求出振动周期 T。如果刚体的质量为 m，轴 AB 与轴 DE 间的距离为 h，杆 AD 和 BE 的质量忽略不计。求刚体对轴 AB 的转动惯量。

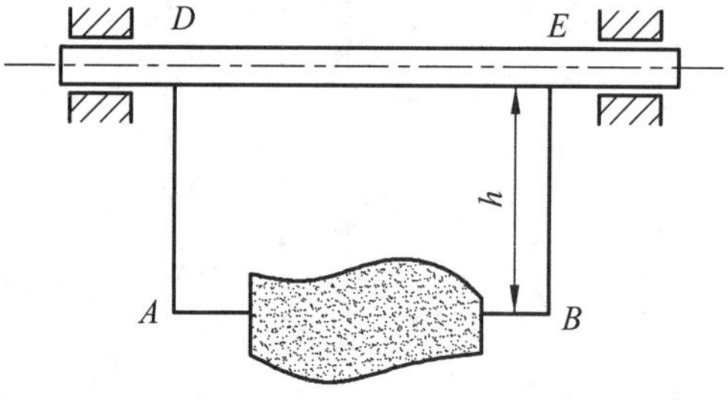

题 8-24 图

8-25　如图所示，有一轮子轴的直径为 50 mm，无初速度地沿倾角 $\theta = 20°$ 的轨道只滚不滑，5 s 内轮心滚过的距离为 $s = 3$ m。求轮子对轮心的惯性半径。

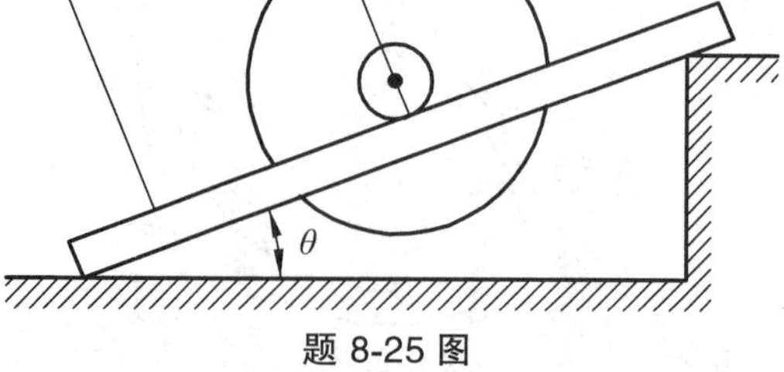

题 8-25 图

8-26 重物 A 的质量为 m_1，系在绳子上，绳子跨过不计质量的固定滑轮 D，并绕在鼓轮 B 上，如图所示。由于重物下降，带动了轮 C，使它沿水平轨道只滚不滑。设鼓轮半径为 r，轮 C 的半径为 R，两者固连在一起，总质量为 m_2，对于其水平轴 O 的回转半径为 ρ。求重物 A 的加速度。

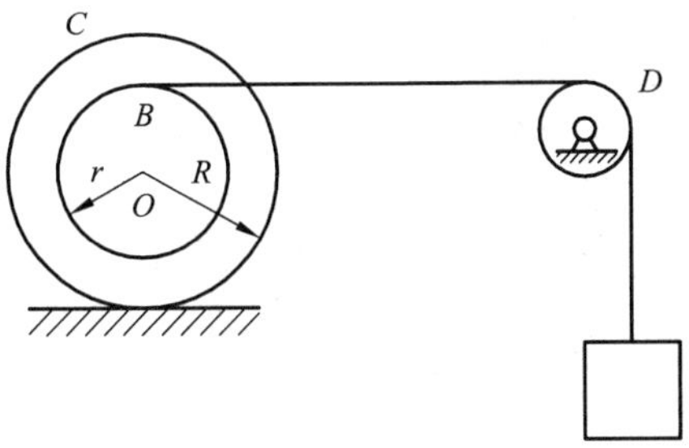

题 8-26 图

8-27 图示两小球 A 和 B，质量分别为 $m_A=2$ kg，$m_B=1$ kg，用 $AB=l=0.6$ m 的杆连接。在初瞬时，杆在水平位置，B 不动，而 A 的速度 $v_A=0.6\pi$ m/s，方向铅直向上，如图所示。杆的质量和小球的尺寸忽略不计。求：① 两小球在重力下的运动；② 在 $t=2$ s 时，两小球相对于定坐标系 Axy 的位置；③ $t=2$ s 时沿轴线方向的内力。

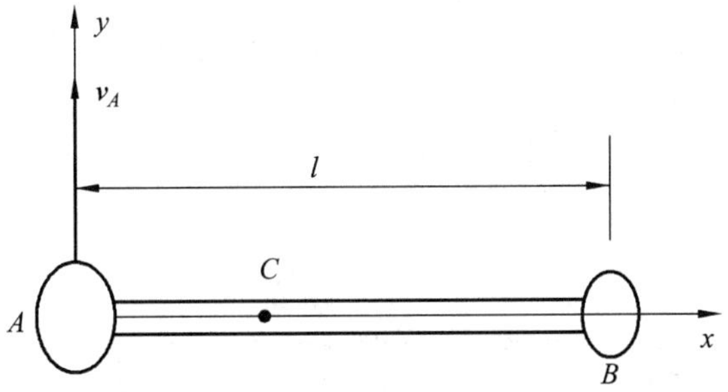

题 8-27 图

8-28 均质圆柱体 A 的质量为 m，在外圆上绕以细绳，绳的另一端 B 固定不动。如图所示。当 BC 铅垂时圆柱下降，其初速度为零。求圆柱体的轴心降落了高度 h 时轴心的速度和绳子的张力。

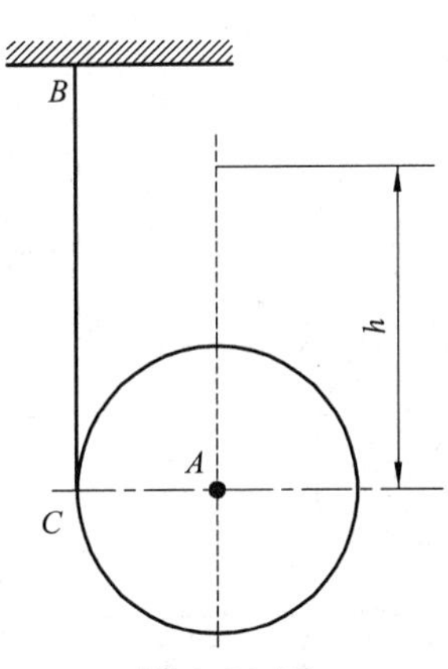

题 8-28 图

8-29　图示 AB 均质杆长为 l，放在铅垂面内，杆的一端 A 靠在光滑的铅直墙面，另一端 B 放在光滑的水平地面上，并与水平面成 φ_0 角，此后，杆由静止状态倒下。求：① 杆在任意位置的角加速度和角速度；② 当杆脱离墙面时，此杆与水平面所夹的角。

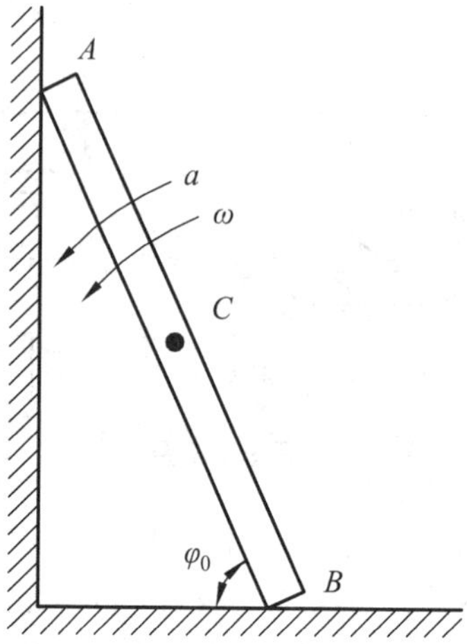

题 8-29 图

8-30　如图所示，板的质量为 m_1，受水平力 $\boldsymbol{F}$ 的作用，沿水平面运动，板与平面间的摩擦因数为 f。在板上放一质量为 m_2 的均质实心圆柱，此圆柱对板只滚不滑。求板的加速度。

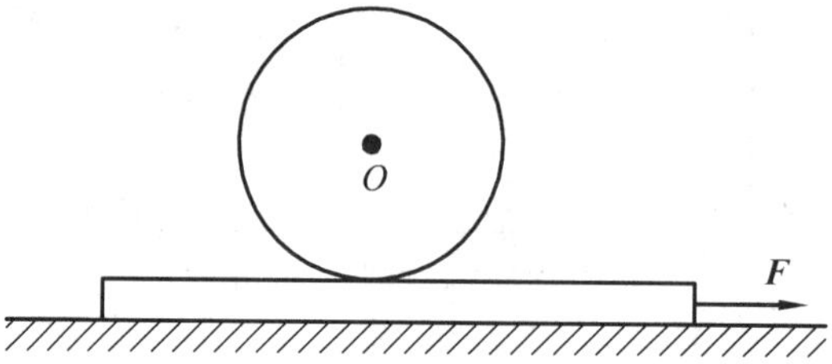

题 8-30 图

8-31　均质实心圆柱体 A 和薄铁环 B 的质量均为 m，半径都等于 r，两者用杆 AB 铰接，无滑动地沿斜面滚下，斜面与水平面的夹角为 θ，如图所示。如杆的质量忽略不计，求 AB 的加速度和杆的内力。

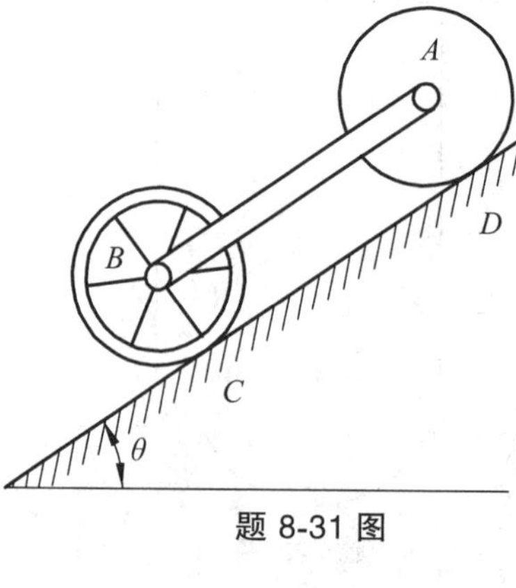

题 8-31 图

8-32　如图 8-32 所示，棒球质量为 0.14 kg，以速度 $v_0 = 50$ m/s 向右沿水平线运动。当它被球棒敲击后，其速度自原来的方向改了角度 $\theta = 135°$ 而向左朝上，其大小降至 $v = 40$ m/s 。试计算球棒作用于球的水平和铅直方向的碰撞冲量。设棒球与球棒的碰撞时间为 $\frac{1}{50}$s，求击球时碰撞力的平均值。

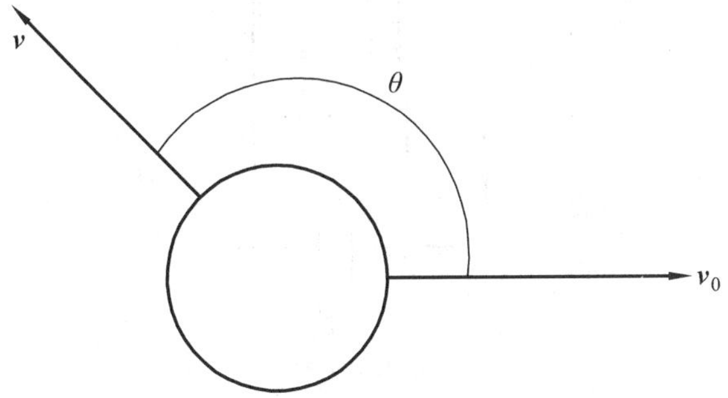

题 8-32 图

8-33　球 1 速度 $v_1 = 6$ m/s，方向与静止球 2 相切，如图所示。两球半径相等、质量相等，不计摩擦，碰撞的恢复系数 $e = 0.6$。求碰撞后两球的速度。

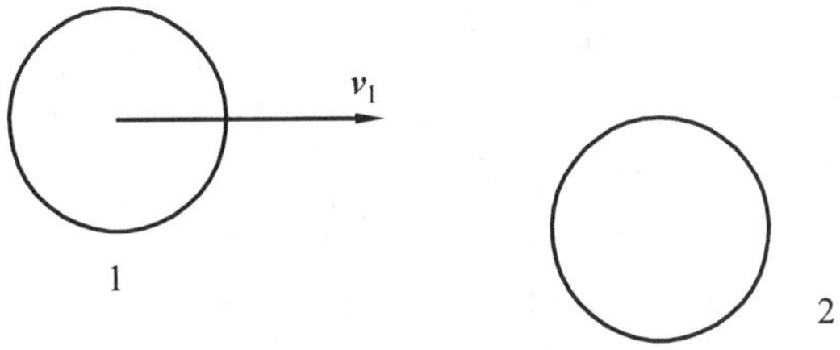

题 8-33 图

8-34　马尔特间隙机构的均质拨杆 OA 长 l，质量为 m，马氏轮盘对转轴 O_1 的转动惯量为 J_{o1}，半径为 r，如图所示。某一瞬时，OA 水平杆端销子 A 撞入光滑槽的外端，槽与水平线成 θ 角。撞前 OA 的角速度为 ω_0，轮盘静止。求撞击后轮盘的角速度和 A 点的碰撞冲量。当 θ 为何值时不出现冲击力？

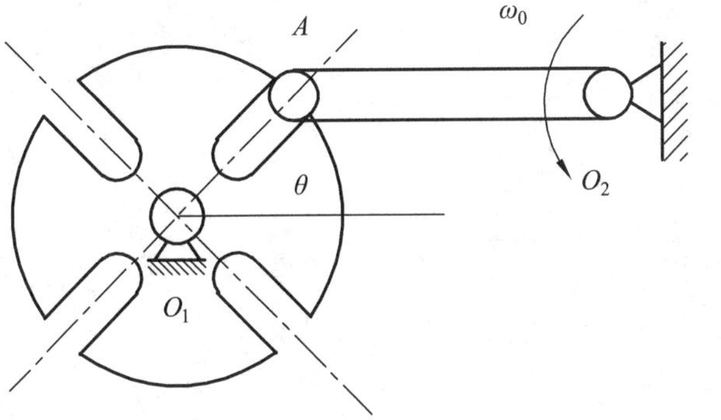

题 8-34 图

8-35　如图所示，用打桩机打入质量为 50 kg 的桩柱。打桩机的质量为 450 kg，由高度 $h=2$ m 处自由落下。若恢复系数 $e=0$，经过一次锤击后，桩深入 1 cm。试求桩柱进入土地时的平均阻力。

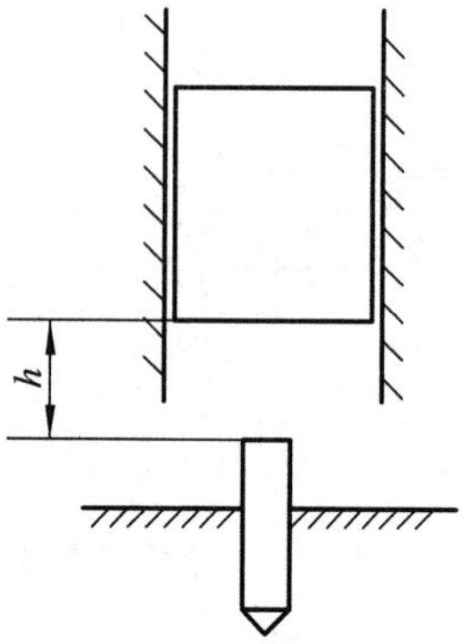

题 8-35 图

第 9 章　动能定理

能量转换与功之间的关系是自然界中各种形式运动的普遍规律，在机械运动中则表现为动能定理，即动能和动能的改变与作用力的功之间的关系。不同于动量和动量矩定理，动能定理是从能量的角度来分析质点和质点系的动力学问题，有时这是更为方便和有效的。同时，它还可以建立机械运动与其他形式运动之间的联系。

本章将讨论力的功、动能等重要概念，推导动能定理和机械守恒定律，并将综合运用动量定理、动量矩定理和动能定理分析较复杂的动力学问题。

9.1　力的功

9.1.1　功的概念

质点 M 在大小和方向都不变的力 $\boldsymbol{F}$ 作用下，沿直线走过一段路程 s，力 $\boldsymbol{F}$ 在这段路程内所累计的效应用力的功来量度，以 W 记之，定义：

$$W = F\cos\theta \cdot s$$

式中，θ 为力 $\boldsymbol{F}$ 与直线位移方向之间的夹角。功是代数量，在国际单位制中，功的单位为 J（焦耳），等于 1 N 的力在同方向 1 m 路程上做的功。

质点 M 在变力 $\boldsymbol{F}$ 作用下沿曲线运动，如图 9-1 所示。力 $\boldsymbol{F}$ 在无限小的位移 $\mathrm{d}\boldsymbol{r}$ 中可视为常力，经过的一小段弧长 $\mathrm{d}s$ 可视为直线，$\mathrm{d}\boldsymbol{r}$ 可视为沿点 M 的切线，在无限小位移中力所做的功称为元功，以 δW 记之。于是有：

$$\delta W = F\cos\theta \mathrm{d}s \tag{9-1}$$

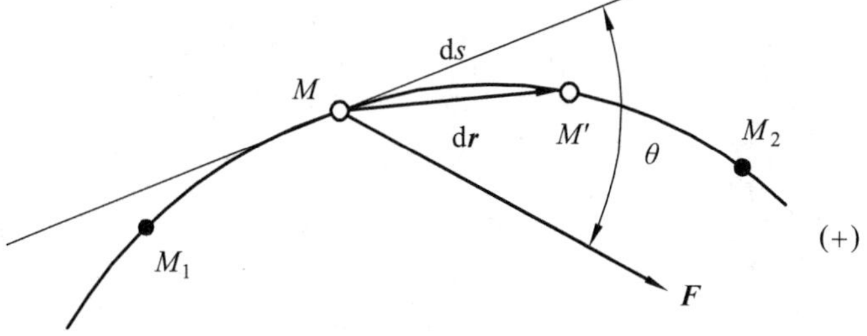

图 9-1

力在全路程上做的功等于元功之和，即：

$$W=\int_0^s F\cos\theta \mathrm{d}s \tag{9-2}$$

上两式也可以写成以下矢量点乘形式：

$$\delta W=\boldsymbol{F}\cdot \mathrm{d}\boldsymbol{r} \tag{9-3}$$

$$W=\int_{M_1}^{M_2}\boldsymbol{F}\cdot \mathrm{d}\boldsymbol{r} \tag{9-4}$$

由上式可知，当力始终与质点位移垂直时，该力不做功。

在直角坐标系中，$\boldsymbol{i}$，$\boldsymbol{j}$，$\boldsymbol{k}$ 为三坐标轴的单位矢量，则：

$$\boldsymbol{F}=F_x\boldsymbol{i}+F_y\boldsymbol{j}+F_z\boldsymbol{k}\ ,\quad \mathrm{d}\boldsymbol{r}=\mathrm{d}x\boldsymbol{i}+\mathrm{d}y\boldsymbol{j}+\mathrm{d}z\boldsymbol{k}$$

将以上两式代入式（9-4），得到作用力从 M_1 到 M_2 的过程中所做的功：

$$W_{12}=\int_{z_1}^{z_2}(Fx\mathrm{d}x+Fy\mathrm{d}y+Fz\mathrm{d}z) \tag{9-5}$$

9.1.2 几种常见的力所做的功

1. 重力的功

设质点沿轨道由 M_1 运动到 M_2，如图 9-2 所示。其重力 $\boldsymbol{P}=m\boldsymbol{g}$ 在直角坐标轴上的投影：

$$F_x=0,\ F_y=0,\ F_z=-m\boldsymbol{g}$$

应用式（8-5），重力做功为：

$$W_{12}=\int_{M_1}^{M_2}-mg\mathrm{d}z=mg(z_1-z_2) \tag{9-6}$$

可见重力做功仅与质点运动始末位置的高度差（z_1-z_2）有关，与运动轨迹的形状无关。

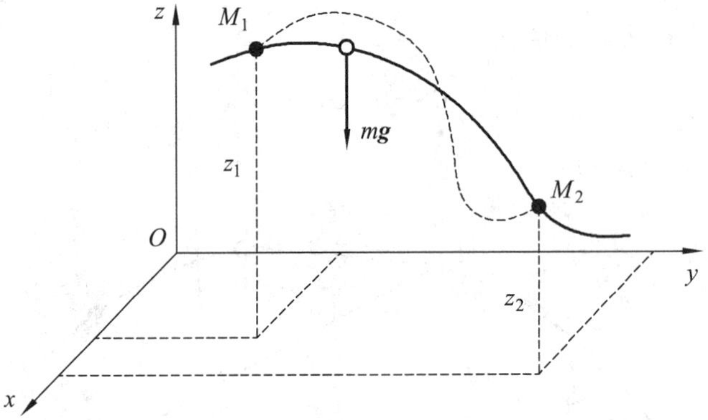

图 9-2

对于质点系，设质点 i 的质量为 m_i，运动始末的高度差为（$z_{i1}-z_{i2}$），则全部重力做功之和为：

$$\sum W_{12}=\sum m_i g(z_1-z_2)$$

由质心坐标公式，有：

$$mz_C=\sum m_i g(z_{i1}-z_{i2})$$

由此可得：

$$\sum W_{12}=mg(z_{C1}-z_{C2}) \tag{9-7}$$

式中，m 为质点系全部质量之和，（$z_{c1}-z_{c2}$）为运动始末位置其质心的高度差。质心下降，重力做正功；质心上移，重力做负功。质点系重力做功仍与质心的运动轨迹形状无关。

2. 弹性力的功

（1）弹性力的功。如图 9-3，处于弹性范围内的弹性力 $F=-kx$，其中比例系数 k 为弹簧的刚度系数，x 为弹簧的伸长量。

应用式（9-4），弹性力 F 在其作用点，从位置 A_1 运动到位置 A_2 的过程中所做的功：

$$W_{12}=\int_{x_1}^{x_2}(-kx)\mathrm{d}x=\frac{k}{2}(x_1^2-x_2^2) \tag{9-8}$$

不难看出，x 为弹簧的变形量，所以弹性力做功只与弹簧在始末位置的变形量有关而与力作用点的轨迹形状无关。

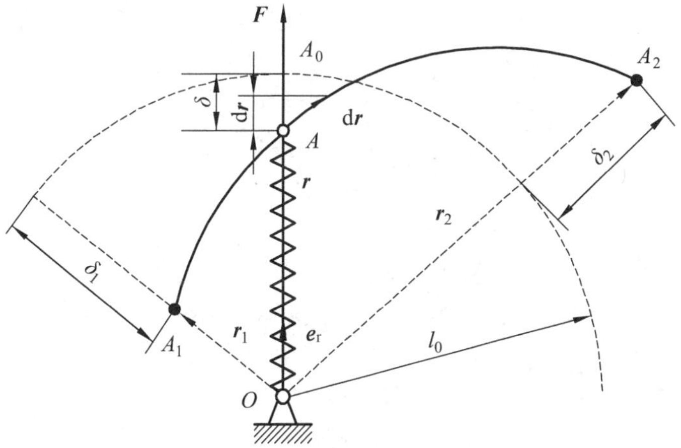

图 9-3

（2）扭转弹簧力矩的功。如图 9-4 扭转弹簧（简称扭簧）的一端固定于铰链 O，另一端固定于转动的刚体上，扭簧作用在杆上的力对 O 的矩 $M=-k\theta$，其中 k 为扭簧的刚度系数，θ 为杆相对于扭簧原始位置的转角。

应用式（9-4），杆从 θ_1 转到 θ_2 过程中力矩 M 所做的功为：

$$W_{12}=\int_{\theta_1}^{\theta_2}-k\theta\mathrm{d}\theta=\frac{k}{2}(\theta_1^2-\theta_2^2) \tag{9-9}$$

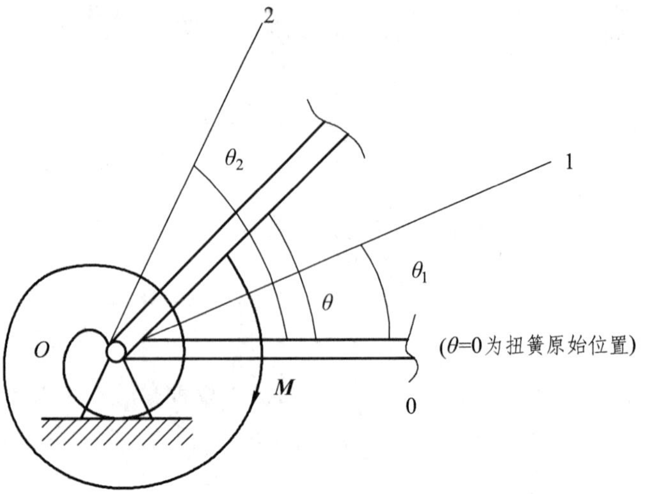

图 9-4

3. 定轴转动刚体上作用力的功

设力 $\boldsymbol{F}$ 与作用点 A 处的轨迹切线之间的夹角为 θ，如图 9-5 所示。

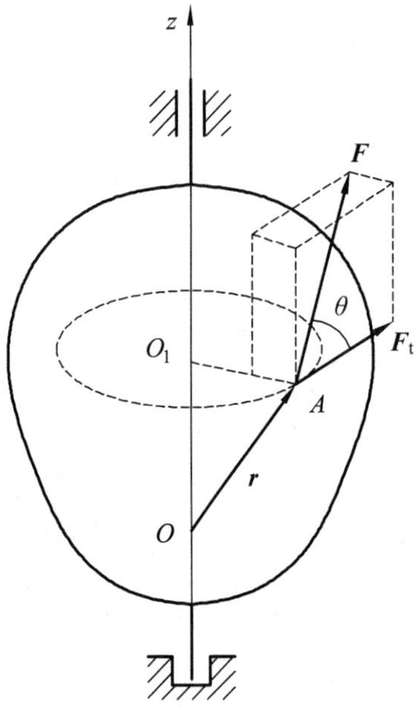

图 9-5

力 $\boldsymbol{F}$ 在切线上的投影为：

$$F_t = F\cos\theta$$

当刚体绕定轴转动时，转角 φ 与弧长 s 的关系为：

$$ds = Rd\varphi$$

式中，R 为力作用点 A 到轴的垂距。力 $\boldsymbol{F}$ 的元功为：

$$\delta W = \boldsymbol{F}\cdot d\boldsymbol{r} = F_t ds = F_t R d\varphi$$

因为 $F_\tau R$ 等于力 $\boldsymbol{F}$ 对转轴 z 的力矩 M_z，于是：

$$\delta W = M_z \mathrm{d}\varphi \tag{9-10}$$

力 $\boldsymbol{F}$ 在刚体从角 φ_1 到 φ_2 转动过程中做的功：

$$W_{12} = \int_{\varphi_1}^{\varphi_2} M_z \mathrm{d}\varphi \tag{9-11}$$

如果刚体上作用一力偶，则力偶所做的功仍可用上式计算，其中 M_z 为力偶对转轴 z 的距，也等于力偶矩矢 $\boldsymbol{M}$ 在 z 轴上的投影。

4. 平面运动刚体上力系的功

平面运动刚体上力系的功，等于刚体上所受各力做功的代数和。

平面运动刚体上力系的功，也等于力系向质心简化所得的力与力偶做功之和，证明如下：

如图 9-6 所示的做平面运动的刚体上作用有多个力 $\boldsymbol{F}_i$，取刚体的质心 C 为基点，将此平面运动分解为随质心的平移和绕质心 C 的转动。

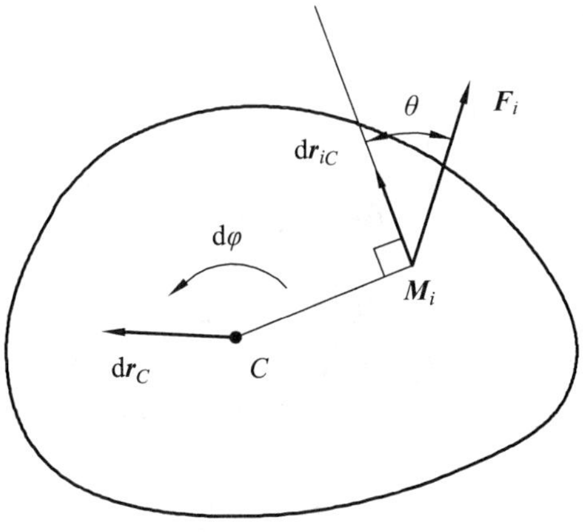

图 9-6

将作用于刚体上的力系向质心简化，其力系的主矢为 $\boldsymbol{F}'_{\mathrm{R}}$、主矩为 $\boldsymbol{M}_C$，则该力系所做的元功：

$$\delta W = \boldsymbol{F}'_{\mathrm{R}} \cdot \mathrm{d}\boldsymbol{r}_C + \boldsymbol{M}_C \mathrm{d}\varphi \tag{9-12}$$

式中，$\mathrm{d}\boldsymbol{r}_C$ 为质心的无限小位移，$\mathrm{d}\varphi$ 为刚体无限小转角。

设刚体由位置 1 运动到位置 2 时质心 C 由 C_1 移动到 C_2，同时刚体又由 φ_1 转到 φ_2，则力系所做的功：

$$W_{12} = \int_{C_1}^{C_2} \boldsymbol{F}'_{\mathrm{R}} \cdot \mathrm{d}\boldsymbol{r}_C + \int_{\varphi_1}^{\varphi_2} \boldsymbol{M}_C \mathrm{d}\varphi \tag{9-13}$$

可见，平面运动刚体上力系的功等于力系向质心简化所得的力和力偶做功之和，这个结论也适用于作一般运动的刚体，基点也可以是刚体上任意一点。

9.2 质点和质点系的动能

9.2.1 质点的动能

设质点的质量为 m，速度为 v，则质点的动能为：

$$\frac{1}{2}mv^2$$

动能是标量，恒取正值。在国际单位制中动能的单位也为 J（焦耳）。

动能和动量都是表征机械运动的量，前者与质点速度的平方成正比，是一个标量；后者与质点速度的一次方成正比，是一个矢量：它们是机械运动的两种不同的度量。

9.2.2 质点系的动能

质点系内各点质点动能的算术和称为质点系的动能，即：

$$T=\sum\frac{1}{2}m_i v_i^2$$

刚体是由无数质点组成的质点系。刚体作不同的运动时，各质点的速度分布不同，刚体的动能应该按照刚体的运动形式来计算，运动形式不同其动能表达式不同。

9.2.3 平移刚体的动能

刚体作平移时，各点的速度都相同，可以质心速度 $\boldsymbol{v}_c$ 为代表，于是得平移刚体的动能：

$$T=\sum\frac{1}{2}m_i v_i^2=\frac{1}{2}v_C^2\sum m_i$$

或写成：

$$T=\frac{1}{2}mv_C^2 \tag{9-14}$$

式中，$m=\sum m_i$ 是刚体的质量。

9.2.4 定轴转动刚体的动能

刚体绕定轴 z 转动时，如图 9-7 所示，其中任一点 m_i 的速度为：

$$v_i = r_i \omega$$

式中，ω 是刚体的角速度，r_i 是质点 m_i 到转轴的垂距。于是绕定轴转动刚体的动能为：

$$T = \sum \frac{1}{2} m_i v_i^2 = \sum \left(\frac{1}{2} m_i r_i^2 \omega^2 \right) = \frac{1}{2} \omega^2 \sum m_i r_i^2$$

其中，$\sum m_i r_i^2 = J_z$，是刚体对于 z 轴的转动惯性，于是得：

$$T = \frac{1}{2} J_z \omega^2 \tag{9-15}$$

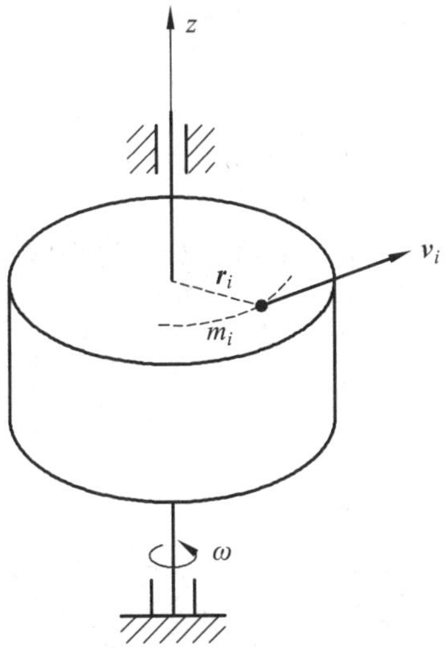

图 9-7

9.2.5 平面运动刚体的动能

取刚体质心 C 所在的平面图形如图 9-8 所示。设图形中的点 P 是某瞬时的瞬心，ω 是平面图形转动的角速度。此瞬间，刚体上各点速度的分布与绕点 P 转动的刚体相同，于是作平面运动的刚体的动能为：

$$T = \frac{1}{2} J_P \omega^2$$

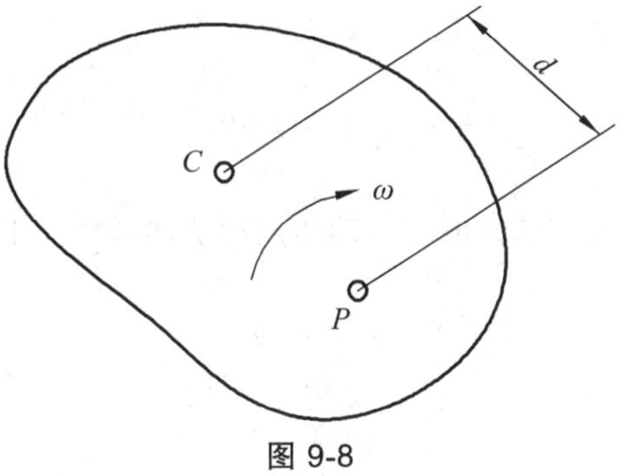

图 9-8

式中，J_P 是刚体对瞬时轴的转动惯量。然而在不同的时刻，刚体以不同的点作为瞬心，因此用上式计算动能在有些情况下是不方便的，常应用另外的形式。

设 C 为刚体的质心，到瞬心的距离为 d，根据计算转动惯量的平行轴定理有：

$$J_P = J_C + md^2$$

式中，m 为刚体的质量，$d = CP$，J_C 为对于质心的转动惯量。代入 $T = \frac{1}{2}J_P\omega^2$，得：

$$T = \frac{1}{2}(J_C + md^2)\omega^2 = \frac{1}{2}J_C\omega^2 + \frac{1}{2}m(d \cdot \omega^2)$$

因 $d \cdot \omega = v_C$，于是得：

$$T = \frac{1}{2}J_C\omega^2 + \frac{1}{2}mv_C^2 \tag{9-16}$$

即作平面运动的刚体的动能，等于随质心平移的动能与绕质心转动的动能的和。

9.3 动能定理

9.3.1 质点的动能定理

取质点运动微分方程的矢量形式：

$$m\frac{\mathrm{d}\boldsymbol{v}}{\mathrm{d}t} = \boldsymbol{F}$$

在方程两边点乘 $\mathrm{d}\boldsymbol{r}$，得：

$$m\frac{\mathrm{d}\boldsymbol{v}}{\mathrm{d}t} \cdot \mathrm{d}\boldsymbol{r} = \boldsymbol{F} \cdot \mathrm{d}\boldsymbol{r}$$

因 $\mathrm{d}\boldsymbol{r} = \boldsymbol{v}\mathrm{d}t$，于是上式可写成：

$$m\boldsymbol{v} \cdot \mathrm{d}\boldsymbol{v} = \boldsymbol{F} \cdot \mathrm{d}\boldsymbol{r}$$

或

$$\mathrm{d}\left(\frac{1}{2}mv^2\right) = \delta W \tag{9-17}$$

式（9-17）称为质点动能定理的微分形式，即质点动能的增量等于作用在质点上力的元功。

积分上式，得：

$$\int_{v_1}^{v_2} \mathrm{d}\left(\frac{1}{2}mv^2\right) = W_{12}$$

或

$$\frac{1}{2}mv_2^2-\frac{1}{2}mv_1^2=W_{12} \tag{9-18}$$

这就是质点动能定理的积分形式：在质点运动的某个过程中，质点动能的改变量等于作用于质点的力做的功。

由式（9-17）或式（9-18）可见：力做正功，质点动能增加；力做负功，质点动能减小。

9.3.2　质点系的动能定理

质点系内任一质点，质量为 m_i，速度为 $\boldsymbol{v}_i$，根据质点的动能定理的微分形式，有：

$$\mathrm{d}\left(\frac{1}{2}mv_i^{\ 2}\right)=\delta W_i$$

式中，δW_i 表示作用于这个质点的力 $\boldsymbol{F}_i$ 所做的元功。

设质点系有 n 个质点，对于每个质点都可列出一个如上的方程，将 n 个方程相加，得：

$$\sum\mathrm{d}\left(\frac{1}{2}mv_i^{\ 2}\right)=\sum\delta W_i$$

或

$$\mathrm{d}\left[\sum\left(\frac{1}{2}mv_i^{\ 2}\right)\right]=\sum\delta W_i$$

式 $\sum\left(\frac{1}{2}mv_i^{\ 2}\right)$ 是质点系的动能，以 T 表示。于是上式可写成：

$$\mathrm{d}T=\sum\delta W_i \tag{9-19}$$

式（9-19）为质点系动能定理的微分形式：质点系动能的增量，等于作用于质点系全部力所做的元功的和。

对上式积分，得：

$$T_2-T_1=\sum W_i \tag{9-20}$$

上式中 T_1 和 T_2 分别是质点系在某一段运动过程的起点和终点的动能。式（9-20）为质点系动能定理的积分形式：质点系在某一段运动过程中，起点和终点的动能改变量，等于作用于质点系的全部力在这段过程中所做功的和。

9.3.3　理想约束及内力做功

对于光滑表面和一端固定的绳索等约束，其约束力都垂直于力作用点的位移，约束力不做功。又如光滑铰支座、固定端等约束，显然其约束力也不做功。约束力做功等于零的约束称为理想约束。在理想约束条件下，质点系动能的改变只与主动力做功有关，式（9-19）和（9-20）中只需计算主动力所做的功。

光滑铰链、刚性二力杆以及不可伸长的细绳等作为系统内的约束时，其中单个的约束力不一定不做功，但一对约束力做功之和等于零，也都是理想约束。如图 9-9（a）所示的铰链，铰链处相互作用的约束力 $\boldsymbol{F}$ 和 $\boldsymbol{F}'$ 是等值反向的，它们在铰链中心的任何位移 $\mathrm{d}\boldsymbol{r}$ 上做功之和都等于零。又如图 9-9（b）中，跨过光滑支持轮的细绳对系统中两个质点的拉力 $F_1 = F_2$，如绳索不可伸长，则两端的位移 $\mathrm{d}\boldsymbol{r}_1$ 和 $\mathrm{d}\boldsymbol{r}_2$ 沿绳索的投影必相等，因而两约束力 $\boldsymbol{F}_1$ 和 $\boldsymbol{F}_2$ 做功之和等于零。至于图 9-9（c）所示的二力杆对 A，B 两点的约束力，有 $F_1 = F_2$，而两端位移沿 AB 连线的投影又是相等的，显然两约束力 $\boldsymbol{F}_1$、$\boldsymbol{F}_2$ 做功之和也等于零。

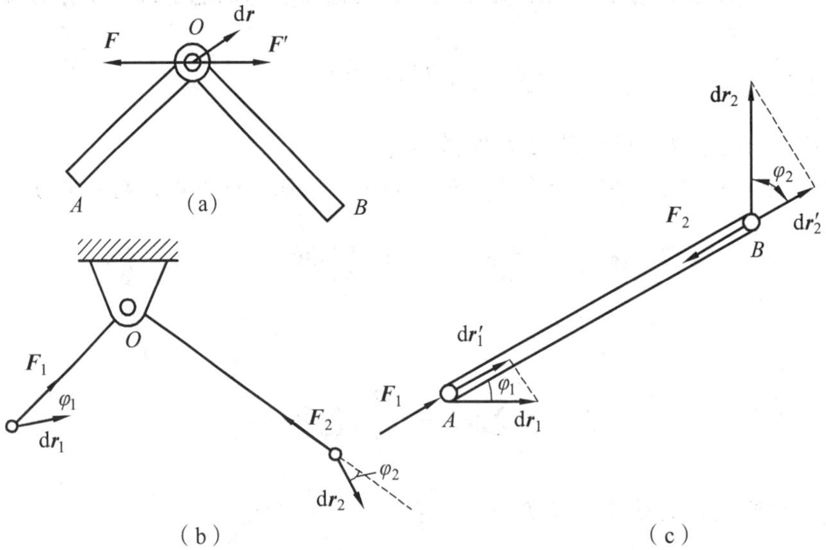

图 9-9

一般情况下，滑动摩擦力与物体的相对位移反向，摩擦力做负功，不是理想约束，应用动能定理时要计入摩擦力的功。但当轮子在固定面上只滚不滑时，接触点为瞬心，滑动摩擦力作用点没动，此时的滑动摩擦力也不做功。因此，不计滚动摩阻时，纯滚动的接触点也是理想约束。

工程中很多约束可视为理想约束，此时未知的约束力并不做功，这对动能定理的应用是非常方便的。

必须注意，作用于质点系的力既有外力，也有内力，在某些情况下，内力虽然等值而反向，但所做功的和并不等于零。例如，由两个相互吸引的质点 M_1 和 M_2 组成的质点系，两质点相互作用的力 $\boldsymbol{F}_{12}$ 和 $\boldsymbol{F}_{21}$ 是一对内力，如图 9-10 所示。虽然内力的矢量和等于零，但是当两质点相互趋近或离开时，两力所做功的和不等于零。又如，汽车发动机的气缸内气体对活塞和气缸的作用力都是内力，但内

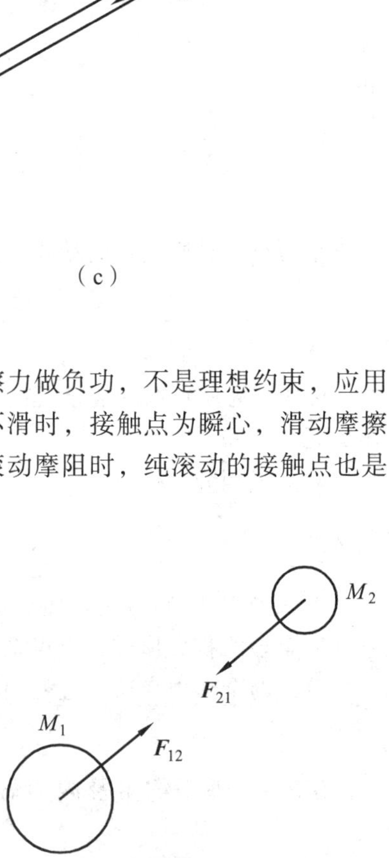

图 9-10

力功的和不等于零，内力的功使汽车的动能增加。此外，如机器中轴与轴承之间相互作用的摩擦力对于整个机器是内力，它们做负功，总和为负。应用动能定理时都要计入这些内力所做的功。

同时也应注意，在不少情况下，内力所做的功的和也等于零。例如，刚体内两质点相互作用的力是内力，两力大小相等、方向相反。因为刚体上任意两点的距离保持不变，沿这两点连线的位移必定相等，其中一力做正功，另一力做负功，这一对力所做的功的和等于零。刚体内任一对内力所做的功的和都等于零。于是得结论：刚体所有内力做功的和等于零。

不可伸长的柔绳、刚索等所有内力所做功的和也等于零。

从以上分析可见，在应用质点系的动能定理时，要根据具体情况仔细分析所有的作用力，以确定它是否做功。应注意：理想约束的约束力不做功，而质点系的内力做功之和并不一定等于零。

例 9-1 卷扬机如图 9-11 所示。鼓轮在常力偶 M 的作用下将圆柱由静止沿斜坡上拉。已知鼓轮的半径为 R_1，质量为 m_1，质量分布在轮缘上；圆柱的半径为 R_2，质量为 m_2，质量均匀分布。设斜坡的倾角为θ，圆柱只滚不滑。求圆柱中心 C 经过路程 s 时的速度与加速度。

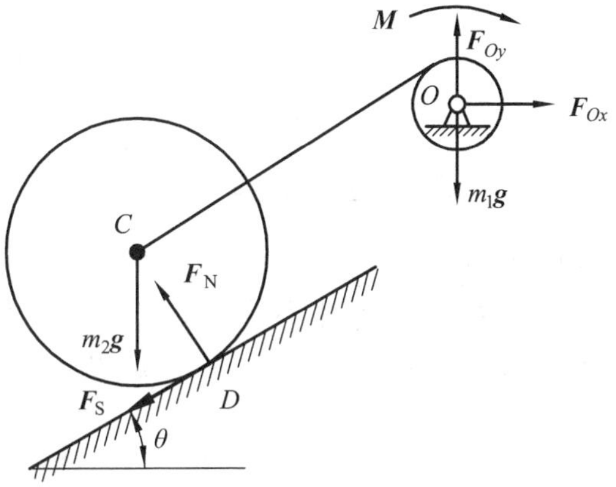

图 9-11

解：圆柱与鼓轮一起组成质点系，其受力如图所示。

由题意知，此质点系只受理想约束，且内力做功为零。其主动力做功为：

$$W_{12} = M\varphi - m_2 g\sin\theta \cdot s \tag{a}$$

此质点系的动能为：

$$T_1 - 0,\ \ T_2 = \frac{1}{2}J_1\omega_1^2 + \frac{1}{2}m_2 v_C^2 + \frac{1}{2}J_C\omega_2^2$$

且有：

$$J_1 = m_1 R_1^2,\ \ J_C = \frac{1}{2}m_2 R_2^2$$

$$\omega_1 = \frac{v_C}{R_1},\ \ \omega_2 = \frac{v_C}{R_2}$$

于是有：

$$T_2 = \frac{v_C^2}{4}(2m_1 + 3m_2)$$

由质点系的动能定理得：

$$\frac{v_C^2}{4}(2m_1 + 3m_2) - 0 = M\varphi - m_2 g \sin\theta \cdot s \tag{b}$$

又因为 $\varphi = \frac{s}{R_1}$，解得：

$$v_C = 2\sqrt{\frac{(M - m_2 g R_1 \sin\theta) \cdot s}{R_1(2m_1 + 3m_2)}}$$

系统运动过程中，速度 v_C 与路程 s 都是时间的函数，将（b）式两边对时间求导可得：

$$\frac{1}{2}(2m_1 + 3m_2)v_C a_C = M\frac{v_C}{R_1} - m_2 g \sin\theta \cdot v_C$$

由上式解得：

$$a_C = \frac{2(M - m_2 g R_1 \sin\theta)}{(2m_1 + 3m_2)R_1}$$

例 9-2 材料承受冲击的能力可由冲击试验机测定，如图 9-12 所示。试验机摆锤质量为 18 kg，重心到转动轴的距离 $l = 840$ mm，杆重不计。试验开始时，将摆锤升高到摆角 $\varphi_1 = 70°$ 的地方后释放，冲断试件后，摆锤上升的摆角 $\varphi_2 = 29°$。求冲断试件需用的能量。

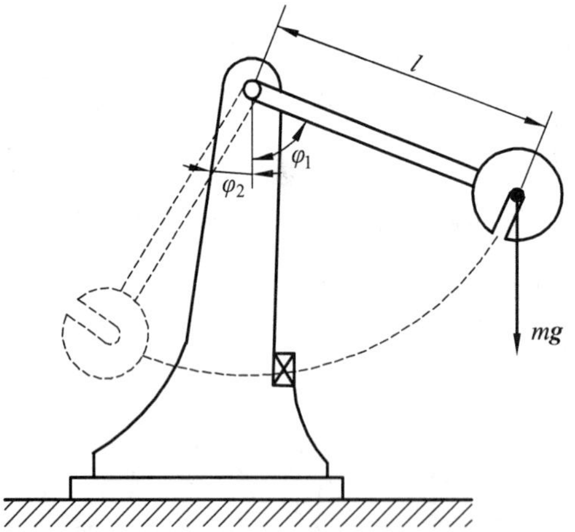

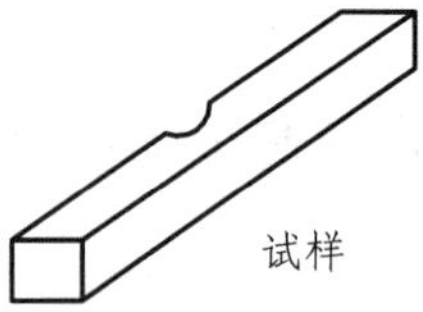

图 9-12

解：在冲断试件前后，摆锤的角速度发生突变。摆锤损失的动能被试件吸收，就是冲断试件所需的能量。

设摆锤冲击前后的角速度分别为ω_1和ω_2。且冲击过程发生的时间极短，此时摆锤处于铅直位置。

在摆锤的下落过程中，摆锤初始动能为零，末动能为 T。根据动能定理有：

$$T_1 - 0 = mgl(1-\cos\varphi_1)$$

代入数据，得：

$$T_1 = 18\ \text{kg} \times 9.8\ \text{kg/s}^2 \times 0.84\ \text{m} \times (1-\cos 70°) = 97.5\ \text{J}$$

在摆锤冲断试件后的上升过程中，根据动能定理有：

$$0 - T_2 = -mgl\left(1-\cos\varphi_2\right)$$

代入数据，得：

$$T_2 = 18\ \text{kg} \times 9.8\ \text{kg/s}^2 \times 0.84\ \text{m} \times (1-\cos 29°) = 18.58\ \text{J}$$

设冲断试件所需能量为 W_k，即：

$$W_k = T_1 - T_2 = 78.92\ \text{J}$$

若试件的最小横截面积为 A，则有：

$$a_k = \frac{W_k}{A}$$

称为材料的冲击韧度，它是衡量材料抵抗冲击能力的一个指标。

此例中也可将整个运动作为一个过程考虑。根据动能定理，有：

$$0 - 0 = mgl(1-\cos\varphi_1) - mgl(1-\cos\varphi_2) - W_k$$

代入数据可得相同的结果。

综合以上各例，总结应用动能定理解题的步骤如下：

（1）选取某质点系（或质点）作为研究对象。

（2）选定应用动能定理的一段过程。

（3）分析质点系的运动，计算选定过程起点和终点的动能。

（4）分析作用于质点系的力，计算各力在选定过程中所做的功。

（5）应用动能定理建立方程，求解未知量。

9.3.4 功率、功率方程、机械效率

1. 功　率

在工程中，需要知道一部机器单位时间内能做多少功。单位时间内，力所做的功称为功率，以 P 表示。

功率的数学表达式为：

$$P = \frac{\delta W}{\mathrm{d}t}$$

因为 $\delta W=\boldsymbol{F}\cdot\mathrm{d}\boldsymbol{r}$，因此功率可写成：

$$P=\boldsymbol{F}\cdot\frac{\mathrm{d}\boldsymbol{r}}{\mathrm{d}t}=\boldsymbol{F}\cdot\boldsymbol{v}=F_{\tau}v \tag{9-21}$$

式中，$\boldsymbol{v}$ 是力 $\boldsymbol{F}$ 作用点的速度。功率等于切向力与力作用点速度的乘积。每台机床、每部机器能够输出的最大功率是一定的，因此用机床加工时，如果切削力较大，必须选择较小的切削速度。又如汽车上坡时，由于需要较大的驱动力，这时驾驶员须换用低速挡，以求在发动机功率一定的条件下，产生大的驱动力。

作用在转动刚体上的力的功率：

$$P=\frac{\delta W}{\mathrm{d}t}=M_z\frac{\mathrm{d}\varphi}{\mathrm{d}t}=M_z\omega \tag{9-22}$$

式中，M_z 是力对转轴 z 的矩，ω 是角速度。即：作用于转动刚体上的力的功率等于该力对转轴的矩与角速度的乘积。

在国际单位制中，每秒钟力所做的功等于 1 J 时，其功率定为 1 W（瓦特）（W = J/s）。工程中常用千瓦（kW）做单位，1 000 W = 1 kW（千瓦）。

2. 功率方程

取质点系动能定理的微分形式，两端除以 $\mathrm{d}t$，得：

$$\frac{\mathrm{d}T}{\mathrm{d}t}=\sum\frac{\delta W_i}{\mathrm{d}t}=\sum P_i \tag{9-23}$$

上式称为功率方程，即质点系动能对时间的一阶导数，等于作用于质点系的所有力的功率的代数和。

功率方程常用来研究机器在工作时能量的变化和转化的问题。例如车床工作时，电场对电机转子作用的力做正功，使转子转动，电场力的功率称为输入功率。由于胶带传动、齿轮传动和轴承与轴之间都有摩擦，摩擦力做负功，使一部分机械能转化为热能；传动系统中的零件也会相互碰撞，也要损失一部分功率。这些功率都取负值，称为无用功率或损耗功率。车床切削工件时，切削阻力对夹持在车床主轴上的工件做负功，这是车床加工零件必须付出的功率，称为有用功率或输出功率。

每部机器的功率都可分为上述三部分。在一般情况下，式（9-23）可写成：

$$\frac{\mathrm{d}T}{\mathrm{d}t}=P_{\text{入}}=P_{\text{输入}}-P_{\text{有用}}-P_{\text{无用}} \tag{9-24a}$$

或

$$P_{\text{输入}}=P_{\text{有用}}+P_{\text{无用}}+\frac{\mathrm{d}T}{\mathrm{d}t} \tag{9-24b}$$

3. 机械效率

工程中，要用到有效功率的概念，有效功率 $=P_{\text{有用}}+\dfrac{\mathrm{d}T}{\mathrm{d}t}$，有效功率与输入功率的比值称为机器的机械效率，用 η 表示，即：

$$\eta = \frac{\text{有效功率}}{\text{输入功率}} \tag{9-25}$$

由上式可知，机械效率 η 表明机器对输入功率的有效利用程度，它是评定机器质量好坏的指标之一。显然，一般情况下，$\eta<1$。

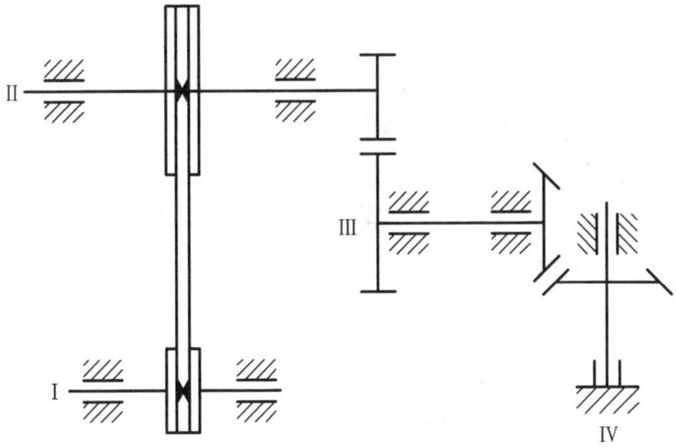

图 9-13

一部机器的传动部分一般由许多零件组成。如图 9-13 所示系统，轴承与轴之间、胶带与轮之间、齿轮与齿轮之间各级传动都因摩擦而消耗功率，各级传动都有各自的效率。设Ⅰ—Ⅱ，Ⅱ—Ⅲ，Ⅲ—Ⅳ各级的效率分别为 η_1，η_2，η_3，则Ⅰ—Ⅳ的总效率为：

$$\eta = \eta_1 \cdot \eta_2 \cdot \eta_3$$

对于有 n 级传动的系统，总效率等于各级效率的连乘积，即：

$$\eta = \eta_1 \cdot \eta_2 \cdot \cdots \cdot \eta_n$$

例 9-3 车床的电动机功率 $P_{\lambda} = 5.4$ kW。由于传动零件之间的摩擦，损耗功率占输入功率的 30%。如工件的直径 $d = 100$ mm，转速 $n = 42$ r/min，问允许切削力的最大值为多少？若工件的转速改为 $n = 112$ r/min，问允许切削力的最大值为多少？

解： 由题意知，无用功率为：

$$P_{\text{无用}} = P_{\lambda} \times 30\% = 1.62 \quad (\text{kW})$$

当工件匀速转动时，动能不变。有用功率：

$$P_{\text{有用}} = P_{\lambda} - P_{\text{无用}} = 3.78 \ (\text{kW})$$

设切削力为 $\boldsymbol{F}$，切削速度为 $\boldsymbol{v}$，则：

$$P_{\text{有用}} = Fv = F\frac{d}{2} \cdot \frac{\pi n}{30}$$

即：

$$F = \frac{60}{\pi d n} P_{\text{有用}}$$

当 $n = 42$ r/min 时，允许的最大切削力为：

$$F=\frac{(60\ \mathrm{s})\times(3.78\ \mathrm{kW})}{\pi(0.1\ \mathrm{m})\times(42/\mathrm{min})}=17.19\ \mathrm{kN}$$

当 $n = 112$ r/min 时，允许的最大切削力：

$$F=\frac{(60\,\mathrm{s})\times(3.78\mathrm{kW})}{\pi(0.1\ \mathrm{m})\times(112/\mathrm{min})}=6.45\ \mathrm{kN}$$

功率方程给出了动能变化与功率之间的关系。动能与速度有关，其变化率含有加速度项，因而功率方程也给出了系统的加速度与作用力之间的关系。由于功率方程中不含理想约束的约束力，因而用功率方程求解系统的加速度、建立系统的运动微分方程很方便。

例 9-4 图 9-14 中，物块质量为 m，用不计质量的细绳跨过滑轮与弹簧相联。弹簧原长为 l_0，刚度系数为 k，质量不计。滑轮半径为 R，转动惯性为 J_0。不计轴承摩擦，试建立此系统的运动微分方程。

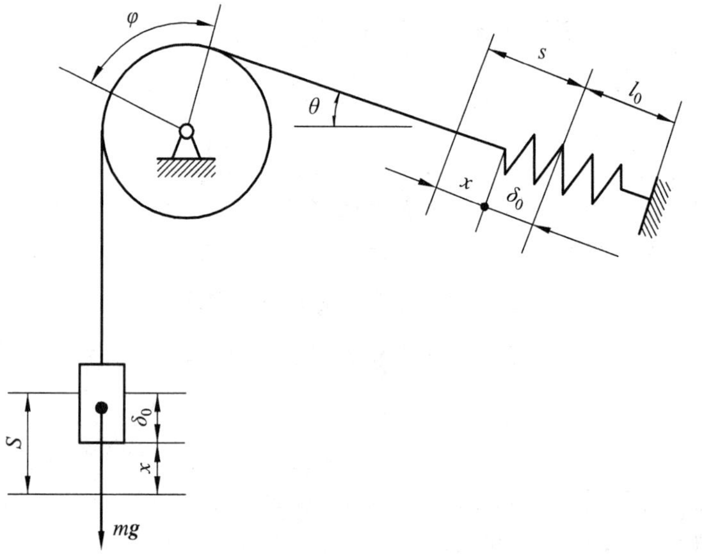

图 9-14

解： 设弹簧由自然位置伸长任一长度 s，则滑轮转过 φ 角，物块下降 s，且有 $s = R\varphi$。此时系统的动能为：

$$T=\frac{1}{2}m\left(\frac{\mathrm{d}s}{\mathrm{d}t}\right)^2+\frac{1}{2}J\left(\frac{\mathrm{d}\varphi}{\mathrm{d}t}\right)^2=\frac{1}{2}\left(m+\frac{J}{R^2}\right)\left(\frac{\mathrm{d}s}{\mathrm{d}t}\right)^2$$

在式中，重物下降的速度为 $v=\frac{\mathrm{d}s}{\mathrm{d}t}$，重力的功率为 $mg\frac{\mathrm{d}s}{\mathrm{d}t}$；弹性力的大小为 ks，其功率为 $-ks\frac{\mathrm{d}s}{\mathrm{d}t}$。代入功率方程，得：

$$\frac{\mathrm{d}T}{\mathrm{d}t}=\left(m+\frac{J}{R^2}\right)\frac{\mathrm{d}s}{\mathrm{d}t}\frac{\mathrm{d}^2s}{\mathrm{d}t^2}=mg\frac{\mathrm{d}s}{\mathrm{d}t}-ks\frac{\mathrm{d}s}{\mathrm{d}t}$$

两端各消去 $\frac{\mathrm{d}s}{\mathrm{d}t}$，得到关于坐标 s 的运动微分方程：

$$\left(m+\frac{J}{R^2}\right)\frac{d^2 s}{dt^2}=mg-ks$$

若此系统静止时弹簧的伸长量为δ_0，而 $mg = k\delta_0$。以平衡位置为参考点，物体下降 x 时弹簧的伸长量为 $s = \delta_0 + x$，代入上式，得：

$$\left(m+\frac{J}{R^2}\right)\frac{d^2 s}{dt^2}=mg-k\delta_0-kx=-kx$$

移项后，得到对于坐标 x 的运动微分方程：

$$\left(m+\frac{J}{R^2}\right)\frac{d^2 s}{dt^2}+kx=0$$

这是系统自由振动微分方程的标准形式。由上述计算可见，弹簧的倾角大小与系统运动微分方程无关。

本章小结

1. 力的功

力的功是力对物体作用的积累效应的度量。

$$W=\int_0^s F\cos\theta \mathrm{d}s$$

$$W=\int_{M_1}^{M_2}\boldsymbol{F}\mathrm{d}\boldsymbol{r}=\int_{M_1}^{M_2}(F_x\mathrm{d}x+F_y\mathrm{d}y+F_z\mathrm{d}z)$$

重力的功 $W_{12}=mg(z_1-z_2)$

弹性力的功 $W_{12}=\frac{k}{2}(\delta_1^2-\delta_2^2)$

扭簧从θ_1到θ_2扭力矩所做的功 $W_{12}=\frac{1}{2}k(\theta_1^2-\theta_2^2)$

定轴转动刚体上力的功 $W_{12}=\int_{\varphi_1}^{\varphi_2}M_z\mathrm{d}\varphi$

平面运动刚体上力系的功 $W_{12}=\int_{C_1}^{C_2}\boldsymbol{F}'_R\cdot\mathrm{d}\boldsymbol{r}_C+\int_{\varphi_1}^{\varphi_2}M_C\mathrm{d}\varphi$

2. 动能

动能是物体机械运动的一种度量。

质点的动能 $T=\frac{1}{2}mv^2$

质点系的动能 $T=\sum\frac{1}{2}m_iv_i^2$

平移刚体的动能 $T=\frac{1}{2}mv_C^2$

绕定轴转动刚体的动能　　$T=\frac{1}{2}J_z\omega^2$

平面运动刚体的动能　　$T=\frac{1}{2}J_C\omega^2+\frac{1}{2}mv_C^2$

3. 动能定理

微分形式　　$\mathrm{d}T=\sum\delta W_i$

积分形式　　$T_2-T_1=\sum W_i$

理想约束条件下，只计算主动力的功，内力有时做功之和不为零。

4. 功率

功率是力在单位时间内所做的功

$$P=\boldsymbol{F}\cdot\frac{\mathrm{d}\boldsymbol{r}}{\mathrm{d}t}=\boldsymbol{F}\cdot\boldsymbol{v}=F_\tau v,\quad P=M_z\omega\ (\text{力矩的功率})$$

5. 功率方程

$$\frac{\mathrm{d}T}{\mathrm{d}t}=P_{\text{输入}}-P_{\text{有用}}-P_{\text{无用}}$$

6. 机械效率

$$\eta=\frac{\text{有效功率}}{\text{输出功率}}$$

$$\text{有效功率}=P_{\text{有用}}+\frac{\mathrm{d}T}{\mathrm{d}t}=P_{\text{输入}}-P_{\text{无用}}$$

习题

9-1　如图所示：圆盘的半径 $r=0.5$ m，可绕水平轴 O 转动。在绕过圆盘的绳上吊有两物块 A，B，质量分别为 $m_A=3$ kg，$m_B=2$ kg。绳与盘之间无相对滑动。在圆盘上作用一力偶，力偶矩按 $M=4\varphi$ 的规律变化（M 以 N·m 计，φ 以 rad 计）。求由 $\varphi=0$ 到 $\varphi=2\pi$ 时，力偶 M 与物块 A，B 的重力所做的功的总和。

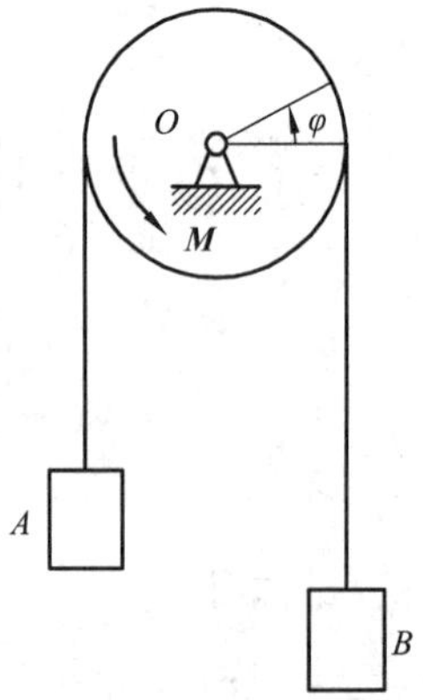

题 9-1 图

9-2　用跨过滑轮的绳子牵引质量为 2 kg 的滑块 A 沿倾角为 30°的光滑斜槽运动。设绳子拉力 $F = 20$ N。计算滑块由位置 A 至位置 B 时，重力与拉力 $\boldsymbol{F}$ 所做功的总和。

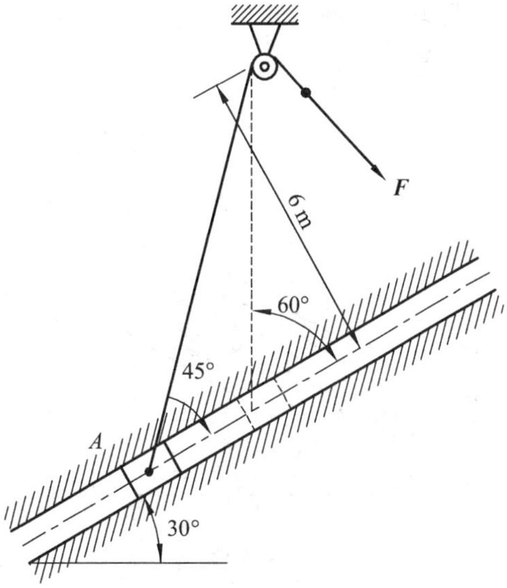

题 9-2 图

9-3　图示坦克的履带质量为 m，两个车轮的质量均为 m_1。车轮可视为均质圆盘，半径为 R，两车轮轴间的距离为 πR。设坦克前进速度为 $\boldsymbol{v}$，计算此质点系的动能。

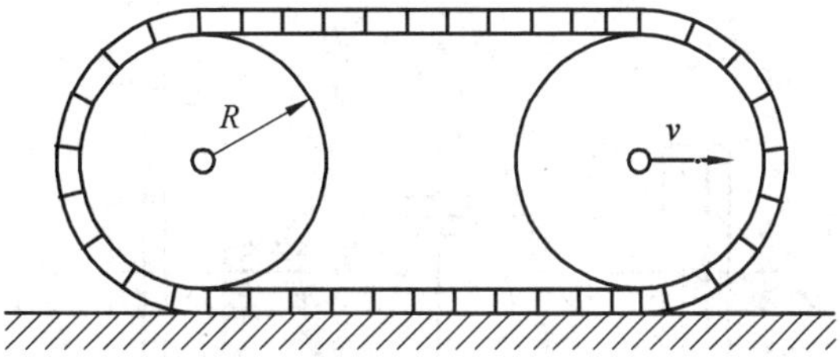

题 9-3 图

9-4　长为 l、质量为 m 的均质杆 OA 以球铰链 O 固定，并以等角速度 ω 绕铅直线转动，如图所示。如杆与铅直线的交角为 θ，求杆的动能。

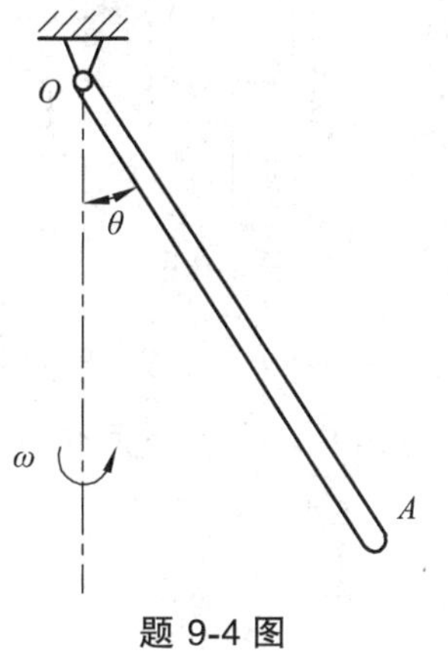

题 9-4 图

9-5 自动弹射器如图放置，弹簧在未受力时的长度为 200 mm，恰好等于筒长。欲使弹簧改变 10 mm，需力 2 N。如弹簧被压缩到 100 mm，然后让质量为 30 g 的小球自弹射器中射出。求小球离开弹射器筒口时的速度。

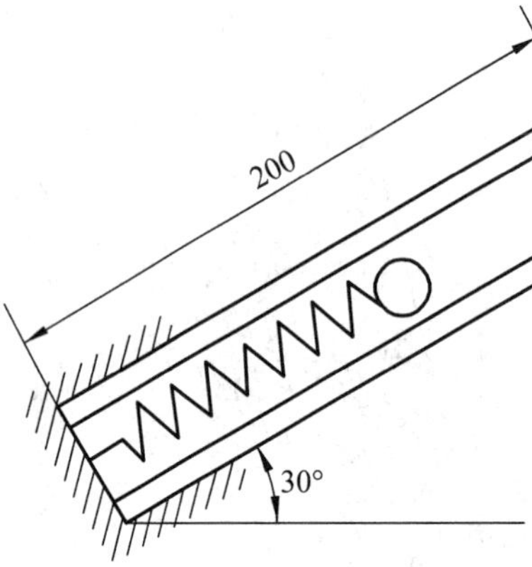

题 9-5 图

9-6 图示冲床冲压工件时冲头受的平均阻力 $F = 52$ kN，工作行程 $s = 10$ mm。飞轮的转动惯量 $J = 40\ \text{kg}\cdot\text{m}^2$，转速 $n = 415$ r/min。假定冲压工件所需的全部能量都由飞轮供给，计算冲压结束后飞轮的转速。

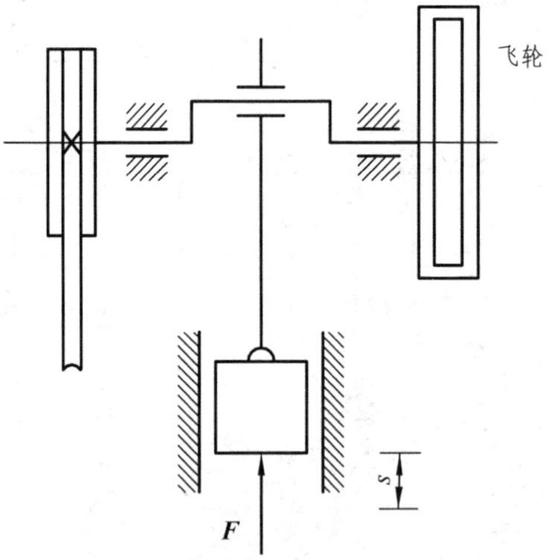

题 9-6 图

9-7 平面机构由两均质杆 AB，BO 组成，两杆的质量均为 m，长度均为 l，在铅垂平面内运动。在杆 AB 上作用一不变的力偶矩 M，从图示位置由静止开始运动，不计摩擦。求当杆端 A 即将碰到铰支座 O 时杆端 A 的速度。

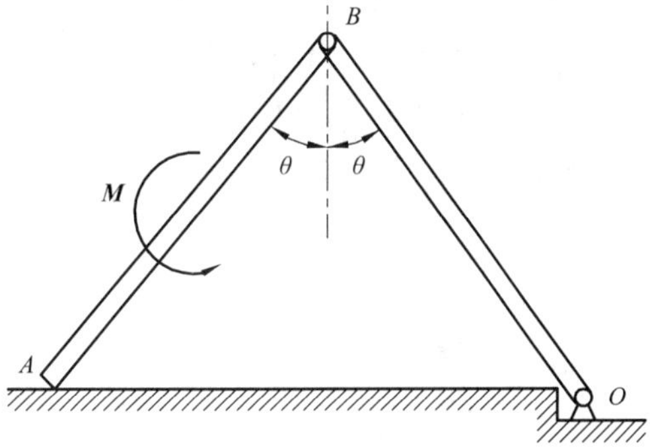

题 9-7 图

9-8　链条全长 $l=1\ \text{m}$，单位长的质量为 $\rho=2\ \text{kg/m}$，悬挂在半径为 $R=0.1\ \text{m}$，质量 $m=1\ \text{kg}$ 的滑轮上，在图示位置受扰动由静止开始下落。设链条与滑轮无相对滑动，滑轮为均质圆盘，求链子离开滑轮时的速度。

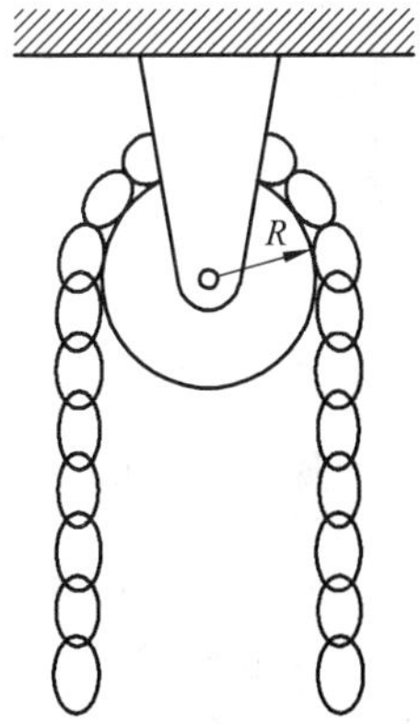

题 9-8 图

9-9　在图示滑轮组中悬挂两个重物，其中重物Ⅰ的质量为 m_1，重物Ⅱ的质量为 m_2。定滑轮 O_1 的半径为 r_1，质量为 m_3；动滑轮 O_2 的半径为 r_2，质量为 m_4。两轮都视为均质圆盘。如绳重和摩擦不计，并设 $m_2>2m_1-m_4$。求重物Ⅱ由静止下降距离 h 时的速度。

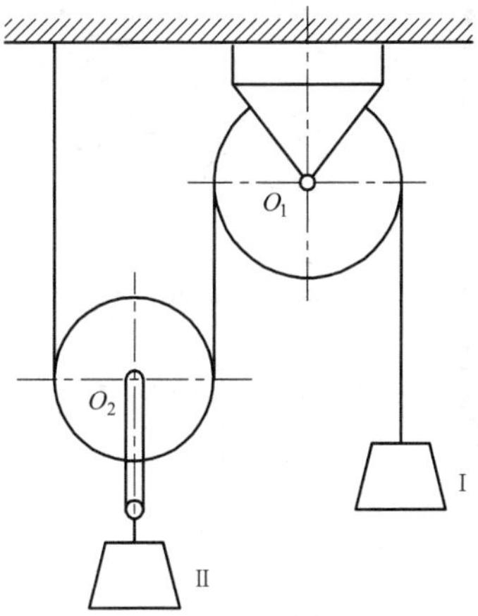

题 9-9 图

9-10　两个质量均为 m_2 的物体用绳连接，此绳跨过滑轮 O，如图所示。在左方物体上放有一带孔的薄圆板，而在右方物体上放有两个相同的圆板，圆板的质量均为 m_1。此点系由静止开始运动，当右方物体和圆板落下距离 x_1 时，重物通过一固定圆环板，而其上质量为 $2m_1$ 的薄板则被搁住。摩擦和滑轮质量不计。如该重物继续下降了距离 x_2 时速度为零，求 x_2 与 x_1 的比。

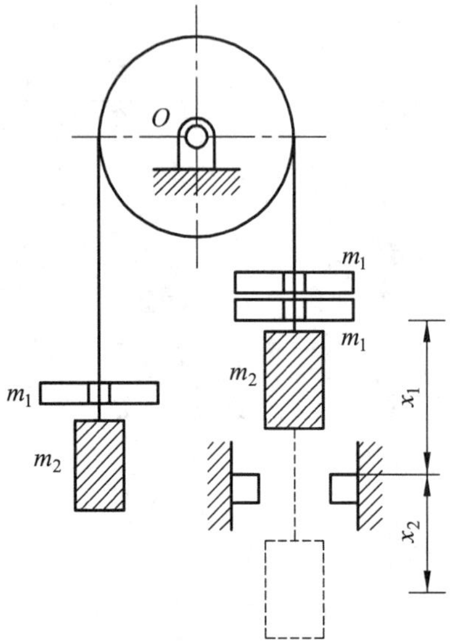

题 9-10 图

9-11　均质连杆 AB 质量为 4 kg，长 $l = 600$ mm。均质圆盘质量为 6 kg，半径 $r = 100$ mm。弹簧刚度为 $k = 2$ N/mm，不计套筒 A 及弹簧的质量。如连杆在图示位置被无初速度释放后，A 端沿光滑杆滑下，圆盘作纯滚动。求：① 当 AB 达水平位置而接触弹簧时，圆盘与连杆的角速度；② 弹簧的最大压缩量 δ。

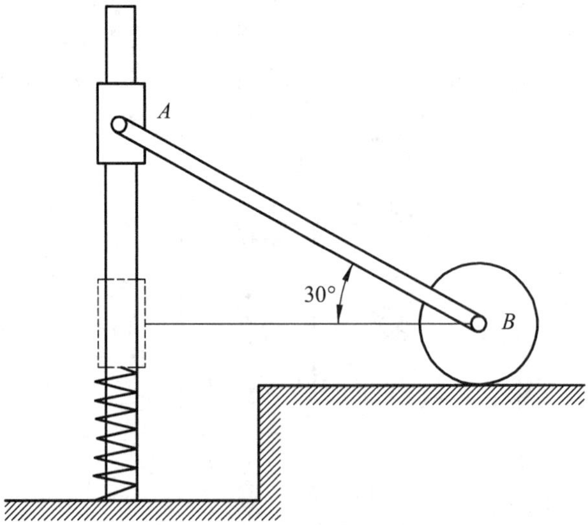

题 9-11 图

9-12 图示带式运输机的轮 B 受恒力偶 M 的作用，使胶带运输机由静止开始运动。若被提升物体 A 的质量为 m_1，轮 B 和轮 C 的半径均为 r，质量均为 m_2，并视为均质圆柱。运输机胶带与水平线成交角 θ，它的质量忽略不计，胶带与轮之间没有相对滑动。求物体 A 移动距离 s 时的速度和加速度。

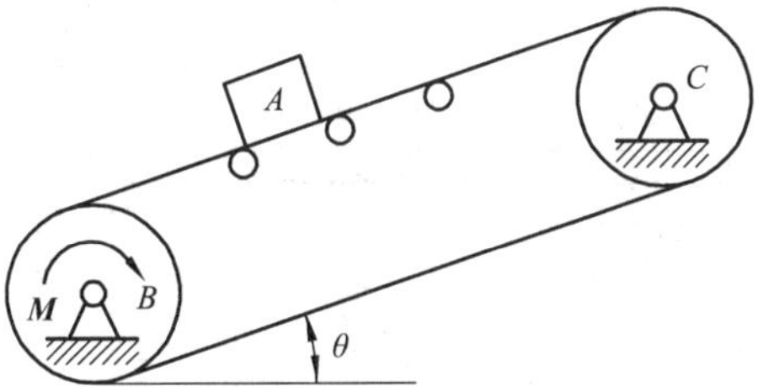

题 9-12 图

9-13 周转齿轮传动机构放在水平面内，如图所示。已知动齿轮半径为 r，质量为 m_1，可看成为均质圆盘；曲柄 OA，质量为 m_2，可看成为均质杆；定齿轮半径为 R。在曲柄上作用一不变的力偶，其矩为 M，使此机构由静止开始运动。求曲柄转过 φ 角后的角速度和角加速度。

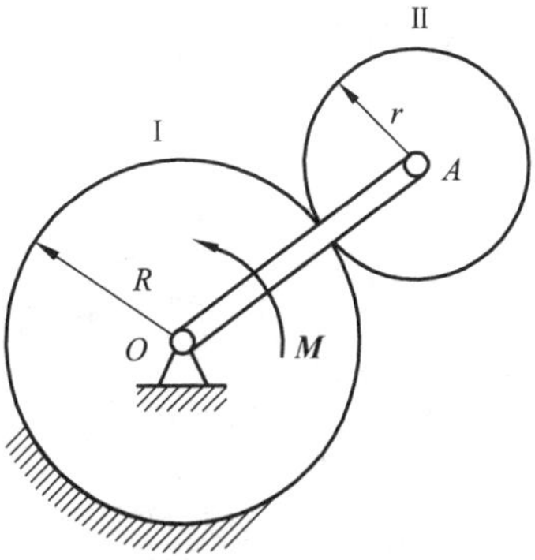

题 9-13 图

9-14 图（a),（b）所示为在铅垂面内两种支持情况的均质正方形板，边长均为 a，质量均为 m，初始时均处于静止状态。受某干扰后均沿顺时针方向倒下，不计摩擦，求当 OA 边处于水平位置时，两方板的角速度。

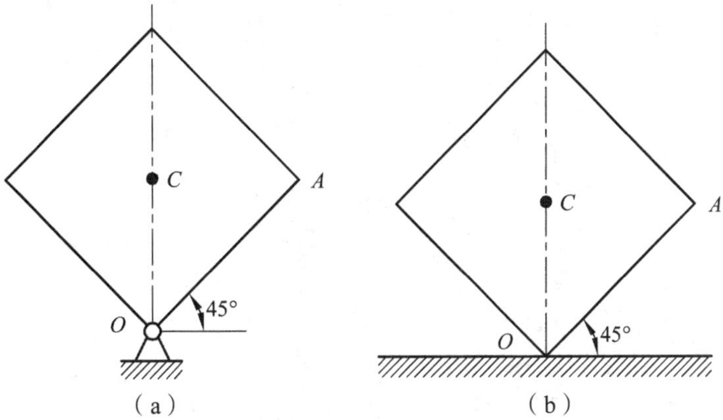

题 9-14 图

9-15　水平均质细杆质量为 m，长为 l，C 为杆的质心。杆 A 处为光滑铰支座，B 端为一挂钩，如图所示。如 B 端突然脱落，杆转到铅垂位置时。问 b 值多大能使杆有最大角速度？

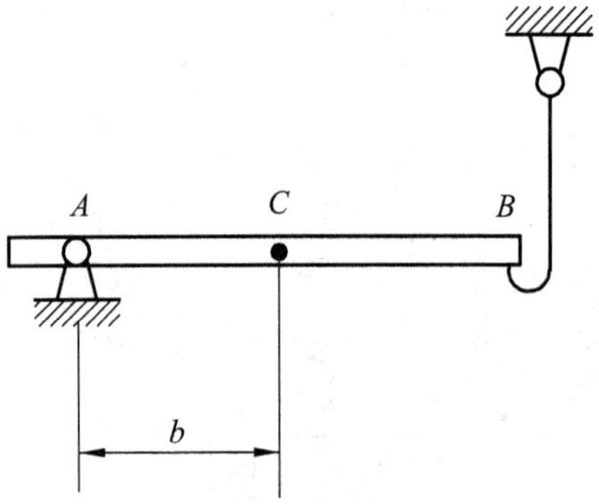

题 9-15 图

第 10 章　达朗贝尔原理及虚位移原理

达朗贝尔原理和虚位移原理分别从不同的角度分析系统的平衡问题，是研究力学平衡问题的另一途径。两者结合起来组成动力学普遍方程，为求解复杂系统的动力学问题提供了另一种普遍方法，构成了分析力学的基础，本书只介绍两个原理的工程应用，而不按分析力学的体系追求其完整性和严密性。

10.1　惯性力、质点的达朗贝尔原理

动静法是解决动力学问题的另一种方法。该方法的特点是引入惯性力系，将动力学方程转化为平衡方程形式，使我们能用求解静力学问题的方式去求解动力学问题，因此，称为动静法。1743 年，达朗贝尔（J.D'Almbert，法国人，1717—1783）曾给出该方法的原理，因此这一方法也称为达朗贝尔原理。

10.1.1　惯性力

质点受其他物体的作用而引起运动状态变化时，由质点本身的惯性力引起对施力物体的动反作用力，称为受力质点的**惯性力**。

如图 10-1 中，当人推小车时，如不计摩擦力，则小车在水平方向受到来自手的推力 $\boldsymbol{F}$，因为没有其他力与 $\boldsymbol{F}$ 平衡，所以小车在水平方向的运动状态发生改变。如果小车的质量为 m，产生的加速度为 $\boldsymbol{a}$，由动力学第二定律知 $\boldsymbol{F}=m\boldsymbol{a}$，又由作用与反作用定律，人必受到小车的反作用力 $\boldsymbol{F}_2$，它与力 $\boldsymbol{F}$ 的大小相等，方向相反，即 $\boldsymbol{F}_2=-\boldsymbol{F}=-m\boldsymbol{a}$，此是由小车的惯性所引起的小车对人的反作用力。惯性力可表示为：

$$\boldsymbol{F}_{\mathrm{I}}=-m\boldsymbol{a} \tag{10-1}$$

图 10-1

必须注意：

（1）只有质点的运动状态发生改变时（即当质点有加速度时），才有惯性力出现。

（2）惯性力不是作用在产生加速度的物体上，而是作用在使物体产生加速度的物体上（即施力物体上）。如上例中，小车的惯性力作用在推车人的手上，而不是作用在小车上。

（3）如将质点的加速度 $\boldsymbol{a}$ 分解为切向加速度 $\boldsymbol{a}_t$ 和法向加速度 $\boldsymbol{a}_n$，则惯性力也可分解为切向惯性力 $\boldsymbol{F}_I^t$ 和法向惯性力 $\boldsymbol{F}_I^n$（离心力）。

10.1.2 质点的达朗贝尔原理

设一质点的质量为 m，加速度为 $\boldsymbol{a}$，作用于质点的主动力为 $\boldsymbol{F}$，约束力为 $\boldsymbol{F}_N$，如图 10-2 所示。由牛顿第二定律，有：

$$m\boldsymbol{a} = \boldsymbol{F} + \boldsymbol{F}_N$$

将上式移项写为：

$$\boldsymbol{F} + \boldsymbol{F}_N - m\boldsymbol{a} = 0$$

令 $\boldsymbol{F}_I = -m\boldsymbol{a}$，则有：

$$\boldsymbol{F} + \boldsymbol{F}_N + \boldsymbol{F}_I = 0 \qquad (10\text{-}2)$$

上式可解释为作用在质点上的主动力、约束力和虚加的惯性力在形式上组成平衡力系。这就是质点的达朗贝尔原理。

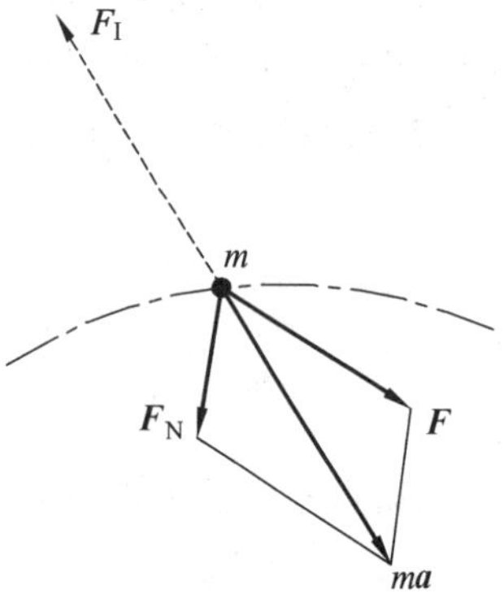

图 10-2

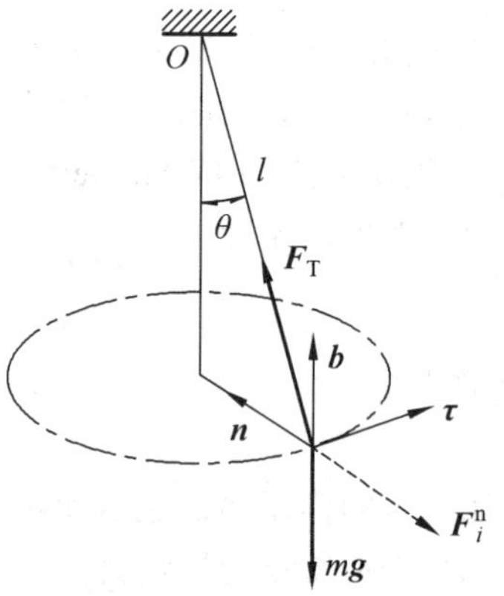

图 10-3

应该强调指出，质点并非处于平衡状态，这样做的目的是将动力学问题转化为静力学问题求解。对质点系动力学问题，这一方法具有很多优越性，因此在工程中应用比较广泛。同时，达朗贝尔原理与后面的虚位移原理构成了分析力学的基础。

例 10-1 一圆锥摆，如图 10-3 所示。质量 $m = 0.1$ kg 的小球系于长 $l = 0.3$ m 的绳上，绳的另一端系在固定点 O 处，并与铅直线成 $\theta = 60°$ 角。如小球在水平面内作匀速圆周运动，试应用达朗贝尔原理求解小球的速度 $\boldsymbol{v}$ 与绳的张力 $\boldsymbol{F}$ 的大小。

解： 视小球为质点，其受重力（主动力）$m\boldsymbol{g}$ 与绳拉力（约束力）$\boldsymbol{F}_T$ 作用。质点作匀速圆周运动，只有法向加速度以及法向惯性力，如图 10-3 所示。

且

$$F_i^n = ma_n = m\frac{v^2}{l\sin\theta}$$

根据质点的达朗贝尔原理，这三力在形式上组成平衡力系：

$$m\boldsymbol{g}+\boldsymbol{F}_{\mathrm{T}}+\boldsymbol{F}_i^{\mathrm{n}}=0$$

取上式在图示自然轴上的投影式，有：

$$\sum F_{\mathrm{b}}=0,\quad F_{\mathrm{T}}\cos\theta-mg=0$$
$$\sum F_{\mathrm{n}}=0,\quad F_{\mathrm{T}}\sin\theta-F_i^{\mathrm{n}}=0$$

解得：

$$\boldsymbol{F}_{\mathrm{T}}=\frac{mg}{\cos\theta}=1.96\ \mathrm{N},\quad v=\sqrt{\frac{F_{\mathrm{T}}l\sin^2\theta}{m}}=2.1\ \mathrm{m/s}$$

10.2　质点系的达朗贝尔原理

设质点系由 n 个质点组成，其中任一质点 i 的质量为 m_i，加速度为 $\boldsymbol{a}_i$，把作用于此质点上的所有力分为主动力的合力 $\boldsymbol{F}_i$、约束力的合力 $\boldsymbol{F}_{\mathrm{N}i}$，对这个质点假想地加上它的惯性力 $\boldsymbol{F}_{\mathrm{I}i}=-m_i\boldsymbol{a}_i$，由质点的达朗贝尔原理，有：

$$\boldsymbol{F}_i+\boldsymbol{F}_{\mathrm{N}i}+\boldsymbol{F}_{\mathrm{I}i}=0\quad(i=1,2,\cdots,n)\tag{10-3}$$

上式表明：质点系中每个质点上作用的主动力、约束力和它的惯性力在形式上组成平衡力系，这就是质点系的达朗贝尔原理。

把作用于第 i 个质点上的所有力分为外力的合力 $\boldsymbol{F}_i^{(\mathrm{e})}$、内力的合力 $\boldsymbol{F}_i^{(\mathrm{i})}$，则式（10-3）可改写为：

$$\boldsymbol{F}_i^{(\mathrm{e})}+\boldsymbol{F}_i^{(\mathrm{i})}+\boldsymbol{F}_{\mathrm{I}i}=0\quad(i=0,1,\cdots,n)$$

这表明，质点系中每个质点上作用的外力、内力和它的惯性力在形式上组成平衡力系。由静力学知，空间任意力系平衡的必要与充分条件是力系的主矢为零和对于任一点的主矩等于零，即：

$$\begin{cases}\sum\boldsymbol{F}_i^{(\mathrm{e})}+\sum\boldsymbol{F}_i^{(\mathrm{i})}+\sum\boldsymbol{F}_{\mathrm{I}i}=0\\ \sum\boldsymbol{M}_O(\boldsymbol{F}_i^{(\mathrm{e})})+\sum\boldsymbol{M}_O(\boldsymbol{F}_i^{(\mathrm{i})})+\sum\boldsymbol{M}_O(\boldsymbol{F}_{\mathrm{I}i})=0\end{cases}$$

由于质点系的内力总是成对存在，且等值、反向、共线，因此有 $\sum\boldsymbol{F}_i^{(\mathrm{i})}=0$ 和 $\sum\boldsymbol{M}_O(\boldsymbol{F}_i^{(\mathrm{i})})=0$，于是有：

$$\begin{cases}\sum\boldsymbol{F}_i^{(\mathrm{e})}+\sum\boldsymbol{F}_{\mathrm{I}i}=0\\ \sum\boldsymbol{M}_O(\boldsymbol{F}_i^{(\mathrm{e})})+\sum\boldsymbol{M}_O(\boldsymbol{F}_{\mathrm{I}i})=0\end{cases}\tag{10-4}$$

式（10-4）表明，作用在质点系上的所有外力与虚加在每个质点上的惯性力在形式上组成平衡力系，这是质点系达朗贝尔原理的又一表述。

上式为质点系动静法平衡方程的矢量形式。在具体应用时仍选用投影形式的平衡方程。

在静力学中，称$\sum \boldsymbol{F}_i$为主矢，$\sum \boldsymbol{M}_O(\boldsymbol{F}_i)$为对点 O 的主矩，现在称$\sum \boldsymbol{F}_{\mathrm{I}i}$为惯性力系的主矢，$\sum \boldsymbol{M}_O(\boldsymbol{F}_{\mathrm{I}i})$为惯性力系对点 O 的主矩。与静力学中空间任意力系的平衡条件

$$\boldsymbol{F}_{\mathrm{R}} = \sum \boldsymbol{F}_i = \sum \boldsymbol{F}_i^{(\mathrm{e})} = 0,\quad \boldsymbol{M}_O = \sum \boldsymbol{M}_O(\boldsymbol{F}_i) = \sum \boldsymbol{M}_O(\boldsymbol{F}_i^{(\mathrm{e})}) = 0$$

比较，式（10-4）中分别多出了惯性力的主矢$\sum \boldsymbol{F}_{\mathrm{I}i}$与主矩$\sum \boldsymbol{M}_O(\boldsymbol{F}_{\mathrm{I}i})$，由质点系的达朗贝尔原理，这在形式上也是一个平衡力系，因而可用静力学各章所述求解各种平衡力系的方法，求解动力学问题。

例 10-2 如图 10-4 所示，定滑轮的半径为 r，质量 m 均匀分布在轮缘上，绕水平轴 O 转动。跨过滑轮的无重绳的两端挂有质量为 m_1 和 m_2 的重物（ $m_1 > m_2$ ），绳与轮间不打滑，轴承摩擦忽略不计，求重物的加速度。

解：取滑轮与两重物组成的质点系为研究对象，作用于此质点系的外力有重力 $m_1\boldsymbol{g}$ ，$m_2\boldsymbol{g}$ ，$m\boldsymbol{g}$ 和轴承的约束力 $\boldsymbol{F}_{Ox}$ ，$\boldsymbol{F}_{Oy}$ ，对两重物加惯性力如图 10-4 所示，大小分别为：

$$\boldsymbol{F}_{\mathrm{I}1} = m_1 a\ ,\quad \boldsymbol{F}_{\mathrm{I}2} = m_2 a$$

记滑轮边缘上任一点 i 的质量为 m_i ，加速度有切向加速度、法向加速度加的惯性力如图，大小分别为：

$$\boldsymbol{F}_{\mathrm{I}i}^{\mathrm{t}} = m_i r\alpha = m_i a,\quad \boldsymbol{F}_{\mathrm{I}i}^{\mathrm{n}} = m_i \frac{v^2}{r}$$

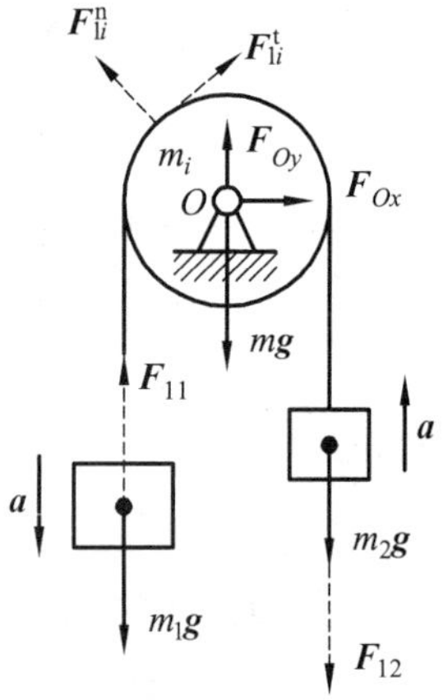

图 10-4

列平衡方程：

$$\sum \boldsymbol{M}_O = 0,\quad (m_1 g - F_{\mathrm{I}1} - m_2 g - F_{\mathrm{I}2})r - \sum \boldsymbol{F}_{\mathrm{I}i}^{\mathrm{t}} \cdot r = 0$$

即：

$$(m_1 g - m_1 a - m_2 g - m_2 a)r - \sum m_i a r = 0$$

注意到：

$$\sum m_i a r = (\sum m_i) a r = m a r$$

解得：

$$a = \frac{m_1 - m_2}{m_1 + m_2 + m} g$$

例 10-3 飞轮质量为 m，半径为 R，以匀角速度 ω 定轴转动，设轮辐质量不计，质量均布在较薄的轮缘上，不考虑重力的影响，求轮缘横截面的张力。

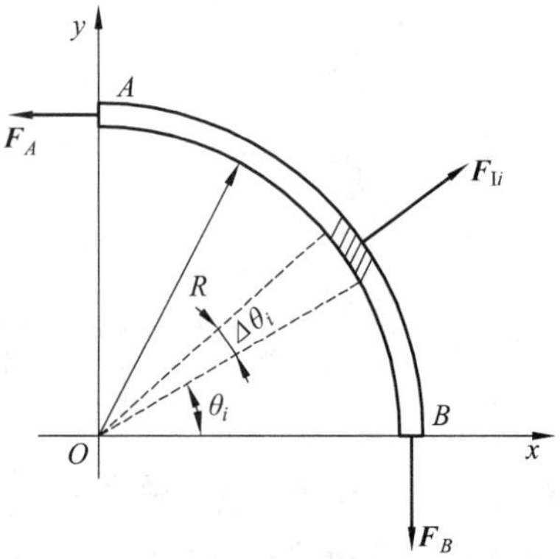

图 10-5

解：由于对称，取四分之一轮缘为研究对象，如图 10-5 所示，取微小弧段，每段加惯性力 $F_{\mathrm{I}i} = m_i a_i^{\mathrm{n}}$ ，即 $F_{\mathrm{I}i} = m_i a_i^{\mathrm{n}} = \dfrac{m}{2\pi R} R\Delta\theta_i \cdot R\omega^2$ 。

列平衡方程：

$$\sum F_x = 0,\quad \sum F_{\mathrm{I}i}\cos\theta_i - F_A = 0$$
$$\sum F_y = 0,\quad \sum F_{\mathrm{I}i}\sin\theta_i - F_B = 0$$

令 $\Delta\theta \to 0$，有：

$$F_A = \int_0^{\frac{\pi}{2}} \frac{m}{2\pi} R\omega^2 \cos\theta \mathrm{d}\theta = \frac{mR\omega^2}{2\pi}$$

$$F_B = \int_0^{\frac{\pi}{2}} \frac{m}{2\pi} R\omega^2 \sin\theta \mathrm{d}\theta = \frac{mR\omega^2}{2\pi}$$

由于对称，任一横截面张力相同。

10.3 约束、虚位移、虚功

10.3.1 约束及其分类

在第 1 章，我们将限制物体位移的周围物体称为该物体的约束。为了研究方便，现将约束定义为：限制质点或质点系运动的条件称为约束，表示这些限制条件的数学方程称为约束方程。我们从不同的角度对约束分类如下。

1. 几何约束和运动约束

限制质点或质点系在空间的几何位置的条件称为几何约束。例如图 10-6 所示单摆，其中质点 M 可绕固定点 O 在平面 Oxy 内摆动，摆长为 l。这时摆杆对质点的限制条件：质点 M 必须在以点 O 为圆心、以 l 为半径的圆周上运动。若以 x，y 表示质点的坐标，则其约束方程为 $x^2 + y^2 = l^2$。又如，质点 M 在图 10-7 所示固定曲面上运动，那么曲面方程就是质点 M 的约束方程，即：

$$f(x, y, z) = 0$$

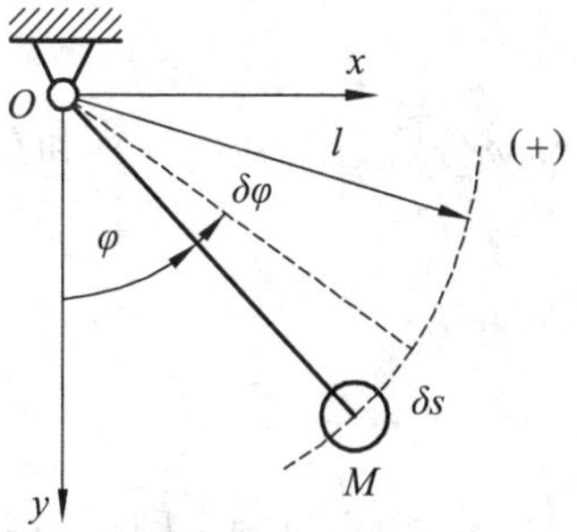

图 10-6

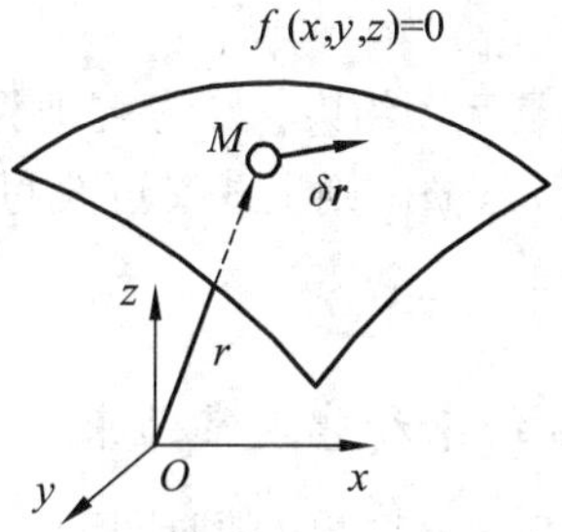

图 10-7

又例如，在图 10-8 所示曲柄连杆机构中，连杆 AB 所受约束力有：点 A 只能作以点 O 为圆心，以 r 为半径的圆周运动；点 B 与点 A 间的距离始终保持为杆长 l；点 B 始终沿滑道作直线运动。这三个条件以约束方程表示为：

$$x_A^2 + y_A^2 = r^2$$

$$(x_B - x_A)^2 + (y_B - y_A)^2 = l^2$$

$$y_B = 0$$

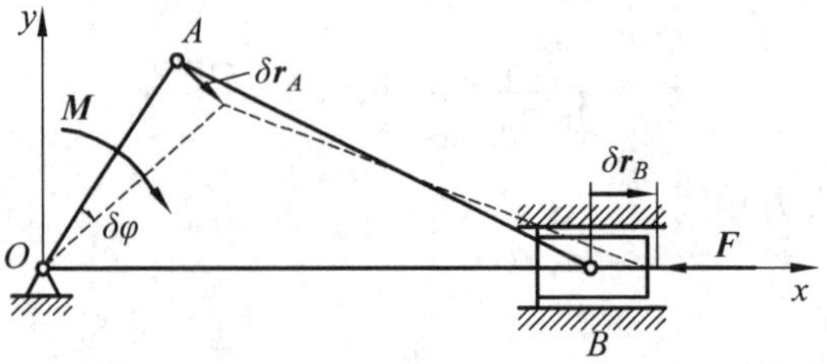

图 10-8

上述例子中各约束都是限制物体的几何位置，因此都是几何约束。

在力学中，除了几何约束外，还有限制质点系运动情况的运动学条件，称为运动约束。例如，图 10-9 所示车轮沿直线轨道作纯滚动时，车轮除了受到限制其轮心 A 始终与地面保持距离为 r 的几何约束 $y_A = r$ 外，还受到只滚不滑的运动学的限制，即每一瞬时有：

$$v_A - r\omega = 0$$

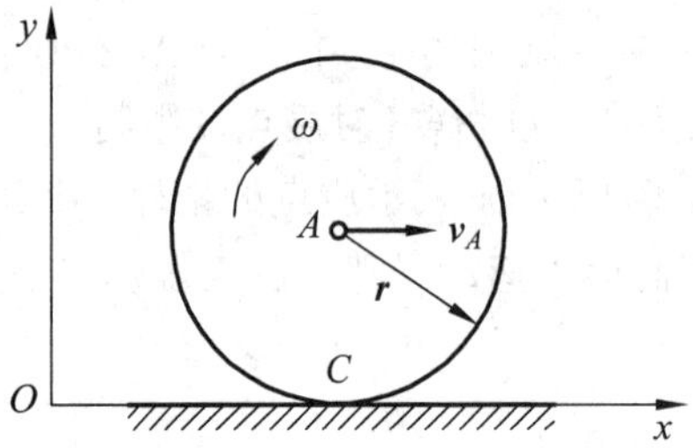

图 10-9

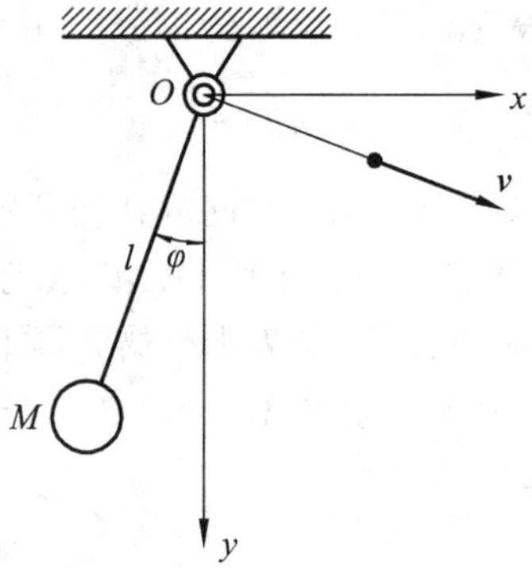

图 10-10

上述约束就是运动约束，该方程即为约束方程。设 x_A 和 φ 分别为点 A 的坐标和车轮的转角，有 $v_A = \dot{x}_A$， $\omega = \dot{\varphi}$。则上式又可改写为：

$$\dot{x}_A - r\dot{\varphi} = 0$$

2. 定常约束和非定常约束

图 10-10 为一摆长 l 随时间变化的单摆,图中重物 M 由一根穿过固定圆环 O 的细绳系住。设摆长在开始时为 l_0，然后以不变的速度 $\boldsymbol{v}$ 拉动细绳的另一端，此时单摆的约束方程为：

$$x^2 + y^2 = (l_0 - vt)^2$$

由上式可见，约束条件是随时间变化的，这类约束称为非定常约束。

不随时间变化的约束称为**定常约束**，在定常约束的约束方程中不显含时间 t，图 10-6 所示单摆的约束是定常约束。

3. 其他分类

如果约束方程中包含坐标对时间的导数(如运动约束)，而且方程不可能积分为有限形式，这类约束称为非完整约束。非完整约束方程总是微分方程的形式。反之，如果约束方程中不包含坐标对时间的导数，或者约束方程中的微分项可以积分为有限形式，这类约束称为完整约束。例如，在上述车轮沿直线轨道作纯滚动的例子中，其运动约束方程 $\dot{x}_A - r\dot{\varphi} = 0$ 虽是微分方程的形式，但它可以积分为有限形式，所以仍是完整约束。

在前述单摆的例子中，摆杆是一刚性杆，它限制质点沿杆的拉伸方向的位移，又限制质点沿杆的压缩方向的位移，这类约束称为双侧约束（或称为固执约束），双侧约束的约束方程是等式。若单摆是用绳子系住的，则绳子不能限制质点沿绳子缩短方向的位移，这类约束称为单侧约束（或称为非固执约束），单侧约束的约束方程是不等式。例如，单侧约束的单摆，其约束方程为：

$$x^2 + y^2 \leqslant l^2$$

本章只讨论定常的双侧几何约束，其约束方程的一般形式为：

$$f_i(x_1, y_1, z_1, \cdots, x_n, y_n, z_n) = 0 \quad (j = 1, 2, \cdots, m)$$

式中，n 为质点系的质点数，m 为约束的方程数。

10.3.2 虚位移

在静止平衡问题中，质点系中各个质点都不动。我们设想在约束允许的条件下，给某质点一个任意的、极其微小的位移。例如在图 10-6 中 M 质点以点 O 为圆心，以 l 为半径的圆用上任一极小转角 $\delta\varphi$。又如在图 10-7 中，可设想质点 M 在固定曲面上沿某个方向有一极小的位移 $\delta\boldsymbol{r}$。在图 10-8 中，可设想曲柄在平衡位置上转过任一极小角 $\delta\varphi$，这时点 A 沿圆弧切线方向有相应的位移 $\delta\boldsymbol{r}_A$，点 B 沿导轨方向有相应的位移 $\delta\boldsymbol{r}_B$。上述两例中的位移 $\delta\boldsymbol{r}$，$\delta\varphi$，$\delta\boldsymbol{r}_A$，$\delta\boldsymbol{r}_B$ 都是约束允许的、可能实现的某种假想的极微小的位移。在某瞬时，质点系在约束允许的条件下，可能实现的任何无限小的位移称为虚位移。之所以称为虚位移是因该位移是想象中发生的位移而不是真实的位移，虚位移可以是线位移，也可以是角位移。虚位移用符号 δ 表示，它是变分符号，“变分”包含有无限小“变更”的意思。

必须注意，虚位移与实际位移（简称实位移）是不同的概念。实位移是质点系在一定时间内真正实现的位移，它除了与约束条件有关外，还与时间、主动力以及运动的初始条件有关；而虚位移仅与约束条件有关。因为虚位移是任意的无限小的位移，所以在定常约束的条件下，实位移只是所有虚位移中的一个，而虚位移视约束情况，可以有多个，甚至无穷多个。对于非定常约束，某个瞬时的虚位移是将时间固定后，约束所允许的虚位移，而实位移是不能固定时间的，所以这时位移不一定是虚位移中的一个。对于无限小的实位移，我们一般用微分符号表示，例如 $\mathrm{d}\boldsymbol{r}$，$\mathrm{d}x$，$\mathrm{d}\varphi$ 等。

10.3.3 虚　功

力在虚位移中做的功称为虚功。如图 10-8 所示，按图示的虚位移，力 $\boldsymbol{F}$ 的虚功为 $\boldsymbol{F}\cdot\delta\boldsymbol{r}_B$，是负功；力偶 M 的虚功为 $M\cdot\delta\varphi$，是正功。力 $\boldsymbol{F}$ 在虚位移 $\delta\boldsymbol{r}$ 上作的虚功一般为 $\delta W=\boldsymbol{F}\cdot\delta\boldsymbol{r}$。本书中的虚功与实位移中的元功虽然采用同一符号 δW，但它们之间是有本质区别的。因为虚位移只是假想的，不是真实发生的，因而虚功也是假想的，是虚的。图 10-8 中的机构处于静止平衡状态，显然任何力都没做实功，但力可以做虚功。

如果在质点系的任何虚位移中，所有约束力所做虚功的和等于零，称这种约束为理想约束。若以 $\boldsymbol{F}_{\mathrm{N}i}$ 表示作用在某质点 i 上的约束力，$\delta\boldsymbol{r}_i$ 表示该质点的虚位移，$\delta W_{\mathrm{N}i}$ 表示该约束力在虚位移中所做的功，则理想约束可以用数学公式表示为：

$$\delta W_{\mathrm{N}}=\sum\delta W_{\mathrm{N}i}=\sum\boldsymbol{F}_{\mathrm{N}i}\cdot\delta\boldsymbol{r}_i=0$$

在前面章节中已经分析过光滑固定面约束、光滑铰链、无重刚杆、不可伸长的绳索、固定端等约束为理想约束，现从虚位移原理的角度看，这些约束也为理想约束。

10.3.4 虚位移原理

1. 质点系平衡的必要条件

设有一质点系处于静止平衡状态，取质点系中任一质点 m_i，如图 10-11 所示，作用在该质点上的主动力的合力为 $\boldsymbol{F}_i$，约束力的合力为 $\boldsymbol{F}_{\mathrm{N}i}$。因为质点系处于平衡状态，则这个质点也处于平衡状态，因此有：

$$\boldsymbol{F}_i+\boldsymbol{F}_{\mathrm{N}i}=0$$

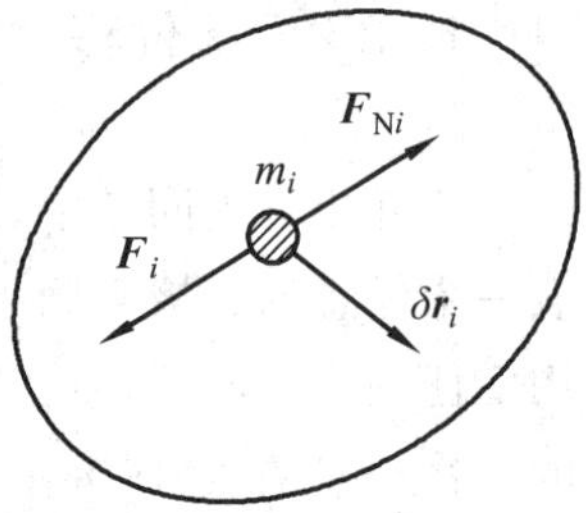

图 10-11

若给质点系以某种虚位移，其中质点 m_i 的虚位移为 $\delta\boldsymbol{r}_i$，则作用在质点 m_i 上的力 $\boldsymbol{F}_i$ 和 $\boldsymbol{F}_{\mathrm{N}i}$ 的虚功的和为：

$$\boldsymbol{F}_i\cdot\delta\boldsymbol{r}_i+\boldsymbol{F}_{\mathrm{N}i}\cdot\delta\boldsymbol{r}_i=0$$

对于质点系内所有质点，都可以得到与上式同样的等式。将这些等式相加，得：

$$\sum\boldsymbol{F}_i\cdot\delta\boldsymbol{r}_i+\sum\boldsymbol{F}_{\mathrm{N}i}\cdot\delta\boldsymbol{r}_i=0$$

如果质点系具有理想约束，则约束力的虚位移中所做虚功的和为零，即 $\sum\boldsymbol{F}_{\mathrm{N}i}\cdot\delta\boldsymbol{r}_i=0$，代入上式得：

$$\sum\boldsymbol{F}_i\cdot\delta\boldsymbol{r}_i=0 \tag{10-5}$$

用 $\delta W_{\mathrm{F}i}$ 代表作用在质点 m_i 上的主动力的虚功，由于 $\delta W_{\mathrm{F}i}=\boldsymbol{F}_i\cdot\delta\boldsymbol{r}_i$，则上式可以写为：

$$\sum\delta W_{Fi}=0 \tag{10-6}$$

因此可得结论：对于具有理想约束的质点系，其平衡的必要与充分条件：作用于质点系的所有主动力在任何虚位移中所做虚功的和等于零。上述结论称为虚位移原理，又称为虚功原理，式（10-5）、（10-6）又称为虚功方程。

式（10-5）也可写成解析表达式，即：

$$\sum(F_{xi}\cdot\delta x_i+F_{yi}\cdot\delta r_{yi}+F_{zi}\cdot\delta r_{zi})=0$$

以上证明了虚位移原理的必要条件，即质点系平衡则式（10-5）必定成立。

2. 虚位移原理的充分条件

若式（10-5）成立，则质点系必平衡。

应用反证法，即先假定式（10-5）成立而质点系不平衡，则此时质点系必有 m 个（$1\leqslant m\leqslant n$）质点由静止开始运动，这些质点所受的主动力和约束力的合力不为零，即存在合力 $\boldsymbol{F}_{\mathrm{R}}=\boldsymbol{F}_i+\boldsymbol{F}_{\mathrm{N}i}>0$。质点 m_i 在此合力 $\boldsymbol{F}_{\mathrm{R}}$ 的作用下，在 dt 时间内必将产生微小实位移 dr_i 而获得微小动能，即：

$$\mathrm{d}\left(\frac{1}{2}m_iv_i^2\right)=(\boldsymbol{F}_i+\boldsymbol{F}_{\mathrm{N}i})\cdot\mathrm{d}r_i>0\quad(i=1,\ \cdots,m)$$

在定常约束情况下，微小实位移是虚位移之一，故上式可改写为

$$\mathrm{d}\left(\frac{1}{2}m_iv_i^2\right)=(\boldsymbol{F}_i+\boldsymbol{F}_{\mathrm{N}i})\cdot\delta r_i\geqslant 0\quad(i=1,\ \cdots,m)$$

而对于其余 $n-m$ 个仍然保持静止的质点，因主动力和约束力平衡，则仍有：

$$(\boldsymbol{F}_k+\boldsymbol{F}_{\mathrm{N}k})\cdot\delta r_i=0\quad(k=m+1,m+2,\ \cdots,n)$$

将上式 m 个不等式和 $n-m$ 个等式相加，得到：

$$\mathrm{d}T=\sum(\boldsymbol{F}_i+\boldsymbol{F}_{\mathrm{N}i})\cdot\delta r_i>0$$

由于约束是理想约束，即：

$$\sum\boldsymbol{F}_{\mathrm{N}i}\cdot\delta r_i>0$$

故有：

$$\sum\boldsymbol{F}_i\cdot\delta r_i>0$$

显然此结果与 $\sum\boldsymbol{F}_i\cdot\delta r_i$ 的前提条件相矛盾，故原假定不成立，即质点系必处于平衡状态。

至此，虚位移原理得到完全证明。应当指出，当有摩擦力或弹性力存在时，可将它们视为主动力，这样的约束仍为理想约束，虚位移原理仍然可用。

例 10-4 如图 10-12 所示，在螺旋压榨机的手柄 AB 上作用一在水平面内的力偶（$\boldsymbol{F}$，$\boldsymbol{F}'$），其力偶矩 $M=2Fl$，螺杆的螺距为 h。求机构平衡时加在被压榨物体上的力。

解： 研究以手柄、螺杆和压板组成的平衡系统。若忽略螺杆和螺母间的摩擦，则约束是理想的。

作用于平衡系统上的主动力：作用于手柄上的力偶（$\boldsymbol{F}$，$\boldsymbol{F}'$），被压物体对压板的阻力 $\boldsymbol{F}_{\mathrm{N}}$。

给系统以虚位移，将手柄按螺纹方向转过极小角 $\delta\varphi$，于是螺杆和压板得到向下的位移 δs。

计算所有主动力在虚位移中所做虚功的和，列出虚功方程：

$$\sum \delta W_F = -F_{\mathrm{N}} \cdot \delta s + 2Fl \cdot \delta\varphi = 0$$

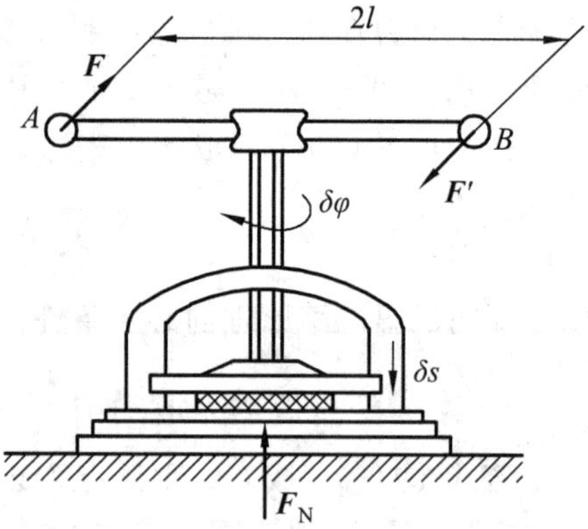

图 10-12

由机构的传动关系知，对于单头螺纹，手柄 AB 转一周，螺杆上升或下降一个螺距 h，故有：

$$\frac{\delta\varphi}{2\pi} = \frac{\delta s}{h}，\text{即}\quad \delta s = \frac{h}{2\pi}\delta\varphi$$

将上述虚位移 δs 与 $\delta\varphi$ 的关系式代入虚功方程中，得：

$$\sum \delta W_F = \left(2Fl - \frac{F_{\mathrm{N}}h}{2\pi}\right)\delta\varphi = 0$$

因 $\delta\varphi$ 是任意的，故：

$$2Fl - \frac{F_{\mathrm{N}}h}{2\pi} = 0$$

解得：

$$F_{\mathrm{N}} = \frac{4\pi l}{h}F$$

作用于被压榨物体上的力与此力等值反向。

例 10-5 挖土机挖掘部分如图 10-13 所示。支臂 DEF 不动，A，B，D，E，F 为铰链，液压油缸 AD 伸缩时可通过连杆 AB 使挖斗 BFC 绕 F 转动，$EA = FB = r$。当 $\theta_1 = \theta_2 = 30°$ 时杆 $AE \perp DF$，此时油缸推力为 $\boldsymbol{F}$。不计构件重量，求此时挖斗可克服的最大阻力矩 M。

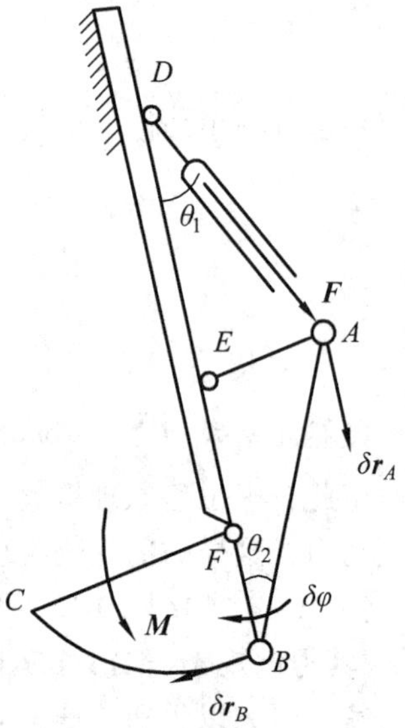

图 10-13

解：（1）给 CBF 绕 F 轴转动一虚位移 $\delta\varphi$，则 B 点的虚位移为 $\delta r_B = \delta\varphi \times BF$，点 A 的虚位移为 δr_A。

（2）虚功方程：

$$F\delta r_A \cos\theta_1 - M\delta\varphi = 0$$

（3）虚位移之间的几何关系：

A，B 两点的虚位移在杆 AB 上的投影相等，即：

$$\delta r_A \cos\theta_2 = \delta r_B \sin\theta_2 = \delta\varphi BF \sin\theta_2 = r\delta\varphi \sin\theta_2$$

（4）将上式代入虚功方程，解得：

$$M = \frac{Fr}{2}$$

例 10-6 图 10-14 所示椭圆规机构中，连杆 AB 长为 l，滑块 A，B 与杆重均不计，忽略各处摩擦，机构在图示位置平衡。求主动力 $\boldsymbol{F}_A$ 与 $\boldsymbol{F}_B$ 之间的关系。

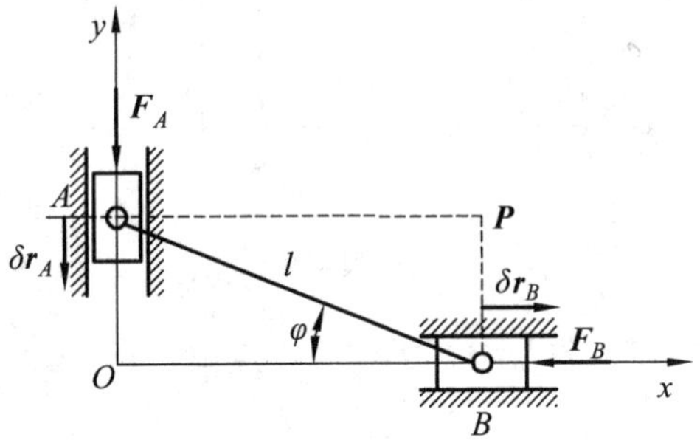

图 10-14

解：研究整个机构、系统的约束为理想约束。

解法一：虚位移法

（1）设给滑块 A 一虚位移 δr_A，滑块 B 的虚位移 δr_B。

（2）虚功方程：$F_A \cdot \delta r_A - F_B \cdot \delta r_B = 0$

（3）虚位移之间的几何关系：$\delta r_B \cos\varphi = \delta r_A \sin\varphi$

$$\delta r_A = \delta r_B \cot\varphi$$

（4）将上式代入虚功方程 $F_A \cdot \delta r_B \cot\varphi - F_B \cdot \delta r_B = 0$，即：

$$F_A \cot\varphi - F_B = 0$$

$$F_A = F_B \tan\varphi$$

解法二：虚速度法

（1）设虚位移 δr_A，δr_B 是在某个极短时间 dt 内发生的。这时 A，B 点的速度 $\boldsymbol{v}_A = \frac{\delta \boldsymbol{r}_A}{\mathrm{d}t}$，$\boldsymbol{v}_B = \frac{\delta \boldsymbol{r}_B}{\mathrm{d}t}$ 称为虚速度。

（2）将上式代入虚功方程得：$-F_B v_B + F_A v_A = 0$

（3）由于连杆 AB 作平面运动，其上 v_A 与 v_B 在其两点连线上的投影相等，即：

$$v_B \cos\varphi = v_A \sin\varphi$$

即：

$$v_B = v_A \tan\varphi$$

（4）将上式代入（2）式解得：

$$F_A = F_B \tan\varphi$$

例 10-7 图 10-15 所示机构，不计各构件自重与各处摩擦，求机构在图示位置平衡时，主动力偶矩 M 与主动力 $\boldsymbol{F}$ 之间的关系。

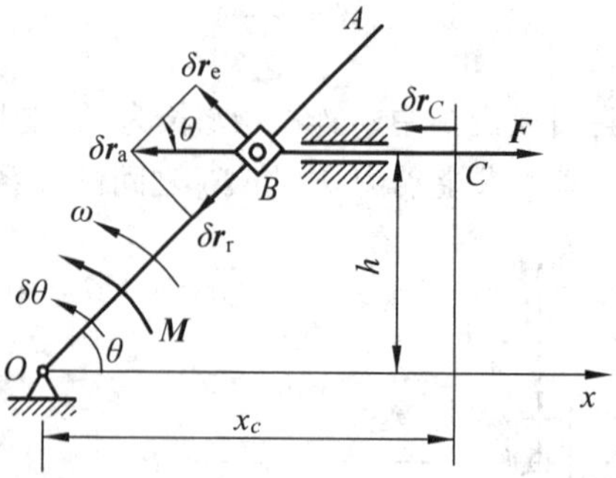

图 10-15

解：（1）给杆 OA 逆时针转过以虚位移 $\delta\theta$，C 点虚位移 δr_C。

（2）列虚功方程：

$$M\delta\theta - F\delta r_C = 0$$

（3）虚位移之间的几何关系：由于杆 OA 转动 $\delta\theta$ 将引起滑块 B 的牵连位移 δr_e，从而有绝对位移 δr_a 与相对位移 δr_r，如图所示，即：

$$\delta r_a = \frac{\delta r_e}{\sin\theta}$$

而 $\delta r_e = OB\cdot\delta\theta = \dfrac{h}{\sin\theta}\delta\theta,\ \delta r_C = \delta r_a = \dfrac{h\delta\theta}{\sin^2\theta}$ 。

（4）将上式代入虚功方程解得：

$$M = \frac{Fh}{\sin^2\theta}$$

例 10-8 求图 10-16 所示无重组合梁支座 A 的约束力。

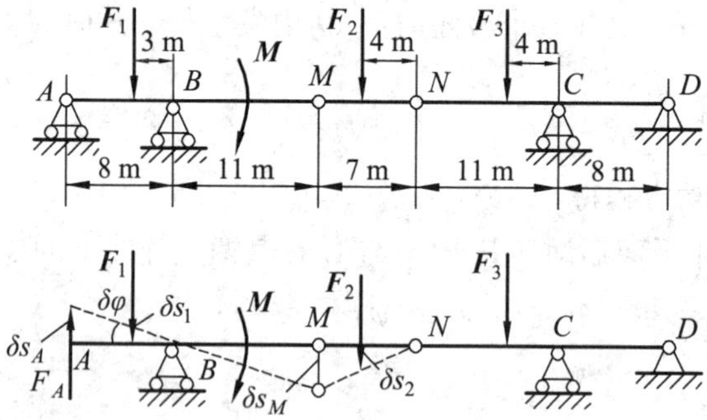

图 10-16

解：解除支座 A 的约束，代之以约束力，将其看做主动力，如图 10-16（b）所示。假想支座 A 产生如图所示虚位移，则在约束允许的条件下，各点虚位移如图所示，则虚功方程：

$$\delta W_F = 0,\quad F_A\cdot\delta s_A - F_1\delta s_1 + M\delta\varphi + F_2\delta s_2 = 0$$

从图中可看出：

$$\delta\varphi = \frac{\delta s_A}{8},\quad \delta s_1 = 3\delta\varphi = \frac{3}{8}\delta s_A,\quad \delta s_M = 11\cdot\delta\varphi = \frac{11}{8}\delta s_A$$

$$\delta s_2 = \frac{4}{7}\delta s_M = \frac{4}{7}\cdot\frac{11}{8}\delta s_A = \frac{11}{14}\delta s_A$$

代入虚功方程得：

$$F_A = \frac{3}{8}F_1 - \frac{11}{14}F_2 - \frac{1}{8}M$$

本章小结

1. 设质点的质量为 m_1，加速度为 a，则质点的惯性力 $\boldsymbol{F}_\text{I}$ 定义为：

$$\boldsymbol{F}_\text{I} = -m\boldsymbol{a}$$

2. 质点的达朗贝尔原理：质点上除了作用有主动力 $\boldsymbol{F}$ 和约束力 $\boldsymbol{F}_\text{N}$ 外，如果虚加上惯性力 $\boldsymbol{F}_\text{I}$，则这些力在形式上组成一个平衡力系。即：

$$\boldsymbol{F} + \boldsymbol{F}_\text{N} + \boldsymbol{F}_\text{I} = 0$$

3. 质点系的达朗贝尔原理：在质点系中每个质点上都虚加上各自的惯性力 $\boldsymbol{F}_{\text{I}i}$，则质点系的所有外力 $\boldsymbol{F}_i^{(e)}$ 和虚加的惯性力 $\boldsymbol{F}_{\text{I}i}$ 在形式上组成一个平衡力系。即：

$$\sum \boldsymbol{F}_i^{(e)} + \sum \boldsymbol{F}_{\text{I}i} = 0$$

$$\sum \boldsymbol{M}_O(\boldsymbol{F}_i^{(e)}) + \sum \boldsymbol{M}_O(\boldsymbol{F}_{\text{I}i}) = 0$$

4. 虚位移 · 虚功 · 理想约束：

在某瞬时，质点系在约束允许的条件下，人为假想的任何无限小位移称为虚位移。虚位移可以是线位移，也可以是角位移。

力在虚位移中所做的功称为虚功。

在质点系的任何虚位移中，所有约束力所做虚功的和等于零，这种约束称为理想约束。

5. 虚位移原理：对于具有理想约束的质点系，其平衡条件是作用于质点系上的所有主动力在任何虚位移上所做虚功的和等于零。其一般表达形式为 $\delta W_F = 0$。

虚位移原理是不同于列平衡方程求解静力学平衡问题的一种方法。虚位移原理可以用于具有理想约束的系统，也可以用于具有非理想约束的系统。虚位移原理可以求主动力之间的关系，也可以求约束力。

习题

10-1　图示由相互铰接的水平臂连成的传送带，将圆柱形零件从一高度送到另一个高度。设零件与臂之间的摩擦因数 $f_s = 0.2$。求：① 降落加速度 $\boldsymbol{a}$ 为多大时，零件不致在水平臂上滑动；② 在此加速度 $\boldsymbol{a}$ 下，比值 h/d 等于多少时，零件在滑动之前先倾倒。

10-2　图示汽车总质量为 m，以加速度 $\boldsymbol{a}$ 作水平直线运动。汽车质心 G 离地面的高度为 h，汽车的前后轴到通过质心垂线的距离分别等于 c 和 b。求其前后轮的正压力及汽车应如何行驶能使前后轮的压力相等？

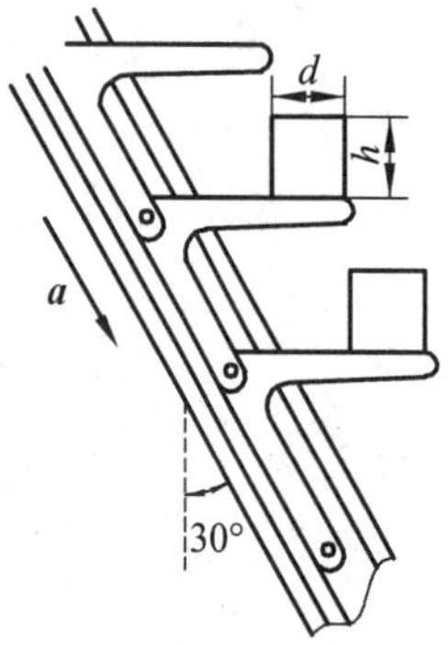

题 10-1 图

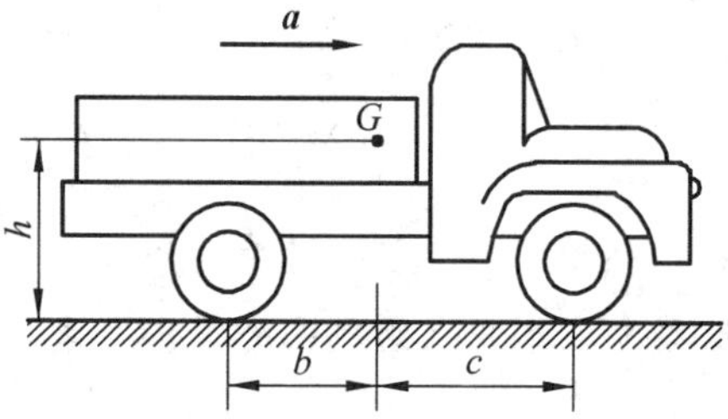

题 10-2 图

10-3　图示矩形块质量 $m_1 = 100$ kg，置于平台车上，车质量 $m_2 = 50$ kg，此车沿光滑的水平面运动。车和矩形块在一起由质量为 m_3 的物体牵引，作加速运动。设物体与车之间的摩擦力足够阻止相互滑动，求能够使车加速运动的质量 m_3 的最大值，以及此时车的加速度大小。

10-4　如图所示，质量为 m_1 的物体 A 下落时，带动质量为 m_2 的均质圆盘 B 转动，不计支架和绳子的重量及轴上的摩擦，$BC = a$，盘 B 的半径为 R。求固定端 C 的约束力。

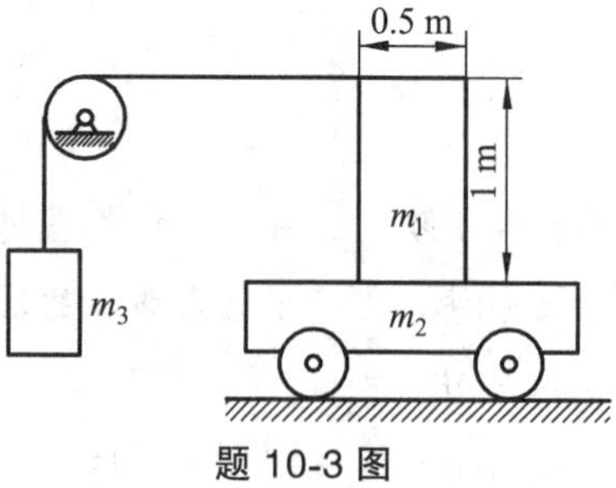

题 10-3 图

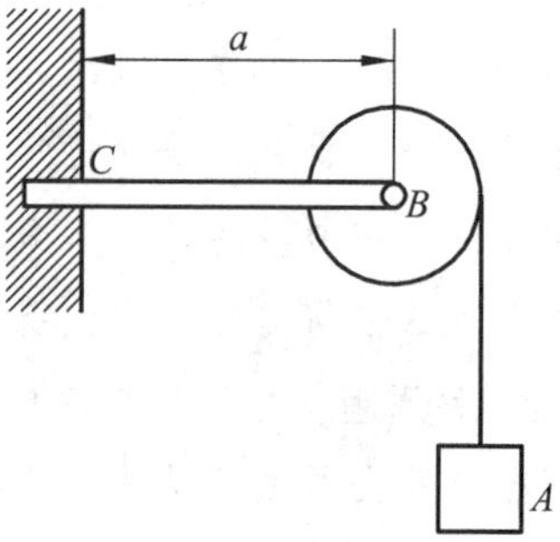

题 10-4 图

10-5　如图所示，物块 A 和 B 沿倾角 $\theta = 30°$，设物块的重量分别为 $P_A = 100$ N 和 $P_B = 200$ N，物块于斜面间的动摩擦系数分别为 $f_A = 0.15$ 和 $f_B = 0.30$。求物块运动时相互的压力。

10-6 两重物质量 $m_1=2\ 000\ \mathrm{kg}$，$m_2=800\ \mathrm{kg}$，连接如图所示，并由电动机 A 拖动。如电动机转子的绳的张力为 3 kN，不计滑轮重，求重物 E 的加速度和绳 FD 的张力。

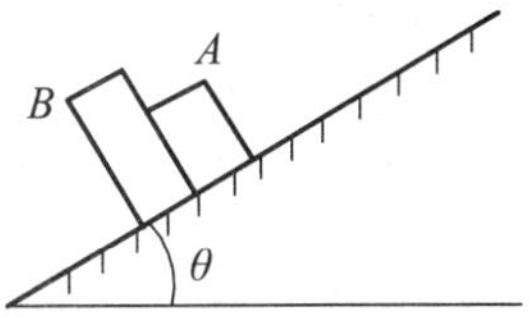

题 10-5 图

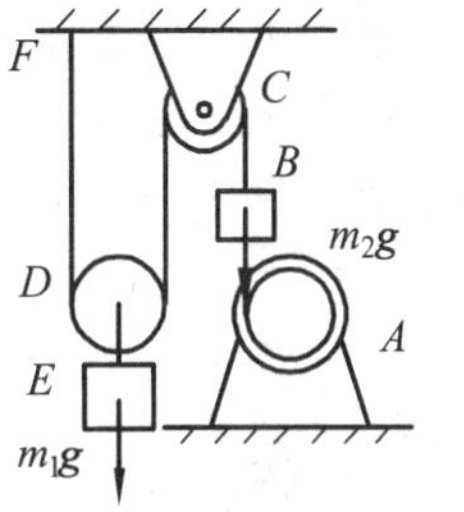

题 10-6 图

10-7 图示曲柄式压榨机的销钉 B 上作用有水平力 $\boldsymbol{F}$，此力位于平面 ABC 内，作用线平分 $\angle ABC$，$AB=BC$，各处摩擦及杆重不计，求压榨机对物体的压缩力。

10-8 在压缩机的手轮上作用一力偶，其矩为 M。手轮轴的两端各有螺距同为 h，但方向相反的螺纹。螺纹上各套有一个螺母 A 和 B，这两个螺母分别于长为 a 的杆相铰接，四杆形成菱形框，如图所示。此菱形框的点 D 固定不动，而点 C 连接在压缩机的水平压板上。求当菱形框的顶角等于 2θ 时，压缩机对被压物体的压力。

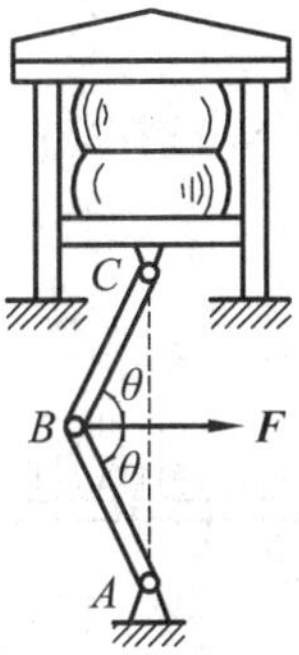

题 10-7 图

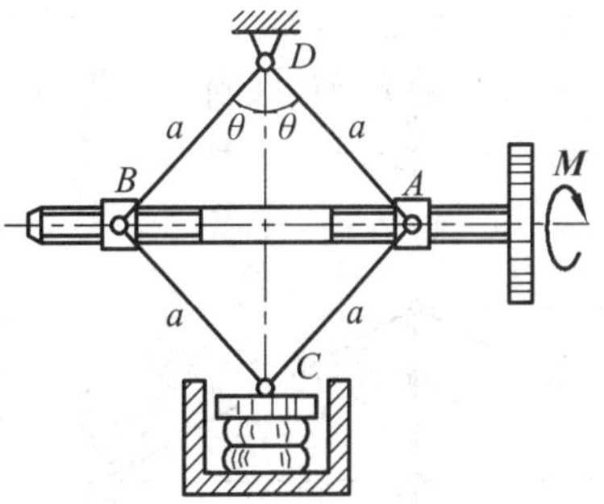

题 10-8 图

10-9 在图示机构中，当曲柄 OC 绕轴 O 摆动时，滑块 A 沿曲柄滑动，从而带动杆 AB 在铅直导槽内移动，不计各构件自重与各处摩擦。求机构平衡时力 $\boldsymbol{F}_1$ 与 $\boldsymbol{F}_2$ 的关系。

10-10 在图示机构中，曲柄 OA 上作用一力偶，其矩为 M，另在滑块 D 上作用水平力 $\boldsymbol{F}$。机构尺寸如图所示，不计各构件自重与各处摩擦。求当机构平衡时，力 $\boldsymbol{F}$ 与力偶矩 M 的关系。

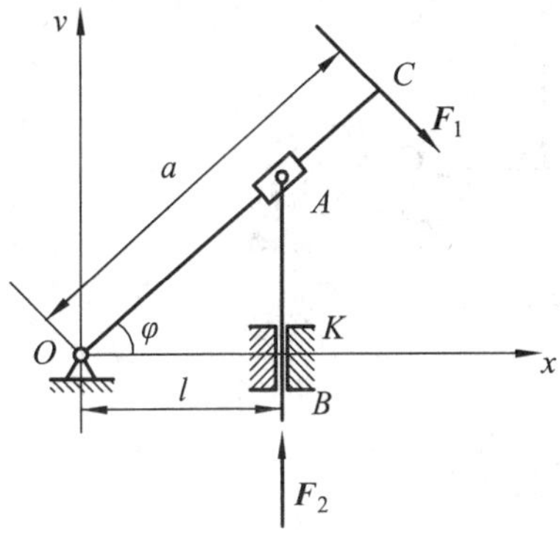

题 10-9 图

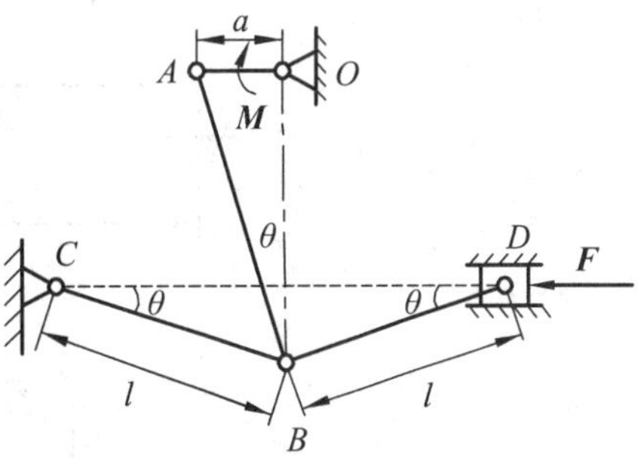

题 10-10 图

10-11　如图所示两等长杆 AB 与 BC 在点 B 用铰链连接，又在杆的 D，E 两点连一弹簧。弹簧的刚度系数为 k，当距离 AC 等于 a 时，弹簧内拉力为零，不计各构件自重与各处摩擦。如在点 C 作用一水平力 $\boldsymbol{F}$，杆系处于平衡，求距离 AC 之值。

10-12　在图示机构中，曲柄 AB 和连杆 BC 为均质杆，具有相同的长度和重量 $\boldsymbol{P}_1$。滑块 C 的重量为 $\boldsymbol{P}_2$，可沿倾角为 θ 的导轨 AD 滑动。设约束都是理想的，求系统在铅垂面内的平衡位置。

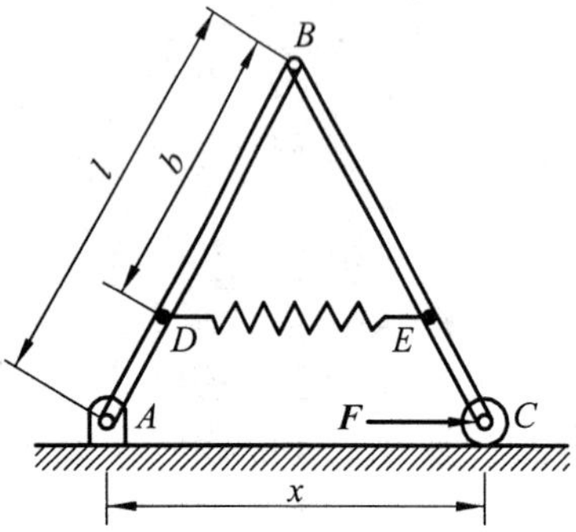

题 10-11 图

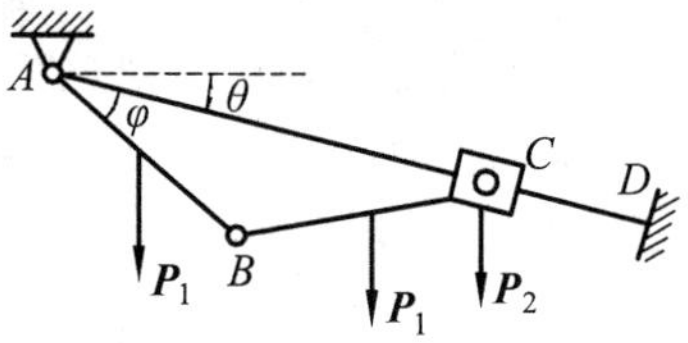

题 10-12 图

10-13　用虚位移原理求图示桁架中杆 3 的内力。

10-14　组合梁载荷分布如图所示，已知跨度 $l = 8$ m，$F = 4\,900$ N，均布力 $q = 2\,450$ N/m，力偶矩 $M = 4\,900$ N·m。求支座约束力。

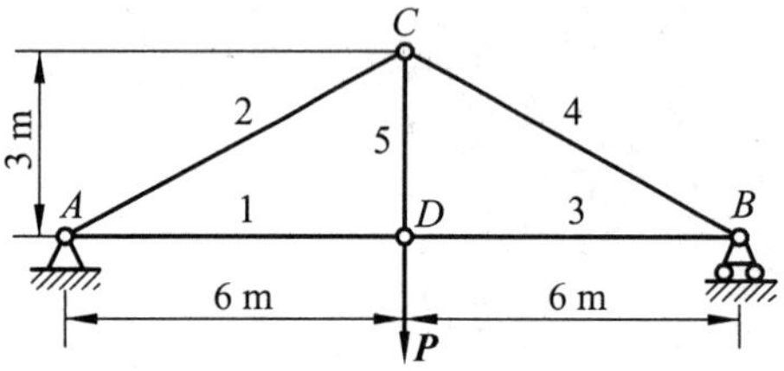

题 10-13 图

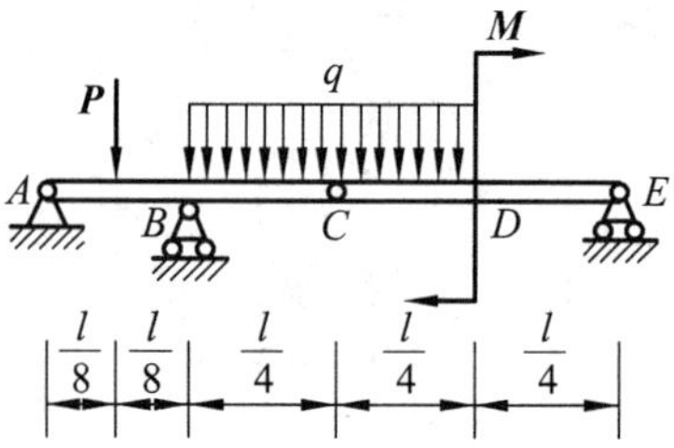

题 10-14 图

10-15　组合梁如图所示。梁上作用有三个铅垂力 $F_1 = 20$ kN，$F_2 = 60$ kN，$F_3 = 30$ kN，试求 A，B，C 处支座的约束力。

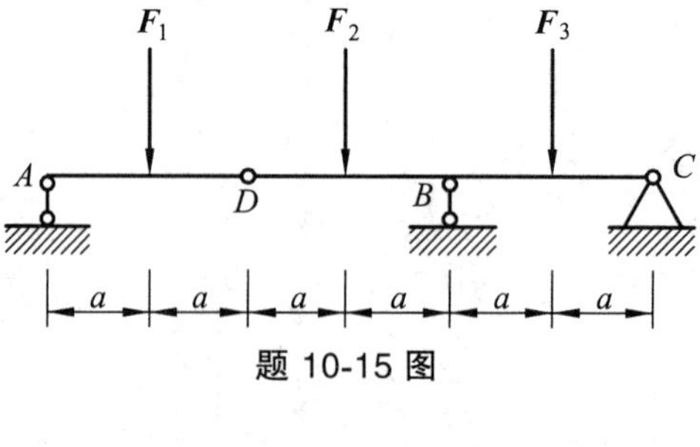

题 10-15 图

习题答案

第 1 章

1-1　$F_R = 10.96\ \text{kN}$

1-2　$M_A(\boldsymbol{F}) = 40.7\ \text{N}\cdot\text{m}$

1-3　$F_R = 161.2\ \text{N}$，$\angle(F_R, F) = 29°44'$

1-4　力 $F_R = 200\ \text{N}$ 与 y 轴平行

1-5　力螺旋 $F_R = 200\ \text{N}$ 平行于 z 轴向 $F \cdot M = 200\ \text{N}\cdot\text{m}$

1-6　$F_A = \dfrac{\sqrt{5}}{2}F$，$F_D = \dfrac{1}{2}F$

1-7　1-8（自理）

第 2 章

2-1　$F_R = 5\,000\ \text{N}$，$\angle(F_R, F) = 38°28'$

2-2　$F_{AB} = 54.64\ \text{kN}$（拉），$F_{CB} = 74.64\ \text{kN}$（压）

2-3　$F_R' = 466.5\ \text{N}$，$M_O = 21.44\ \text{N}\cdot\text{m}$；$F_R = 466.5\ \text{N}$，$d = 45.96\ \text{mm}$

2-4　① $F_R' = 150\ \text{N} \leftarrow$，$M_O = 900\ \text{N}\cdot\text{m} \downarrow$；② $F = 150\ \text{N} \leftarrow$，$y = -6\ \text{m}$

2-5　力偶，$M = \dfrac{\sqrt{3}}{2}FL$，逆时针

2-6　力偶，$M = \sqrt{19}\ \text{Pa}$；$\cos(M,i) = \cos(M,j) = -\dfrac{3}{\sqrt{19}}$；$\cos(M,k) = -\dfrac{1}{19}$

2-7　$F_{Rx} = -345.4\ \text{N}$，$F_{Ry} = 249.6\ \text{N}$，$F_{Rz} = 10.56\ \text{N}$；

$M_x = -51.78\ \text{N}\cdot\text{m}$，$M_y = -36.65\ \text{N}\cdot\text{m}$，$M_z = 103.6\ \text{N}\cdot\text{m}$

2-8　$F_R = 20\ \text{N}$，沿 z 轴正向，作用线的位置由 $x_C = 60\ \text{mm}$ 和 $y_C = 32.5\ \text{mm}$ 确定。

2-9　$F_{Rx} = -143.9\ \text{N}$，$F_{Ry} = 1\,011\ \text{N}$，$F_{Rz} = -516.9\ \text{N}$；

$M_x = -48\ \text{N}\cdot\text{m}$，$M_y = 21.07\ \text{N}\cdot\text{m}$，$M_z = -19.4\ \text{N}\cdot\text{m}$

第 3 章

3-1　$F_2 = 173\ \text{kN}$，$\gamma = 95°$

3-2 $F_C = 2\,000$ N， $F_A = F_B = 2\,010$ N

3-3 $F_B = \dfrac{F}{2\sin^2\theta}$

3-4 $M_A(\boldsymbol{F}) = -Fb\cos\theta$， $M_B(\boldsymbol{F}) = F(a\sin\theta - b\cos\theta)$

3-5 （a）（b） $F_A = F_B = \dfrac{M}{l}$，（c） $F_A = F_B = \dfrac{M}{l\cos\theta}$

3-6 $F_A = F_C = \dfrac{M}{2\sqrt{2}a}$

3-7 $M_2 = \dfrac{r_2}{r_1}M_1$， $F_{O1} = \dfrac{M_1}{r_1\cos\theta}\swarrow$， $F_{O2} = \dfrac{M_1}{r_1\cos\theta}\nearrow$

3-8 $F_A = \sqrt{2}\dfrac{M}{l}$

3-9 $F = \dfrac{M}{a}\cot 2\theta$

3-10 $F_x = 4$ kN， $F_{y1} = 28.73$ kN， $F_{y2} = 1.269$ kN

3-11 $F_O = -385$ kN， $M_O = -1\,626$ kN·m

3-12 （a） $F_{Ax} = 0$， $F_{Ay} = -\dfrac{1}{2}\left(F + \dfrac{M}{a}\right)$， $F_B = \dfrac{1}{2}\left(3F + \dfrac{M}{a}\right)$；

（b） $F_{Ax} = 0$， $F_{Ay} = -\dfrac{1}{2}\left(F + \dfrac{M}{a} - \dfrac{5}{2}qa\right)$， $F_B = \dfrac{1}{2}\left(3F + \dfrac{M}{a} - \dfrac{1}{2}qa\right)$

3-13 ① $F_A = 33.23$ kN， $F_B = 96.77$ kN；② $P_{\max} = 52.22$ kN

3-14 $F_A = 848.5$ kN， $F_{Ax} = 2\,400$ kN， $F_{Ay} = 1\,200$ kN

3-15 $F_A = -48.33$ kN， $F_B = 100$ kN， $F_D = 8.333$ kN

3-16 （a） $F_{Ax} = \dfrac{M}{a}\tan\theta$， $F_{Ay} = -\dfrac{M}{a}$， $M_A = -M$， $F_B = F_C = \dfrac{M}{a\cos\theta}$

（b） $F_{Ax} = \dfrac{qa}{2}\tan\theta$， $F_{Ay} = \dfrac{1}{2}qa$， $M_A = \dfrac{1}{2}qa^2$； $F_{Bx} = \dfrac{qa}{2}\tan\theta$， $F_{By} = \dfrac{qa}{2}$； $F_C = \dfrac{qa}{2\cos\theta}$

3-17 $F_A = -15$ kN， $F_B = 40$ kN， $F_C = 5$ kN， $F_D = 15$ kN

3-18 $M = \dfrac{Prr_1}{r_2}$

3-19 $M = \dfrac{r_1 r_3 r}{r_2 r_4}P$， $F_{3x} = \dfrac{r}{r_4}P\tan\theta$， $F_{3y} = P\left(1 - \dfrac{r}{r_4}\right)$

3-20 $F_{Ax} = -F_{Bx} = 120$ kN， $F_{Ay} = F_{By} = 300$ kN

3-21 $F_{Ax} = -120$ kN， $F_{Ax} = -160$ kN， $F_B = 160\sqrt{2}$ kN， $F_{Cx} = -80$ kN

3-22 $F_D = \dfrac{\sqrt{5}}{2}qa$

3-23 $F_{Ax} = 0$， $F_{Ay} = 15.1$ kN， $M_A = 68.4$ kN·m， $F_{Bx} = -22.8$ kN， $F_{By} = -17.85$ kN，

$F_{Cx} = 22.8$ kN， $F_{Cy} = 4.55$ kN

3-24 $F_1 = -5.333F$(压)， $F_2 = 2F$(拉)， $F_3 = -1.667F$(压)

3-25 $F_{CD}=-0.866F$(压)

3-26 $F_{BD}=-240F$(压)， $F_{BE}=86.53\text{ kN}$（拉）

3-27 $F_4=21.83\text{ kN}$（拉）， $F_5=16.73\text{ kN}$（拉）， $F_7=-20\text{ kN}$（压）， $F_{10}=-43.64\text{ kN}$（压）

3-28 $F_1=-\dfrac{4}{9}F$(压)， $F_2=-\dfrac{2}{3}F$(压)， $F_3=0$

3-29 $F_A=F_B=-26.39\text{ kN}$（压）， $F_C=33.46\text{ kN}$（拉）

3-30 $F_{CA}=-\sqrt{2}\text{P}$（压）， $F_{BD}=P(\cos\theta-\sin\theta)$， $F_{BE}=P(\cos\theta+\sin\theta)$， $F_{AB}=-\sqrt{2}P\cos\theta$

3-31 $F_1=-5\text{ kN}$（压）， $F_2=-5\text{ kN}$（压）， $F_3=-7.07\text{ kN}$（压），

$F_4=5\text{ kN}$（拉）， $F_5=5\text{ kN}$（拉）， $F_6=-10\text{ kN}$（压）

3-32 $F=50\text{ N}$， $\theta=143°8'$

3-33 ① $M=22.5\text{ N}\cdot\text{m}$；② $F_{Ax}=75\text{ N}$， $F_{Ay}=0$， $F_{Az}=50\text{ N}$；③ $F_x=75\text{ N}$， $F_y=0$

3-34 $F_1=10\text{ kN}$， $F_2=5\text{ kN}$， $F_{Ax}=-5.2\text{ kN}$， $F_{Az}=6\text{ kN}$， $F_{Bx}=-7.8\text{ kN}$， $F_{Bz}=1.5\text{ kN}$

3-35 $F_{Ax}=-2.078\text{ kN}$， $F_{Az}=-5.708\text{ kN}$， $F_{Bx}=-1.093\text{ kN}$， $F_{Bz}=-3.004\text{ kN}$，

$F_{Cx}=-0.378\text{ kN}$， $F_{Cz}=12.46\text{ kN}$， $F_{Dx}=-6.273\text{ kN}$， $F_{Dz}=23.25\text{ kN}$

3-36 $F_1=F_5=-F$(压)， $F_3=F$(拉)， $F_2=F_4=F_6=0$

3-37 $f_\text{S}=0.223$

3-38 $s=0.456l$

3-39 $f_\text{S}=\dfrac{1}{2\sqrt{3}}$

3-40 $l_{\min}=100\text{ mm}$

3-41 $b_{\min}=\dfrac{f_\text{S}h}{3}$，与门重无关

3-42 $49.61\text{ N}\cdot\text{m}\leqslant M_C\leqslant 70.39\text{ N}\cdot\text{m}$

3-43 $40.21\text{ kN}\leqslant P_E\leqslant 104.2\text{ kN}$

3-44 $\varphi_A=16°6'$， $\varphi_B=\varphi_C=30°$

3-45 $M=1.867\text{ kN}\cdot\text{m}$， $f_\text{S}\geqslant 0.752$

3-46 $b\leqslant 110\text{ mm}$

3-47 $f_\text{S}\geqslant 0.15$

3-48 $\theta\leqslant 11°26'$

第 4 章

4-1 $x=200\cos\dfrac{\pi}{5}t\text{ mm}$， $y=100\sin\dfrac{\pi}{5}t\text{ mm}$；轨迹 $\dfrac{x^2}{40\,000}+\dfrac{y^2}{10\,000}=1$

4-2 $\dfrac{(x-\alpha)^2}{(b+l)^2}+\dfrac{y^2}{l^2}=1$

4-3 对地：$y_A = 0.01\sqrt{64-t^2}$ m，$v_A = \dfrac{0.01t}{\sqrt{64-t^2}}$ m/s，方向铅垂向下；

对凸轮：$x'_A = 0.01t$ m，$y'_A = 0.01\sqrt{64-t^2}$ m，$v_{Ax'} = 0.01$ m/s，$v_{Ay'} = -\dfrac{0.01t}{\sqrt{64-t^2}}$ m/s

4-4 $y = l\tan kt$；

$v = lk\sec^2 kt$；$a = 2lk^2\tan kt\sec^2 kt$

$\theta = \dfrac{\pi}{6}$时，$v = \dfrac{4}{3}lk$，$a = \dfrac{8\sqrt{3}}{9}lk^2$

$\theta = \dfrac{\pi}{3}$时，$v = 4lk$，$a = 8\sqrt{3}lk^2$

4-5 $v = -\dfrac{v_0}{x}\sqrt{x^2+l^2}$；$a = -\dfrac{v_0^2 l^2}{x^3}$

4-6 $y = e\sin\omega t + \sqrt{R^2 - e^2\cos^2\omega t}$；$v = e\omega\left[\cos\omega t + \dfrac{e\sin 2\omega t}{2\sqrt{R^2-e^2\cos^2\omega t}}\right]$

4-7 （1）自然法：$s = 2R\omega t$；$v = 2R\omega$；$a_t = 4R\omega^2$；

（2）直角坐标法：$x = R + R\cos 2\omega t$，$y = R\sin 2\omega t$

$v_x = -2R\omega\sin 2\omega t$，$v_y = 2R\omega\cos 2\omega t$；

$a_x = -4R\omega^2\cos 2\omega t$，$a_y = -4R\omega^2\sin 2\omega t$

4-8 $v = ak$，$v_r - ak\sin kt$

4-9 $x = r\cos\omega t + l\sin\dfrac{\omega t}{2}$，$y = r\sin\omega t - l\cos\dfrac{\omega t}{2}$

$v = \omega\sqrt{r^2 + \dfrac{l^2}{4} - rl\sin\dfrac{\omega t}{2}}$；$a = \omega^2\sqrt{r^2 + \dfrac{l^2}{16} - \dfrac{rl}{2}\sin\dfrac{\omega t}{2}}$

4-10 $\rho = 5$ m，$a_t = 8.66$ m/s^2

4-11 $v_M = v\sqrt{1+\dfrac{p}{2x}}$；$a_M = -\dfrac{v^2}{4x}\sqrt{\dfrac{2p}{x}}$

4-12 $x = 0.2\cos 4t$ m；$v = -0.4$ m/s；$a = -2.771$ m/s^2

4-13 $\varphi = \dfrac{1}{30}t$rad，$x^2 + (y+0.8)^2 = 1.5^2$

4-14 $v_C = 9.948$ m/s；轨迹为以半径为 0.25 m 的圆

4-15 $\theta_{OA} = \arctan\dfrac{\sin\omega_0 t}{\dfrac{h}{r} - \cos\omega_0 t}$

4-16 ① $\alpha_2 = \dfrac{5\,000\pi}{d^2}$ rad/s^2；② $\alpha = 592.2$ m/s^2

4-17 $h_1 = 2$ mm

4-18 $\alpha = \dfrac{av^3}{2\pi r^3}$

4-19 $\varphi=\frac{\sqrt{3}}{3}\ln\left(\frac{1}{1-\sqrt{3}\omega_0 t}\right)$； $\omega=\omega_0 e^{\sqrt{3}\omega}$

4-20 $\omega=2k$ ， $\alpha=-1.5k$ ， $a_C=(-388.9i+176.8j)\ \text{mm/s}^2$

第 5 章

5-1 相对轨迹为圆：$(x'-40)^2+y'^2=1\,600$

绝对轨迹为圆：$(x+40)^2+y^2=1\,600$

5-2 $v_a=3.059\ \text{m/s}$

5-3 $v_A=\frac{lav}{x^2+a^2}$

5-4 $v_r=63.62\ \text{mm/s}$，$\angle(v_r,v)=80°57'$

5-5 （a）：$\omega_2=1.5\ \text{rad/s}$；

（b）：$\omega_2=2\ \text{rad/s}$

5-6 当 $\varphi=0°$ 时，$v=\frac{\sqrt{3}}{3}r\omega$，向左；

当 $\varphi=30°$ 时，$v=0$；

当 $\varphi=60°$ 时，$v=\frac{\sqrt{3}}{3}r\omega$，向右

5-7 $v_{AB}=e\omega$

5-8 $v_M=0.529\ \text{m/s}$

5-9 $v=\frac{1}{\sin\theta}\sqrt{v_1^2+v_2^2-2v_1v_2\cos\theta}$

5-10 $v=0.173\ \text{m/s}$，$a=0.05\ \text{m/s}^2$

5-11 $v_r=\frac{2}{\sqrt{3}}v_0$， $a_a=\frac{8\sqrt{3}}{9}\frac{v_0^2}{R}$

5-12 $a_1=r\omega^2-\frac{v^2}{r}-2\omega v$， $a_2=\sqrt{(r\omega^2+\frac{v^2}{r}+2\omega v)^2+4r^2\omega^4}$

5-13 $v_M=0.173\ \text{m/s}$，$a_M=0.35\ \text{m/s}^2$

第 6 章

6-1 $x_C=r\cos\omega_0 t$ ， $y_C=r\sin\omega_0 t$ ； $\varphi=\omega_0 t$

6-2 $x_A=0$， $y_A=\frac{1}{3}gt^2$ ； $\varphi=\frac{g}{3r}t^2$

6-3 $\omega=\frac{v\sin^2\theta}{R\cos\theta}$

6-4 $v_{BC}=2.513\ \text{m/s}$

6-5 $\omega_{OD}=10\sqrt{3}\ \text{rad/s}$，$\omega_{DE}=\dfrac{10}{3}\sqrt{3}\ \text{rad/s}$

6-6 $\omega_{EF}=1.333\ \text{rad/s}$；$v_F=0.462\ \text{m/s}$

6-7 当$\varphi=0°$，180°时，$v_{DE}=4\ \text{m/s}$

当$\varphi=90°$，270°时，$v_{DE}=0\ \text{m/s}$

6-8 $n=10\,800\ \text{r/min}$

6-9 $a_C=2r\omega_0^2$

6-10 $v_O=\dfrac{R}{R-r}v$；$a_O=\dfrac{R}{R-r}a$

6-11 $v_B=2\ \text{m/s}$，$v_C=2.828\ \text{m/s}$；

$a_B=8\ \text{m/s}^2$，$a_C=11.31\ \text{m/s}^2$

6-12 $v_M=0.098\ \text{m/s}$，$a_M=0.013\ \text{m/s}^2$

6-13 $a_\text{n}=2r\omega_0^2$，$a_\text{t}=r(\sqrt{3}\omega_0^2-2a_0)$

6-14 $v_C=\dfrac{3}{2}r\omega_0$，$a_C=\dfrac{\sqrt{3}}{12}r\omega_0^2$

6-15 $\omega=2\ \text{rad/s}$，$\alpha=2\ \text{rad/s}^2$

6-16 $\omega_{O_1A}=0.2\ \text{rad/s}$，$\alpha_{O_1A}=0.046\,2\ \text{rad/s}^2$

6-17 $v_D=1.155\,l\omega_0$，$a_D=2.222\,l\omega_0^2$

*6-18 $v_{CD}=\dfrac{0.2\sqrt{3}}{3}\ \text{m/s}$，$a_{CD}=\dfrac{2}{3}\ \text{m/s}^2$

*6-19 $v_3=v_1\dfrac{ay}{x^2}-v_2\dfrac{a-x}{x}$；$\omega_4=\dfrac{v_1y-v_2x}{x^2+y^2}$

*6-20 $v_{r1}=0.6\ \text{m/s}$，$v_{r2}=0.9\ \text{m/s}$，$v_M=0.459\ \text{m/s}$

$a_{r1}=2.816\ \text{m/s}^2$，$a_{r2}=4.592\ \text{m/s}^2$，$a_M=2.5\ \text{m/s}^2$

*6-21 （a）$a_C=\dfrac{5\sqrt{3}}{12}r\omega^2\leftarrow$，（b）$=a_C=\left(1+\dfrac{2\sqrt{3}}{9}\right)r\omega^2\leftarrow$

（c）$a_C=4r\omega^2\rightarrow$，（d）$a_C=\dfrac{4\sqrt{3}}{9}r\omega^2\leftarrow$

第 7 章

7-1 $n_{\max}=\dfrac{30}{\pi}\sqrt{\dfrac{fg}{r}}\ \text{r/min}$

7-2 $t=\sqrt{\dfrac{h}{g}\dfrac{m_1+m_2}{m_1-m_2}}$

7-3 ① $F_{\text{N}\max}=m(g+e\omega^2)$；② $\omega_{\max}=\sqrt{\dfrac{g}{e}}$

7-4 $n=67\ \text{r/min}$

7-5　$h = 78.4\ \text{mm}$

7-6　$F = m\left(g + \dfrac{l^2 v_0^2}{x^3}\right)\sqrt{1+\left(\dfrac{l}{x}\right)^2}$

7-7　$F = 488.56\ \text{kN}$

7-8　时间 $t = 2.02\ \text{s}$；路程 $s = 7.07\ \text{m}$

7-9　椭圆：$\dfrac{x^2}{x_0^2} + \dfrac{k}{m}\dfrac{y^2}{v_0^2} = 1$

7-10　$x = \dfrac{v_0}{k}(1 - \mathrm{e}^{-kt})$，$y = h - \dfrac{g}{k}t + \dfrac{g}{k^2}(1 - \mathrm{e}^{-kt})$；轨迹为 $y = h - \dfrac{g}{k^2}\ln\dfrac{v_0}{v_0 - kx} + \dfrac{gx}{kv_0}$

7-11　圆，半径为 $\dfrac{mv_0}{eH}$

第 8 章

8-1　$f = 0.17$

8-2　$F = 1\,068\ \text{N}$

8-3　向左移动 0.266 m

8-4　向左移动 $\dfrac{a-b}{4}$

8-5　$\Delta v = 0.246\ \text{m/s}$

8-6　椭圆：$4x^2 + y^2 = l^2$

8-7　$p = \dfrac{l\omega}{2}(5m_1 + 4m_2)$，方向与曲柄垂直且向上

8-8　$a = \dfrac{m_2 b - f(m_1 + m_2)g}{m_1 + m_2}$

8-9　$\ddot{x} + \dfrac{k}{m + m_1}x = \dfrac{m_1 l\omega^2}{m + m_1}\sin\varphi$

8-10　① $x_C = \dfrac{m_3 l}{2(m_1 + m_2 + m_3)} + \dfrac{m_1 + 2m_2 + 2m_3}{2(m_1 + m_2 + m_3)} l\cos\omega t$，$y_C = \dfrac{m_1 + 2m_2}{2(m_1 + m_2 + m_3)} l\sin\omega t$；

② $F_{x\max} = \dfrac{1}{2}(m_1 + 2m_2 + 2m_3)l\omega^2$

8-11　$F_x = -(m_1 + m_2)e\omega^2\cos\omega t$，$F_y = -m_2 e\omega^2\sin\omega t$

8-12　$F_x = 30\ \text{N}$

8-13　$F_x = 67.82\ \text{N}$

8-14　$L_O = 2ab\omega m\cos^3\omega t$

8-15　（a）$L_O = 18\ \text{kg}\cdot\text{m}^2/\text{s}$；（b）$L_O = 20\ \text{kg}\cdot\text{m}^2/\text{s}$；（c）$L_O = 16\ \text{kg}\cdot\text{m}^2/\text{s}$

8-16　① $p = \dfrac{R+e}{R}mv_A$，$L_B = [J_A - me^2 + m(R+e)^2]\dfrac{v_A}{R}$；

② $p=m(v_A+e\omega)$，$L_B=(J_A+mRe^2)\omega+m(R+e)v_A$

8-17 $\omega=\dfrac{2m_2art}{m_1R^2+2m_2r^2}$；$\alpha=\dfrac{2m_2ar}{m_1R^2+2m_2r^2}$

8-18 $\omega=\dfrac{ml(1-\cos\varphi)v_0}{J+m(l^2+r^2+2lr\cos\varphi)}$

8-19 ① $\omega=\dfrac{J_1\omega_0}{J_1+J_2}$；② $M_f=\dfrac{J_1J_2\omega_0}{(J_1+J_2)t}$

8-20 $\alpha_1=\dfrac{2(R_2M-R_1M')}{(m_1+m_2)R_1^2R_2}$

8-21 $J=1\,060\ \text{kg}\cdot\text{m}^2$；$M_f=6.024\ \text{N}\cdot\text{m}$

8-22 $t=\dfrac{1}{k}J\ln 2$；$n=\dfrac{J\omega_0}{4\pi k}$

8-23 $t=\dfrac{r_1\omega}{2fg\left(1+\dfrac{m_1}{m_2}\right)}$

8-24 $J_{AB}=mgh\left(\dfrac{T^2}{4\pi^2}-\dfrac{h}{g}\right)$

8-25 $\rho=90\ \text{mm}$

8-26 $a_A=\dfrac{m_1g(r+R)^2}{m_1(r+R)^2+m_2(\rho^2+R^2)}$

8-27 ① $x_C=0$，$y_C=0.4\pi t-\dfrac{1}{2}gt^2$，$\varphi=\pi t$；

② $t=2\ \text{s}$，$\varphi=\pi t=2\pi\ \text{rad}$，杆在水平位置，$y_A=y_B=y_C=-17.1\ \text{m}$；

③ $F_T=3.95\ \text{N}$

8-28 $v=\dfrac{2}{3}\sqrt{3gh}$；$F_T=\dfrac{1}{3}mg$

8-29 ① $\alpha=\dfrac{3g}{2l}\cos\varphi$，$\omega=\sqrt{\dfrac{3g}{l}(\sin\varphi_0-\sin\varphi)}$；② $\varphi_1=\arcsin\left(\dfrac{2}{3}\sin\varphi_0\right)$

8-30 $a=\dfrac{F-f(m_1+m_2)g}{m_1+\dfrac{m_2}{3}}$

8-31 $a=\dfrac{4}{7}g\sin\theta$；$F=-\dfrac{1}{7}mg\sin\theta$

8-32 水平方向为 $10.96\ \text{N}\cdot\text{s}$，铅直方向为 $3.96\ \text{N}\cdot\text{s}$；碰撞力的平均值为 $582.7\ \text{N}$

8-33 碰撞后球 1 速度为 $3.175\ \text{m}\cdot\text{s}$，$\theta=\arctan\dfrac{v_{1n}}{v_{1\tau}}=19.1°$；碰撞后球 2 速度为 $4.242\ \text{m}\cdot\text{s}$，沿击球点法线方向

8-34 $\omega=\dfrac{mlr\omega_0\cos\theta}{mr^2+3J_{01}\cos^2\theta}$，$I=\dfrac{J_{01}mlr\omega_0\cos\theta}{mr^2+3J_{01}\cos^2\theta}$；当 $\theta=90°$ 时，$I=0$。

8-35　799.5 kN

第 9 章

9-1　$W = 109.7\text{J}$

9-2　$W = 6.29\text{J}$

9-3　$T = \frac{1}{2}(3m_1 + 2m)v^2$

9-4　$T = \frac{1}{6}ml^2\omega^2 \sin^{2\theta}$

9-5　$v = 8.1$ m/s

9-6　$n = 412$ r/min

9-7　$v_A = \sqrt{\frac{3}{m}[M\theta - mgl(1-\cos\theta)]}$

9-8　$v = 2.512$ m/s

9-9　$v_2 = \sqrt{\frac{4gh(m_2 - 2m_1 + m_4)}{8m_1 + 2m_2 + 4m_3 + 3m_4}}$

9-10　$x_2 : x_1 = (2m_2 + m_1) : (2m_2 + 3m_1)$

9-11　① 圆盘的角速度 $\omega_B = 0$，连杆的角速度 $\omega_{AB} = 4.95$ rad/s；② $\delta_{\max} = 87.1$ mm

9-12　$v = \sqrt{\frac{2(M - m_1 gr\sin\theta)}{r(m_1 + m_2)}s}$，$a = \frac{M - m_1 gr\sin\theta}{r(m_1 + m_2)}$

9-13　$\omega = \frac{2}{R+r}\sqrt{\frac{3M\varphi}{9m_1 + 2m_2}}$，$\alpha = \frac{6M}{(R+r)^2(9m_1 + 2m_2)}$

9-14　$\omega_a = \frac{2.47}{\sqrt{a}}$ rad/s，$\omega_b = \frac{3.12}{\sqrt{a}}$ rad/s

9-15　$b = \frac{\sqrt{3}}{6}l$

第 10 章

10-1　①　$a \leqslant 2.91\ \text{m/s}^2$；② $\frac{n}{d} \geqslant 5$时先倾倒

10-2　$F_{\text{N}A} = m\frac{bg - ba}{c+b}$，$F_{\text{N}B} = m\frac{bg + ha}{c+b}$

10-3　$m_{3\max} = 50$ kg，$a = 2.45\ \text{m/s}^2$

10-4　$F_{Cx} = 0$，$F_{Cy} = \frac{3m_1 + m_2}{2m_1 + m_2}m_2 g$，$M_C = \frac{3m_1 + m_2}{2m_1 + m_2}m_2 ga$

10-5　$F = 8.7$ N

10-6　$a_E = 37.7\ \text{cm/s}^2$，$T_{FD} = 10.17$ kN

10-7　$F_{\mathrm{N}} = \dfrac{1}{2} F \tan\theta$

10-8　$F_{\mathrm{N}} = \pi \dfrac{M}{h} \cot\theta$

10-9　$F_1 = \dfrac{F_2 l}{a \cos^2 \varphi}$

10-10　$F = \dfrac{M}{a} \cot 2\theta$

10-11　$AC = x = a + \dfrac{F}{k}\left(\dfrac{l}{b}\right)^2$

10-12　$\tan\varphi = \dfrac{P_1}{2(P_1 + P_2)} \cot\theta$

10-13　$F_3 = P$

10-14　$F_A = -2\,450\ \mathrm{N}$，$F_B = -14\,700\ \mathrm{N}$，$F_E = -2\,450\ \mathrm{N}$

10-15　$F_{\mathrm{N}A} = 10\ \mathrm{kN}$，铅垂向上；$F_{\mathrm{N}B} = 125\ \mathrm{kN}$，铅垂向上；$F_{\mathrm{N}C} = 25\ \mathrm{kN}$，铅垂向下

参考文献

[1] BOPOHKOB M M，et al. 理论力学教程[M]. 哈尔滨工业大学理论力学教研室，译. 北京：高等教育出版社，1954.

[2] 哈尔滨工业大学理论力学教研组. 理论力学[M]. 5 版. 北京：高等教育出版社，1997.

[3] 哈尔滨工业大学理论力学教研室. 理论力学[M]. 6 版. 北京：高等教育出版社，2002.

[4] 屈本宁，张宝中，王国超. 理论力学[M]. 重庆：重庆大学出版社，2004.

[5] 张祥东，胡文绩，程光明. 理论力学[M]. 2 版. 重庆：重庆大学出版社，2002.

[6] 邓桅梧. 理论力学[M]. 重庆：重庆大学出版社，1996.

[7] 清华大学理论力学教研室. 理论力学[M]. 4 版. 北京：高等教育出版社，1994.

[8] 刘巧伶. 理论力学[M]. 长春：吉林科学技术出版社，1997.

[9] 张曙红，张宝中. 理论力学[M]. 重庆：重庆大学出版社，1998.